ANSYS 技术丛书

ANSYS Workbench 2024 工程应用与实例解析

买买提明·艾尼　陈华磊　梁嘉赫　编著

机械工业出版社

本书以 ANSYS Workbench 2024 为基础，包含结构分析、稳态导电与静磁场分析、增材制造工艺分析、流体动力学分析和优化设计 5 大部分内容，精选了 45 个典型工程实例。全书共 14 章，包括结构线性静力分析、结构非线性分析、热力学分析、线性动力学分析、多体动力学分析、显式动力学分析、复合材料分析、断裂力学分析、疲劳强度分析、稳态导电与静磁场分析、增材制造工艺分析、耦合场分析、流体动力学分析、优化设计。作为一本工程应用实例教程，每个实例都包含了问题描述、实例分析过程及分析点评，便于读者学习和提高。

本书内容适合机械工程、土木工程、水利水电、化工装备、农牧装备、能源动力、电子通信、医疗器械、工程力学、航空航天等领域的工程技术人员使用，也可作为工科专业师生的参考书，还可供相关领域广大 CAE 爱好者参考。

图书在版编目（CIP）数据

ANSYS Workbench 2024 工程应用与实例解析 / 买买提明·艾尼，陈华磊，梁嘉赫编著. -- 北京：机械工业出版社，2025.3. --（ANSYS 技术丛书）. -- ISBN 978-7-111-78158-5

Ⅰ. O241.82-39

中国国家版本馆 CIP 数据核字第 2025F0L980 号

机械工业出版社（北京市百万庄大街 22 号　邮政编码 100037）
策划编辑：黄丽梅　　　　　责任编辑：黄丽梅　王春雨
责任校对：张爱妮　张　征　封面设计：鞠　杨
责任印制：单爱军
北京中兴印刷有限公司印刷
2025 年 6 月第 1 版第 1 次印刷
184mm×260mm · 19 印张 · 468 千字
标准书号：ISBN 978-7-111-78158-5
定价：79.00 元

电话服务	网络服务
客服电话：010-88361066	机 工 官 网：www.cmpbook.com
010-88379833	机 工 官 博：weibo.com/cmp1952
010-68326294	金 书 网：www.golden-book.com
封底无防伪标均为盗版	机工教育服务网：www.cmpedu.com

前言 PREFACE

ANSYS Workbench 已应用到多个行业，通用易用性已广为人知。本书是《ANSYS Workbench 18.0 工程应用与实例解析》的升级版，继承了上一版的写作风格，精选了 45 个典型工程应用实例，涵盖了结构线性/非线性、稳态/瞬态传热、线性/多体/显式动力、实体复合材料、断裂与疲劳、稳态导电与静磁场、增材制造、结构物理耦合场、流体及多物理场耦合、参数优化与拓扑优化等内容。本书是对《ANSYS Workbench 2024 有限元分析入门与应用》一书内容的扩展，既是为了满足新技术应用者的需求，又是对 ANSYS Workbench 相关工程应用领域能力的进一步展现。

本书工程实例全部来源于实际工程应用，尽量反映工程应用中的实际情况及 ANSYS Workbench 的应用特点，分为结构分析类工程实例、稳态导电与静磁场分析类工程实例、增材制造工艺分析、流体动力学分析类工程实例、优化设计类工程实例。本书通过实例把 ANSYS Workbench 2024 的通用易用性淋漓尽致地呈现出来，帮助读者解决实际分析中可能遇到的问题。

本书在编写过程中力求做到通俗易懂，尽管每一个实例分析后都有分析评论，但建议使用前还是要对 ANSYS Workbench 有一定基础，这样效果会更好。期待对希望有提升的您有所帮助。

本书以 ANSYS Workbench 2024 为基础，具有顺应趋势、自成体系、突出重点、注意细节、正误明确等特点，通过 45 个典型工程应用实例对 ANSYS Workbench 平台中的相应模块进行介绍。全书共分 14 章，具体各章所涉及的内容如下。

第 1 章 结构线性静力分析：主要介绍 3 个结构线性静力分析工程应用实例，包括问题描述、材料创建、模型处理、网格划分、边界施加、求解及后处理、分析点评等内容。

第 2 章 结构非线性分析：主要介绍 3 个结构非线性分析工程应用实例，实例包括问题描述、材料创建、接触非线性处理、大变形、材料非线性、网格划分、边界施加、求解及后处理、分析点评等内容。

第 3 章 热力学分析：主要介绍 3 个热力学分析工程应用实例，实例包括问题描述、材料创建、网格划分、边界施加、求解及后处理、分析点评等内容。

第 4 章 线性动力学分析：主要介绍 9 个线性动力学分析工程应用实例，包括模态分析、谐响应分析、频谱分析、随机振动分析、屈曲分析的问题描述、材料创建、网格划分、边界施加、求解及后处理、分析点评等内容。

第 5 章 多体动力学分析：主要介绍 3 个多体动力学分析工程应用实例，包括问题描述、材料创建、网格划分、边界施加、求解及后处理、分析点评等内容。

第 6 章 显式动力学分析：主要介绍 3 个显式动力学分析工程应用实例，包括问题描述、材料创建、网格划分、边界施加、求解及后处理、分析点评等内容。

第 7 章 复合材料分析：主要介绍 2 个复合材料分析工程应用实例，实例包括问题描述、材料创建、网格划分、实体模型创建、层创建、边界施加、求解及后处理、分析点评等内容。

第 8 章 断裂力学分析：主要介绍 2 个断裂力学分析工程应用实例，实例包括问题描述、材料创建、断裂网格创建、边界施加、求解及后处理、分析点评等内容。

第 9 章 疲劳强度分析：主要介绍 2 个疲劳强度分析工程应用实例，实例包括问题描述、材料创建、网格划分、nCode 联合应用、边界施加、求解及后处理、分析点评等内容。

第 10 章 稳态导电与静磁场分析：主要介绍 2 个稳态导电与静磁场分析工程应用实例，包括问题描述、材料创建、网格划分、边界施加、求解及后处理、分析点评等内容。

第 11 章 增材制造工艺分析：主要介绍 2 个增材制造工艺分析工程应用实例，包括问题描述、定制的粉末床融合固有应变、热结构分析流程模板、向导设置、打印参数的设置、求解及后处理、分析点评等内容。

第 12 章 耦合场分析：主要介绍 2 个耦合场分析工程应用实例，包括问题描述、材料创建、网格划分、边界施加、求解及后处理、分析点评等内容。

第 13 章 流体动力学分析：主要介绍 5 个流体动力学分析工程应用实例，包括 Fluent、CFX 流体单场应用、单向顺序耦合和双向耦合多场应用的问题描述、材料创建、网格划分、边界施加、求解及后处理、分析点评等内容。

第 14 章 优化设计：主要介绍 4 个优化设计工程应用实例，包括参数化优化、拓扑优化应用的问题描述、材料创建、网格划分、边界施加、优化设置、求解及优化模型的后处理、分析点评等内容。

本书特色：

（1）本书工程实例全部来源于实际工程应用，以解决实际问题为出发点。

（2）语言平实，说明为主，对关键步骤，在图中用方框标注提示。

（3）重在软件的应用和实际问题的解决，并对实例应用给予分析点评。

（4）突出新技术应用和使用技巧讲解，展新方法应用时兼顾新老读者。

尽管编者在编写过程中追求了准确性、完整性和应用性，但限于编者水平，加之编写时间较短，书中欠妥之处在所难免，希望读者能够及时指出，期待共同提高。读者在学习过程中如遇到难以解答的问题，可以直接发邮件到编者电子邮箱 xjkj6190@163.com（书中模型索取），或加入 QQ 群 730676310 进行技术交流，编者会尽快给予解答。

书中模型也可扫描下方二维码获取。

买买提明·艾尼 陈华磊

目录 CONTENTS

前言
第1章 结构线性静力分析 ······ 1
1.1 某型货车后悬架钢板弹簧静力分析 ······ 1
1.1.1 问题描述 ······ 1
1.1.2 实例分析过程 ······ 1
1.1.3 分析点评 ······ 6
1.2 某焊接吊装工装托架静力分析 ······ 6
1.2.1 问题描述 ······ 6
1.2.2 实例分析过程 ······ 7
1.2.3 分析点评 ······ 13
1.3 涂层结合强度静力分析 ······ 13
1.3.1 问题描述 ······ 13
1.3.2 实例分析过程 ······ 13
1.3.3 分析点评 ······ 17

第2章 结构非线性分析 ······ 18
2.1 某型片弹簧接触非线性及大变形分析 ······ 18
2.1.1 问题描述 ······ 18
2.1.2 实例分析过程 ······ 18
2.1.3 分析点评 ······ 24
2.2 某型卡箍紧固件螺栓预紧非线性接触分析 ······ 24
2.2.1 问题描述 ······ 24
2.2.2 实例分析过程 ······ 24
2.2.3 分析点评 ······ 32
2.3 金属轧制成形非线性分析 ······ 33
2.3.1 问题描述 ······ 33
2.3.2 实例分析过程 ······ 33
2.3.3 分析点评 ······ 39

第3章 热力学分析 ······ 40
3.1 飞机双层窗导热分析 ······ 40
3.1.1 问题描述 ······ 40
3.1.2 实例分析过程 ······ 40
3.1.3 分析点评 ······ 43

3.2 二维薄板稳态导热分析 ······ 43
3.2.1 问题描述 ······ 43
3.2.2 实例分析过程 ······ 43
3.2.3 分析点评 ······ 46
3.3 晶体管瞬态热分析 ······ 46
3.3.1 问题描述 ······ 46
3.3.2 实例分析过程 ······ 46
3.3.3 分析点评 ······ 51

第4章 线性动力学分析 ······ 52
4.1 某电风扇扇叶模态分析 ······ 52
4.1.1 问题描述 ······ 52
4.1.2 实例分析过程 ······ 52
4.1.3 分析点评 ······ 55
4.2 某型燃气轮机机座预应力模态分析 ······ 56
4.2.1 问题描述 ······ 56
4.2.2 实例分析过程 ······ 56
4.2.3 分析点评 ······ 60
4.3 某垂直轴风机叶片振动谐响应分析 ······ 60
4.3.1 问题描述 ······ 60
4.3.2 实例分析过程 ······ 61
4.3.3 分析点评 ······ 66
4.4 农田轨道谐响应分析 ······ 67
4.4.1 问题描述 ······ 67
4.4.2 实例分析过程 ······ 67
4.4.3 分析点评 ······ 73
4.5 某舞台钢结构立柱频谱分析 ······ 74
4.5.1 问题描述 ······ 74
4.5.2 实例分析过程 ······ 74
4.5.3 分析点评 ······ 78
4.6 某发动机曲轴随机振动分析 ······ 78
4.6.1 问题描述 ······ 78
4.6.2 实例分析过程 ······ 78
4.6.3 分析点评 ······ 81
4.7 某斜拉桥预应力模态分析 ······ 81

4.7.1 问题描述 …………………… 81
   4.7.2 实例分析过程 ………………… 81
   4.7.3 分析点评 …………………… 87
 4.8 某舞台钢结构立柱屈曲分析 ……… 87
   4.8.1 问题描述 …………………… 87
   4.8.2 实例分析过程 ………………… 87
   4.8.3 分析点评 …………………… 88
 4.9 卧式压力容器非线性屈曲分析 …… 88
   4.9.1 问题描述 …………………… 88
   4.9.2 实例分析过程 ………………… 89
   4.9.3 分析点评 …………………… 96

第5章 多体动力学分析 ……………… 97
 5.1 某四杆机构刚体动力学分析 ……… 97
   5.1.1 问题描述 …………………… 97
   5.1.2 实例分析过程 ………………… 97
   5.1.3 分析点评 …………………… 101
 5.2 某发动机曲柄连杆机构刚柔耦合
     分析 …………………………… 101
   5.2.1 问题描述 …………………… 101
   5.2.2 实例分析过程 ………………… 101
   5.2.3 分析点评 …………………… 107
 5.3 某回转臂刚柔耦合分析 …………… 107
   5.3.1 问题描述 …………………… 107
   5.3.2 实例分析过程 ………………… 107
   5.3.3 分析点评 …………………… 112

第6章 显式动力学分析 ……………… 113
 6.1 小汽车撞击钢平板分析 …………… 113
   6.1.1 问题描述 …………………… 113
   6.1.2 实例分析过程 ………………… 113
   6.1.3 分析点评 …………………… 118
 6.2 子弹冲击带铝板内衬的陶瓷装甲
     分析 …………………………… 118
   6.2.1 问题描述 …………………… 118
   6.2.2 实例分析过程 ………………… 118
   6.2.3 分析点评 …………………… 129
 6.3 手榴弹爆炸分析 …………………… 129
   6.3.1 问题描述 …………………… 129
   6.3.2 实例分析过程 ………………… 129
   6.3.3 分析点评 …………………… 132

第7章 复合材料分析 ………………… 134
 7.1 圆柱螺旋弹簧管复合材料分析 …… 134
   7.1.1 问题描述 …………………… 134
   7.1.2 实例分析过程 ………………… 134
   7.1.3 分析点评 …………………… 141
 7.2 复合材料均质化分析 ……………… 141
   7.2.1 问题描述 …………………… 141
   7.2.2 实例分析过程 ………………… 143
   7.2.3 分析点评 …………………… 152

第8章 断裂力学分析 ………………… 153
 8.1 三通接头管表面缺陷裂纹断裂分析 … 153
   8.1.1 问题描述 …………………… 153
   8.1.2 实例分析过程 ………………… 153
   8.1.3 分析点评 …………………… 158
 8.2 双悬臂梁接触区域接触粘结界面失效
     分析 …………………………… 158
   8.2.1 问题描述 …………………… 158
   8.2.2 实例分析过程 ………………… 158
   8.2.3 分析点评 …………………… 163

第9章 疲劳强度分析 ………………… 164
 9.1 某种压力容器疲劳分析 …………… 164
   9.1.1 问题描述 …………………… 164
   9.1.2 实例分析过程 ………………… 164
   9.1.3 分析点评 …………………… 169
 9.2 某机床弹簧夹头疲劳分析 ………… 169
   9.2.1 问题描述 …………………… 169
   9.2.2 实例分析过程 ………………… 170
   9.2.3 分析点评 …………………… 175

第10章 稳态导电与静磁场分析 ……… 176
 10.1 压电分析 ………………………… 176
   10.1.1 问题描述 …………………… 176
   10.1.2 实例分析过程 ……………… 176
   10.1.3 分析点评 …………………… 179
 10.2 三相变压器电磁分析 …………… 179
   10.2.1 问题描述 …………………… 179
   10.2.2 实例分析过程 ……………… 179
   10.2.3 分析点评 …………………… 188

第11章 增材制造工艺分析 …………… 189
 11.1 椎弓根导板增材制造分析 ……… 189
   11.1.1 问题描述 …………………… 189
   11.1.2 实例分析过程 ……………… 189
   11.1.3 分析点评 …………………… 193
 11.2 飞机双耳接头拓扑结构增材制造
      分析 ………………………… 194
   11.2.1 问题描述 …………………… 194

11.2.2 实例分析过程 …………… 194
   11.2.3 分析点评 …………………… 197
第 12 章 耦合场分析 …………… 198
 12.1 铜芯铝绞导线热电场耦合分析 …… 198
   12.1.1 问题描述 …………………… 198
   12.1.2 实例分析过程 …………… 198
   12.1.3 分析点评 …………………… 201
 12.2 齿轮啮合热结构场耦合瞬态分析 … 202
   12.2.1 问题描述 …………………… 202
   12.2.2 实例分析过程 …………… 202
   12.2.3 分析点评 …………………… 207
第 13 章 流体动力学分析 …………… 208
 13.1 罐体充水过程分析 ………………… 208
   13.1.1 问题描述 …………………… 208
   13.1.2 实例分析过程 …………… 208
   13.1.3 分析点评 …………………… 217
 13.2 某型离心泵空化现象分析 ………… 218
   13.2.1 问题描述 …………………… 218
   13.2.2 实例分析过程 …………… 218
   13.2.3 分析点评 …………………… 227
 13.3 水龙头冷热水混合耦合分析 ……… 228
   13.3.1 问题描述 …………………… 228
   13.3.2 实例分析过程 …………… 228
   13.3.3 分析点评 …………………… 236
 13.4 水管管壁耦合分析 ………………… 236
   13.4.1 问题描述 …………………… 236
   13.4.2 实例分析过程 …………… 236
   13.4.3 分析点评 …………………… 244
 13.5 振动片双向流固耦合分析 ………… 244
   13.5.1 问题描述 …………………… 244
   13.5.2 实例分析过程 …………… 245
   13.5.3 分析点评 …………………… 254
第 14 章 优化设计 ………………… 255
 14.1 某桁架支座的多目标优化 ………… 255
   14.1.1 问题描述 …………………… 255
   14.1.2 实例分析过程 …………… 255
   14.1.3 分析点评 …………………… 264
 14.2 某中央铁块的流固耦合及多目标驱动
    优化 ……………………………… 265
   14.2.1 问题描述 …………………… 265
   14.2.2 实例分析过程 …………… 265
   14.2.3 分析点评 …………………… 280
 14.3 某三角托架拓扑优化 ……………… 280
   14.3.1 问题描述 …………………… 280
   14.3.2 实例分析过程 …………… 280
   14.3.3 分析点评 …………………… 287
 14.4 收获机器人机械臂连杆结构优化
    设计 ……………………………… 288
   14.4.1 问题描述 …………………… 288
   14.4.2 实例分析过程 …………… 288
   14.4.3 分析点评 …………………… 294
参考文献 ………………………………… 295

第1章　结构线性静力分析

1.1　某型货车后悬架钢板弹簧静力分析

1.1.1　问题描述

某型货车后悬架钢板弹簧由 8 片弹簧组成，某模型如图 1-1 所示。钢板弹簧材料为 60CrMnBA，其弹性模量为 2.05E+11Pa，泊松比为 0.3，密度为 7850kg/m³，屈服强度为 1.1E+9Pa，抗拉强度为 1.25E+9Pa。若忽略每片弹簧之间的摩擦，各片弹簧之间为绑定线性接触，垂直钢板弹簧有 5mm 的位移量，求在该位移量下钢板弹簧的最大应力、安全因子。

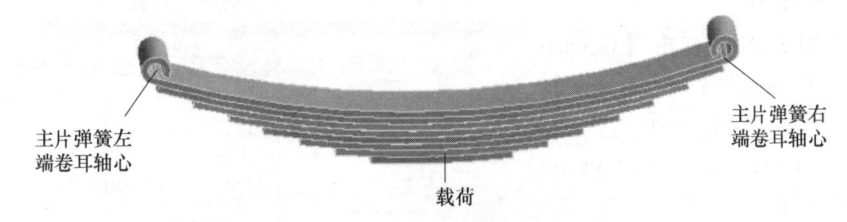

图 1-1　货车后悬架钢板弹簧模型

1.1.2　实例分析过程

1. 启动 Workbench 2024

在"开始"菜单中执行 ANSYS 2024R1/R2→Workbench 2024R1/R2 命令。

2. 创建静态结构分析

（1）在工具箱【Toolbox】的【Analysis Systems】中双击或拖动静态结构分析【Static Structural】到项目分析流程图，如图 1-2 所示。

（2）在 Workbench 的工具栏中单击【Save】，保存项目实例名称为 Leaf spring.wbpj。如工程实例文件保存在 D:\AWB\Chapter01 文件夹中。

3. 创建材料参数

（1）编辑工程数据单元，右击

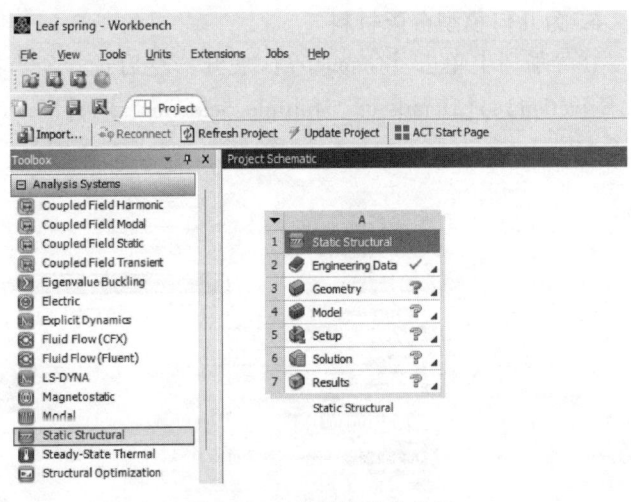

图 1-2　创建静态结构分析

【Engineering Data】→【Edit...】。

（2）在工程数据属性中创建新材料：【Outline of Schematic A2：Engineering Data】→【Click here to add a new material】，输入新材料名称60CrMnBA。

（3）在左侧单击【Physical Properties】展开，双击【Density】，设置【Properties of Outline Row 4：60CrMnBa】→【Density】=7850kg m^-3。

（4）在左侧单击【Linear Elastic】展开，双击【Isotropic Elasticity】，设置【Properties of Outline Row 4：60CrMnBA】→【Young's Modulus】=2.05E+11Pa。

（5）设置【Properties of Outline Row 4：60CrMnBA】→【Poisson's Ratio】=0.3。

（6）在左侧单击【Strength】展开，双击【Tensile Yield Strength】，设置【Properties of Outline Row 4：60CrMnBA】→【Tensile Yield Strength】=1.1E+9Pa。

（7）设置【Physical Properties】，双击【Tensile Ultimate Strength】，设置【Properties of Outline Row 4：60CrMnBA】→【Tensile Ultimate Strength】=1.25E+9Pa，如图1-3所示。

（8）单击工具栏中的【A2：Engineering Data】关闭按钮，返回到Workbench主界面，新材料创建完毕。

4. 导入几何模型

在静态结构分析上右击【Geometry】→【Import Geometry】→【Browse】，找到模型文件 Leaf spring.x_t，打开导入几何模型。如模型文件在 D:\AWB\Chapter01 文件夹中。

5. 进入Mechanical分析环境

（1）在静态结构分析上右击【Model】→【Edit...】进入Mechanical分析环境。

（2）在Mechanical的环境主页【Home】功能区单位【Units】中选择单位为Metric（mm, kg, N, s, mV, mA）。

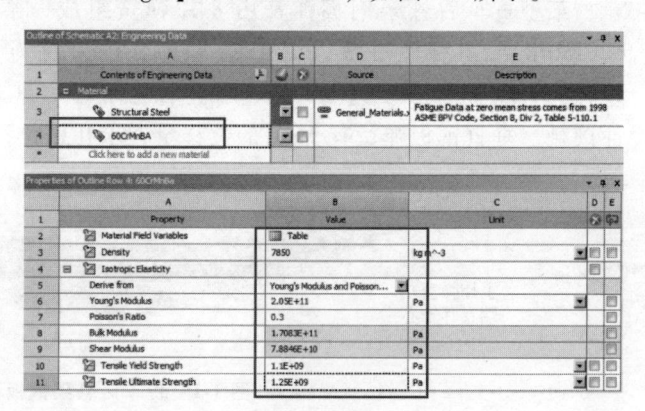

图1-3 创建60CrMnBA材料

6. 为几何模型分配材料

在导航树上单击【Geometry】展开，然后选择所有几何实体，共8个体，接着【Multiple Selection】→【Details of "Multiple Selection"】→【Material】→【Assignment】=60CrMnBA，如图1-4所示。

图1-4 为几何模型分配材料

第1章 结构线性静力分析

7. 定义局部坐标

（1）主片弹簧左端卷耳轴心创建局部坐标。在 Mechanical 标准工具栏单击，选择 Main.1 左端卷耳轴心内表面；在导航树上右击【Coordinate Systems】，从弹出的快捷菜单中选择【Insert】→【Coordinate Systems】，其他默认，如图 1-5 所示。

（2）主片弹簧右端卷耳轴心创建局部坐标。在 Mechanical 标准工具栏单击，选择 Main.1 右端卷耳轴心内表面；在导航树上右击【Coordinate Systems】，从弹出的快捷菜单中选择【Insert】→【Coordinate Systems】，接受自动命名 Coordinate System 2，其他默认，如图 1-6 所示。

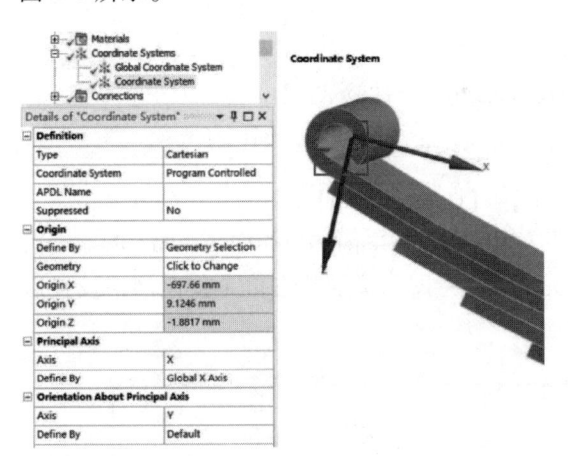

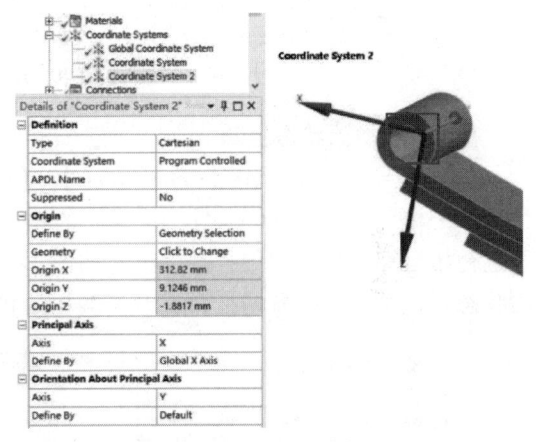

图 1-5　主片弹簧左端卷耳轴心创建局部坐标　　　图 1-6　主片弹簧右端卷耳轴心创建局部坐标

8. 接触设置

（1）在导航树上右击【Connections】→【Rename Based On Definition】，重新命名目标面与接触面。

（2）选择所有接触对，【Details of "Multiple Selection"】→【Definition】→【Behavior】= Symmetric；【Advanced】→【Formulation】= Augmented Lagrange，【Small Sliding】= Off，其他默认，如图 1-7 所示。

9. 划分网格

（1）在导航树上单击【Mesh】→【Details of "Mesh"】→【Defaults】→【Element Size】= 10.0mm；【Sizing】→【Use Adaptive Sizing】= No；【Defeature Size】= 2.5mm，【Capture Curvature】= Yes，【Curvature Min Size】= 5.0mm，【Capture Proximity】= Yes，【Proximity Min Size】= 5.0mm，其他默认。

（2）生成网格。选择【Mesh】→【Generate Mesh】，图形区域显示程序生成的六面体网格模型，如图 1-8 所示。

（3）网格质量检查。在导航树上单击【Mesh】→【Details of "Mesh"】→【Quality】→【Mesh Metric】= Skewness，显示 Skewness 规则下网格质量详细信息，平均值处在良好的水平范围内，展开【Statistics】显示网格和节点数量。

图 1-7　接触设置

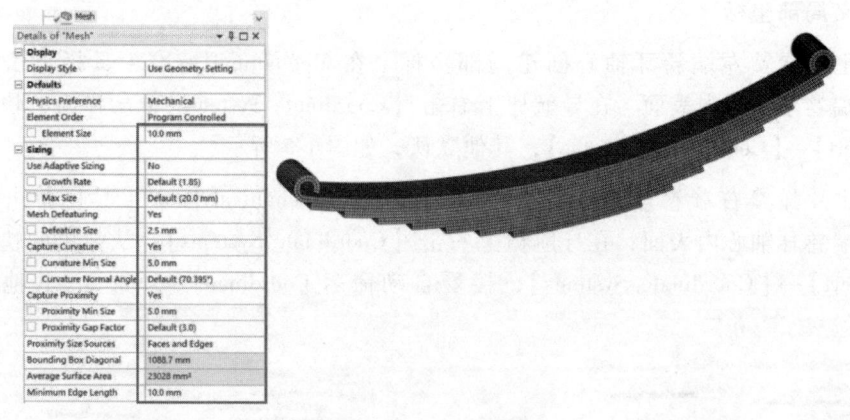

图 1-8 六面体网格模型

10. 接触初始状态检测

（1）在导航树上右击【Connections】→【Insert】→【Contact Tool】。

（2）右击【Contact Tool】，从弹出的快捷菜单中选择【Generate Initial Contact Results】，经过初始运算，得到初始接触信息，如图 1-9 所示。注意图示接触状态值是按照网格设置后的状态，也可不先设置网格，查看接触初始状态。

图 1-9 初始接触信息

11. 施加边界条件

（1）在导航树上单击【Static Structural（A5）】。

（2）主片弹簧左端卷耳轴心面施加远端位移约束。在 Mechanical 标准工具栏单击，选择 Main.1 左侧内表面，然后在环境功能区单击【Supports】→【Remote Displacement】，【Remote Displacement】→【Details of "Remote Displacement"】→【Scope】→【Coordinate System】= Coordinate System，【X Coordinate】=0mm，【Y Coordinate】=0mm，【Z Coordinate】=0mm；【Definition】→【X Component】=Free，【Y Component】=0mm，【Z Component】=0mm，Rotation X=0°，Rotation Y=Free，Rotation Z=0°，其他默认，如图 1-10 所示。

（3）主片弹簧右端卷耳轴心面施加远端位移约束。在 Mechanical 标准工具栏单击，选择 Main.1 右侧内表面，然后在环境功能区单击【Supports】→【Remote Displacement 2】，【Remote Displacement 2】→【Details of "Remote Displacement 2"】→【Scope】→【Coordinate System】= Coordinate System 2，【X Coordinate】=0mm，【Y Coordinate】=0mm，【Z Coordinate】=0mm；【Definition】→【X Component】=Free，【Y Component】=0mm，【Z Component】=0mm，Rotation X=0°，Rotation Y=Free，Rotation Z=0°，其他默认，如图 1-11 所示。

第1章 结构线性静力分析

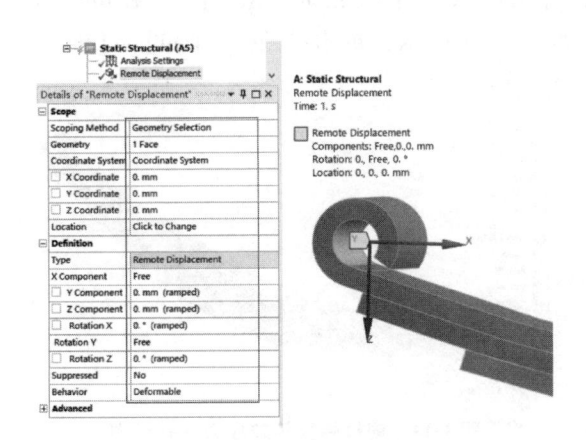

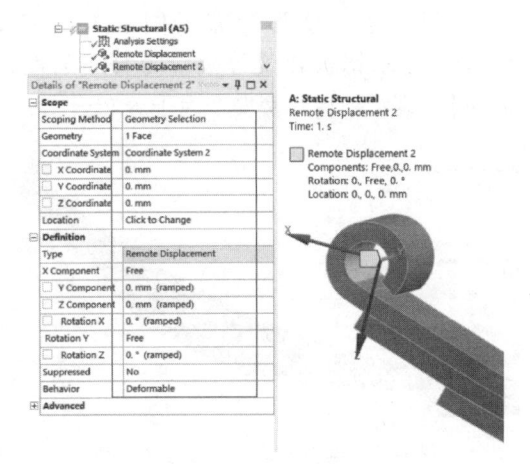

图 1-10 主片弹簧左端卷耳轴心面施加远端位移约束　　**图 1-11** 主片弹簧右端卷耳轴心面施加远端位移约束

（4）施加位移。在标准工具栏上单击 ，然后选择 Auxiliary 底面，接着在环境功能区单击【Supports】→【Displacement】→【Details of "Displacement"】→【Definition】→【Define By】=Components，【X Component】=0mm，【Y Component】=0mm，【Z Component】=-5mm，如图 1-12 所示。

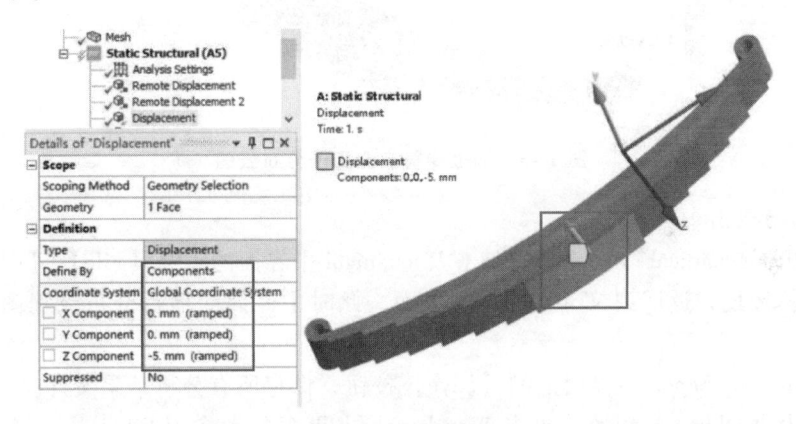

图 1-12 施加位移

（5）【Analysis Settings】→【Details of "Analysis Settings"】→【Solver Controls】→【Solver Type】=Direct。

12. 设置需要的结果

（1）在导航树上单击【Solution（A6）】。

（2）在 Mechanical 环境求解功能区单击【Deformation】→【Total】。

（3）在 Mechanical 环境求解功能区单击【Stress】→【Equivalent（von-Mises）】。

（4）在 Mechanical 环境求解功能区单击【Tools】→【Stress Tool】→【Details of "Stress Tool"】→【Definition】→【Stress Limit Type】=Tensile Ultimate Per Material。

13. 求解与结果显示

（1）在 Mechanical 环境求解功能区单击 进行求解运算。

（2）运算结束后，单击【Solution（A6）】→【Total Deformation】，图形区域显示分析得

到的钢板弹簧总变形分布云图，如图 1-13 所示；单击【Solution（A6）】→【Equivalent Stress】，显示钢板弹簧等效应力分布云图，如图 1-14 所示；单击【Stress Tool】→【Safety Factor】，显示钢板弹簧安全因子分布云图，如图 1-15 所示。

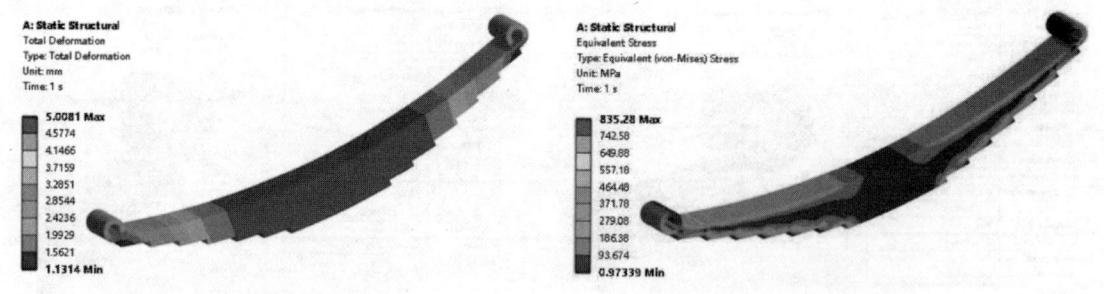

图 1-13　钢板弹簧总变形分布云图　　　　图 1-14　钢板弹簧等效应力分布云图

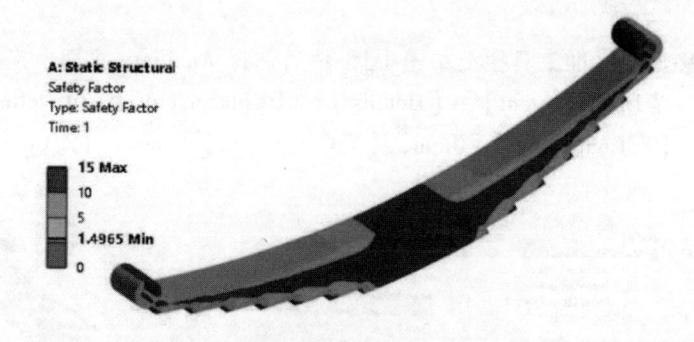

图 1-15　钢板弹簧安全因子分布云图

14. 保存与退出

（1）退出 Mechanical 分析环境。单击 Mechanical 主界面的菜单【File】→【Close Mechanical】退出分析环境，返回到 Workbench 主界面，此时主界面的项目分析流程图中显示的分析已完成。

（2）单击 Workbench 主界面上的【Save】按钮，保存所有分析结果文件。

（3）退出 Workbench 环境。单击 Workbench 主界面的菜单【File】→【Exit】退出主界面，完成分析。

1.1.3　分析点评

本实例为某型货车后悬架钢板弹簧静力分析，重点为设置弹簧钢板两端卷耳约束，难点为分析钢板弹簧簧片间的摩擦。本例是在未考虑钢板弹簧簧片间正压力、摩擦等情况下，直接给定位移，求得钢板弹簧的薄弱处及相应结果，具有借鉴意义。

1.2　某焊接吊装工装托架静力分析

1.2.1　问题描述

某主轴吊装工装托架结构由 2 根上长纵梁、2 根下长纵梁、12 根短横杆、28 根立杆、4

个吊耳和8块衬板焊接而成，其模型如图1-16所示。该结构材料为结构钢，主要承受主轴结构重量及自身重量，其中主轴的重量转化为支撑点的力，约500N。若忽略可能的运动，求该托架结构的最大应力与变形。

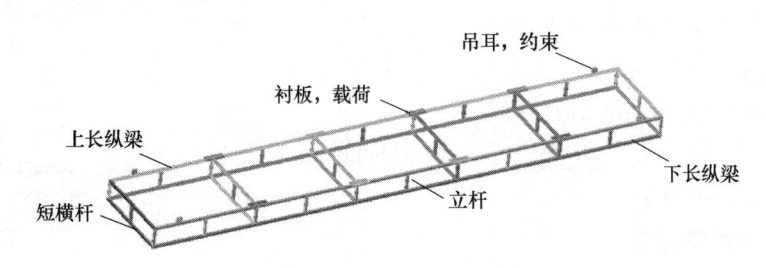

图 1-16　焊接吊装工装托架模型

1.2.2　实例分析过程

1. 启动 Workbench 2024

在"开始"菜单中执行 ANSYS 2024R1/R2→Workbench 2024R1/R2 命令。

2. 创建静态结构分析

（1）在工具箱【Toolbox】的【Analysis Systems】中双击或拖动静态结构分析【Static Structural】到项目分析流程图，如图1-17所示。

（2）在Workbench的工具栏中单击【Save】，保存项目实例名称为 Tooling.wbpj。如工程实例文件保存在 D:\AWB\Chapter01 文件夹中。

3. 创建材料参数（默认为结构钢）

4. 导入几何模型

（1）在静态结构分析上右击【Geometry】→【Import Geometry】→【Browse】，找到模型文件 Tooling.x_t，打开导入几何模型。如模型文件在 D:\AWB\Chapter01 文件夹中。

图 1-17　创建静态结构分析

（2）在静态结构分析上右击【Geometry】→【Edit Geometry in DesignModeler...】进入 DesignModeler 环境。

（3）在模型详细栏里，【Details View】→【Operation】选取【Add Frozen→Add Material】。在工具栏中单击【Generate】完成导入模型显示，如图1-18所示。

5. 模型抽取中面处理

（1）对模型抽取中面。首先转换单位，菜单栏【Units】→【Millimeter】；其次单击【Tools】→【Mid-Surface】，【MidSurf1】→【Details View】→【Selection Method】选取【Manual→Automatic】；【Minimum Threshold】=0.01mm，【Maximum Thre-

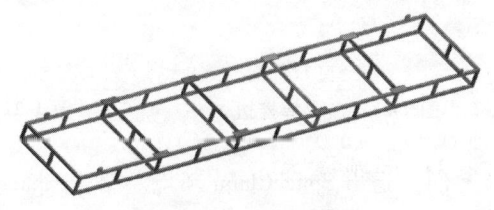

图 1-18　导入模型显示

shold】=15mm；【FD3，Selection Tolerance（>=0）】=4.096mm，其他默认，【Find Face Pairs Now】选取【Yes】，选中所有抽取面对。在工具栏中单击【Generate】完成抽取中面，如图1-19所示。

（2）单击DesignModeler主界面的菜单【File】→【Close DesignModeler】退出几何建模环境。

（3）返回Workbench主界面，单击Workbench主界面上的【Save】按钮保存。

6. 托架杆件缝焊处理

（1）在静态结构分析上右击【Geometry】→【Edit Geometry in SpaceClaim...】进入SpaceClaim环境。

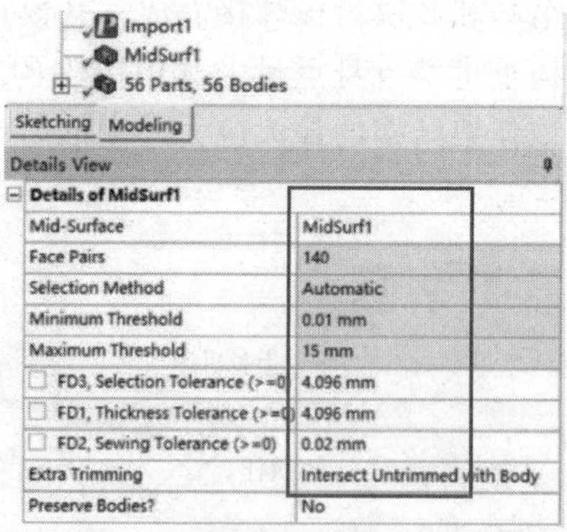

图1-19 模型抽取中面处理

（2）单击【Prepare】→【Analysis】→【Weld】→【Option-Find/Fix】→【Maximum Length】=20mm。托架结构构件连接处出现红球，在图形区单击完成图标✓，修改【Maximum Length】=30mm，然后再次单击完成图标✓；再次单击完成图标✓，可以看到托架结构两端8根角立杆两端连接处还有红球，表明未有焊接，如图1-20所示。

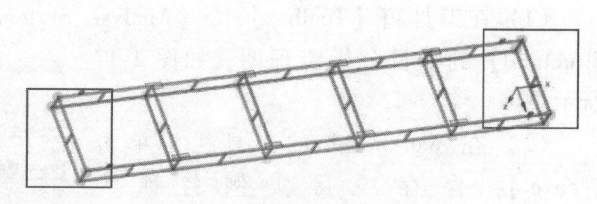

（3）补齐未有缝焊焊接处。首先任选一个未有焊接的角，在图形区域单击👞，选择对应立杆端未有缝焊的边线，如图1-21所示；然后单击图标👞，按住<Ctrl>键的同时，选择对应短横杆面和长纵梁面，如图1-22所示；单击完成图标✓完成此处缝焊焊接，如图1-23所示。该立杆件的另一端缝焊焊接以及托架结构的其他6个角处的3根立杆两端缝焊焊接与该处的操作方法一致，此处不再赘述，请读者自己完成。完成后图形区域完成图标✓成灰色。

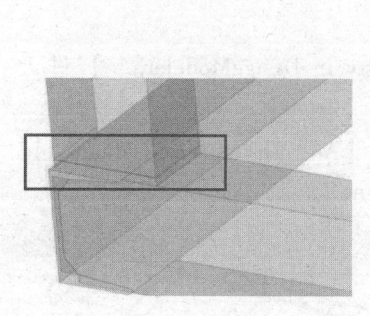

图1-20 缝焊焊接及未完成处

图1-21 选取焊接边 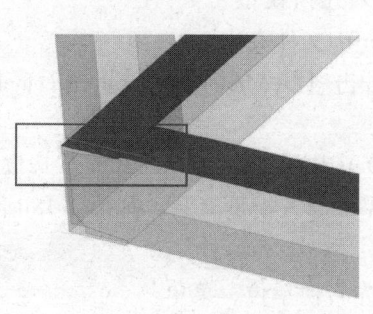　　图1-22 选取焊接面 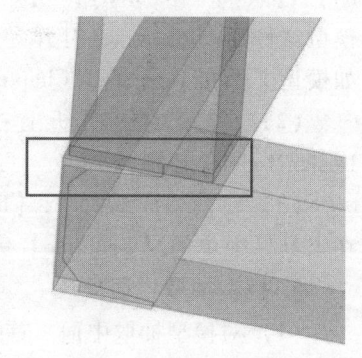　　图1-23 焊缝

（4）退出SpaceClaim环境。单击SpaceClaim主界面的菜单【File】→【Exit SpaceClaim】退出环境。返回Workbench主界面，单击Workbench主界面上的【Save】按钮保存。

7. 托架吊耳点焊处理

（1）在静态结构分析上右击【Geometry】→【Edit Geometry in DesignModeler...】进入 DesignModeler 环境。

（2）在模型详细栏里，【Details View】→【Operation】选取【Add Frozen→Add Material】。在工具栏中单击【Generate】完成导入显示，然后菜单栏【Units】→【Millimeter】转换单位。

（3）吊耳焊接。在标准工具栏上单击选择面图标，选取两侧长梁面上4个吊耳中的任意一个的面，然后单击面扩展选择图标，选择该吊耳的所有面作为布置焊点的基准面（实际选择周围4个面即可，在这图方便），如图1-24所示；在标准工具栏上单击选择边线图标，按住<Ctrl>键的同时选择基准面上与长纵梁面邻近的4条边（吊耳底边线）作为布置点焊的导向边，如图1-25所示；单击菜单栏【Create】→【Point】，在点焊详细栏里单击【Base Face】，单击【Apply】确定，【FD5, N】= 20，其他默认；最后在工具栏中单击【Generate】完成点焊缝创建，如图1-26所示。对其他3个吊耳的点焊焊接方法与此处吊耳焊接方法一致，此处不再赘述，请读者自行完成。

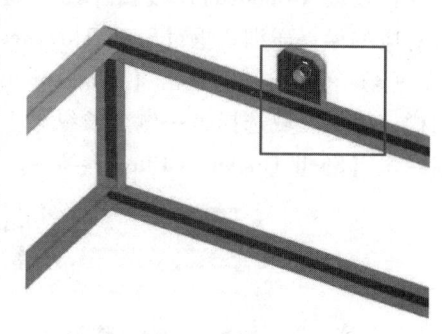

图1-24 选取焊点的基准面

图1-25 选取焊点的导向边

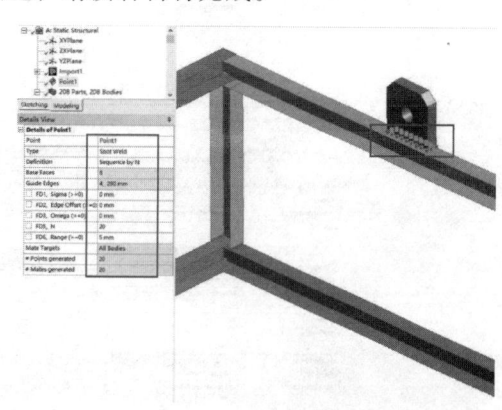

图1-26 吊耳点焊缝创建

8. 创建多体零件

（1）单击选择体，选择4个吊耳，然后单击菜单栏【Tools】→【Form New Part】使其组成一新零件组；隐藏该新组建的 Part，在图形窗口任意空白处右击，从弹出的快捷菜单中选择【Select All】，再次右击，从弹出的快捷菜单中选择工具【Form New Part】使其组成一新零件组，这样共有2个零件208个体组成。

（2）单击 DesignModeler 主界面的菜单【File】→【Close DesignModeler】退出建模环境。

（3）返回 Workbench 主界面。单击 Workbench 主界面工具栏上的【Save】按钮保存。

9. 进入 Mechanical 分析环境

（1）在静态结构分析上右击【Model】→【Edit...】进入 Mechanical 分析环境。

（2）在 Mechanical 的环境主页【Home】功能区单位【Units】中选择单位为 Metric

（mm，kg，N，s，mV，mA）。

10. 为几何模型分配材料（默认为结构钢）
11. 创建连接

（1）抑制自动接触。在导航树上展开【Connections】→【Contacts】，按住<Ctrl>键并选中自动接触区域（Contact Region1-25），右击，选择【Suppress】，抑制25个接触对。

（2）在导航树上单击【Connections】,【Connections】→【Manual Contact Region】，在接触详细栏设置【Bonded】，接触区域选择一侧上长纵梁上的4个衬板，目标区域选择4个衬板所对应的梁；详细栏里【Shell Thickness Effect】=Yes，其他默认，如图1-27所示。

（3）在导航树上单击【Connections】,【Connections】→【Contact】→【Bonded】，在接触详细栏，接触区域选择另一侧上长纵梁上的4个衬板，目标区域选择4个衬板所对应的梁；详细栏里【Shell Thickness Effect】=Yes，其他默认，如图1-28所示。

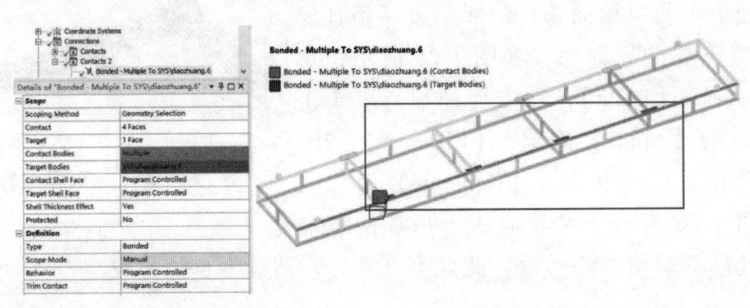

图1-27 一侧衬板接触

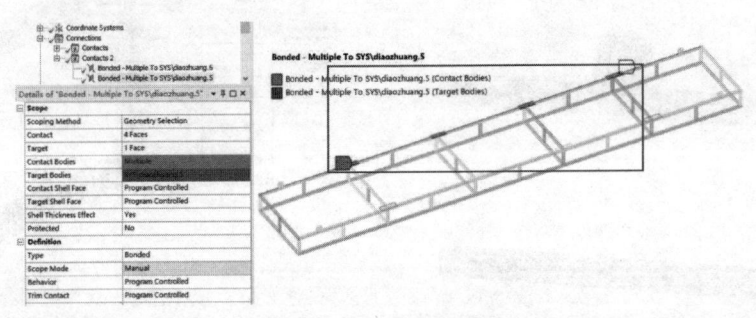

图1-28 另一侧衬板接触

12. 划分网格

（1）在导航树上单击【Mesh】→【Details of "Mesh"】→【Sizing】→【Use Adaptive Sizing】=Yes，其他默认。

（2）在导航树上展开Geometry，隐藏Part2，选择Part1中的所有体，然后右击【Mesh】，从弹出的快捷菜单中选择【Insert】→【Sizing】，【Body Sizing】→【Details of "Body Sizing"】→【Element Size】=5mm。

（3）选择Part1中的所有体，然后右击【Mesh】，从弹出的快捷菜单中选择【Insert】→【Method】→【Hex Dominant】，其他默认。

（4）显示Part2，隐藏Part1，选择Part2中的所有体，然后在导航树上右击【Mesh】，从弹出的快捷菜单中选择【Insert】→【Sizing】，【Body Sizing】→【Details of "Body Sizing"】→

【Element Size】= 8mm。

（5）生成网格。选择【Mesh】→【Generate Mesh】，图形区域显示程序生成的网格模型，如图 1-29 所示。

（6）网格质量检查。在导航树上单击【Mesh】→【Details of "Mesh"】→【Quality】→【Mesh Metric】= Element Quality，显示 Element Quality 规则下网格质量详细信息，平均值处在良好的水平范围内，展开【Statistics】显示网格和节点数量。

13. 施加边界条件

（1）在导航树上单击【Static Structural（A5）】。

（2）施加力载荷。在标准工具栏上单击 ，然后选择 1 对衬板表面，接着在环境功能区单击【Loads】→【Force】→【Details of "Force"】→【Definition】→【Define By】= Components，【Z Component】= 500N，如图 1-30 所示。同理，施加另外 3 对衬板表面力，如图 1-31 所示。

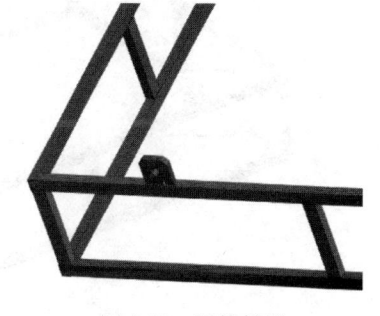

图 1-29　网格模型

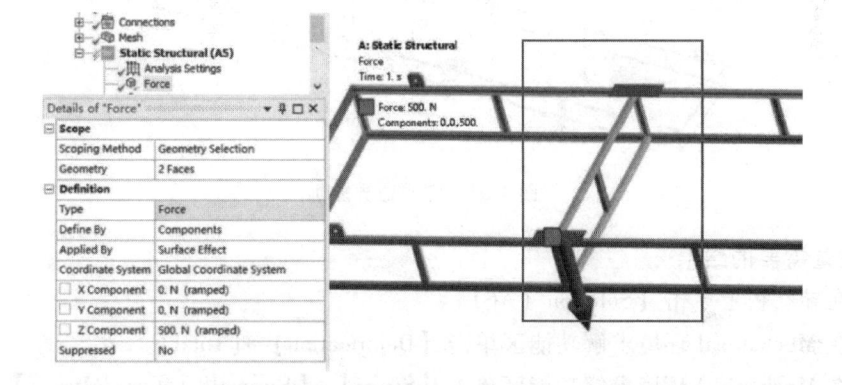

图 1-30　施加力载荷 1

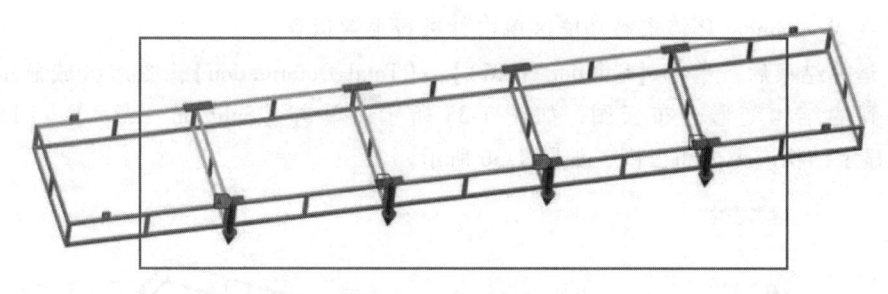

图 1-31　施加力载荷 2

（3）施加标准地球重力。在环境功能区单击【Inertial】→【Standard Earth Gravity】→【Details of "Standard Earth Gravity"】→【Definition】→【Direction】= +Z Direction。

（4）施加固定约束。在标准工具栏上单击 ，然后选择托架的一端面两吊耳孔，在环境功能区单击【Supports】→【Fixed Support】，如图 1-32 所示；同理，选择托架的一端面两吊耳孔，施加固定约束，如图 1-33 所示。最后完成边界施加，如图 1-34 所示。

图 1-32　施加固定约束 1　　　　　　　图 1-33　施加固定约束 2

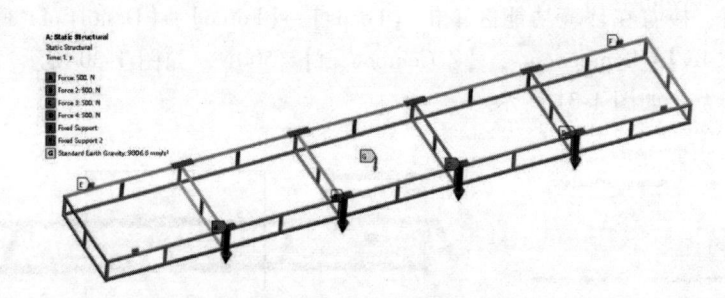

图 1-34　完成边界施加

14. 设置需要的结果

（1）在导航树上单击【Solution（A6）】。

（2）在 Mechanical 环境求解功能区单击【Deformation】→【Total】。

（3）在 Mechanical 环境求解功能区单击【Stress】→【Equivalent（von-Mises）】。

15. 求解与结果显示

（1）在 Mechanical 环境求解功能区单击 ⚡ 进行求解运算。

（2）运算结束后，单击【Solution（A6）】→【Total Deformation】，图形区域显示静态结构分析得到的结构变形分布云图，如图 1-35 所示；单击【Solution（A6）】→【Equivalent Stress】，显示结构应力分布云图，如图 1-36 所示。

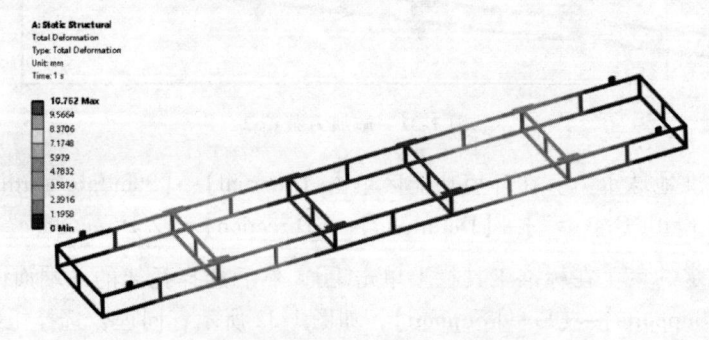

图 1-35　结构变形分布云图

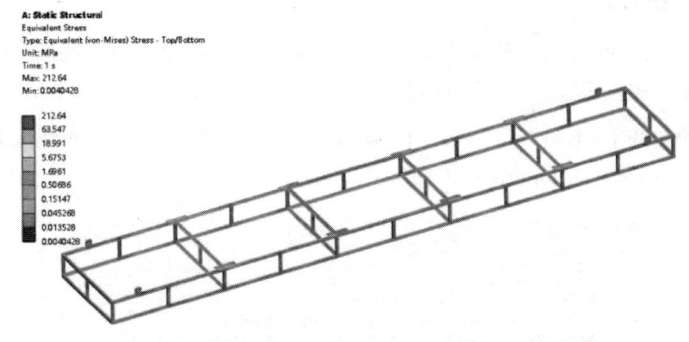

图 1-36　结构应力分布云图

16. 保存与退出

（1）退出 Mechanical 分析环境。单击 Mechanical 主界面的菜单【File】→【Close Mechanical】退出分析环境，返回到 Workbench 主界面，此时主界面的项目分析流程图中显示的分析已完成。

（2）单击 Workbench 主界面上的【Save】按钮，保存所有分析结果文件。

（3）退出 Workbench 环境。单击 Workbench 主界面的菜单【File】→【Exit】退出主界面，完成分析。

1.2.3　分析点评

本实例是某焊接吊装工装托架静力分析，来源实际工程应用，该结构模型为稍复杂的薄壁杆件结构，一方面根据结构力学中对薄壁杆件的定义，对该结构进行了中面抽取，由实体单元转化为壳单元计算，这样有利于大幅度地减少网格数量，快捷计算；另一方面对各杆件的连接采用缝焊连接、点焊连接和接触连接方式处理，并充分利用 SpaceClaim 和 DesignModeler 各自几何处理方面的优点。这些处理方法是分析薄壁杆件结构时常采用的处理方法，很实用。从应力结果来看，最大值为 212.64MPa，未超出结构钢材料的许用值，可看作在安全范围内。

1.3　涂层结合强度静力分析

1.3.1　问题描述

某 TILIF 型椎间融合器，该型材料为 PEEK，其弹性模量为 3800MPa，泊松比为 0.33。由于 PEEK 的化学稳定性较强，使得骨细胞不易攀爬，初始支撑稳定性不佳，对该型融合器表面添加钛合金材料涂层以利于骨生长。若忽略涂层的方法，试求钛合金涂层在 PEEK 椎间融合器的变形和应力以评估涂层结合强度。

1.3.2　实例分析过程

1. 启动 Workbench 2024

在"开始"菜单中执行 ANSYS 2024R1/R2→Workbench 2024R1/R2 命令。

2. 创建静态结构分析

（1）在工具箱【Toolbox】的【Analysis Systems】中双击或拖动静态结构分析【Static Structural】到项目分析流程图，如图 1-37 所示。

（2）在 Workbench 的工具栏中单击【Save】，保存项目实例名称为 TILIF．wbpj。如工程实例文件保存在 D：\AWB\Chapter01 文件夹中。

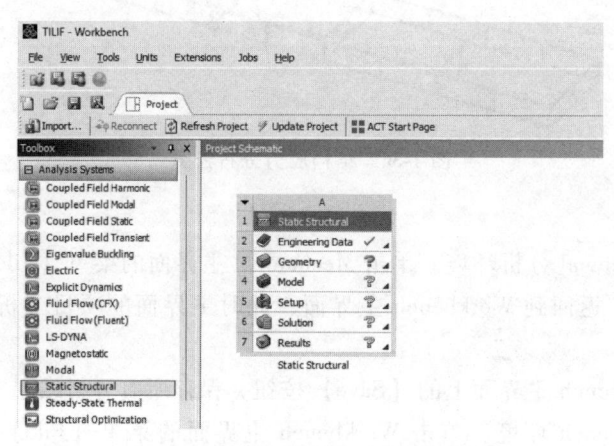

图 1-37　创建静态结构分析

3. 创建材料参数

（1）编辑工程数据单元，右击【Engineering Data】→【Edit...】。

（2）在工程数据属性中创建新材料：【Outline of Schematic A2：Engineering Data】→【Click here to add a new material】，输入新材料名称 PEEK。

（3）在左侧单击【Linear Elastic】展开，双击【Isotropic Elasticity】，设置【Properties of Outline Row 4：PEEK】→【Young's Modulus】= 3800MPa。

（4）设置【Properties of Outline Row 4：PEEK】→【Poisson's Ratio】= 0.33。

（5）单击【General materials】，从【Outline of General materials】里查找【Aluminum Alloy】材料，然后单击【Outline of General materials】表中的添加按钮，此时在 C 栏中显示标示，表明材料添加成功，如图 1-38 所示。

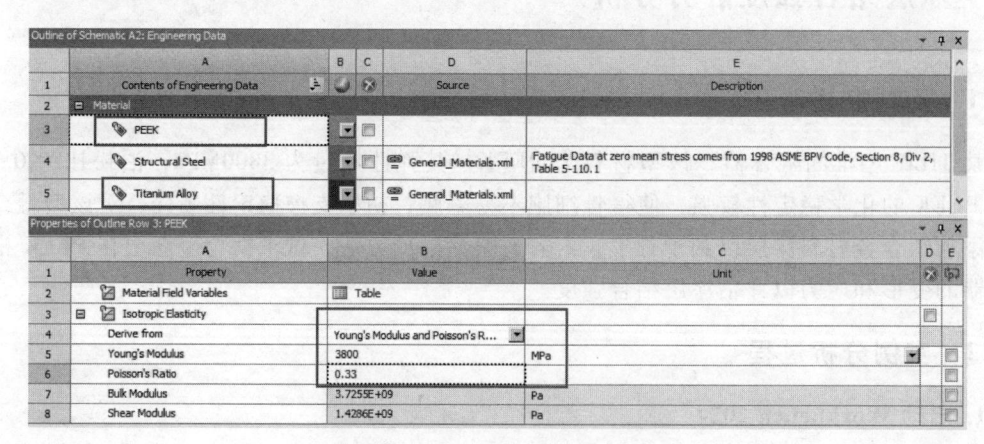

图 1-38　创建 PEEK 和钛合金材料

第1章　结构线性静力分析

（6）单击工具栏中的【A2：Engineering Data】关闭按钮，返回到 Workbench 主界面，新材料创建完毕。

4. 导入几何模型

在静态结构分析上右击【Geometry】→【Import Geometry】→【Browse】，找到模型文件 TILIF.scdoc，打开导入几何模型。如模型文件在 D:\AWB\Chapter01 文件夹中。

5. 进入 Mechanical 分析环境

（1）在静态结构分析上右击【Model】→【Edit...】进入 Mechanical 分析环境。

（2）在 Mechanical 的环境主页【Home】功能区单位【Units】中选择单位为 Metric（mm, kg, N, s, mV, mA）。

6. 为几何模型分配材料

在导航树上单击【Geometry】展开，然后选择【TILIF】→【Details of "TILIF"】→【Material】→【Assignment】=PEEK。

7. 划分网格

（1）在导航树上单击【Mesh】→【Details of "Mesh"】→【Defaults】→【Element Size】=0.5mm，其他默认。

（2）在标准工具栏上单击选择体图标 ，选择椎间融合器模型，然后在导航树上右击【Mesh】，从弹出的快捷菜单中选择【Insert】→【Method】→【Details of "Automatic Mesh"】→【Definition】→【Method】→【Hex Dominant】，其他默认。

（3）生成网格。选择【Mesh】→【Generate Mesh】，图形区域显示程序生成的六面体网格模型，如图1-39 所示。

（4）网格质量检查。在导航树上单击【Mesh】→【Details of "Mesh"】→【Quality】→【Mesh Metric】=Skewness，显示 Skewness 规则下网格质量详细信息，平均值处在良好的水平范围内，展开【Statistics】显示网格和节点数量。

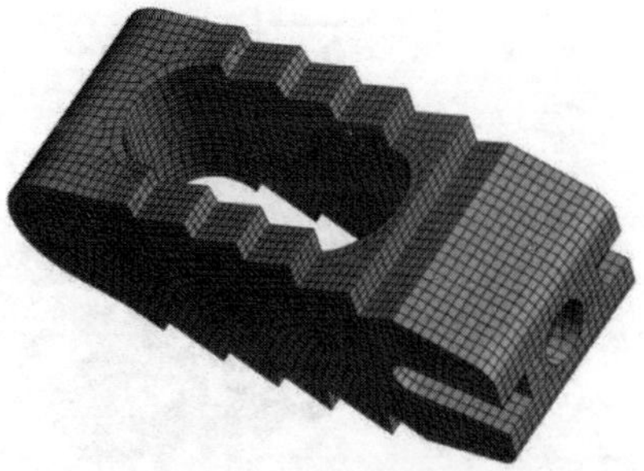

图 1-39　六面体网格模型

8. 设置涂层

（1）在 Mechanical 标准工具栏单击 ，选择椎间融合器的上表面；在导航树上右击【Mesh】，从弹出的快捷菜单中选择【Pull】→【Surface Coating】，【Pull（Surface Coating）】→【Details of "Pull（Surface Coating）"】→【Part Properties】→【Material】=Titanium Alloy，【Stiffness Option】=Membrane and Bending，【Thickness】=0.2mm，其他默认，如图1-40 所示。

（2）在 Mechanical 标准工具栏单击 ，选择椎间融合器的下表面；在导航树上右击【TILIF】，从弹出的快捷菜单中选择【Insert】→【Surface Coating】，【Pull（Surface Coating）2】→【Details of "Pull（Surface Coating）2"】→【Part Properties】→【Material】=Titanium Alloy，【Stiffness Option】=Membrane and Bending，【Thickness】=0.2mm，其他默认，如图1-41 所示。

（3）生成涂层。选择【Mesh Edit】→【Generate】，图形区域显示程序生成的钛合金涂层模型，如图1-42 所示。

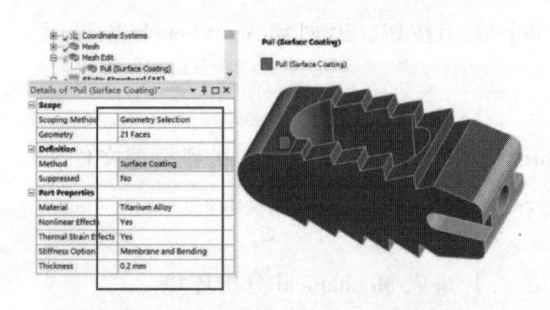

图 1-40 椎间融合器的上表面涂层创建

图 1-41 椎间融合器的下表面涂层创建

9. 施加边界条件

（1）在导航树上单击【Static Structural（A5）】。

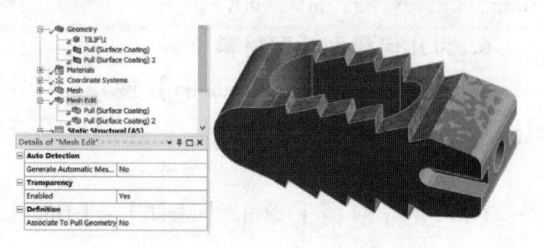

（2）施加力载荷。在标准工具栏上单击选择面图标，选择椎间融合器的上表面，接着在环境功能区上单击【Force】→【Details of "Force"】→【Definition】→【Define By】= Components，【Y Component】=−500N，如图 1-43 所示。

图 1-42 钛合金涂层模型

（3）施加约束。单击选择面图标，选择椎间融合器的下表面，然后在环境功能区上单击【Supports】→【Fixed Support】，如图 1-44 所示。

图 1-43 施加力载荷

图 1-44 施加约束

10. 设置需要的结果

（1）在导航树上单击【Solution（A6）】。

（2）在标准工具栏上单击选择体图标，选择椎间融合器的上表面涂层，在 Mechanical 环境求解功能区单击【Deformation】→【Total】。

（3）在标准工具栏上单击选择体图标，选择椎间融合器的上表面涂层，在 Mechanical 环境求解功能区单击【Stress】→【Equivalent（von-Mises）】。

11. 求解与结果显示

（1）在 Mechanical 环境求解功能区单击 ⚡ 进行求解运算。

（2）运算结束后，单击【Solution（A6）】→【Total Deformation】，图形区域显示分析得到的 PEEK 椎间融合器上表面钛合金涂层总变形分布云图，如图 1-45 所示；单击【Solution

（A6）】→【Equivalent Stress】，显示 PEEK 椎间融合器上表面钛合金涂层等效应力分布云图，如图 1-46 所示。

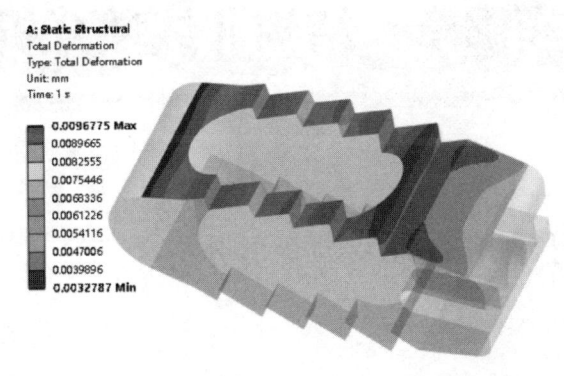

图 1-45　PEEK 椎间融合器上表面钛合金涂层总变形分布云图

12. 保存与退出

（1）退出 Mechanical 分析环境。单击 Mechanical 主界面的菜单【File】→【Close Mechanical】退出分析环境，返回到 Workbench 主界面，此时主界面的项目分析流程图中显示的分析已完成。

（2）单击 Workbench 主界面上的【Save】按钮，保存所有分析结果文件。

（3）退出 Workbench 环境。单击 Workbench 主界面的菜单【File】→【Exit】退出主界面，完成分析。

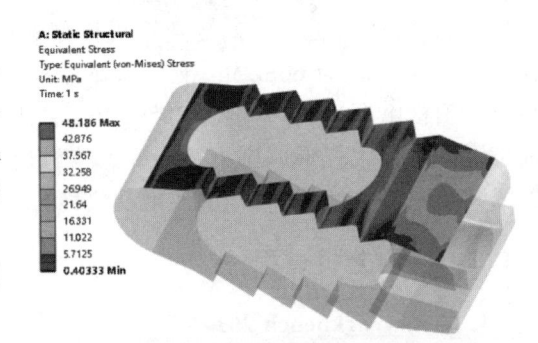

图 1-46　PEEK 椎间融合器上表面钛合金涂层等效应力分布云图

1.3.3　分析点评

本实例为某 TILIF 型 PEEK 材料椎间融合器表面钛合金涂层分析，重点为涂层的设置，难点为分析涂层与结合体间的强度。本例的方法可以在几何层面生成面体，便于后处理操作，另一种等效方法是在几何模型处插入涂层模型。该种处理涂层的计算方法很好处理了真实涂层材料模型计算网格数量巨大、计算量大、浪费计算资源的问题，可应用在多个涂层应用领域。

第2章　结构非线性分析

2.1　某型片弹簧接触非线性及大变形分析

2.1.1　问题描述

某型片弹簧起减震作用，片弹簧的长侧端面固定，另一短侧弯曲面与平板接触，并受到平板 8mm 位移挤压，片弹簧及平板模型如图 2-1 所示。弹簧及平板材料为 60Si2Mn 钢，其弹性模量为 2.07E+11Pa，泊松比为 0.3，密度为 7850kg/m³，求片弹簧在平板挤压下的最大变形、应力及应变、接触轨迹追踪、接触区域评估、接触状态、压力及滑动位移。

2.1.2　实例分析过程

1. 启动 Workbench 2024

在"开始"菜单中执行 ANSYS 2024R1/R2→Workbench 2024R1/R2 命令。

2. 创建静态结构分析

（1）在工具箱【Toolbox】的【Analysis Systems】中双击或拖动静态结构分析【Static Structural】到项目分析流程图，如图 2-2 所示。

（2）在 Workbench 的工具栏中单击【Save】，保存项目实例名称为 Spring plate.wbpj。如工程实例文件保存在 D:\AWB\Chapter02 文件夹中。

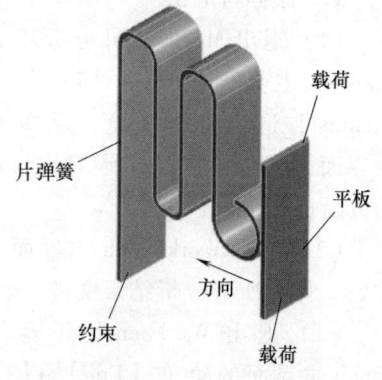

图 2-1　片弹簧及平板模型

3. 创建材料参数

（1）编辑工程数据单元，右击【Engineering Data】→【Edit...】。

（2）在工程数据属性中创建新材料：【Outline of Schematic A2, B2：Engineering Data】→【Click here to add a new material】，输入新材料名称 60Si2Mn。

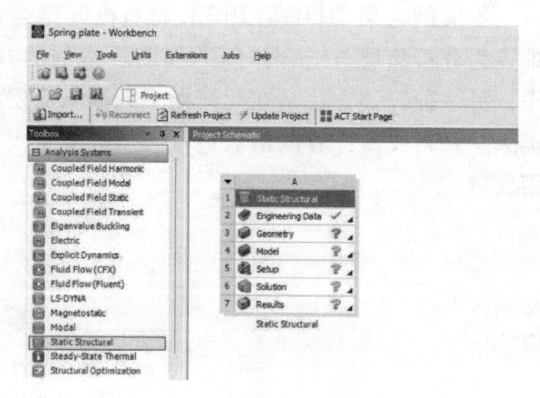

图 2-2　创建静态结构分析

（3）在左侧单击【Physical Properties】展开，双击【Density】，设置【Properties of Outline Row 4：60Si2Mn】→【Density】=7850kg m^-3。

(4) 在左侧单击【Linear Elastic】展开，双击【Isotropic Elasticity】，设置【Properties of Outline Row 4：60Si2Mn】→【Young's Modulus】= 2.07E+11Pa。

(5) 设置【Properties of Outline Row 4：60Si2Mn】→【Poisson's Ratio】= 0.3，如图2-3所示。

(6) 单击工具栏中的【A2：Engineering Data】关闭按钮，返回到 Workbench 主界面，新材料创建完毕。

4. 导入几何模型

在静态结构分析上右击【Geometry】→【Import Geometry】→【Browse】，找到模型文件 Spring plate.agdb，打开导入几何模型。如模型文件在 D：\AWB\Chapter02 文件夹中。

图2-3 创建材料

5. 进入 Mechanical 分析环境

(1) 在静态结构分析上右击【Model】→【Edit...】进入 Mechanical 分析环境。

(2) 在 Mechanical 的环境主页【Home】功能区单位【Units】中选择单位为 Metric（mm, kg, N, s, mV, mA）。

6. 为几何模型分配材料

在导航树上单击【Geometry】展开，选择【Spring，Plate】，设置【Details of "Multiple Selection"】→【Material】→【Assignment】= 60Si2Mn，其他默认。

7. 创建接触连接

(1) 在导航树上展开【Connections】→【Contacts】，单击【Contact Region】，默认程序自动识别的弹簧曲面为接触面，与其相邻的平板面为目标面。右击【Contact Region】，从弹出的快捷菜单中选择【Rename Based On Definition】，重新命名接触面与目标面，如图2-4所示。

(2) 接触设置。单击【Bonded-Spring To Plate】→【Details of "Bonded-Spring To Plate"】→【Definition】→【Type】= Frictionless，【Behavior】= Asymmetric；【Advanced】→【Formulation】= Augmented Lagrange，【Detection Method】= On Gauss Point，【Normal Stiffness】= Factor，【Normal Stiffness Factor】= 1e-5，【Pinball Region】= Radius，【Pinball Radius】= 3mm；【Geometric Modification】→【Interface Treatment】= Adjust to Touch，其他默认，如图2-5所示。

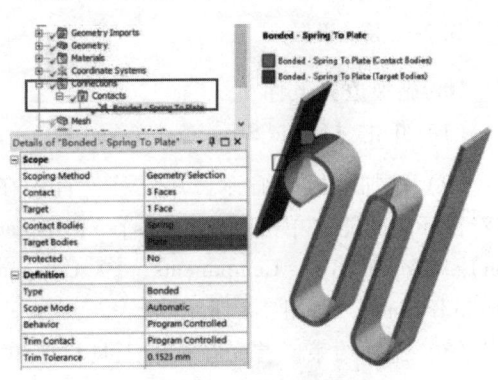

图2-4 创建接触连接

8. 划分网格

(1) 在导航树上单击【Mesh】→【Details of "Mesh"】→【Defaults】→【Element Size】= 0.5mm，其他默认。

(2) 生成网格。右击【Mesh】→【Generate Mesh】，图形区域显示程序生成的六面体网格模型，如图2-6所示。

(3) 网格质量检查。在导航树上单击【Mesh】→【Details of "Mesh"】→【Quality】→【Mesh Metric】= Element Quality，显示 Element Quality 规则下网格质量详细信息，平均值处在良好的水平范围内，展开【Statistics】显示网格和节点数量。

9. 接触初始检测

（1）在导航树上右击【Connections】→【Insert】→【Contact Tool】。

（2）右击【Contact Tool】，从弹出的快捷菜单中选择【Generate Initial Contact Results】，经过初始运算，得到接触状态信息，如图2-7所示。注意图示接触状态值是按照网格设置后的状态，也可不先设置网格，查看接触初始状态。

图 2-5 接触设置

图 2-6 六面体网格模型

图 2-7 接触状态信息

10. 施加边界条件

（1）单击【Static Structural（A5）】。

（2）施加平板压缩弹簧片位移。首先在标准工具栏上单击 ▣，然后选择平板两端面，接着在环境功能区单击【Supports】→【Displacement】→【Details of "Displacement"】→【Definition】→【Define By】= Components，【X Component】= −8mm，【Y Component】= 0mm，【Z Component】= 0mm，如图2-8所示。

（3）施加约束。首先在标准工具栏上单击 ▣，然后选择弹簧的直长侧端面，接着在环境功能区单击【Supports】→【Fixed Support】，如图2-9所示。

（4）非线性设置。单击【Analysis Settings】→【Details of "Analysis Settings"】→【Step Controls】→【Auto Time Stepping】= On，【Define By】= Substeps，【Initial Substeps】= 10，【Minimum Substeps】= 5，【Maximum Substeps】= 25；【Solver Controls】→【Large

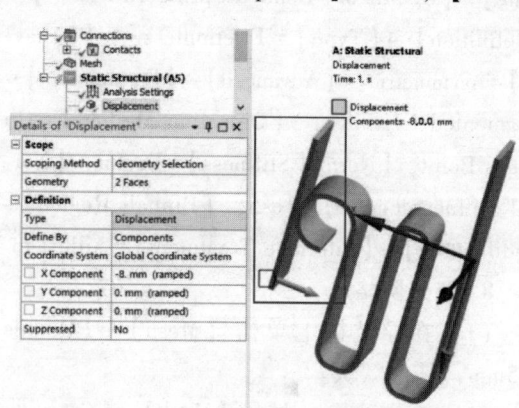

图 2-8 施加平板压缩弹簧片位移

Deflection】= On，其他默认，如图 2-10 所示。

图 2-9　施加约束

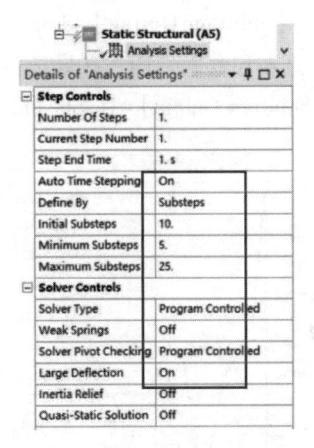

图 2-10　非线性设置

11. 设置需要的结果

（1）在导航树上单击【Solution（A6）】。

（2）在 Mechanical 环境求解功能区单击【Deformation】→【Total】。

（3）在 Mechanical 环境求解功能区单击【Strain】→【Equivalent（von-Mises）】。

（4）在 Mechanical 环境求解功能区单击【Stress】→【Equivalent（von-Mises）】。

12. 求解与结果显示

（1）在 Mechanical 环境求解功能区单击 ⚡ 进行求解运算。

（2）运算结束后，单击【Solution（A6）】→【Total Deformation】，图形区域显示分析得到的弹簧变形分布云图，如图 2-11 所示；单击【Solution（A6）】→【Equivalent Elastic Strain】，显示弹簧应变分布云图，如图 2-12 所示；单击【Solution（A6）】→【Equivalent Stress】，显示弹簧等效应力分布云图，如图 2-13 所示。

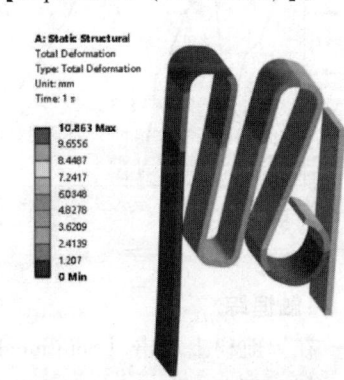

图 2-11　弹簧变形分布云图

图 2-12　弹簧应变分布云图

图 2-13　弹簧等效应力分布云图

（3）查看力收敛图。在导航树上单击【Solution Information】→【Details of "Solution Information"】→【Solution Output】=Force Convergence，可以查看力收敛图，如图2-14所示。

（4）查看位移收敛图。在导航树上单击【Solution Information】→【Details of "Solution Information"】→【Solution Output】=Displacement Convergence，可以查看位移收敛图，如图2-15所示。

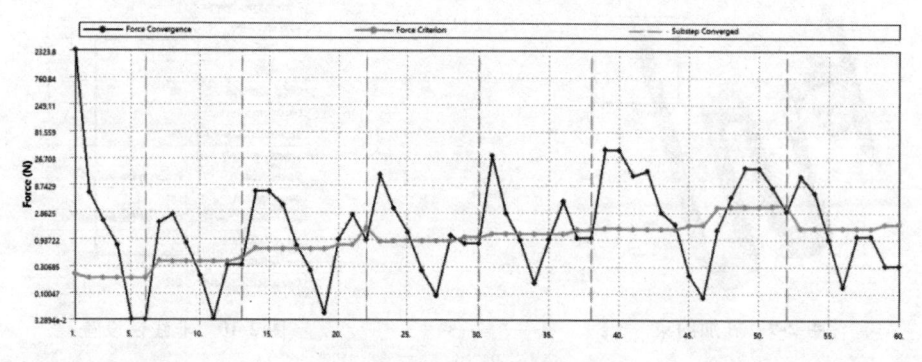

图 2-14　力收敛图

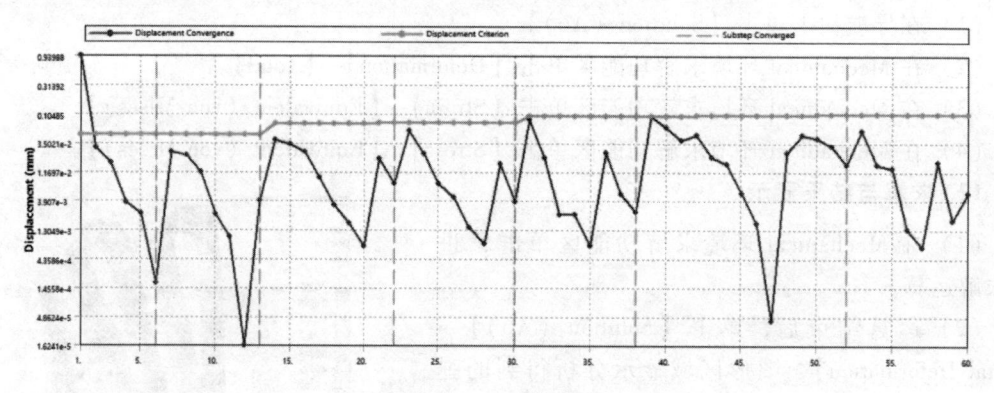

图 2-15　位移收敛图

13. 接触追踪

（1）在导航树上右击【Solution Information】→【Insert】→【Contact】，单击【Number Contacting】→【Details of "Number Contacting"】→【Definition】→【Type】=Penetration，【Scope】→【Contact Region】=Frictionless-Spring To Plate，其他默认。

（2）右击【Penetration】，从弹出的快捷菜单中选择【Evaluate All Contact Trackers】，运算后出现如图2-16所示的曲线与数表。

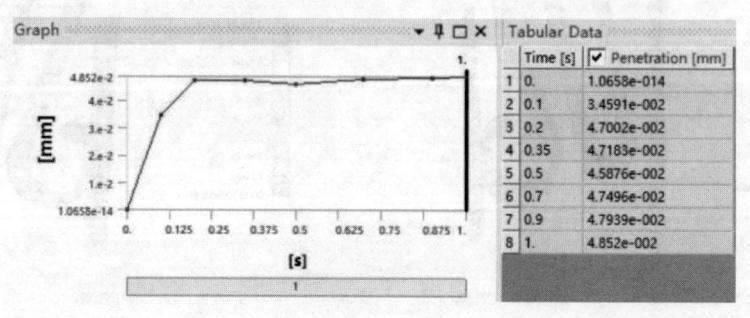

图 2-16　接触追踪曲线与数表

14. 接触评估

（1）在导航树上单击【Solution（A6）】。

（2）在 Mechanical 环境求解功能区单击【Tools】→【Contact Tool】。

（3）右击【Contact Tool】→【Insert】→【Pressure】，【Sliding Distance】。

（4）右击【Contact Tool】，从弹出的快捷菜单中选择【Evaluate All Results】，运算后，分别单击【Contact Tool】→【Status】查看接触状态结果，如图 2-17 所示；单击【Contact Tool】→【Pressure】查看接触压力结果，如图 2-18 所示；单击【Contact Tool】→【Sliding Distance】查看接触滑移结果，如图 2-19 所示。

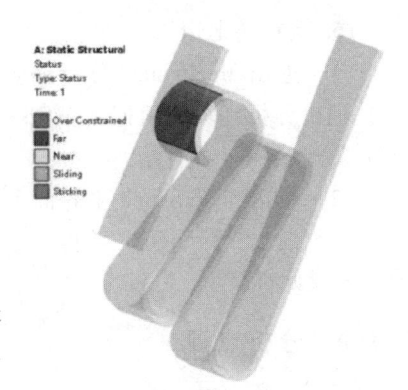

图 2-17 接触状态结果

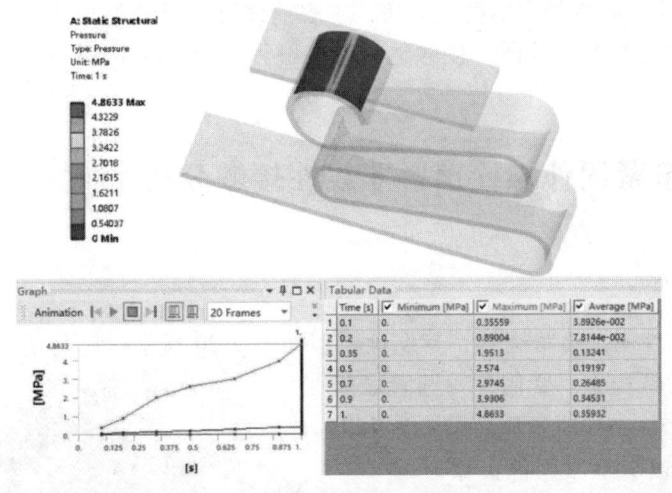

图 2-18 接触压力结果

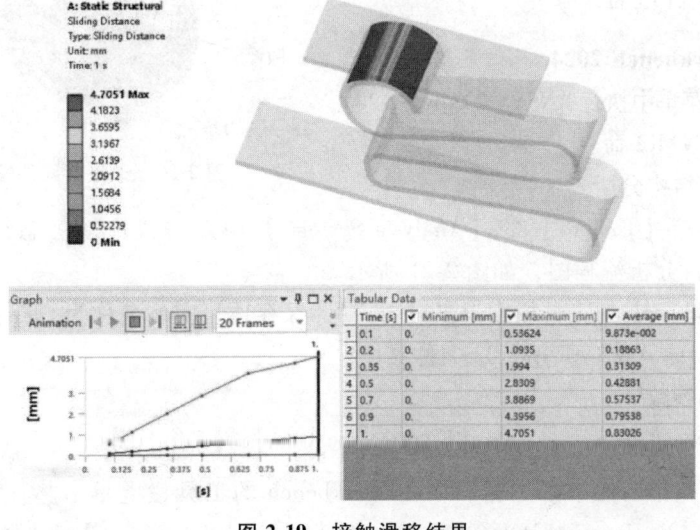

图 2-19 接触滑移结果

15. 保存与退出

（1）退出 Mechanical 分析环境。单击 Mechanical 主界面的菜单【File】→【Close Mechanical】退出分析环境，返回到 Workbench 主界面，此时主界面的项目分析流程图中显示分析已完成。

（2）单击 Workbench 主界面上的【Save】按钮，保存所有分析结果文件。

（3）退出 Workbench 环境。单击 Workbench 主界面的菜单【File】→【Exit】退出主界面，完成分析。

2.1.3 分析点评

本实例是片弹簧接触非线性及大变形分析，包含了两个重要知识点：接触非线性分析和几何大变形分析。在本例中如何使求解快速收敛是关键，这牵涉到非线性网格划分、接触设置与接触初始检测、几何大变形设置、求解过程中子步设置以及对应的边界条件设置。Mechanical 在求解非线性时有强大的处理方法，求解前即可通过初始检测来判定接触设置是否正确，求解后可通过查看收敛图、接触追踪、接触评估及 Newton-Raphson 余量来判定是否收敛及提供解决方法。

2.2 某型卡箍紧固件螺栓预紧非线性接触分析

2.2.1 问题描述

某型卡箍紧固件用于夹紧圆管，其螺栓模型如图 2-20 所示。圆管的材料为铜合金，卡箍紧固件的材料为结构钢。紧固件与圆管之间的摩擦系数为 0.15，工作时紧固件的夹紧力为 1000N。试求圆管被卡箍紧固件夹紧时的 Z 方向变形、卡箍紧固件最大应力与变形。

2.2.2 实例分析过程

1. 启动 Workbench 2024

在"开始"菜单中执行 ANSYS 2024R1/R2→Workbench 2024R1/R2 命令。

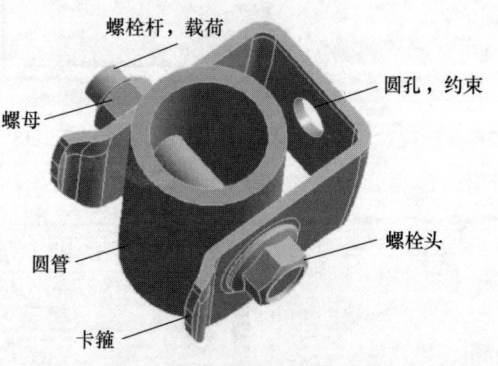

图 2-20 卡箍紧固件螺栓模型

2. 创建静态结构分析

（1）在工具箱【Toolbox】的【Analysis Systems】中双击或拖动静态结构分析【Static Structural】到项目分析流程图，如图 2-21 所示。

（2）在 Workbench 的工具栏中单击【Save】，保存项目实例名称为 Clamp.wbpj。如工程实例文件保存在 D:\AWB\Chapter02 文件夹中。

3. 创建材料参数

（1）编辑工程数据单元，右击【Engineering Data】→【Edit...】。

（2）在工程数据属性中添加材料，在 Workbench 的工具栏上单击 进入工程材料库，此时的界面显示【Engineering Data Sources】和【Outline of Favorites】。选择 A3 栏【General

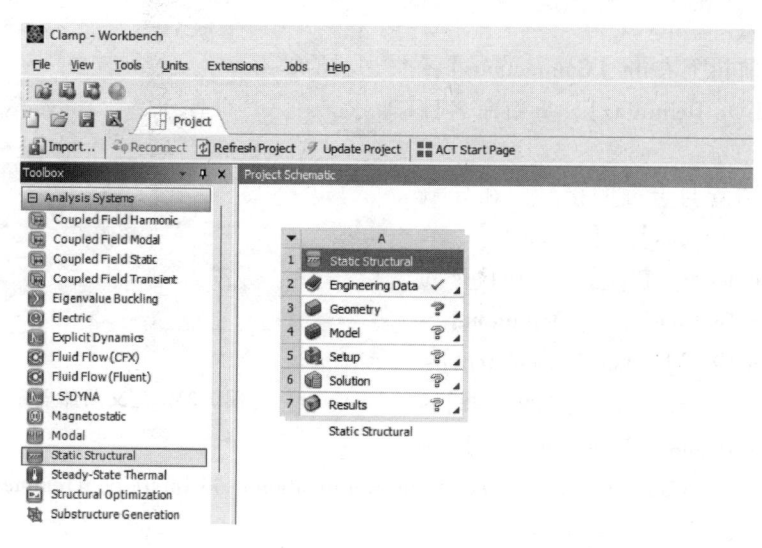

图 2-21 创建静态结构分析

Materials】，从【Outline of General Materials】里查找铜合金【Copper Alloy】材料，然后单击【Outline of General Material】表中的添加按钮，此时在 C6 栏中显示标示，表明材料添加成功，如图 2-22 所示。

（3）单击工具栏中的【A2：Engineering Data】关闭按钮，返回到 Workbench 主界面，新材料添加完毕。

4. 导入几何模型

在静态结构分析上右击【Geometry】→【Import Geometry】→【Browse】，找到模型文件 Clamp.x_t，打开导入几何模型。如模型文件在 D:\AWB\Chapter02 文件夹中。

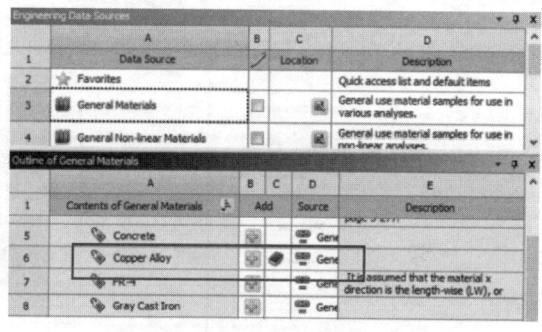

图 2-22 添加材料

5. 进入 Mechanical 分析环境

（1）在静态结构分析上右击【Model】→【Edit...】进入 Mechanical 分析环境。

（2）在 Mechanical 的环境主页【Home】功能区单位【Units】中选择单位为 Metric（mm, kg, N, s, mV, mA）。

6. 为几何模型分配材料

（1）为圆管分配材料。在导航树上单击【Geometry】展开，设置【Pipe】→【Details of "Pipe"】→【Material】→【Assignment】= Copper Alloy。

（2）卡箍、螺栓和螺母的材料默认为结构钢。

7. 定义局部坐标

在 Mechanical 标准工具栏单击，选择螺栓外表面；在导航树上右击【Coordinate Systems】，从弹出的快捷菜单中选择【Insert】→【Coordinate Systems】，【Coordinate System】→【Details of "Coordinate System"】→【Principal Axis】→【Axis】= Z，其他默认，如图 2-23 所示。

8. 接触设置

（1）在导航树上右击【Connections】→【Rename Based On Definition】，重新命名目标面与接触面。

（2）设置圆管与卡箍的接触。在导航树上展开【Connections】→【Contacts】，单击【Bonded-Holder To Pipe】→【Details of "Bonded-Holder To Pipe"】→【Definition】→【Type】= Frictional，【Frictional Coefficient】= 0.15，【Behavior】= Symmetric；【Advanced】→【Formulation】= Augmented Lagrange，【Detection Method】= On Gauss Point；【Geometric Modification】→【Interface Treatment】= Adjust to Touch，其他默认，如图2-24所示。

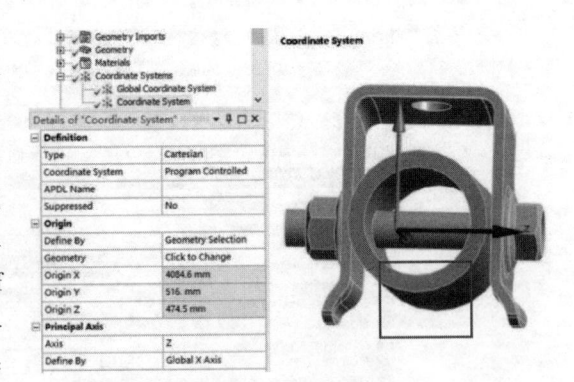

图2-23 定义局部坐标

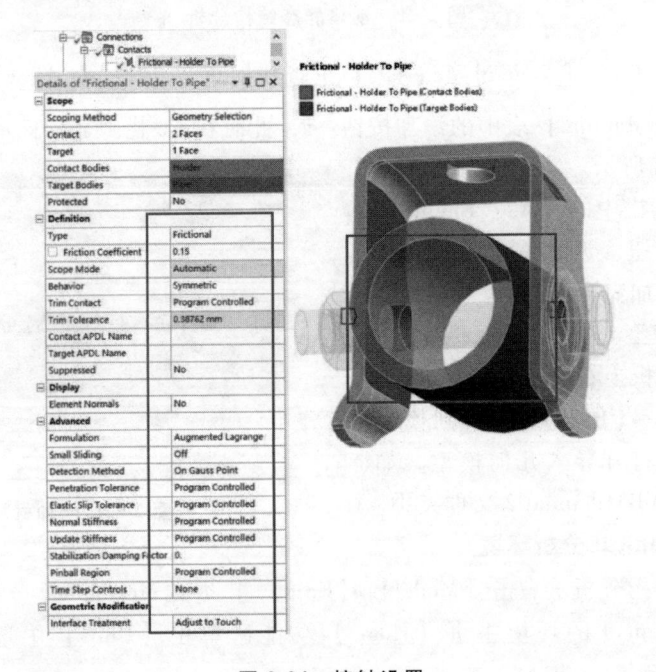

图2-24 接触设置

（3）设置螺栓头与卡箍表面的接触。单击【Bonded-Holder To Bolt】→【Details of "Bonded-Holder To Bolt"】→【Scope】→【Contact】：单击3Faces，在空白处单击，单击 选择卡箍侧面圆区域，然后单击【Apply】确定，如图2-25所示；【Target】：隐藏整个卡箍，单击4Faces，在空白处单击，单击 选择卡箍侧面圆区域对应的螺栓头面，然后单击【Apply】确定，如图2-26所示；【Definition】→【Type】= Frictional，【Frictional Coefficient】= 0.15，【Behavior】= Symmetric；【Advanced】→【Formulation】= Augmented Lagrange，【Detection Method】= On Gauss Point，【Geometric Modification】→【Interface Treatment】= Add Offset，Ramped Effects，其他默认，如图2-27所示。

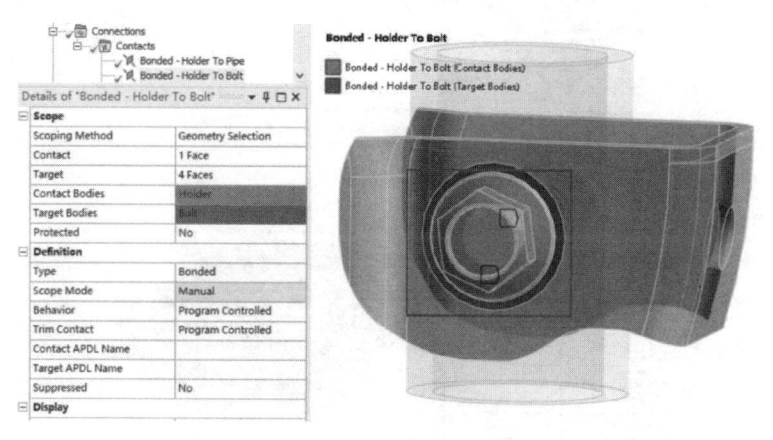

图 2-25 设置摩擦接触面

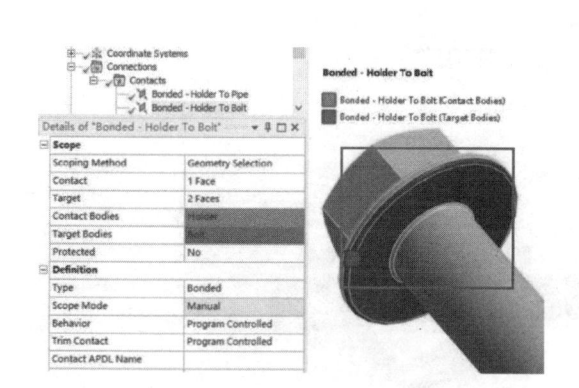

图 2-26 设置摩擦接触目标面

图 2-27 设置螺栓头与卡箍表面的接触

（4）设置螺母与卡箍表面的接触。单击【Bonded-Holder To Nut】→【Details of "Bonded-Holder To Nut"】→【Definition】→【Type】= Frictional，【Frictional Coefficient】= 0.15，【Behavior】= Symmetric；【Advanced】→【Formulation】= Augmented Lagrange，【Detection Method】= On Gauss Point，【Geometric Modification】→【Interface Treatment】= Add Offset，Ramped Effects，其他默认，如图 2-28 所示。

（5）设置螺栓柱与圆管的接触。单击【Bonded-Pipe To Bolt】→【Details of "Bonded-Pipe To Bolt"】→【Definition】→【Type】= Frictionless，【Behavior】= Symmetric；【Advanced】→【Formulation】= Augmented Lagrange，【Detection Method】= On Gauss Point；【Geometric Modification】→【Interface Treatment】= Adjust to Touch，其他默认，如图 2-29 所示。

（6）设置螺栓柱与螺母的接触。单击【Bonded-Bolt To Nut】→【Details of "Bonded-Bolt To Nut"】→【Definition】→【Behavior】= Symmetric；【Advanced】→【Formulation】= Pure Penalty，【Detection Method】= On Gauss Point，其他默认，如图 2-30 所示。

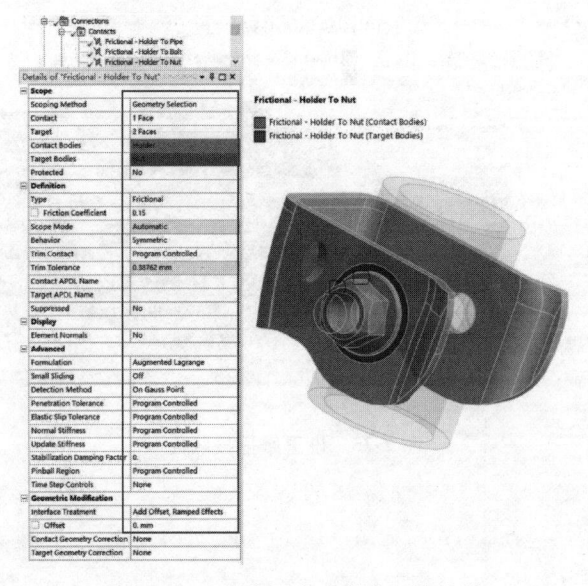

图 2-28 设置螺母与卡箍表面的接触

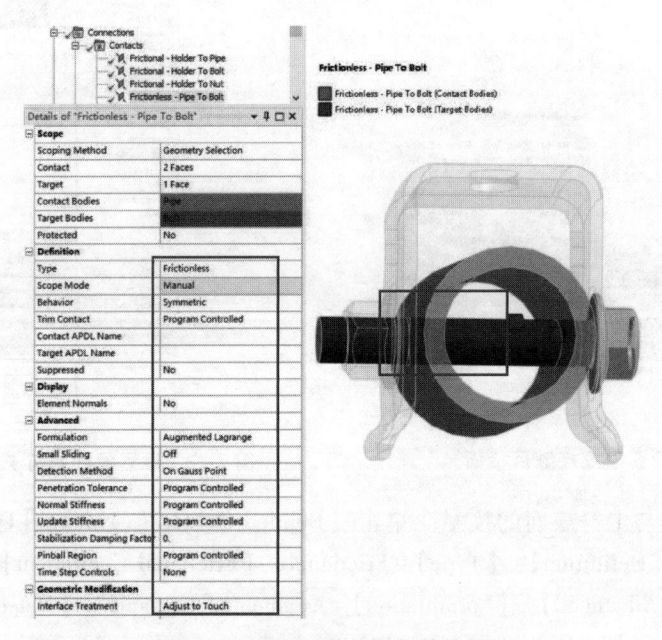

图 2-29 设置螺栓柱与圆管的接触

（7）设置螺栓柱与卡箍的接触。在导航树上单击【Contacts】，从连接工具栏中单击【Contact】→【Frictionless】，单击【Frictionless-No Selection To No Selection】→【Details of "Frictionless-No Selection To No Selection"】→【Contact】：隐藏螺栓柱和圆管，单击 选择卡箍两侧孔内表面，单击【Contact】右方的【No Selection】，然后单击【Apply】确定，如图 2-31 所示。【Target】：显示隐藏的螺栓柱和圆管，单击 选择螺栓柱表面，单击【Target】右方的【No Selection】，然后单击【Apply】确定，如图 2-32 所示。单击【Frictionless-Holder To Bolt】→【Details of "Frictionless-Holder To Bolt"】→【Definition】→【Behavior】=Symmetric；【Advanced】→【Formulation】= Augmented Lagrange,【Detection Method】= On Gauss Point;【Geometric Modification】→【Interface Treatment】= Add Offset,No Ramping,其他默认,如图 2-33 所示。

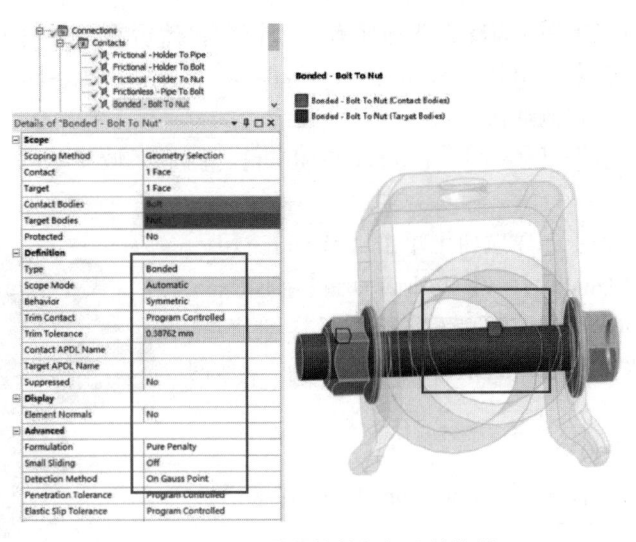

图 2-30　设置螺栓柱与螺母的接触

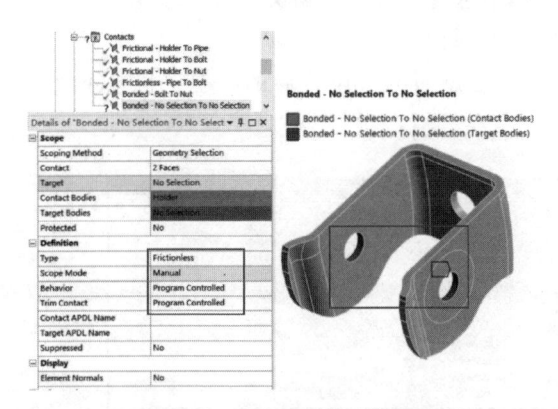

图 2-31　设置无摩擦接触面

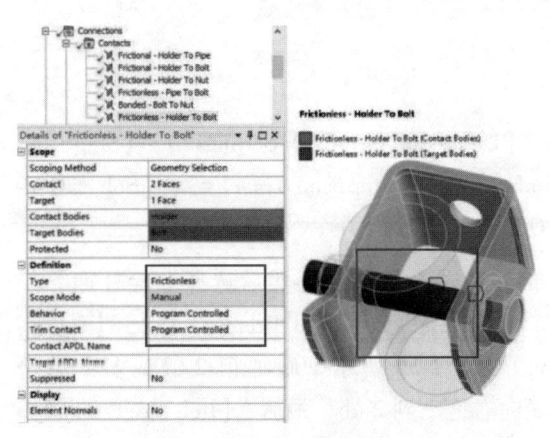

图 2-32　设置无摩擦接触目标面

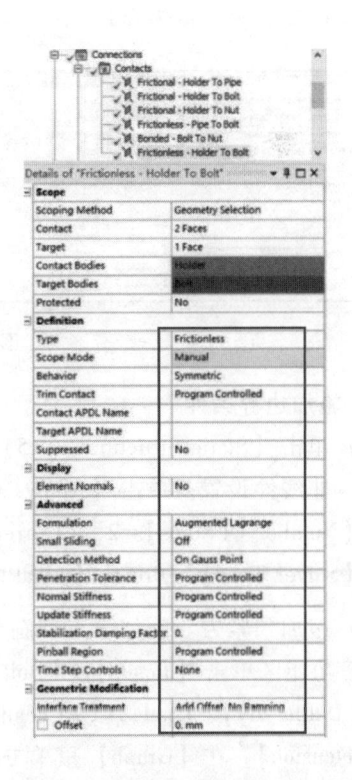

图 2-33　设置螺栓柱与卡箍的接触

9. 划分网格

（1）在导航树上单击【Mesh】→【Details of "Mesh"】→【Sizing】→【Use Adaptive Sizing】= No；【Capture Curvature】= Yes，其他默认。

（2）在标准工具栏上单击 ![icon]，选择所有几何模型，然后在导航树上右击【Mesh】，从弹出的快捷菜单中选择【Insert】→【Sizing】→【Details of "Body Sizing"-Sizing】→【Definition】→【Element Size】= 2mm，其他默认。

（3）生成网格。右击【Mesh】→【Generate Mesh】，图形区域显示程序生成的网格模型，如图 2-34 所示。

（4）网格质量检查。在导航树上单击【Mesh】→【Details of "Mesh"】→【Quality】→【Mesh Metric】= Element Quality，显示 Element Quality 规则下网格质量详细信息，平均值处在良好的水平范围内，展开【Statistics】显示网格和节点数量。

10. 接触初始状态检测

（1）在导航树上右击【Connections】→【Insert】→【Contact Tool】。

（2）右击【Contact Tool】，从弹出的快捷菜单中选择【Generate Initial Contact Results】，经过初始运算，得到初始接触信息，如图 2-35 所示。注意图示接触状态值是按照网格设置后的状态，也可不先设置网格，查看接触初始状态。

图 2-34 网格模型

Name	Contact Side	Type	Status	Number Contacting	Penetration (mm)	Gap (mm)	Geometric Penetration (mm)	Geometric Gap (mm)	Resulting Pinball (mm)	Real Constant
Frictional - Holder To Pipe	Contact	Frictional	Closed	1.	0.	0.	0.	0.	1.4855	5.
Frictional - Holder To Pipe	Target	Frictional	Closed	1.	0.	0.	0.	0.	1.4855	6.
Frictional - Holder To Bolt	Contact	Frictional	Closed	588.	1.819e-012	0.	1.819e-012	N/A	5.6815	7.
Frictional - Holder To Bolt	Target	Frictional	Closed	588.	1.819e-012	0.	1.819e-012	N/A	5.6815	8.
Frictional - Holder To Nut	Contact	Frictional	Closed	564.	1.3642e-012	0.	1.3642e-012	N/A	5.5262	9.
Frictional - Holder To Nut	Target	Frictional	Closed	564.	1.3642e-012	0.	1.3642e-012	N/A	5.5262	10.
Frictionless - Pipe To Bolt	Contact	Frictionless	Closed	754.	3.1096e-013	0.	0.	0.13511	1.5751	11.
Frictionless - Pipe To Bolt	Target	Frictionless	Closed	754.	3.1096e-013	0.	0.	0.13511	1.5751	12.
Bonded - Bolt To Nut	Contact	Bonded	Closed	829.	2.6375e-013	0.	1.2858e-004	1.2346e-004	0.38294	13.
Bonded - Bolt To Nut	Target	Bonded	Closed	829.	2.6375e-013	0.	1.2858e-004	1.2346e-004	0.38294	14.
Frictionless - Holder To Bolt	Contact	Frictionless	Closed	291.	7.3556e-005	0.	7.3556e-005	1.3071e-007	1.57	15.
Frictionless - Holder To Bolt	Target	Frictionless	Closed	291.	7.3556e-005	0.	7.3556e-005	1.3071e-007	1.57	16.

图 2-35 初始接触信息

11. 施加边界条件

（1）单击【Static Structural（A5）】。

（2）非线性设置。单击【Analysis Settings】→【Details of "Analysis Settings"】→【Step Controls】→【Number Of Steps】= 2，【Current Step Number】= 2，【Step End Time】= 2；【Solver Controls】→【Solver Type】= Direct，【Weak Spring】= Off，其他默认。

（3）施加预紧力。施加第 1 载荷步：在标准工具栏上单击 ![icon]，然后选择螺栓柱面，接着在环境功能区单击【Loads】→【Bolt Pretension】→【Details of "Bolt Pretension"】→【Definition】→【Define By】= Load，【Preload】= 1000N，如图 2-36 所示。施加第 2 载荷步：单击【Bolt Pretension】，在【Graph】里单击黑色分界线向右拖动到 2 处，最后，【Bolt Pretension】→【Details of "Bolt Pretension"】→【Definition】→【Define By】= Lock，如图 2-37 所示。

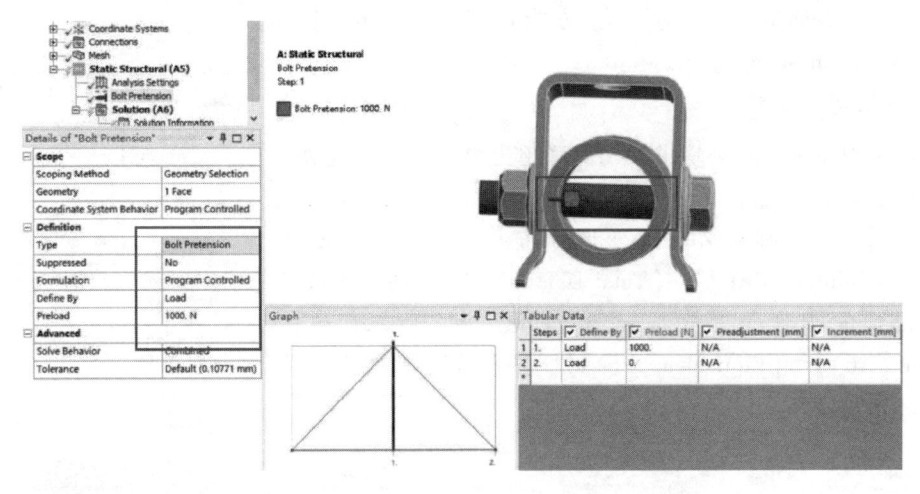

图 2-36　施加预紧第 1 载荷步

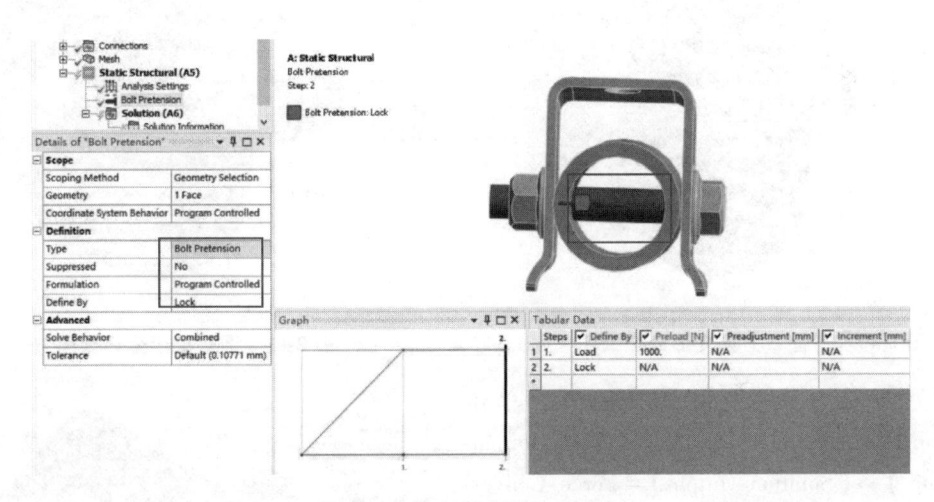

图 2-37　施加预紧第 2 载荷步

(4) 施加约束。首先在标准工具栏上单击 ，然后选择卡箍上后面圆孔，接着在环境功能区单击【Supports】→【Fixed Support】，如图 2-38 所示。

12. 设置需要的结果

(1) 在导航树上单击【Solution（A6）】。

(2) 在标准工具栏上单击 选择圆管，在 Mechanical 环境求解功能区单击【Deformation】→【Directional】,【Directional Deformation】→【Details of "Directional Deformation"】→【Definition】→【Orientation】= Z Axis,【Coordinate System】= Global Coordinate System，如图 2-39 所示。

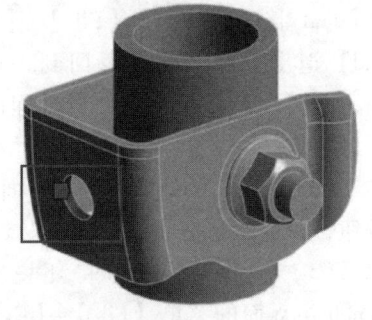

图 2-38　施加约束

(3) 在 Mechanical 环境求解功能区单击【Deformation】→【Total】。

（4）在 Mechanical 环境求解功能区单击【Stress】→【Equivalent（von-Mises）】。

13. 求解与结果显示

（1）在 Mechanical 环境求解功能区单击 ⚡ 进行求解运算。

（2）运算结束后，单击【Solution（A6）】→【Directional Deformation】，显示圆管 Z 方向变形分布云图，如图 2-40 所示；单击【Solution（A6）】→【Total Deformation】，图形区域显示分析得到的圆管变形分布云图，如图 2-41 所示；单击【Solution（A6）】→【Equivalent Stress】，显示圆管等效应力分布云图如图 2-42 所示。

图 2-39 方向变形设置

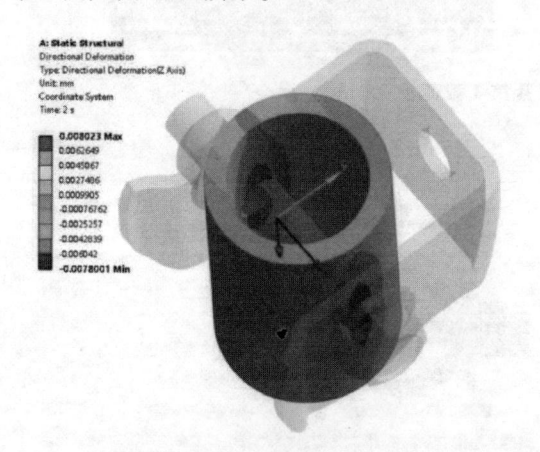

图 2-40 圆管 Z 方向变形分布云图

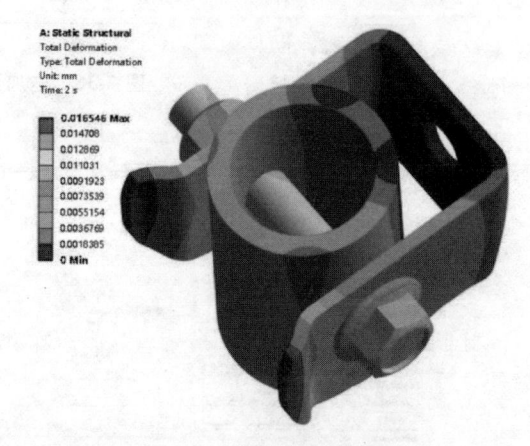

图 2-41 圆管变形分布云图

（3）查看力收敛图。在导航树上单击【Solution Information】→【Details of "Solution Information"】→【Solution Output】= Force Convergence，可以查看力收敛图，如图 2-43 所示。

14. 保存与退出

（1）退出 Mechanical 分析环境。单击 Mechanical 主界面的菜单【File】→【Close Mechanical】退出分析环境，返回到 Workbench 主界面，此时主界面的项目分析流程图中显示的分析已完成。

（2）单击 Workbench 主界面上的【Save】按钮，保存所有分析结果文件。

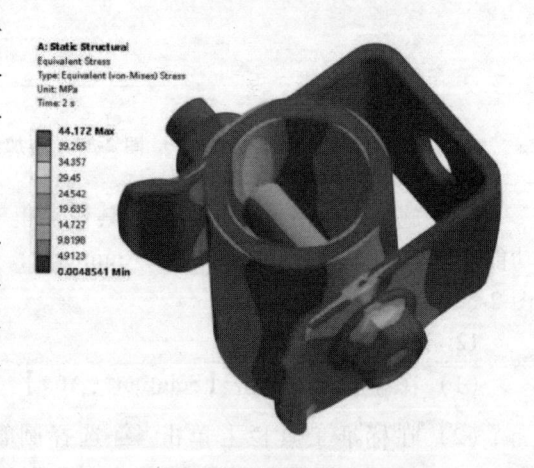

图 2-42 圆管等效应力分布云图

（3）退出 Workbench 环境。单击 Workbench 主界面的菜单【File】→【Exit】退出主界面，完成分析。

2.2.3 分析点评

本实例是卡箍紧固件螺栓预紧非线性接触分析，为稍微复杂的接触非线性分析，包含了

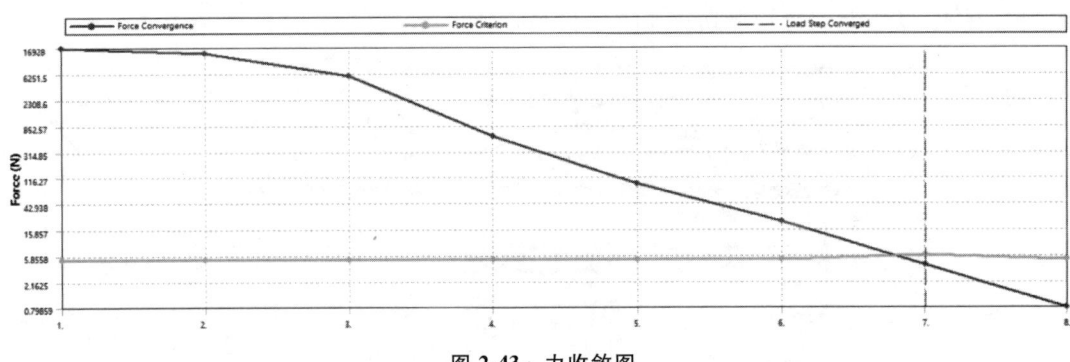

图 2-43　力收敛图

两个重要知识点：接触非线性分析和螺栓预紧力分析。在本例中如何使求解快速收敛是关键，这牵涉到非线性网格划分、接触设置与接触初始检测、螺栓预紧设置、求解过程中子步与预紧力载荷步设置以及对应的边界条件设置。该实例重点是各部件间的接触处理方法。

2.3　金属轧制成形非线性分析

2.3.1　问题描述

轧制成形是一种重要的锻造成形工艺，靠旋转的轧辊与轧件间的摩擦力将轧件拖入轧辊缝使之受到压缩产生塑性变形。已知轧件为铜合金板，两轧辊材料为结构钢，金属轧制成形模型如图2-44所示。假设轧辊与轧件之间的摩擦系数为0.25，试求轧辊旋转一圈后轧件成形情况。

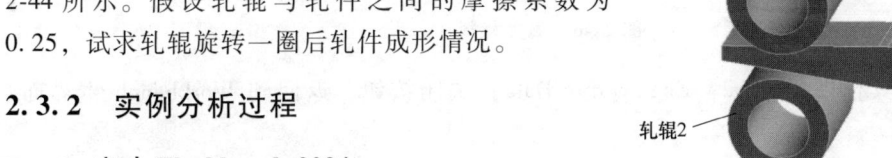

2.3.2　实例分析过程

1. 启动 Workbench 2024

在"开始"菜单中执行 ANSYS 2024R1/R2→Workbench 2024R1/R2 命令。

图 2-44　金属轧制成形模型

2. 创建静态结构分析

（1）在工具箱【Toolbox】的【Analysis Systems】中双击或拖动静态结构分析【Static Structural】到项目分析流程图，如图2-45所示。

（2）在 Workbench 的工具栏中单击【Save】，保存项目实例名称为 Rolling metal．wbpj。如工程实例文件保存在 D:\AWB\Chapter02 文件夹中。

3. 创建材料参数

（1）编辑工程数据单元，右击【Engineering Data】→【Edit...】。

（2）在工程数据属性中添加材料，在 Workbench 的工具栏上单击 进入工程材料库，此时的界面显示【Engineering Data Sources】和【Outline of Favorites】。选择 A4 栏【General Non-linear Materials】，从【Outline of General Non-linear Materials】里查找铜合金【Copper Alloy NL】材料，然后单击【Outline of General Material】表中的添加按钮 ，此时在 C5 栏中

显示标示 ，表明材料添加成功，如图 2-46 所示。

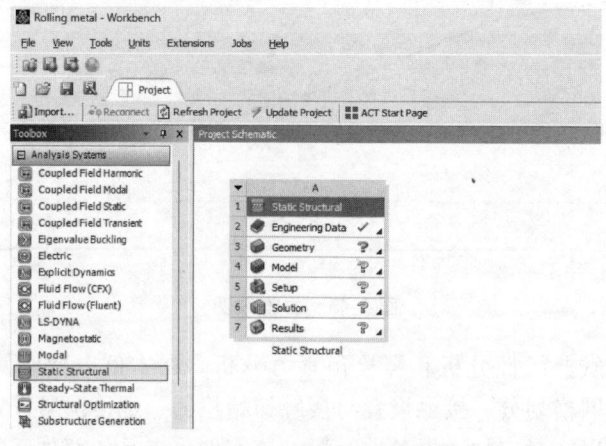

图 2-45　创建静态结构分析

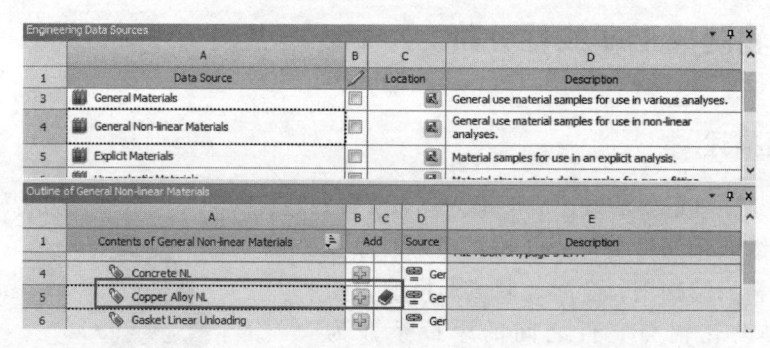

图 2-46　添加材料

（3）单击工具栏中的【A2：Engineering Data】关闭按钮，返回到 Workbench 主界面，新材料添加完毕。

4. 导入几何模型

在静态结构分析上右击【Geometry】→【Import Geometry】→【Browse】，找到模型文件 Rolling metal.agdb，打开导入几何模型。如模型文件在 D：\AWB\Chapter02 文件夹中。

5. 进入 Mechanical 分析环境

（1）在静态结构分析上右击【Model】→【Edit...】进入 Mechanical 分析环境。

（2）在 Mechanical 的环境主页【Home】功能区单位【Units】中选择单位为 Metric（mm，kg，N，s，mV，mA）。

6. 为几何模型分配材料

（1）为轧件分配材料。在导航树上单击【Geometry】展开，设置【Billet】→【Details of "Billet"】→【Material】→【Assignment】= Copper Alloy NL。

（2）轧辊的材料默认为结构钢。

7. 接触设置

（1）在导航树上右击【Connections】→【Rename Based On Definition】，重新命名目标面与接触面。

34

（2）设置轧辊1与轧件的接触。在导航树上展开【Connections】→【Contacts】，单击【Bonded-Roller1 To Billet】→【Details of "Bonded-Roller1 To Billet"】→【Scope】→【Contact】：单击1Face，在空白处单击，单击 选择轧辊外圆表面，然后单击【Apply】确定；【Target】：单击1Face，在空白处单击，单击 选择轧辊对应的轧件表面，共3个表面，然后单击【Apply】确定；【Definition】→【Type】= Frictional，【Frictional Coefficient】= 0.25，【Behavior】= Asymmetric；【Advanced】→【Formulation】= Augmented Lagrange，【Detection Method】= On Gauss Point，其他默认，如图2-47所示。

（3）设置轧辊2与轧件的接触。在导航树上展开【Connections】→【Contacts】，单击【Bonded-Roller2 To Billet】→【Details of "Bonded-Roller2 To Billet"】→【Scope】→【Contact】：单击1Face，在空白处单击，单击 选择轧辊外圆表面，然后单击【Apply】确定；【Target】：单击1Face，在空白处单击，单击 选择轧辊对应的轧件表面，共3个表面，然后单击【Apply】确定；【Definition】→【Type】= Frictional，【Frictional Coefficient】= 0.25，【Behavior】= Asymmetric；【Advanced】→【Formulation】= Augmented Lagrange，【Detection Method】= On Gauss Point，其他默认，如图2-48所示。

图2-47　设置轧辊1与轧件的接触

图2-48　设置轧辊2与轧件的接触

（4）在导航树上右击【Connections】→【Insert】→【Joint】，在标准工具栏单击 ，单击【Fixed-No Selection To No Selection】→【Details of "Fixed-No Selection To No Selection"】→【Definition】→【Connection Type】= Body-Ground，【Type】= Revolute；【Mobile】→【Scope】选择轧辊1内圆面，如图2-49所示。

（5）在导航树上右击【Joints】→【Insert】→【Joint】，在标准工具栏单击 ，单击【Fixed-No Selection To No Selection】→【Details of "Fixed-No Selection To No Selection"】→【Definition】→【Connection Type】= Body-Ground，【Type】= Revolute；【Mobile】→【Scope】选择轧辊2内圆面，如图2-50所示。

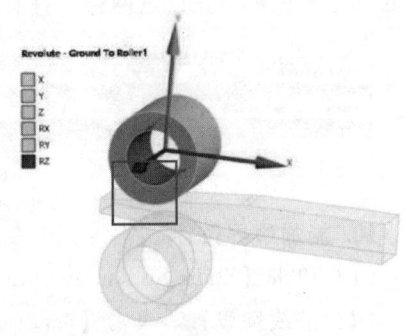

图2-49　轧辊1关节设置

8. 划分网格

（1）在导航树上单击【Mesh】→【Details of "Mesh"】→【Sizing】→【Use Adaptive Sizing】= No、【Capture Curvature】= Yes，其他默认。

（2）在标准工具栏上单击 ![icon]，选择轧件，然后右击【Mesh】→【Insert】→【Sizing】，【Body Sizing】→【Details of "Body Sizing"-Sizing】→【Definition】→【Element Size】= 4mm。其他默认。

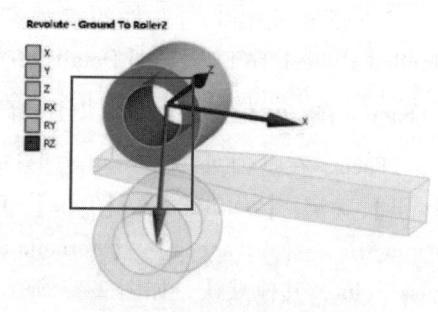

图 2-50 轧辊 2 关节设置

（3）在标准工具栏上单击 ![icon]，选择两轧辊端面，然后右击【Mesh】→【Insert】→【Method】→【Face Meshing】，其他默认，如图 2-51 所示。

（4）生成网格。右击【Mesh】→【Generate Mesh】，图形区域显示程序生成的网格模型，如图 2-52 所示。

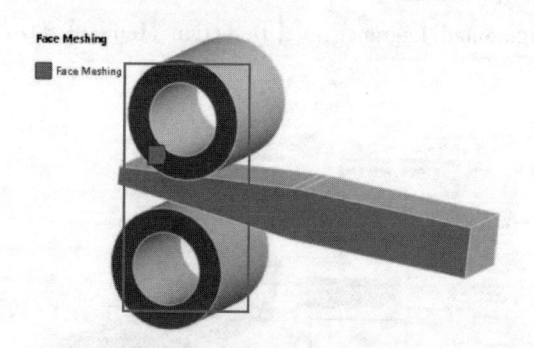

图 2-51 选择两轧辊端面

图 2-52 网格模型

（5）网格质量检查。在导航树上单击【Mesh】→【Details of "Mesh"】→【Quality】→【Mesh Metric】= Element Quality，显示 Element Quality 规则下网格质量详细信息，平均值处在良好的水平范围内，展开【Statistics】显示网格和节点数量。

9. 接触初始状态检测

（1）在导航树上右击【Connections】→【Insert】→【Contact Tool】。

（2）右击【Contact Tool】，从弹出的快捷菜单中选择【Generate Initial Contact Results】，经过初始运算，得到初始接触信息，如图 2-53 所示。注意图示接触状态值是按照网格设置后的状态，也可不先设置网格，查看接触初始状态。

图 2-53 初始接触信息

10. 施加边界条件

（1）单击【Static Structural（A5）】。

（2）非线性设置。单击【Analysis Settings】→【Details of "Analysis Settings"】→【Step Controls】→【Auto Time Stepping】= On，【Define By】= Substeps，【Initial Substeps】= 100，【Minimum Substeps】= 100，【Maximum Substeps】= 500；【Solver Controls】→【Weak Springs】= Program Controlled，【Large Deflection】= On；【Nonlinear Controls】→【Newton-Raphson Option】= Unsymmetric，【Force Convergence】= On，其他默认，如图 2-54 所示。

（3）在导航树上右击【Static Structural（A5）】→【Insert】→【Joint Load】→【Details of "Joint Load"】→【Scope】→【Joint】= Revolute-Ground To Roller1，【Insert】→【Definition】→【Type】= Rotation，【Magnitude】= -360°，其他默认，如图 2-55 所示。

（4）在导航树上右击【Static Structural（A5）】→【Insert】→【Joint Load】→【Details of "Joint Load"】→【Scope】→【Joint】= Revolute-Ground To Roller2，【Insert】→【Definition】→【Type】= Rotation，【Magnitude】= 360°，其他默认，如图 2-56 所示。

（5）施加位移约束。首先在标准工具栏上单击，然后选择轧件端面，接着在环境功能区单击【Supports】→【Displacement】，【Displacement】→【Details of "Displacement"】→【Definition】→【X Component】= Free，【Y Component】= 0mm，【Z Component】= 0mm，如图 2-57 所示。

图 2-54 非线性设置

图 2-55 轧辊 1 关节载荷设置

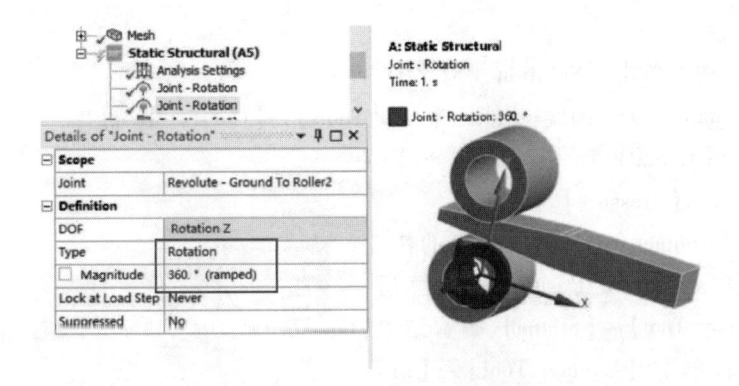

图 2-56 轧辊 2 关节载荷设置

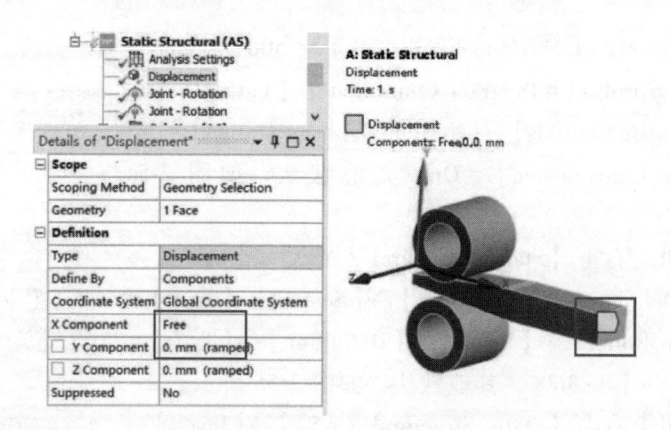

图 2-57　施加位移约束

11. 设置需要的结果

（1）在导航树上单击【Solution（A6）】。

（2）在标准工具栏上单击 选择轧件，在 Mechanical 环境求解功能区单击【Deformation】→【Total Deformation】。

（3）在 Mechanical 环境求解功能区单击【Stress】→【Equivalent（von-Mises）】。

12. 求解与结果显示

（1）在 Mechanical 环境求解功能区单击 进行求解运算。

（2）运算结束后，单击【Solution（A6）】→【Total Deformation】，图形区域显示分析得到的轧件变形分布云图，如图 2-58 所示；单击【Solution（A6）】→【Equivalent Stress】，显示整体等效应力分布云图，如图 2-59 所示。也可设置动画，演示轧件滚压成形过程。

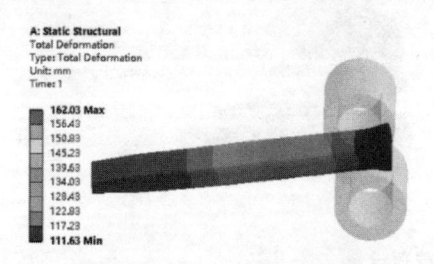

图 2-58　轧件变形分布云图

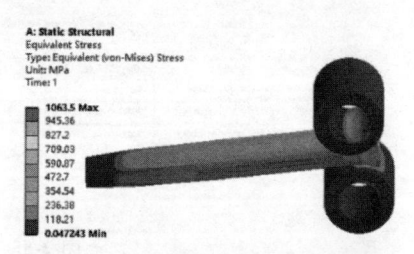

图 2-59　整体等效应力分布云图

13. 接触评估

（1）在导航树上单击【Solution（A6）】。

（2）在 Mechanical 环境求解功能区单击【Tools】→【Contact Tool】。

（3）右击【Contact Tool】→【Insert】→【Frictional Stress】→【Pressure】。

（4）右击【Contact Tool】，从弹出的快捷菜单中选择【Evaluate All Results】，运算后，分别单击【Contact Tool】→【Status】查看结果，如图 2-60 所示；单击【Contact Tool】→【Frictional Stress】查看摩擦应力结果，如图 2-61 所

图 2-60　接触状态结果

38

示;单击【Contact Tool】→【Pressure】查看接触压力结果,如图2-62所示。

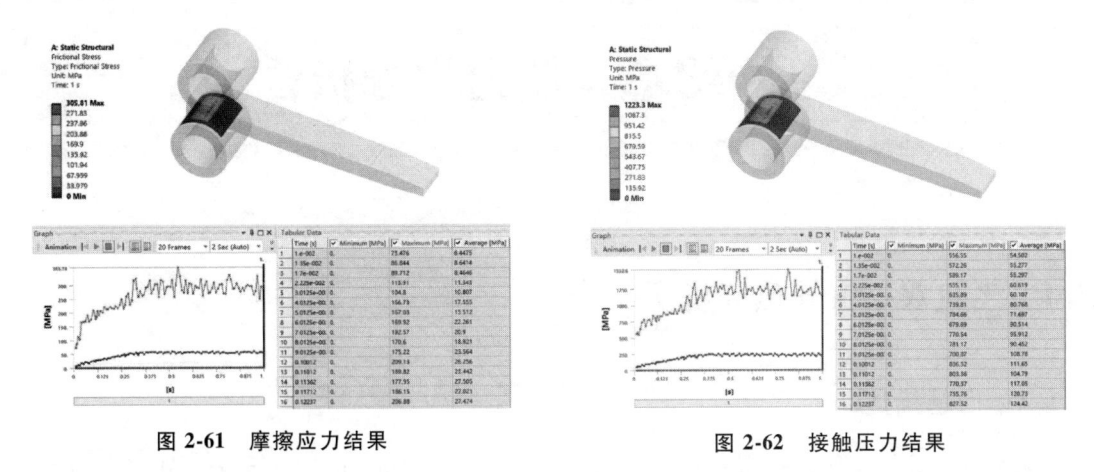

图 2-61 摩擦应力结果　　　　　　　图 2-62 接触压力结果

14. 保存与退出

(1) 退出 Mechanical 分析环境。单击 Mechanical 主界面的菜单【File】→【Close Mechanical】退出分析环境,返回到 Workbench 主界面,此时主界面的项目分析流程图中显示的分析已完成。

(2) 单击 Workbench 主界面上的【Save】按钮,保存所有分析结果文件。

(3) 退出 Workbench 环境。单击 Workbench 主界面的菜单【File】→【Exit】退出主界面,完成分析。

2.3.3 分析点评

本实例是金属轧制成形非线性分析,模拟铜合金轧件轧制成形过程,包含金属材料塑性变形、几何变形、接触非线性摩擦等问题,为较全的非线性分析类型的典型实例。在本例中如何使求解快速收敛是关键,这牵涉到材料选取、网格划分、接触设置与接触初始检测、轧辊转动设置以及对高摩擦系数求解处理等。该实例重点是各部件间的接触处理方法及金属的塑性变形等。

第3章 热力学分析

3.1 飞机双层窗导热分析

3.1.1 问题描述

某型号飞机的座舱由多层壁结构组成,内壁是厚为1mm的铝镁合金;外壁(或称蒙皮)是一层厚2mm的软铝;与外壁紧贴的是厚10mm的超细玻璃保温层;保温层与内壁之间是宽20mm的空气夹层,其模型如图3-1所示。飞行时要求内壁内表面温度维持在20℃,当飞行座舱外壁面温度为−30℃时,空气换热系数h=12.5W/m²·℃。已知镁铝合金材料密度为2550kg/m³,导热系数160W/m·℃;空气材料密度为1.293kg/m³,导热系数为0.023W/m·℃;超细玻璃材料密度为32kg/m³,导热系数为0.0244W/m·℃;软铝材料密度为2700kg/m³,导热系数为200W/m·℃,试确定飞机双层窗的温度分布。

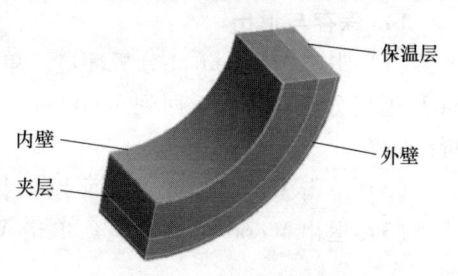

图3-1 飞机双层窗模型

3.1.2 实例分析过程

1. 启动 Workbench 2024

在"开始"菜单中执行 ANSYS 2024R1/R2→Workbench 2024R1/R2 命令。

2. 创建稳态热分析

(1) 在工具箱【Toolbox】的【Analysis Systems】中双击或拖动稳态热分析【Steady-State Thermal】到项目分析流程图,如图3-2所示。

(2) 在 Workbench 的工具栏中单击【Save】,保存项目实例名称为 Plywall.wbpj。如工程实例文件保存在 D:\AWB\Chapter03 文件夹中。

3. 创建材料参数

(1) 编辑工程数据单元,右击【Engineering Data】→【Edit...】。

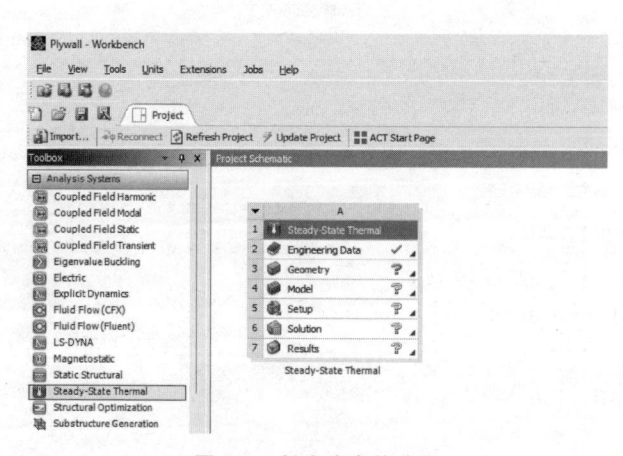

图3-2 创建稳态热分析

（2）在工程数据属性中创建新材料：【Outline of Schematic A2，B2：Engineering Data】→【Click here to add a new material】，输入材料名称 Al-Mg。

（3）单击【Filter Engineering Data】，在左侧单击【Physical Properties】展开，双击【Density】，设置【Properties of Outline Row 4：Al-Mg】→【Density】= 2550kg m^-3。

（4）在左侧单击【Thermal】展开，双击【Isotropic Thermal Conductivity】，设置【Properties of Outline Row 4：Al-Mg】→【Isotropic Thermal Conductivity】= 160W/m·℃。

（5）输入空气（Air）材料的属性，过程同（2）到（4）步。

（6）输入超细玻璃（Superfine glass）材料的属性，过程同（2）到（4）步。

（7）输入软铝（Soft aluminum）材料的属性，过程同（2）到（4）步，如图 3-3 所示。

（8）单击工具栏中的【A2：Engineering Data】关闭按钮，返回到 Workbench 主界面，新材料创建完毕。

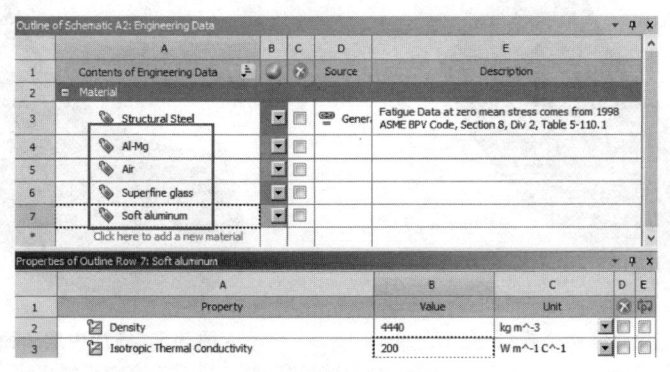

图 3-3 材料属性

4. 导入几何模型

在稳态热分析上右击【Geometry】→【Import Geometry】→【Browse】，找到模型文件 Plywall.agdb，打开导入几何模型。如模型文件在 D:\AWB\Chapter03 文件夹中。

5. 进入 Mechanical 分析环境

（1）在稳态热分析上右击【Model】→【Edit...】进入 Mechanical 分析环境。

（2）在 Mechanical 的环境主页【Home】功能区单位【Units】中选择单位为 Metric（m，kg，N，s，mV，A）。

6. 为几何模型分配材料

（1）分配铝镁合金材料。单击【Model】→【Geometry】→【Part】→【Inwall】→【Details of "Inwall"】→【Material】→【Assignment】= Al-Mg。

（2）分配空气夹层。单击【Interlayer】→【Details of "Interlayer"】→【Material】→【Assignment】= Air。

（3）分配保温层材料。单击【Insulating layer】→【Details of "Insulating layer"】→【Material】→【Assignment】= Superfine glass。

（4）分配外壁材料。单击【Ektexine】→【Details of "Ektexine"】→【Material】→【Assignment】= Soft aluminum。

7. 划分网格

（1）选择【Mesh】→【Details of "Mesh"】→【Defaults】→【Elements】= 1mm，其他默认。

（2）生成网格。选择【Mesh】→【Generate Mesh】，图形区域显示程序自动生成的六面体网格模型，如图 3-4 所示。

（3）网格质量检查。在导航树上单击【Mesh】→【Details of "Mesh"】→【Quality】→【Mesh Metric】=Element Quality，显示 Element Quality 规则下网格质量详细信息，平均值处在良好的水平范围内，展开【Statistics】显示网格和节点数量。

8. 施加边界条件

（1）选择【Steady-State Thermal（A5）】。

（2）施加内层表面温度 20℃。在标准工具栏单击 ，选择座舱的内层表面，在环境功能区单击【Temperature】→【Details of "Temperature"】→【Definition】→【Magnitude】=20℃，如图 3-5 所示。

图 3-4　六面体网格模型

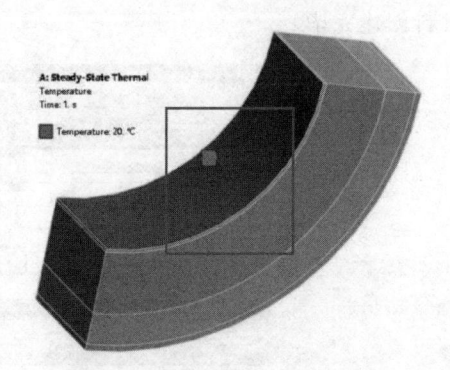

图 3-5　施加内层表面温度 20℃

（3）施加外表面对流换热系数及环境温度。在标准工具栏单击 ，选取座舱外表面，在环境功能区单击【Convection】→【Details of "Convection"】→【Definition】→【Film Coefficient】=12.5W/m^2·℃，【Definition】→【Ambient Temperature】=-30℃，如图 3-6 所示。

9. 设置需要的结果

（1）在导航树上单击【Solution（A6）】。

（2）在 Mechanical 环境求解功能区单击【Thermal】→【Temperature】。

10. 求解与结果显示

（1）在 Mechanical 环境求解功能区单击 进行求解运算。

（2）运算结束后，单击【Solution（A6）】→【Temperature】，图形区域显示稳态热传导计算得

图 3-6　施加外表面对流换热系数及环境温度

到的温度变化结果，温度从外到内逐渐增加。在温度详细信息窗口显示最低温度值-27.605℃和最高温度值 20℃，如图 3-7 所示。

11. 保存与退出

（1）退出 Mechanical 分析环境。单击 Mechanical 主界面的菜单【File】→【Close Mechanical】退出分析环境，返回到 Workbench 主界面，此时主界面的项目分析流程图中显示的分

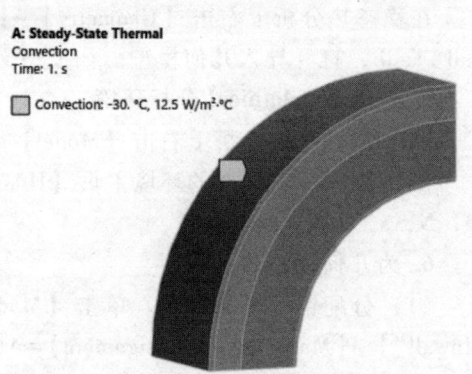

析已完成。

（2）单击 Workbench 主界面上的【Save】按钮，保存所有分析结果文件。

（3）退出 Workbench 环境。单击 Workbench 主界面的菜单【File】→【Exit】退出主界面，完成分析。

3.1.3 分析点评

本实例是飞机双层窗导热稳态热分析，如何创建导热材料和热载荷施加是关键。稳态热分析过程相对简单，可参考结构线性静力学分析。

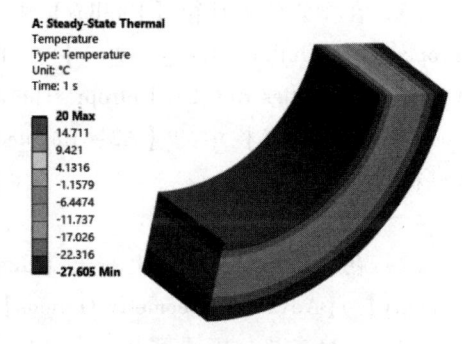

图 3-7 温度变化结果

3.2 二维薄板稳态导热分析

3.2.1 问题描述

某长方形二维薄板尺寸长宽分别为 2m 和 1m，假设长方形薄板底部边线温度为 1℃，右侧边线换热系数为 5W/m²·℃，温度为 0℃，顶部边线和左侧边线完全绝热；薄板材料各向同性，导热系数为 1W/m·℃，其他相关参数在分析过程中体现。试确定二维薄板稳态导热下温度分布。

3.2.2 实例分析过程

1. 启动 Workbench 2024

在"开始"菜单中执行 ANSYS 2024R1/R2→Workbench 2024R1/R2 命令。

2. 创建稳态热分析

（1）在工具箱【Toolbox】的【Analysis Systems】中双击或拖动稳态热分析【Steady-State Thermal】到项目分析流程图，如图 3-8 所示。

（2）在 Workbench 的工具栏中单击【Save】，保存项目实例名称为：Plate.wbpj。如工程实例文件保存在 D:\AWB\Chapter03 文件夹中。

3. 确定材料参数

（1）编辑工程数据单元，右击鼠标选择【Engineering Data】→【Edit...】。

（2）在工程数据属性中添加新材料：【Outline of Schematic A2：Engineering Data】→【Click here to add a new material】，输入材料名称 New。

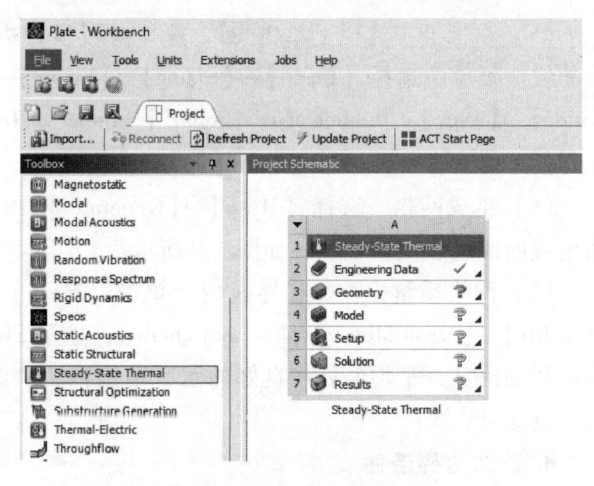

图 3-8 创建稳态热分析

43

（3）在左侧的工具箱【Toolbox】中选择【Thermal】→【Isotropic Thermal Conductivity】→【Properties of Outline Row 4：New】→【Isotropic Thermal Conductivity】=1W/m·℃，同时，【Chart of Properties Row 2：Isotropic Thermal Conductivity】出现，显示温度-热传导率关系表。

（4）单击工具栏中的【A2：Engineering Data】关闭按钮，返回到 Workbench 主界面，新材料创建完毕。

4. 导入几何模型

（1）在稳态热分析项目上右击【Geometry】→【Properties】→【Properties of Schematic A3：Geometry】→【Advanced Geometry Options】→【Analysis Type】=2D。

（2）在稳态热分析项目上右击【Geometry】→【Import Geometry】→【Browse】，模型文件 Plate．agdb，打开导入几何模型。如模型文件在 D：\AWB\Chapter03 文件夹中。

5. 进入 Mechanical 分析环境

（1）在稳态热分析项目上右击【Model】→【Edit…】进入 Mechanical 分析环境。

（2）在 Mechanical 的环境主页【Home】功能区单位【Units】中选择单位为 Metric（m, kg, N, s, V, A）。

6. 进行几何模型材料属性分配

分配薄板材料。单击【Model】→【Geometry】→【Plate】→【Details of "Plate"】→【Material】→【Assignment】= New。

7. 划分网格

（1）在图形区域右击，从弹出的快捷菜单中选择【View】→【Front】，放正薄板模型。

（2）选择【Mesh】→【Details of "Mesh"】→【Sizing】→【Use Adaptive Sizing】=Yes，其他默认。

（3）在标准工具栏上单击 ▣，选择薄板表面，然后在导航树上右击【Mesh】→【Insert】→【Face Meshing】。

（4）在标准工具栏上单击 ▣，选择薄板左侧边，然后在导航树上右击【Mesh】，从弹出的快捷菜单中选择【Insert】→【Sizing】；【Sizing】→【Details of "Edge Sizing"-Sizing】→【Definition】→【Type】= Number of Divisions，【Number of Divisions】= 20；【Advanced】→【Behavior】= Hard。

（5）在标准工具栏上单击 ▣，选择薄板顶侧边，然后在导航树上右击【Mesh】，从弹出的快捷菜单中选择【Insert】→【Sizing】；【Sizing】→【Details of "Edge Sizing"-Sizing】→【Definition】→【Type】= Number of Divisions，【Number of Divisions】= 10；【Advanced】→【Behavior】= Hard。

（6）生成网格。选择【Mesh】→【Generate Mesh】，图形区域显示程序自动生成的四边形网格模型，如图 3-9 所示。

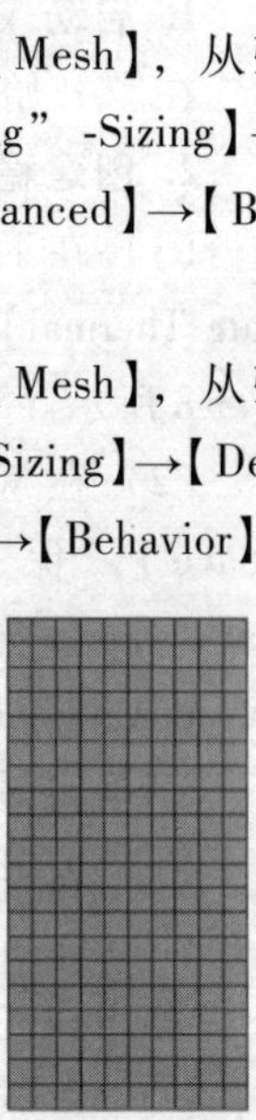

（7）网格质量检查。在导航树上单击【Mesh】→【Details of "Mesh"】→【Quality】→【Mesh Metric】= Element Quality，显示 Element Quality 规则下网格质量详细信息，平均值处在良好的水平范围内，展开【Statistics】显示网格和节点数量。

图 3-9 四边形网格模型

8. 施加边界条件

（1）选择【Steady-State Thermal（A5）】。

（2）施加薄板底部边线温度。在标准工具栏上单击 ▣，选择薄板底边线，在环境功能区单击【Temperature】→【Details of "Temperature"】→【Definition】→【Magnitude】=1℃，如图3-10所示。

（3）施加薄板右侧边线换热系数及环境温度。在标准工具栏上单击 ▣，选择薄板右边线，在环境功能区单击【Convection】→【Details of "Convection"】→【Definition】→【Film Coefficient】=5W/m²·℃，【Ambient Temperature】=0℃，如图3-11所示。

图3-10　施加薄板底部边线温度 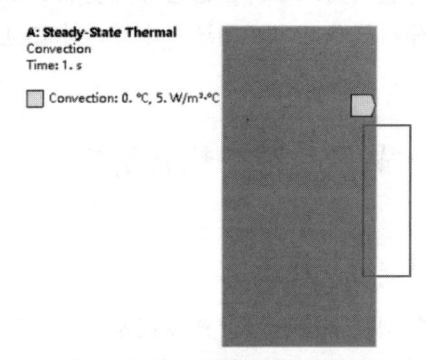　　　　图3-11　施加薄板右侧边线换热系数及环境温度

（4）施加薄板左侧和顶部边线完全绝热条件。在标准工具栏上单击 ▣，选择薄板左边线和顶边线，在环境功能区单击【Heat】→【perfectly insulated】，其他默认，如图3-12所示。

9. 设置需要的结果

（1）在导航树上单击【Solution（A6）】。

（2）在 Mechanical 环境求解功能区单击【Thermal】→【Temperature】。

10. 求解与结果显示

（1）在 Mechanical 环境求解功能区单击 ⚡ 进行求解运算。

（2）运算结束后，单击【Solution（A6）】→【Temperature】，图形区域显示稳态热传导计算得到的温度变化云图，如图3-13所示。

图3-12　施加薄板左侧和顶部边线完全绝热条件 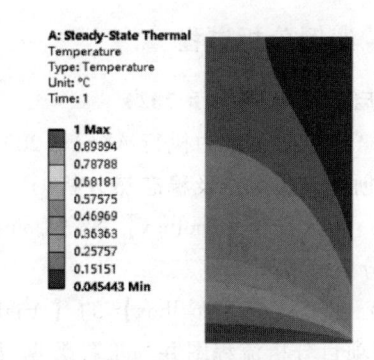　　　　图3-13　温度变化云图

11. 保存与退出

（1）退出 Mechanical 分析环境。单击 Mechanical 主界面的菜单【File】→【Close Mechanical】退出分析环境，返回到 Workbench 主界面，此时主界面的项目管理区中显示的分析项

目均已完成。

（2）单击 Workbench 主界面上的【Save】按钮，保存所有分析结果文件。

（3）退出 Workbench 环境。单击 Workbench 主界面的菜单【File】→【Exit】退出主界面，完成项目分析。

3.2.3 分析点评

本实例为二维薄板稳态导热分析，如何创建导热材料和热载荷施加是关键。稳态热分析过程相对简单，本实例还可以继续求热通量等结果，进一步细化网格以验证结果与网格的无关性。

3.3 晶体管瞬态热分析

3.3.1 问题描述

某型晶体管合金放置在铜基板上，该铜基板上放置铝制散热器，而且系统接收附近部件的辐射能，整个系统通过风吹冷却，晶体管散热模型如图 3-14 所示。假设晶体管热耗散为 15W，其他设备辐射的等效热流密度为 1500W/m^2，内部产生的热为 1e7W/m^3，换热系数为 51W/m^2·℃，周围空气温度为 40℃。已知铝材料密度为 2700kg/m^3，导热系数为 156W/m·℃，比热容为 963J/kg·℃；铜材料密度为 8900kg/m^3，导热系数为 393W/m·℃，比热容为 385J/kg·℃；合金材料密度为 3500kg/m^3，导热系数为 50W/m·℃，比热容为 500J/kg·℃。试求 3s 后，温度场分布及能否达到稳态。

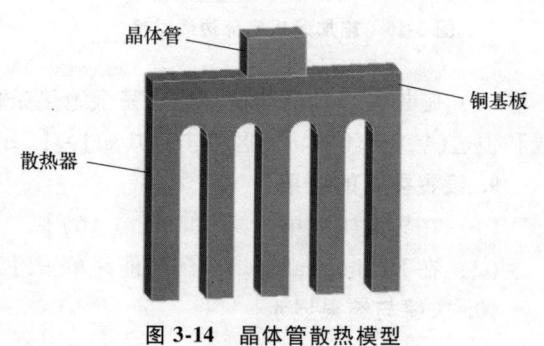

图 3-14 晶体管散热模型

3.3.2 实例分析过程

1. 启动 Workbench 2024

在"开始"菜单中执行 ANSYS 2024R1/R2→Workbench 2024R1/R2 命令。

2. 创建工程数据及稳态热分析

（1）在工具箱【Toolbox】的【Component Systems】中调入工程数据【Engineering Data】到项目分析流程图。

（2）在工具箱【Toolbox】的【Analysis Systems】中拖动稳态热分析【Steady-State Thermal】到项目分析流程图并与工程数据【Engineering Data】相连接，如图 3-15 所示。

（3）在 Workbench 的工具栏中单击【Save】，保存项目实例名称为 Transistor.wbpj。如工程实例文件保存在 D:\AWB\Chapter03 文件夹中。

3. 创建材料参数

（1）编辑工程数据单元，右击【Engineering Data】→【Edit】。

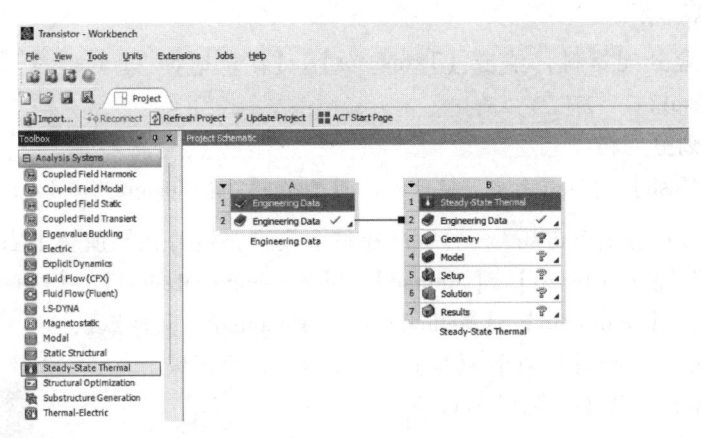

图 3-15 创建工程数据及稳态热分析

（2）在工程数据属性中创建新材料：【Outline of Schematic A2，B2：Engineering Data】→【Click here to add a new material】，输入材料名称 Aluminum。

（3）输入密度参数。在左侧单击【Physical Properties】展开，双击【Density】，设置【Properties of Outline Row 4：Aluminum】→【Density】= 2700kg m^-3。

（4）输入导热系数参数。在左侧单击【Thermal】展开，双击【Isotropic thermal Conductivity】，设置【Properties of Outline Row 4：Aluminum】→【Isotropic thermal Conductivity】= 156W/m·℃。

（5）输入比热容参数。在左侧单击【Thermal】展开，双击【Specific Heat】，设置【Properties of Outline Row 4：Aluminum】→【Specific Heat】= 963J/kg·℃。

（6）输入铜（Copper）材料的属性，过程同（2）到（5）步。

（7）输入合金（Metal）材料的属性，过程同（2）到（5）步，如图 3-16 所示。

（8）单击工具栏中的【A2，B2：Engineering Data】关闭按钮，返回到 Workbench 主界面，新材料创建完毕。

4. 导入几何模型

在稳态热分析上右击【Geometry】→【Import Geometry】→【Browse】，找到模型文件 Transistor.agdb，打开导入几何模型。如模型文件在 D:\AWB\Chapter03 文件夹中。

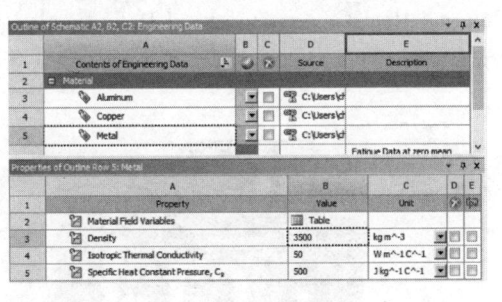

图 3-16 材料属性

5. 进入 Mechanical 分析环境

（1）在稳态热分析上右击【Model】→【Edit...】进入 Mechanical 分析环境。

（2）在 Mechanical 的环境主页【Home】功能区单位【Units】中选择单位为 Metric（m，kg，N，s，V，A）。

6. 为几何模型分配材料

（1）为铝制散热器分配材料。单击【Model】→【Geometry】→【Part】→【Radiator】→【Details of "Radiator"】→【Material】→【Assignment】= Aluminum。

（2）为隔热器分配材料。单击【Interlayer】→【Details of "Heat insulator"】→【Material】→

【Assignment】= Copper。

（3）为晶体管分配材料。单击【Transistor】→【Details of "Transistor"】→【Material】→【Assignment】= Metal。

7. 几何模型划分网格

（1）选择【Mesh】→【Details of "Mesh"】→【Sizing】→【Element Size】= 1mm，其他默认。

（2）在标准工具栏上单击 ▣，然后选择整个模型，接着在导航树上右击【Mesh】，从弹出的快捷菜单中选择【Insert】→【Method】；【Automatic Method】→【Details of "Automatic Method" -Method】→【Definition】→【Method】= Hex Dominant，其他默认。

（3）生成网格。选择【Mesh】→【Generate Mesh】，图形区域显示程序生成的网格模型，如图 3-17 所示。

（4）网格质量检查。在导航树上单击【Mesh】→【Details of "Mesh"】→【Quality】→【Mesh Metric】= Element Quality，显示 Element Quality 规则下网格质量详细信息，平均值处在良好的水平范围内，展开【Statistics】显示网格和节点数量。

8. 施加边界条件

（1）选择【Steady-State Thermal（B5）】。

（2）施加等效热流。在标准工具栏里单击 ▣，然后分别选择晶体管的两侧面，顶面和隔热板的上表面，然后在环境功能区单击【Heat】→【Heat Flux】。单击【Heat Flux】→【Details of "Heat Flux"】→【Definition】→【Magnitude】= 1500W/m²，其他默认，如图 3-18 所示。

图 3-17　网格模型

（3）为晶体管施加全功率热生成。在标准工具栏里单击 ▣，选择晶体管，然后在环境功能区单击【Heat】→【Internal Heat Generation】。单击【Internal Heat Generation】→【Details of "Internal Heat Generation"】→【Definition】→【Magnitude】= 1e7W/m³，其他默认，如图 3-19 所示。

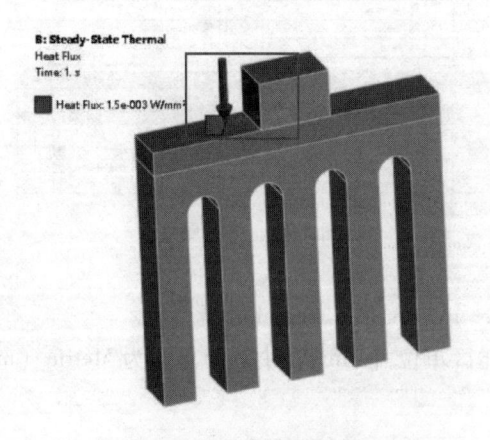

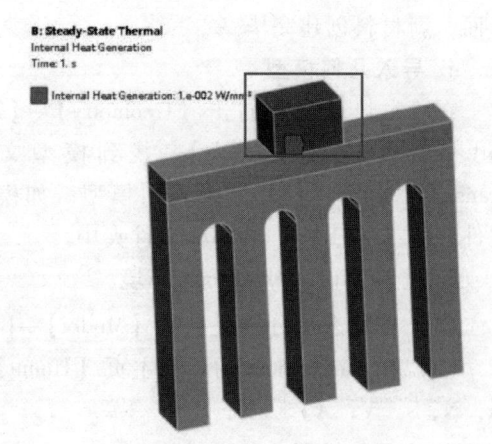

图 3-18　施加等效热流　　　图 3-19　施加全功率热生成

（4）为散热器施加对流负载。在标准工具栏里单击 ▣，选择散热器侧面，共 14 个面，然后在环境功能区单击【Convection】。单击【Convection】→【Details of "Convection"】→

【Definition】→【Film Coefficient】= 51W/m² · ℃，【Definition】→【Ambient Temperature】= 40℃，其他默认，如图 3-20 所示。

9. 设置需要的结果

（1）选择【Solution（B6）】。

（2）在 Mechanical 环境求解功能区单击【Thermal】→【Temperature】。

10. 求解与结果显示

（1）在 Mechanical 环境求解功能区单击⚡进行求解运算。

（2）在导航树上选择【Solution（B6）】→【Temperature】，图形区域显示稳态下温度场分布，如图 3-21 所示。

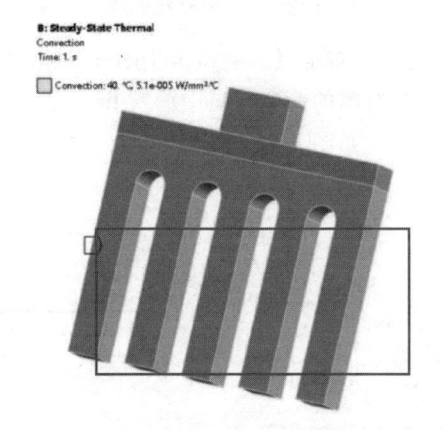

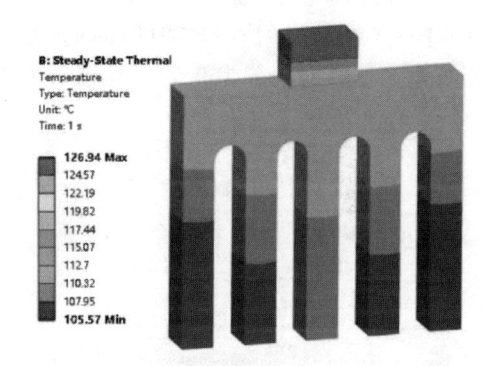

图 3-20　施加对流负载　　　　　　图 3-21　稳态下温度场分布

11. 创建瞬态热分析系统

返回到 Workbench 窗口，右击稳态热分析单元格的【Solution】→【Transfer Data To New】→【Transient Thermal】创建瞬态热分析，如图 3-22 所示。

图 3-22　创建瞬态热分析

12. 施加边界条件

（1）返回到【Mechanical】分析环境。

（2）选择【Transient Thermal（C5）】。

（3）复制边界条件。首先选择稳态热分析系统中的 3 个边界条件，右击弹出快捷菜单，单击【Copy】，接着选择瞬态热系统，右击弹出快捷菜单，单击【Paste】，如图 3-23 和图 3-24 所示。

（4）输入热通量函数。单击【Transient Thermal（C5）】→【Heat Flux】→【Details of "Heat

Flux】→【Definition】→【Magnitude】= Function，继续输入函数 0.05+0.055 * sin（2 * 3.14 * time/120），如图 3-25 所示。

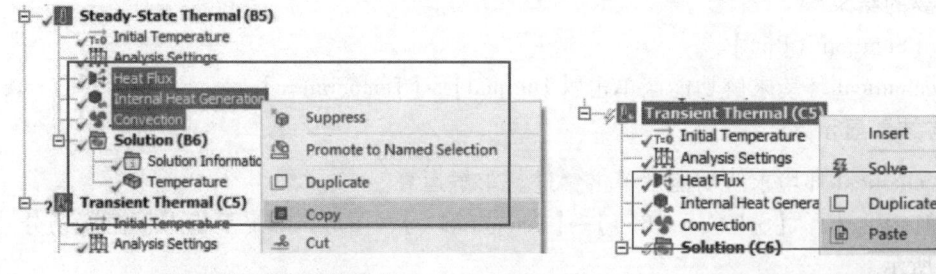

图 3-23 复制边界条件

图 3-24 粘贴边界条件

（5）采用命令行使精度和稳定性之间平衡。在导航树上右击【Transient Thermal（C5）】→【Insert】→【Commends】；单击【Commends（APDL）】，在右侧的命令窗口中输入 tintp,,,,.75, .5, .1 即一阶瞬态积分为 0.75，振荡极限为 0.5 和 0.1，如图 3-26 所示。

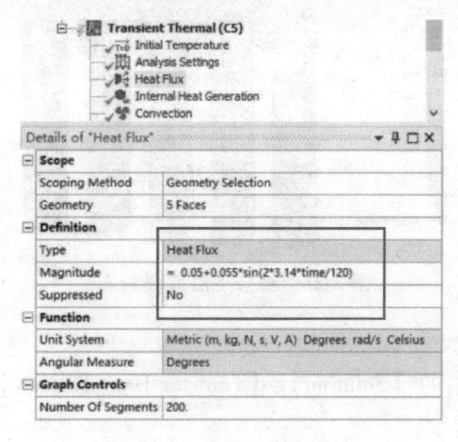

图 3-25 输入热通量函数

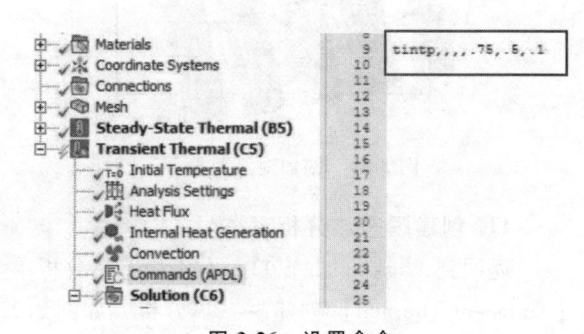

图 3-26 设置命令

13. 分析设置

（1）在导航树上单击【Transient Thermal（C5）】。

（2）单击【Analysis Settings】→【Details of "Analysis Settings"】→【Step Controls】→【Number Of Steps】=1，【Current Step Number】=1，【Step End Time】= 3s，【Auto Time Stepping】= On，【Define By】= Time，【Initial Time Step】= 4.3e-4s，【Minimum Time Step】= 4.3e-4s，【Maximum Time Step】= 0.5s，【Time Integration】= On，如图 3-27 所示。

14. 设置需要的结果

（1）选择【Solution（C6）】。

（2）在 Mechanical 环境求解功能区单击【Thermal】→【Temperature】。

15. 求解与结果显示

（1）在 Mechanical 环境求解功能区单击 ⚡ 进行求解运算。

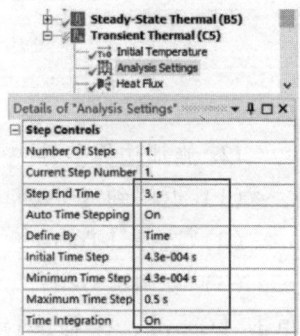

图 3-27 瞬态分析设置

（2）在导航树上选择【Solution（C6）】→【Temperature】，图形区域显示瞬态下温度场分布，如图 3-28 所示。

16. 保存与退出

（1）退出 Mechanical 分析环境。单击 Mechanical 主界面的菜单【File】→【Close Mechanical】退出分析环境，返回到 Workbench 主界面，此时主界面的项目分析流程图中显示的分析项目均已完成。

（2）单击 Workbench 主界面上的【Save】按钮，保存所有分析结果文件。

（3）退出 Workbench 环境。单击 Workbench 主界面的菜单【File】→【Exit】退出主界面，完成分析。

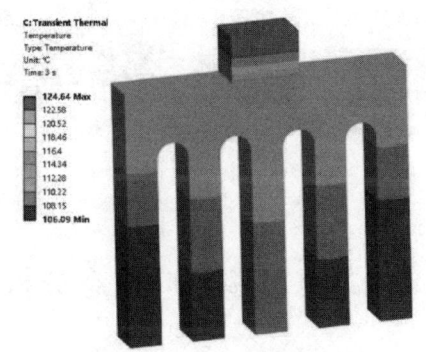

图 3-28 瞬态下温度场分布

3.3.3 分析点评

本实例是晶体管瞬态热分析，包含两方面：一方面是稳态热分析，另一方面是瞬态热分析。除了创建导热材料和热载荷施加，本实例还涉及了 Workbench Mechanical 与 Mechanical APDL 联合应用。瞬态热分析与稳态热分析比相对复杂，方法值得借鉴。

第4章　线性动力学分析

4.1　某电风扇扇叶模态分析

4.1.1　问题描述

某轴流式三叶片电风扇具有良好的动平衡性，出风量大且不易产生共振现象，可以避免因扇叶或轴心抗振而产生的疲劳断裂。扇叶模型如图4-1所示，已知扇叶材料为聚乙烯，扇叶轴孔为约束端，材料参数从材料库中选取，试对三片扇叶进行模态分析。

4.1.2　实例分析过程

1. 启动 Workbench 2024

在"开始"菜单中执行 ANSYS 2024R1/R2→Workbench 2024R1/R2 命令。

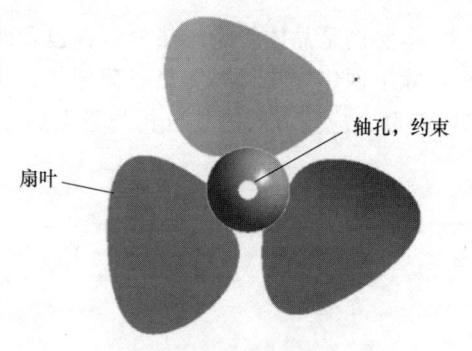

图 4-1　扇叶模型

2. 创建模态分析

（1）在工具箱【Toolbox】的【Analysis Systems】中双击或拖动模态分析【Modal】到项目分析流程图，如图4-2所示。

（2）在Workbench的工具栏中单击【Save】，保存项目实例名称为Fan.wbpj。如工程实例文件保存在 D:\AWB\Chapter04 文件夹中。

3. 创建材料参数

（1）编辑工程数据单元，右击【Engineering Data】→【Edit...】。

（2）在工程数据属性中添加材料。在Workbench的工具栏上单击 进入工程材料库，此时的界面显示【Engineering Data Sources】和【Outline of Favorites】。选择A3栏【General materials】，从【Outline of General materials】里查找聚乙烯【Polyethylene】材料，然后单击【Outline of General Material】表中的添加按钮 ，此时在C10栏中显示标示 ，表明材料添加成功，如图4-3所示。

图 4-2　创建模态分析

(3)单击工具栏中的【A2：Engineering Data】关闭按钮，返回到 Workbench 主界面，聚乙烯材料添加完毕。

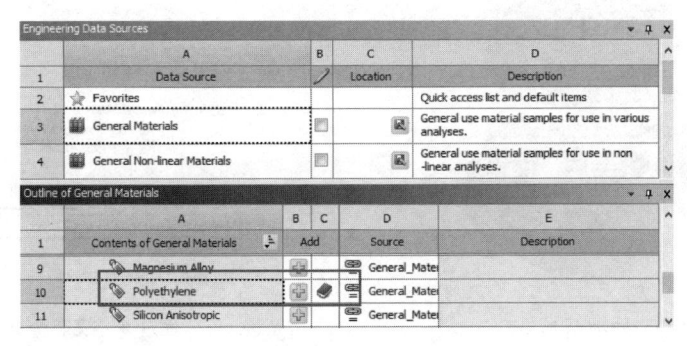

图 4-3 添加材料

4. 导入几何模型

在模态分析上右击【Geometry】→【Import Geometry】→【Browse】，找到模型文件 Fan.agdb，打开导入几何模型。如模型文件在 D:\AWB\Chapter04 文件夹中。

5. 进入 Mechanical 分析环境

(1) 在模态分析上右击【Model】→【Edit...】进入 Mechanical 分析环境。

(2) 在 Workbench 的环境主页【Home】功能区单位【Units】中选择单位为 Metric (kg, mm, s, ℃, mA, N, mV)。

6. 为几何模型分配材料

为扇叶分配材料。在导航树上单击【Geometry】展开，设置【Part】→【Details of "Part"】→【Material】→【Assignment】= Polyethylene，其他默认。

7. 划分网格

(1) 在导航树上单击【Mesh】→【Details of "Mesh"】→【Defaults】→【Element Size】= 1.5mm，【Sizing】→【Use Adaptive Sizing】= No，【Capture Curvature】= Yes，其他默认。

(2) 生成网格。右击【Mesh】→【Generate Mesh】，图形区域显示程序生成的网格模型，如图 4-4 所示。

(3) 网格质量检查。在导航树上单击【Mesh】→【Details of "Mesh"】→【Quality】→【Mesh Metric】= Skewness，显示 Skewness 规则下网格质量详细信息，平均值处在良好的水平范围内，展开【Statistics】显示网格和节点数量。

8. 施加边界条件

(1) 在导航树上单击【Modal（A5）】。

(2) 施加约束。在标准工具栏上单击 ，然后选择风扇轴孔，接着在环境功能区上单击【Supports】→【Fixed Support】，如图 4-5 所示。

图 4-4 网格模型

(3) 在导航树上单击【Analysis Settings】→【Details of "Analysis Settings"】→【Options】→【Max Modes to Find】= 8，其他默认，如图 4-6 所示。

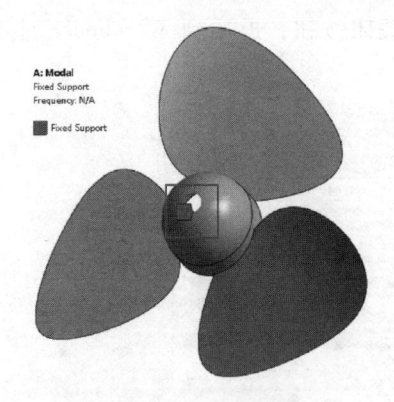

图 4-5 施加约束

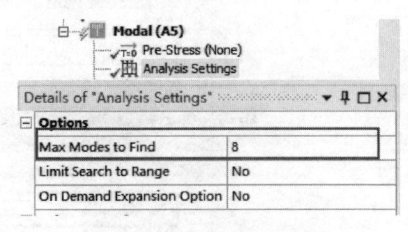

图 4-6 模态个数设置

9. 求解与结果显示

(1) 在 Mechanical 环境求解功能区单击 ⚡ 进行求解运算。

(2) 运算结束后，单击【Solution（A6）】可以查看图形区域显示模态分析得到的风扇叶片变形分布云图。在图形区域显示下方的【Graph】的频率图空白处右击，从弹出的快捷菜单中选择【Select All】，再次右击，然后选择【Create Mode Shape Results】创建其他模态阶个数的变形云图，如图 4-7 所示；接着在导航树上选择创建的变形结果，右击 Evaluate All Results，最后可以查看所有模态阶个数的风扇叶片变形云图，如图 4-8～图 4-15 所示。也可激活动画显示风扇叶片的振动过程。振动过程有助于理解结构的振动，但变形值并不代表真实的位移。

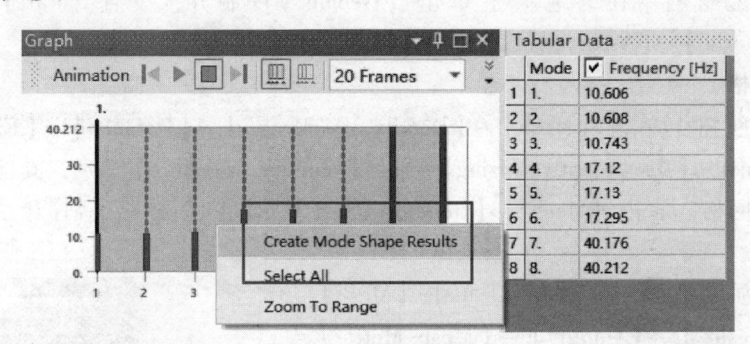

图 4-7 创建模态结果

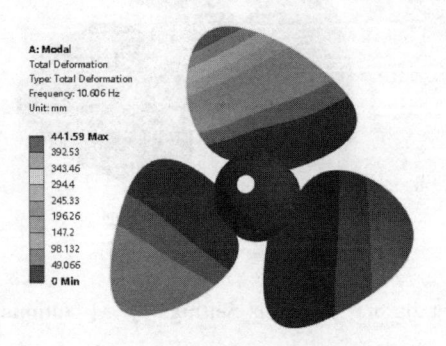

图 4-8 1 阶模态变形云图

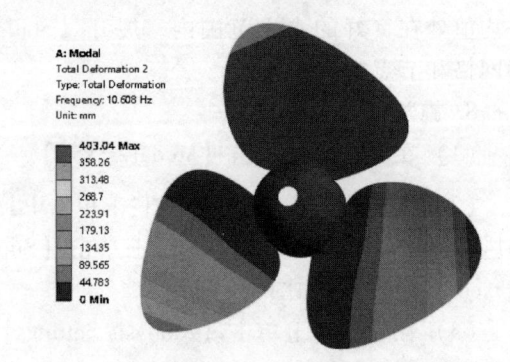

图 4-9 2 阶模态变形云图

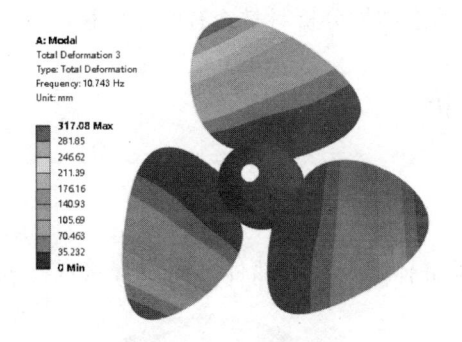

图 4-10　3 阶模态变形云图　　　　　图 4-11　4 阶模态变形云图

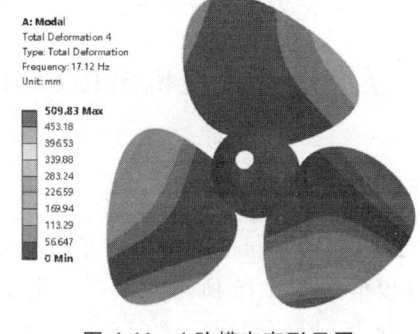

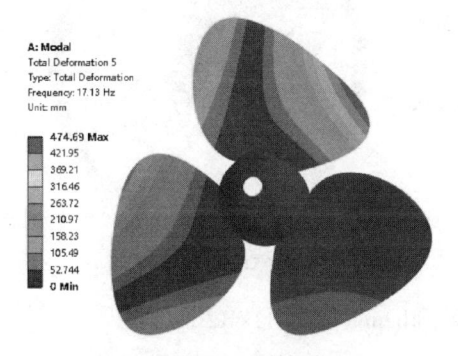

图 4-12　5 阶模态变形云图　　　　　图 4-13　6 阶模态变形云图

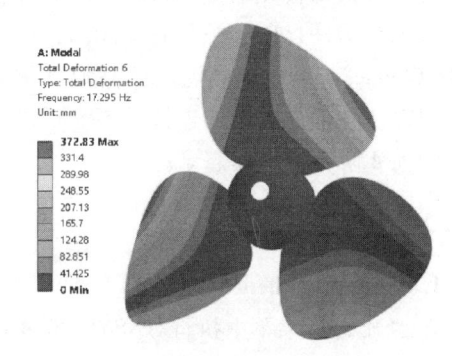

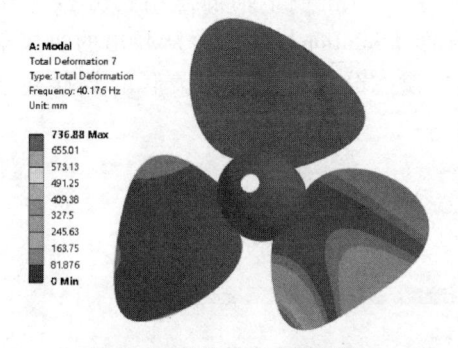

图 4-14　7 阶模态变形云图　　　　　图 4-15　8 阶模态变形云图

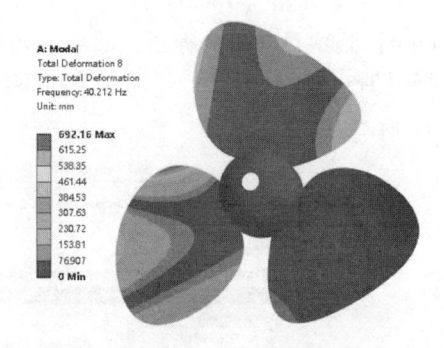

10. 保存与退出

（1）退出 Mechanical 分析环境。单击 Mechanical 主界面的菜单【File】→【Close Mechanical】退出分析环境，返回到 Workbench 主界面，此时主界面的项目分析流程图中显示的分析已完成。

（2）单击 Workbench 主界面上的【Save】按钮，保存所有分析结果文件。

（3）退出 Workbench 环境。单击 Workbench 主界面的菜单【File】→【Exit】退出主界面，完成分析。

4.1.3　分析点评

本实例是某电风扇扇叶模态分析，分析过程相对简单。模态分析是基本的振动分析，不仅可以分析现有结构系统的动态特性，还可以评估静态结构分析时是否有刚体位移。

4.2 某型燃气轮机机座预应力模态分析

4.2.1 问题描述

某型燃气轮机机座结构由支承板、轴承座和外缸体组成，各部件之间用焊接或螺栓连接，其模型如图 4-16 所示。该机座主要用于承受约 35 吨转子重量，约 150N·m 的扭矩，材料为铁镍高温合金 GH4169，其弹性模量为 1.999E+11Pa，泊松比为 0.3，密度为 8240kg/m³。若忽略高温高压高速气体对其作用以及各部件之间的连接关系，试求该机座的前 4 阶预应力模态。

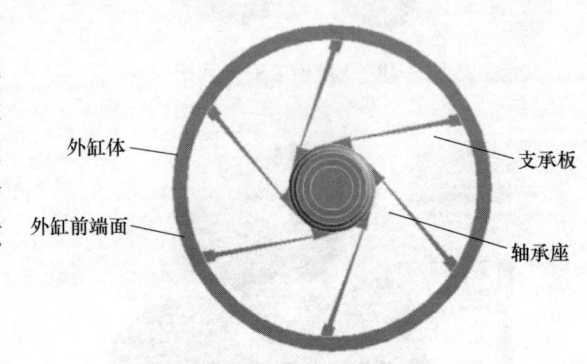

图 4-16 燃气轮机机座模型

4.2.2 实例分析过程

1. 启动 Workbench 2024

在"开始"菜单中执行 ANSYS 2024R1/R2→Workbench 2024R1/R2 命令。

2. 创建预应力模态分析

（1）在工具箱【Toolbox】的【Analysis Systems】中双击或拖动静态结构分析【Static Structural】到项目分析流程图，然后右击静态结构的【Solution】单元，从弹出的快捷菜单中选择【Transfer Data To New】→【Modal】，即创建模态分析，此时相关联的数据共享如图 4-17 所示。

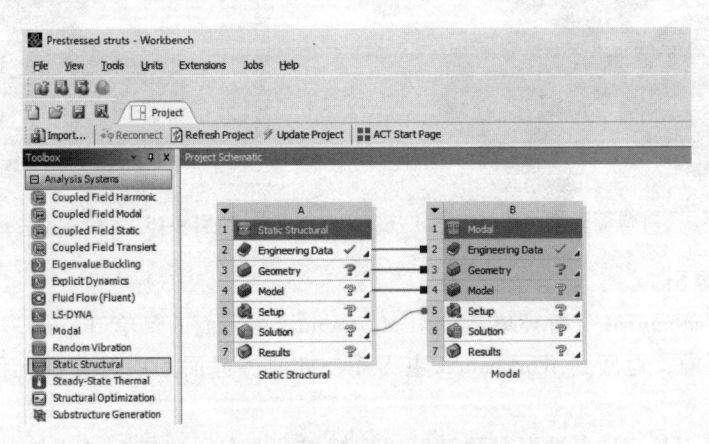

图 4-17 创建预应力模态分析

（2）在 Workbench 的工具栏中单击【Save】，保存项目实例名称为 Prestressed struts.wbpj。如工程实例文件保存在 D:\AWB\Chapter04 文件夹中。

3. 创建材料参数

（1）编辑工程数据单元，右击【Engineering Data】→【Edit...】。

（2）在工程数据属性中创建新材料：【Outline of Schematic A2：Engineering Data】→【Click here to add a new material】，输入新材料名称 GH4169。

（3）在左侧单击【Physical Properties】展开，双击【Density】，设置【Properties of Outline Row 4：GH4169】→【Table of Properties Row 2：Density】→【Density】= 8240kg m^-3。

（4）在左侧单击【Linear Elastic】展开，双击【Isotropic Elasticity】，设置【Properties of Outline Row 4：GH4169】→【Young's Modulus】= 1.999E+11Pa。

（5）设置【Properties of Outline Row 4：GH4169】→【Poisson's Ratio】= 0.3，如图 4-18 所示。

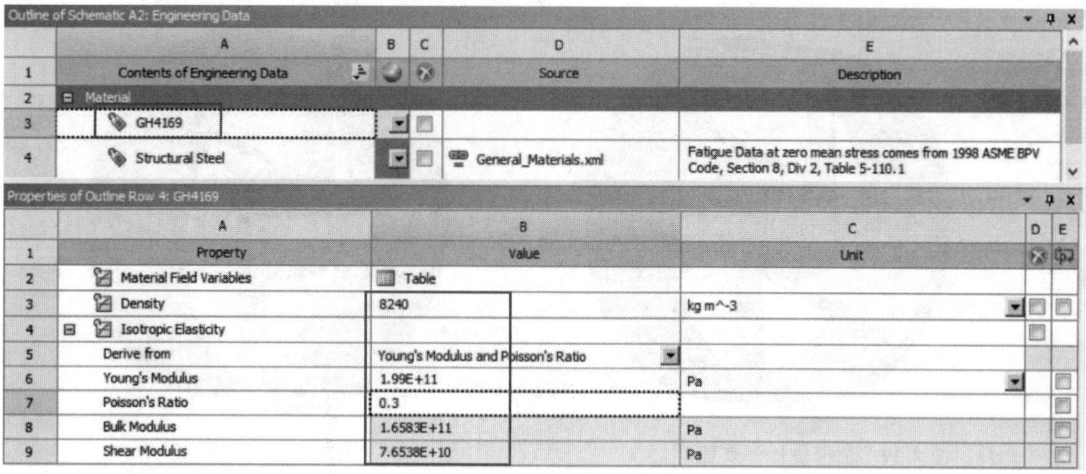

图 4-18 创建新材料

（6）单击工具栏中的【A2：Engineering Data】关闭按钮，返回到 Workbench 主界面，新材料创建完毕。

4. 导入几何模型

在静态结构分析上右击【Geometry】→【Import Geometry】→【Browse】，找到模型文件 Turbine struts.agdb，打开导入几何模型。如模型文件在 D:\AWB\Chapter04 文件夹中。

5. 进入 Mechanical 分析环境

（1）在静态结构分析上右击【Model】→【Edit...】进入 Mechanical 分析环境。

（2）在 Mechanical 的环境主页【Home】功能区单位【Units】中选择单位为 Metric（mm，kg，N，s，mV，mA）。

6. 为几何模型分配材料

为支承机座分配材料。在导航树上单击【Geometry】展开，设置【Turbine struts】→【Details of "Turbine struts"】→【Material】→【Assignment】= GH4169。

7. 划分网格

（1）在导航树上单击【Mesh】→【Details of "Mesh"】→【Defaults】→【Element Size】= 50mm，其他默认。

（2）在标准工具栏上单击选择体图标，选择机座模型，然后在导航树上右击【Mesh】，从弹出的快捷菜单中选择【Insert】→【Method】→【Details of "Automatic Mesh"】→

【Definition】→【Method】→【Hex Dominant】，其他默认。

（3）在标准工具栏上单击选择面图标 ▣，选择缸体外表面，然后右击【Mesh】→【Insert】→【Method】→【Face Meshing】，其他默认，如图 4-19 所示。

（4）生成网格。右击【Mesh】→【Generate Mesh】，图形区域显示程序生成的网格模型，如图 4-20 所示。

（5）网格质量检查。在导航树上单击【Mesh】→【Details of "Mesh"】→【Quality】→【Mesh Metric】=Skewness，显示 Skewness 规则下网格质量详细信息，平均值处在良好的水平范围内，展开【Statistics】显示网格和节点数量。

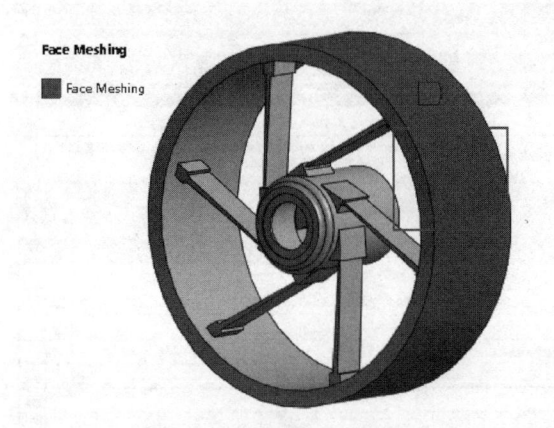

图 4-19 选择缸体外表面    图 4-20 网格模型

8. 施加边界条件

（1）在导航树上单击【Static Structural（A5）】。

（2）施加轴承力。在标准工具栏上单击选择面图标 ▣，然后选择轴承座内表面，接着在环境功能区上单击【Loads】→【Bearing Load】→【Details of "Bearing Load"】→【Definition】→【Define By】=Components，【Y Component】=350000N，如图 4-21 所示。

（3）施加扭矩。在标准工具栏上单击选择面图标 ▣，然后选择轴承座内表面，接着在环境功能区上单击【Loads】→【Moment】→【Details of "Moment"】→【Definition】→【Define By】=Components，【Z Component】=150000N·mm，如图 4-22 所示。

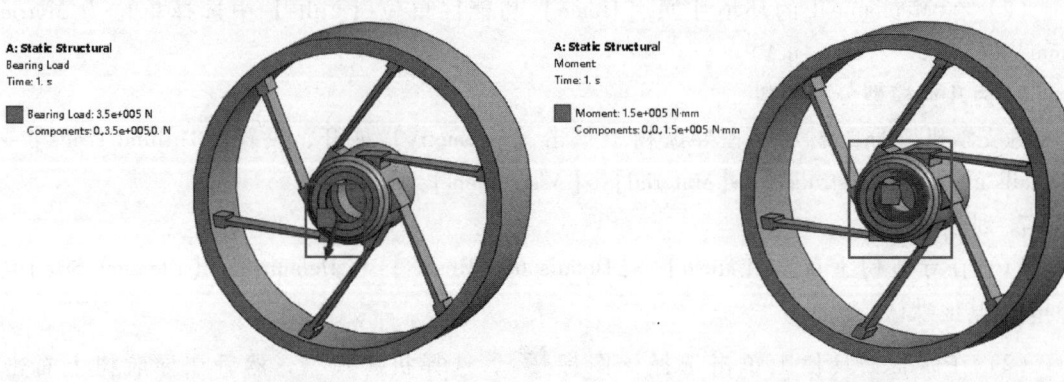

图 4-21 施加轴承力   图 4-22 施加扭矩

（4）施加约束。机座外缸两端面分别施加固定约束与位移约束，单击选择面图标，选择机座前端面，然后在环境功能区上单击【Supports】→【Fixed Support】，如图 4-23 所示；接着选择机座后端面，在环境功能区上单击【Supports】→【Displacement】→【Details of "Displacement"】→【Definition】，【X Component】=0mm，【Y Component】=0mm，【Z Component】= Free，如图 4-24 所示。

（5）非线性设置。单击【Analysis Settings】→【Details of "Analysis Settings"】→【Solver Controls】→【Large Deflection】=On，其他默认。

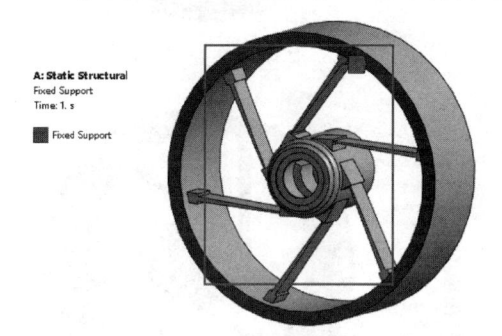

图 4-23　施加固定约束 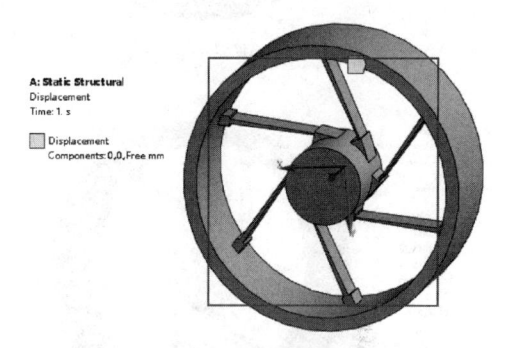　　　　图 4-24　施加位移约束

9. 模态边界条件

（1）在导航树上单击【Modal（B5）】。

（2）在导航树上单击【Analysis Settings】→【Details of "Analysis Settings"】→【Options】→【Max Modes to Find】=4，其他默认，如图 4-25 所示。

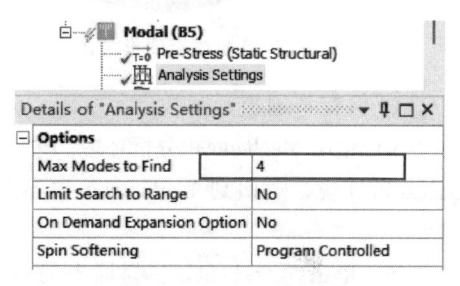

图 4-25　模态个数设置

10. 求解与结果显示

（1）在 Mechanical 环境求解功能区单击 进行求解运算。

（2）运算结束后，单击【Solution（B6）】可以查看图形区域显示模态分析得到的机座变形分布云图。在图形区域显示下方的【Graph】的频率图空白处右击，从弹出的快捷菜单中选择【Select All】，再次右击，然后选择【Create Mode Shape Results】创建其他模态阶个数的变形云图，如图 4-26 所示；接着在导航树上选择创建的变形结果，右击 ，最后可以查看所有模态阶个数的机座变形云图，如图 4-27~图 4-30 所示。也可激活动画显示机座的振动过程。振动过程有助于理解结构的振动，但变形值并不代表真实的位移。

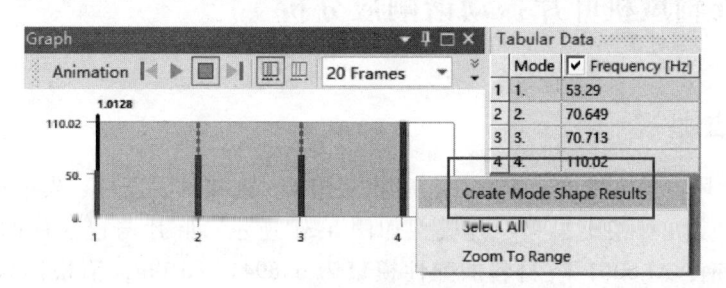

图 4-26　创建模态结果

图 4-27　1 阶模态变形云图

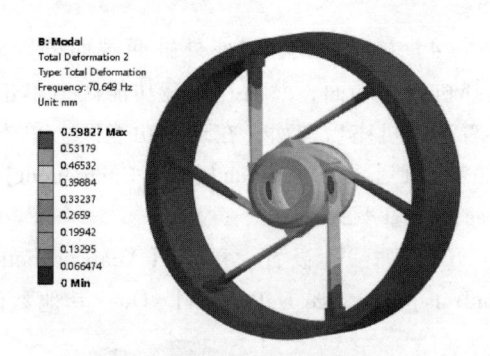

图 4-28　2 阶模态变形云图

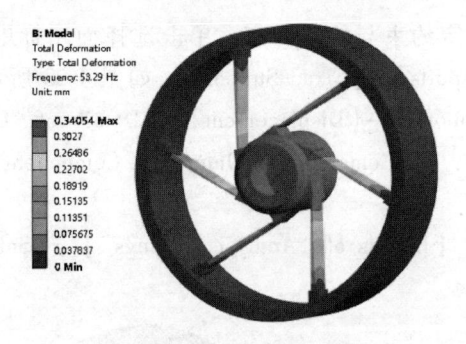

图 4-29　3 阶模态变形云图

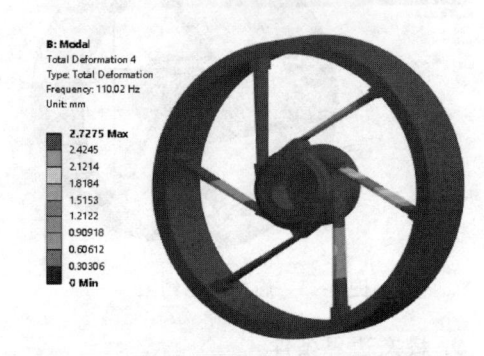

图 4-30　4 阶模态变形云图

11. 保存与退出

（1）退出 Mechanical 分析环境。单击 Mechanical 主界面的菜单【File】→【Close Mechanical】退出分析环境，返回到 Workbench 主界面，此时主界面的项目分析流程图中显示的分析均已完成。

（2）单击 Workbench 主界面上的【Save】按钮，保存所有分析结果文件。

（3）退出 Workbench 环境。单击 Workbench 主界面的菜单【File】→【Exit】退出主界面，完成分析。

4.2.3　分析点评

本实例是某型燃气轮机机座预应力模态分析，预应力模态分析基本流程为先线性静力分析，后模态分析。对本例来说，预应力分析是基础、关键。

4.3　某垂直轴风机叶片振动谐响应分析

4.3.1　问题描述

某型垂直轴风力发电机由若干叶片、扇叶、托架、连接件、立柱、发电机等组成，其中叶片由连接件固定在托架上，其叶片模型如图 4-31 所示。叶片与连接件的材料分别为 Al 6061-T6 和结构钢，Al 6061-T6 材料的弹性模量为 6.8941E+10Pa，泊松比为 0.33，密度为 2700kg/m³，作用于风机叶片的载荷具有交变性和随机性，因而发生振动是必然的，试对叶片进行谐响应分析。

4.3.2 实例分析过程

1. 启动 Workbench 2024

在"开始"菜单中执行 ANSYS 2024R1/R2→Workbench 2024R1/R2 命令。

2. 创建谐波响应分析

（1）在工具箱【Toolbox】的【Analysis Systems】中双击或拖动模态分析【Modal】到项目分析流程图，然后右击模态分析的【Solution】单元，从弹出的快捷菜单中选择【Transfer Data To New】→【Harmaonic Response】，即创建谐响应分析，此时相关联的数据共享，如图 4-32 所示。

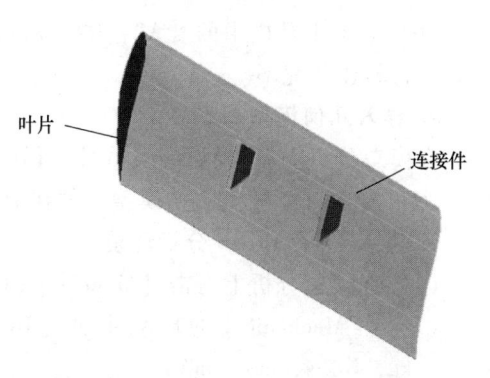

图 4-31 垂直轴风力发电机叶片模型

（2）在 Workbench 的工具栏中单击【Save】，保存项目实例名称为 Blade.wbpj。如工程实例文件保存在 D：\AWB\Chapter04 文件夹中。

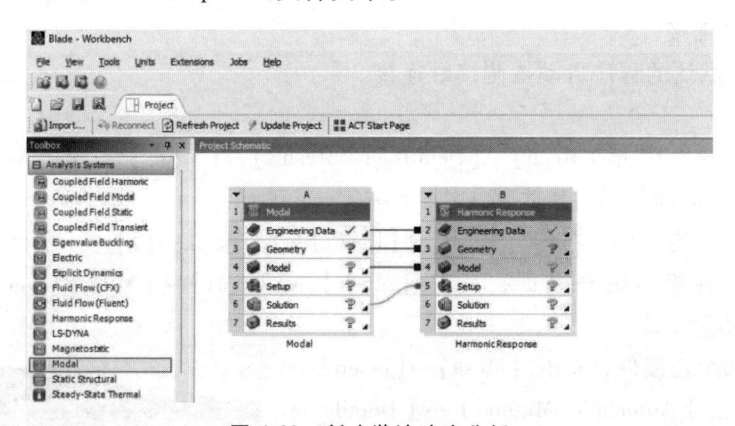

图 4-32 创建谐波响应分析

3. 创建材料参数

（1）编辑工程数据单元，右击【Engineering Data】→【Edit...】。

（2）在工程数据属性中创建新材料：【Outline of Schematic A2, B2：Engineering Data】→【Click here to add a new material】，输入新材料名称 Al 6061-T6。

（3）在左侧单击【Physical Properties】展开，双击【Density】，设置【Properties of Outline Row 4：Al 6061-T6】→【Density】=2700kg m^-3。

（4）在左侧单击【Linear Elastic】展开，双击【Isotropic Elasticity】，设置【Properties of Outline Row 4：Al 6061-T6】→【Young's Modulus】=6.8941E+10Pa。

（5）设置【Properties of Outline Row 4：Al 6061-T6】→【Poisson's Ratio】=0.33，如图 4-33 所示。

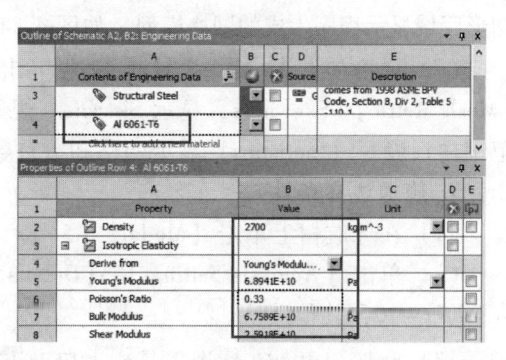

图 4-33 创建材料

（6）单击工具栏中的【A2，B2：Engineering Data】关闭按钮，返回到 Workbench 主界面，新材料创建完毕。

4. 导入几何模型

在模态分析上右击【Geometry】→【Import Geometry】→【Browse】，找到模型文件 Blade.x_t，打开导入几何模型。如模型文件在 D：\AWB\Chapter04 文件夹中。

5. 进入 Mechanical 分析环境

（1）在模态分析上右击【Model】→【Edit...】进入 Mechanical 分析环境。

（2）在 Mechanical 的环境主页【Home】功能区单位【Units】中选择单位为 Metric（mm，kg，N，s，mV，mA）。

6. 为几何模型分配厚度及材料

（1）为风机叶片分配厚度及材料。在导航树上单击【Geometry】展开，设置【Blade】→【Details of "Blade"】→【Definition】→【Thickness】=2mm，设置【Material】→【Assignment】=Al 6061-T6，其他默认。

（2）为连接件分配材料。Connecting parts 为默认材料结构钢。

7. 创建接触连接

接触连接为默认的程序自动探测接触连接。

8. 划分网格

（1）在导航树上单击【Mesh】→【Details of "Mesh"】→【Sizing】→【Use Adaptive Sizing】=Yes，设置【Resolution】=6，其他默认。

（2）选择两个连接件，右击【Mesh】→【Insert】→【Sizing】→【Element Size】=5mm。

（3）选择叶片模型的外表面，右击【Mesh】→【Insert】→【Mapped Face Meshing】→【Method】=Quadrilaterals。

（4）选择两个连接件，右击【Mesh】→【Insert】→【Method】，单击【Automatic Method】→【Details of "Automatic Method"】→【Definition】→【Method】=Hex Dominant。

（5）选择叶片模型，右击【Mesh】→【Insert】→【Sizing】→【Element Size】=10mm。

（6）生成网格。右击【Mesh】→【Generate Mesh】，图形区域显示程序生成的网格模型，如图 4-34 所示。

图 4-34 网格模型

（7）网格质量检查。在导航树上单击【Mesh】→【Details of "Mesh"】→【Quality】→【Mesh Metric】=Skewness，显示 Skewness 规则下网格质量详细信息，平均值处在良好的水平范围内，展开【Statistics】显示网格和节点数量。

9. 施加边界条件

（1）在导航树上单击【Modal（A5）】。

（2）单击【Analysis Settings】→【Details of "Analysis Settings"】→【Options】→【Max Modes to Find】=10，其他默认。

（3）施加约束。在标准工具栏上单击 图标，然后选择两个连接件端面，接着在环境功能区上单击【Supports】→【Fixed Support】，如图 4-35 所示。

10. 设置需要的结果

（1）在导航树上单击【Solution（A6）】。

（2）在 Mechanical 环境求解功能区单击【Deformation】→【Total】。

11. 求解与结果显示

（1）在 Mechanical 环境求解功能区单击 ⚡ 进行求解运算。

（2）运算结束后，单击【Solution（A6）】→【Total Deformation】，可以查看图形区域显示模态

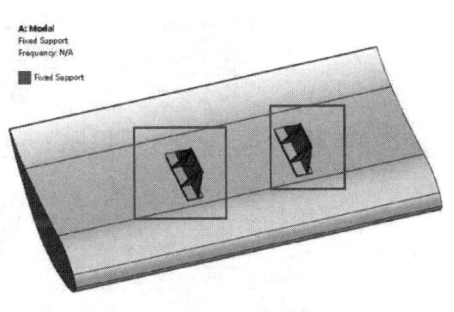

图 4-35 施加约束

分析得到的叶片变形分布云图。在图形区域显示下方的【Graph】的频率图空白处右击从弹出的快捷菜单中选择【Select All】，再次右击，然后选择【Create Mode Shape Results】创建其他模态振型的变形云图，如图 4-36 所示；接着在导航树上选择创建的变形结果，右击 Evaluate All Results，最后可以查看前 10 阶模态振型的叶片变形云图，其中第 1 阶模态振型如图 4-37 所示。也可激活动画显示叶片的振动过程。振动过程有助于理解结构的振动，但变形值并不代表真实的位移。

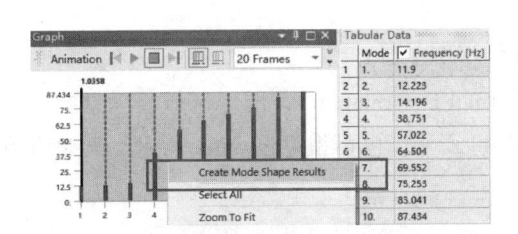

图 4-36 创建模态结果

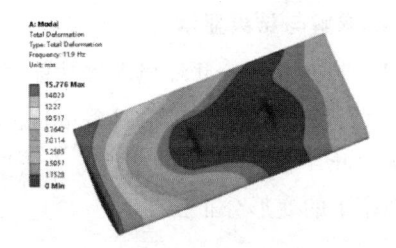

图 4-37 1 阶模态振型

12. 谐响应分析设置

（1）在导航树上单击【Harmonic Response（B5）】。

（2）单击【Analysis Settings】→【Details of "Analysis Settings"】→【Options】→【Frequency Spacing】= Linear，【Range Minimum】= 10，【Range Maximum】= 100，【Solution Intervals】= 50，其他默认。

（3）施加载荷。在标准工具栏上单击 ▣，然后选择叶片表面，接着在环境功能区单击【Loads】→【Pressure】，【Pressure】→【Details of "Pressure"】→【Definitions】→【Define By】= Normal To，【Magnitude】= 0.0015MPa，【Phase Angle】= 0°，如图 4-38 所示。

13. 设置需要的结果

（1）在导航树上单击【Solution（B6）】。

（2）在 Mechanical 环境求解功能区单击【Deformation】→【Total】。

（3）在 Mechanical 环境求解功能区单击【Stress】→【Equivalent（von-Mises）】。

（4）首先在标准工具栏上单击 ▣，然后选择载荷施加叶片位置上的面，接着在 Mechanical 环境求解功能区单击【Frequency Response】→【Deformation】，如图 4-39 所示。

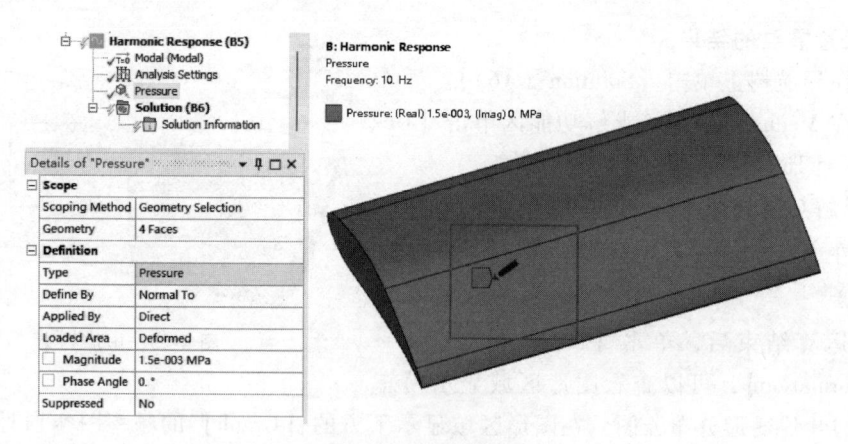

图 4-38 施加载荷

（5）首先在标准工具栏上单击 ，然后选择载荷施加叶片位置上的面，与【Frequency Response】选择的位置相同，接着在 Mechanical 环境求解功能区单击【Phase Response】→【Deformation】,【Phase Response】→【Details of "Phase Response"】→【Options】→【Frequency】= 14.196Hz，其他默认。

14. 求解与结果显示

（1）在 Mechanical 环境求解功能区单击 进行求解运算。

（2）运算结束后，单击【Solution（B6）】→【Total Deformation】，图形区域显示谐响应分析得到的叶片在55Hz下的变形分布云图，如图 4-40 所示。也可根据图 4-41 所示，调整查看其他频率下的变形分布云图。

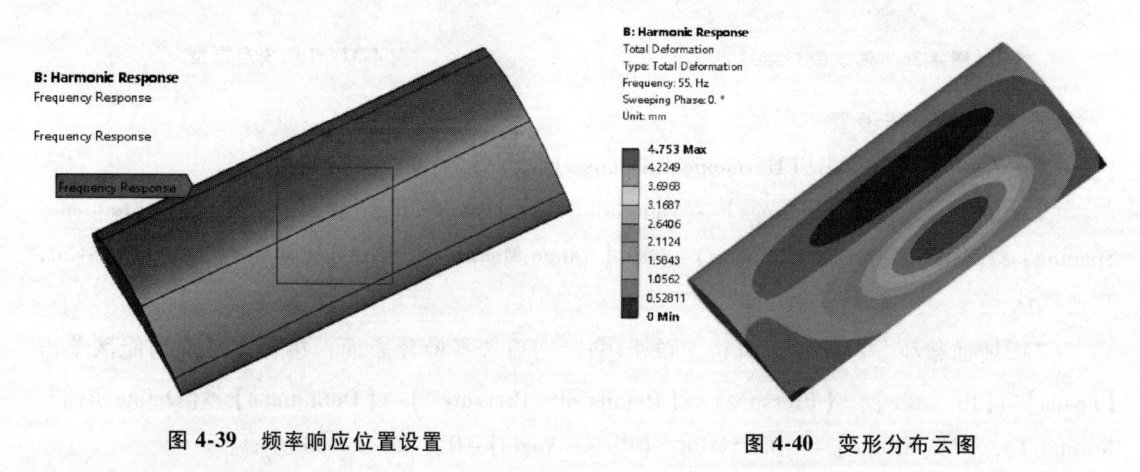

图 4-39 频率响应位置设置　　　　图 4-40 变形分布云图

（3）单击【Solution（B6）】→【Equivalent Stress】，图形区域显示谐响应分析得到的叶片在55Hz下的等效应力分布云图，如图 4-42 所示。

（4）单击【Solution（B6）】→【Frequency Response】，图形区域显示谐响应分析得到的叶片变形频率响应，如图 4-43~图 4-45 所示。

（5）单击【Solution（B6）】→【Phase Response】，图形区域显示谐响应分析得到的叶片变形相位响应，如图 4-46 和图 4-47 所示。

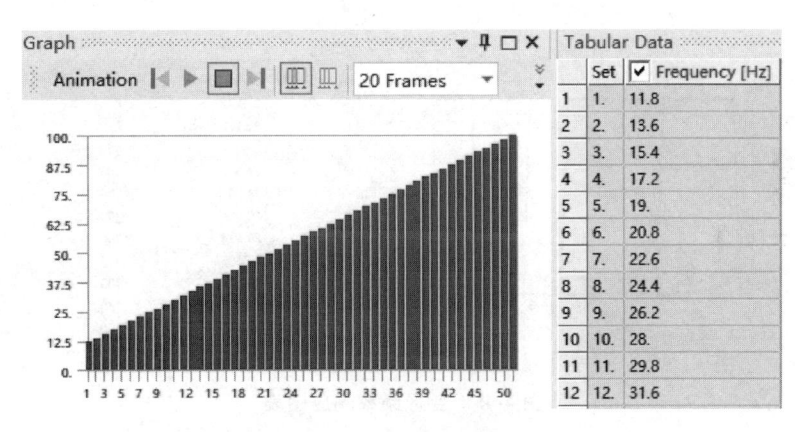

图 4-41 频率响应图表

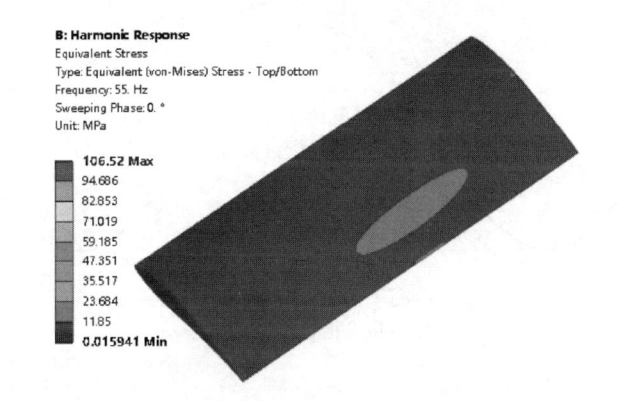

图 4-42 等效应力分布云图

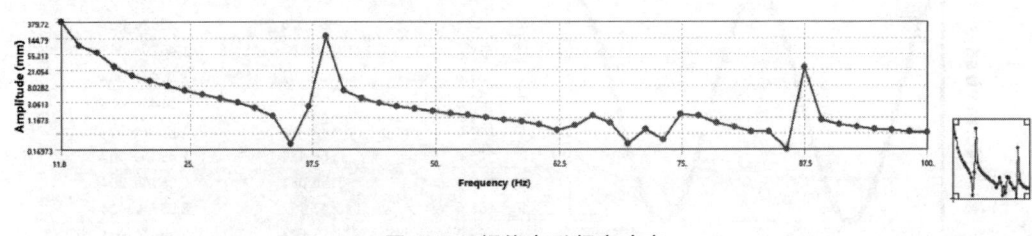

图 4-43 幅值变形频率响应

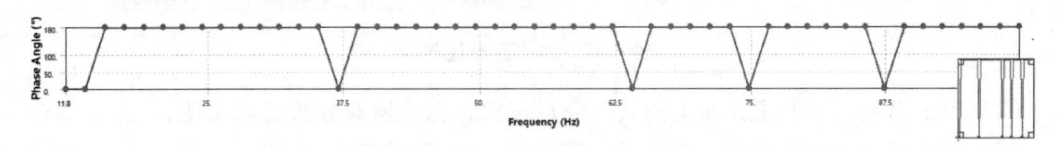

图 4-44 相位角变形频率响应

15. 保存与退出

（1）退出 Mechanical 分析环境。单击 Mechanical 主界面的菜单【File】→【Close Mechanical】退出分析环境，返回到 Workbench 主界面，此时主界面的项目分析流程图中显示的分析均已完成。

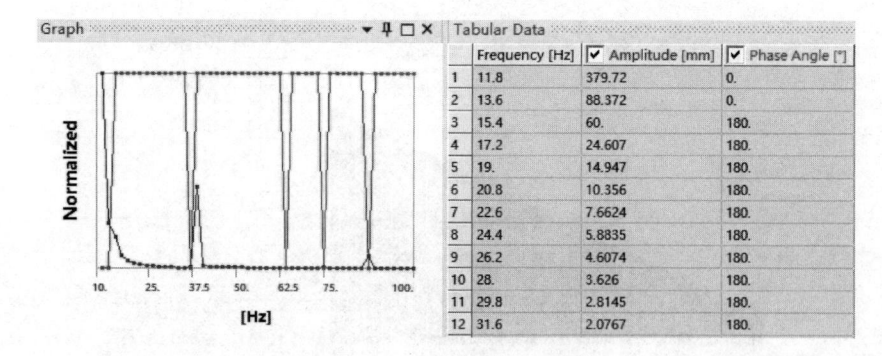

图 4-45 变形频率响应图表

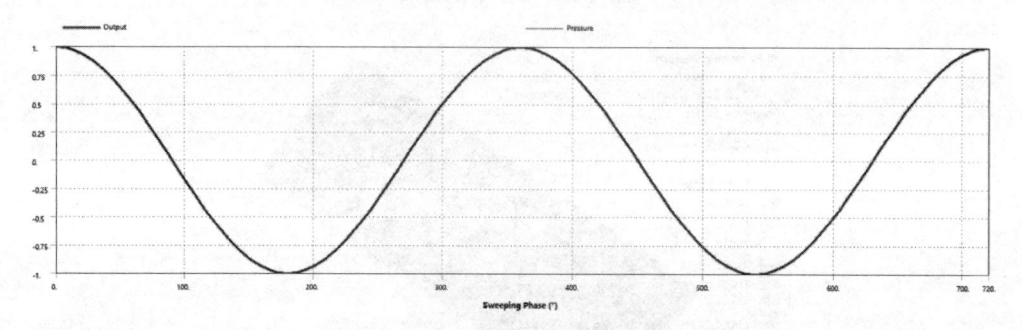

图 4-46 相位变形曲线

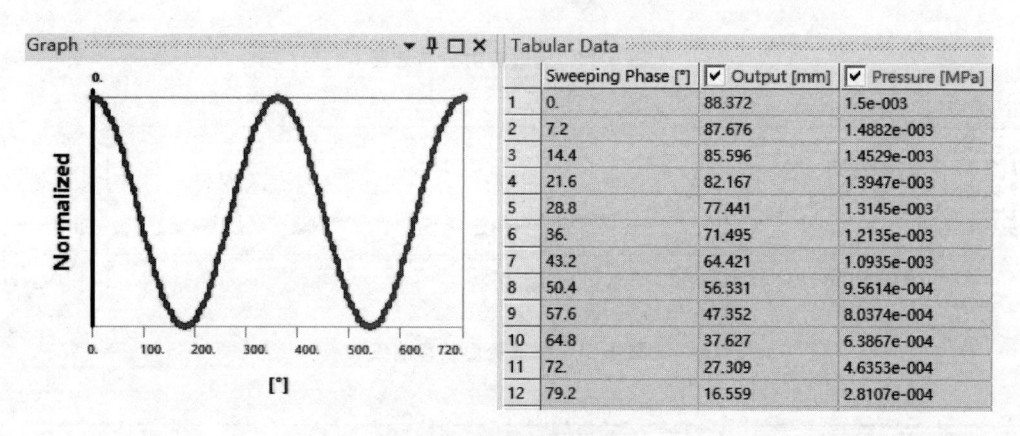

图 4-47 相位变形图表

(2) 单击 Workbench 主界面上的【Save】按钮，保存所有分析结果文件。

(3) 退出 Workbench 环境。单击 Workbench 主界面的菜单【File】→【Exit】退出主界面，完成分析。

4.3.3 分析点评

本实例是垂直轴风机叶片振动谐响应分析，谐响应分析基本流程为先模态分析，后谐响应分析。本例的关键点是基于模态分析确定谐响应分析设置时的频率范围及求解后处理。

4.4 农田轨道谐响应分析

4.4.1 问题描述

图 4-48 为常见的农田轨道模型,由于轨道与农田土壤之间的不固定性,在农田作业中会改变土壤刚度,进而影响轨道结构的振动特性,加剧车辆与轨道间的振动,造成轨道结构的损伤,进一步加剧振动,降低其服役寿命。对轨道的振动特性分析可以提前采取有效的措施,避免车辆与轨道发生共振,影响运输车的运行平稳性。圆形轨道和轨枕都采用 20 号钢,密度 7800kg/m³,弹性模量 2.13E+11Pa,泊松比 0.282,在轨道车车轮与轨道接触的位置施加共 3000N 的激励载荷,其他参数在分析中体现,试对轨道进行谐响应分析。

图 4-48 农田轨道模型

4.4.2 实例分析过程

1. 启动 Workbench 2024

在"开始"菜单中执行 ANSYS 2024R1/R2→Workbench 2024R1/R2 命令。

2. 创建谐波响应分析

(1) 在工具箱【Toolbox】的【Analysis Systems】中双击或拖动谐响应分析【Harmaonic Response】到项目分析流程图,如图 4-49 所示。

图 4-49 创建谐波响应分析

（2）在 Workbench 的工具栏中单击【Save】，保存项目实例名称为 Orbits.wbpj。如工程实例文件保存在 D：\AWB\Chapter04 文件夹中。

3. 创建材料参数

（1）编辑工程数据单元，右击【Engineering Data】→【Edit...】。

（2）在工程数据属性中创建新材料：【Outline of Schematic A2：Engineering Data】→【Click here to add a new material】，输入新材料名称 20。

（3）在左侧单击【Physical Properties】展开，双击【Density】，设置【Properties of Outline Row 4：20】→【Density】= 7800 kg m^-3。

（4）在左侧单击【Linear Elastic】展开，双击【Isotropic Elasticity】，设置【Properties of Outline Row 4：20】→【Young's Modulus】= 2.13E+11Pa。

（5）设置【Properties of Outline Row 4：20】→【Poisson's Ratio】= 0.282，如图 4-50 所示。

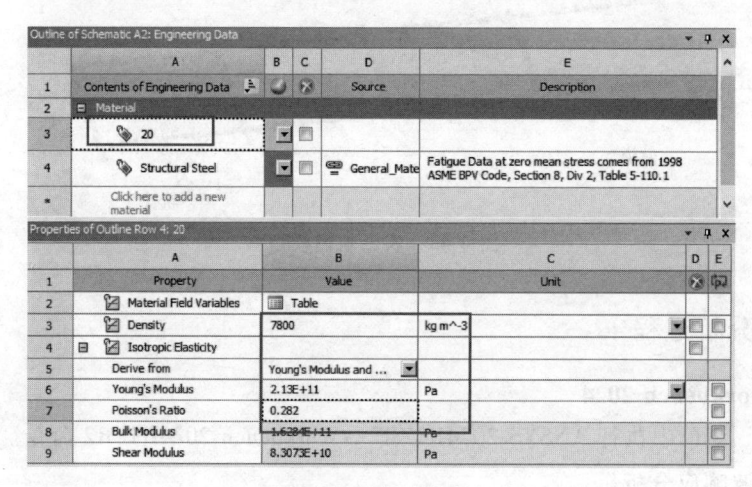

图 4-50　创建材料

（6）单击工具栏中的【A2：Engineering Data】关闭按钮，返回到 Workbench 主界面，新材料创建完毕。

4. 导入几何模型

在谐响应分析上右击【Geometry】→【Import Geometry】→【Browse】，找到模型文件 Orbits.agdb，打开导入几何模型。如模型文件在 D：\AWB\Chapter04 文件夹中。

5. 进入 Mechanical 分析环境

（1）在谐响应分析上右击【Model】→【Edit...】进入 Mechanical 分析环境。

（2）在 Mechanical 的环境主页【Home】功能区单位【Units】中选择单位为 Metric（mm，kg，N，s，mV，mA）。

6. 为几何模型分配材料

（1）在导航树上单击【Geometry】展开，然后选择【Orbits1、Orbits2】→【Details of "Multiple Selection"】→【Material】→【Assignment】= 20。

（2）在导航树上单击【Geometry】展开，然后选择【Sleeper1、Sleeper2、Sleeper3、Sleeper4、Sleeper5】→【Details of "Multiple Selection"】→【Material】→【Assignment】= 20。

7. 创建接触连接

（1）接触连接为默认的程序自动探测接触连接。

（2）创建轨道 1 和轨枕 1 与土壤接触。在标准工具栏单击 ▥，选择轨道 1（Orbits1）对应的第一轨枕（Sleeper1）底面的两个面，然后单击【Connections】→【Spring】→【Body-Ground】，参考体默认，运动体【Mobile Y Coordinate】= -400mm，【Longitudinal stiffness】= 1750N/mm，【Longitudinal Damping】= 0.05N·s/mm，如图 4-51 所示，其他默认。

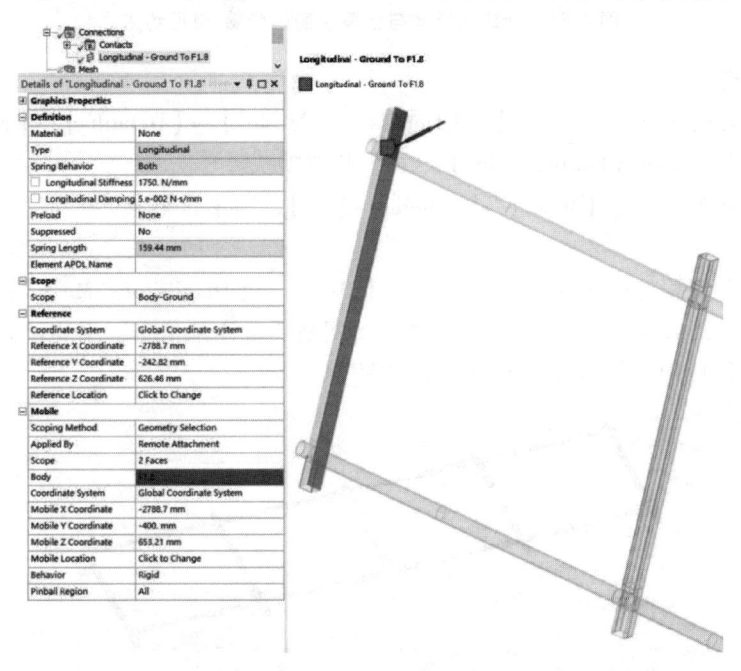

图 4-51 创建轨道 1 和轨枕 1 与土壤接触的弹簧-阻尼约束

（3）同样方法，创建轨道 1 和轨枕 2 与土壤接触、创建轨道 1 和轨枕 3 与土壤接触、创建轨道 1 和轨枕 4 与土壤接触、创建轨道 1 和轨枕 5 与土壤接触。运动体【Mobile Y Coordinate】= -400mm，【Longitudinal stiffness】= 1750N/mm，【Longitudinal Damping】= 0.05N·s/mm，如图 4-52 所示。

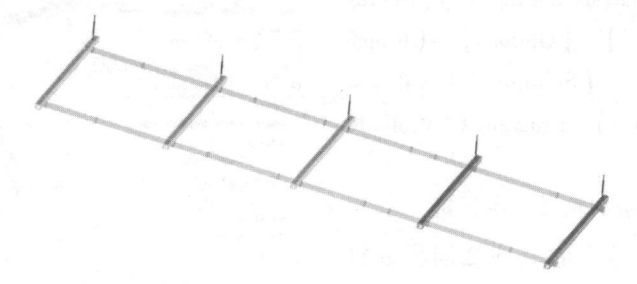

图 4-52 创建轨道 1 与土壤接触的弹簧-阻尼约束

（4）同样方法，创建轨道 2 和轨枕 1 与土壤接触、创建轨道 2 和轨枕 2 与土壤接触、创建轨道 2 和轨枕 3 与土壤接触、创建轨道 2 和轨枕 4 与土壤接触、创建轨道 2 和轨枕 5 与土壤接触。运动体【Mobile Y Coordinate】= -400mm，【Longitudinal stiffness】= 1750N/mm，【Longitudinal Damping】= 0.05N·s/mm，如图 4-53 所示。

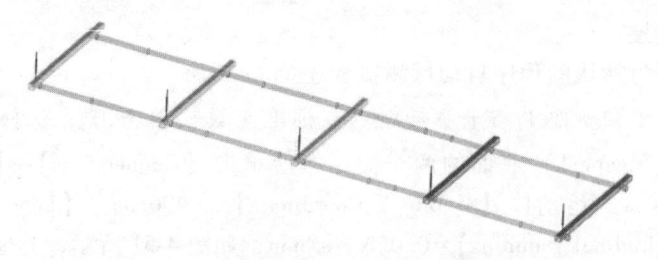

图 4-53　创建轨道 2 与土壤接触的弹簧-阻尼约束

8. 划分网格

（1）在导航树上单击【Mesh】→【Details of "Mesh"】→【Defaults】→【Element Size】= 10mm，【Sizing】→【Use Adaptive Sizing】= Yes，其他默认。

（2）生成网格。右击【Mesh】→【Generate Mesh】，图形区域显示程序生成的网格模型，如图 4-54 所示。

（3）网格质量检查。在导航树上单击【Mesh】→【Details of "Mesh"】→【Quality】→【Mesh Metric】= Skewness，显示 Skewness 规则下网格质量详细信息，平均值处在良好的水平范围内，展开【Statistics】显示网格和节点数量。

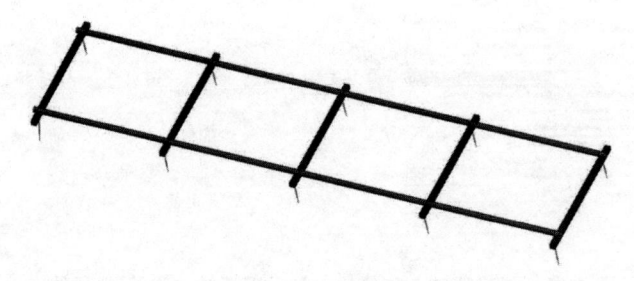

图 4-54　网格模型

9. 施加边界条件

（1）在导航树上单击【Harmonic Response（A5）】。

（2）单击【Analysis Settings】→【Details of "Analysis Settings"】→【Options】→【Range Maximum】= 200Hz，【Solution Intervals】= 50，【Solution Method】= Program Controlled，其他默认。

（3）施加力激励载荷 1。在标准工具栏单击 ，选择轨枕 2 与轨枕 3 之间靠近轨枕 2 侧的两轨道上线，接着在环境功能区单击【Loads】→【Force】→【Details of "Force"】→【Definition】→【Define By】= Components，【Y Component】= -1500N，其他默认，如图 4-55 所示。

图 4-55　施加力激励载荷 1

（4）施加力激励载荷 2。在标准工具栏单击 ，选择轨枕 3 与轨枕 4 之间靠近轨枕 4 侧的两轨道上线，接着在环境功能区单击【Loads】→【Force】→【Details of "Force"】→【Definition】→【Define By】=Components，【Y Component】=-1500N，其他默认，如图4-56所示。

（5）施加远端位移。在标准工具栏上单击▣，然后选择两侧轨道的两端面，共4个面，接着在环境功能区上单击【Supports】→【Remote Displacement】，【Remote Displacement】→【Details of "Remote Displacement"】→【Scope】→【Coordinate System】= Coordinate System，【Definition】→【X Component】=0mm，【Y Component】= Free，【Z Component】= Free，Rotation X = Free，Rotation Y = 0°，Rotation Z = 0°，其他默认，如图4-57所示。

图 4-56　施加力激励载荷 2

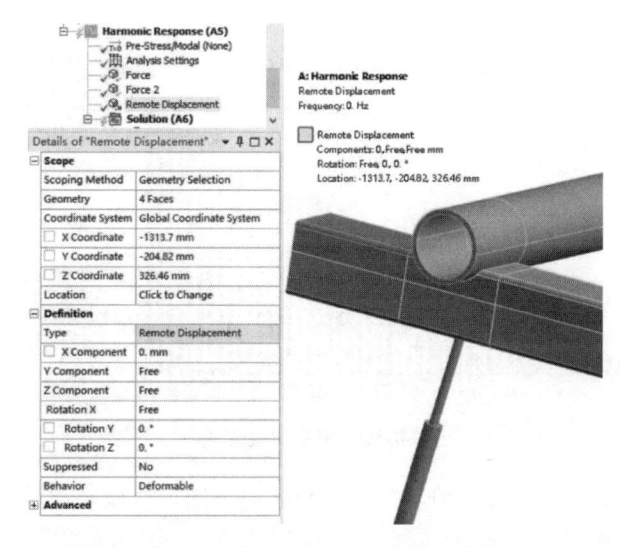

图 4-57　施加远端位移

10. 设置需要的结果

（1）在导航树上单击【Solution（A6）】。

（2）在 Mechanical 环境求解功能区单击【Deformation】→【Total】。

（3）在 Mechanical 环境求解功能区单击【Stress】→【Equivalent（von-Mises）】。

（4）首先在标准工具栏上单击▣，然后选择所有轨道模型，共 42 个体，接着在 Mechanical 环境求解功能区单击【Frequency Response】→【Deformation】，【Phase Response】→【Details of "Phase Response"】→【Definition】→【Orientation】= Y Axis，其他默认。

（5）首先在标准工具栏上单击▣，然后选择所有轨道模型，共 42 个体，接着在 Mechanical 环境求解功能区单击【Frequency Response】→【Stress】，【Phase Response2】→【Details of "Phase Response2"】→【Definition】→【Orientation】= Y Axis，其他默认。

11. 求解与结果显示

（1）在 Mechanical 环境求解功能区单击⚡进行求解运算。

（2）运算结束后，单击【Solution（A6）】→【Total Deformation】，图形区域显示谐响应分析得到的轨道变形分布云图，如图 4-58 所示。也可根据图 4-59 所示，调整查看其他频率下的变形分布云图。

图 4-58　轨道变形分布云图

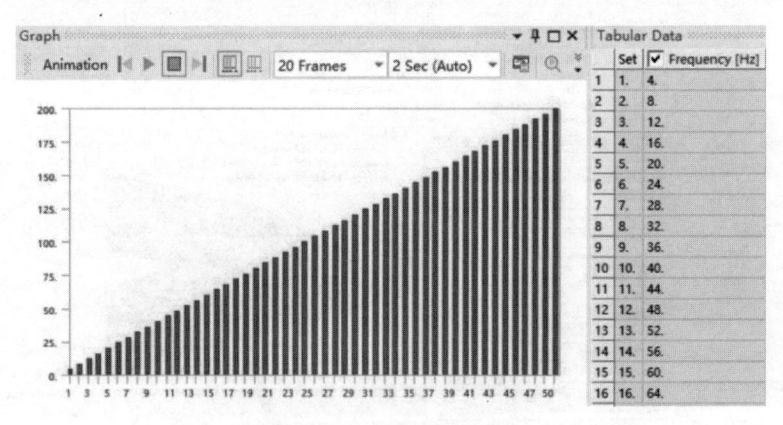

图 4-59　频率响应图表

（3）单击【Solution（A6）】→【Equivalent Stress】，图形区域显示谐响应分析得到的轨道等效应力分布云图，如图 4-60 所示。

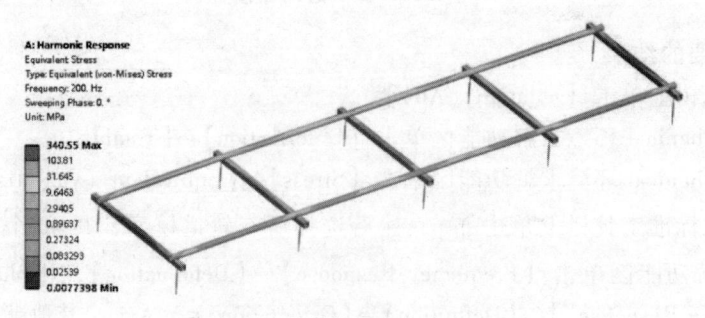

图 4-60　轨道等效应力分布云图

（4）单击【Solution（A6）】→【Frequency Response】，【Frequency Response2】，图形区域显示谐响应分析得到的轨道垂向变形-频率响应和应力-频率响应曲线，如图 4-61 和图 4-62 所示。

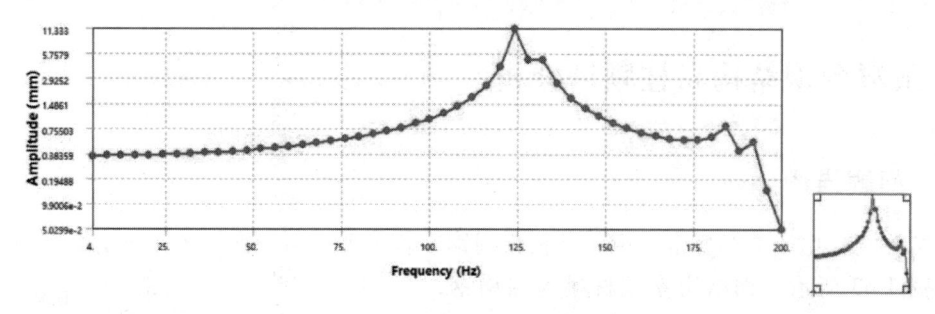

图 4-61　轨道垂向变形-频率响应曲线

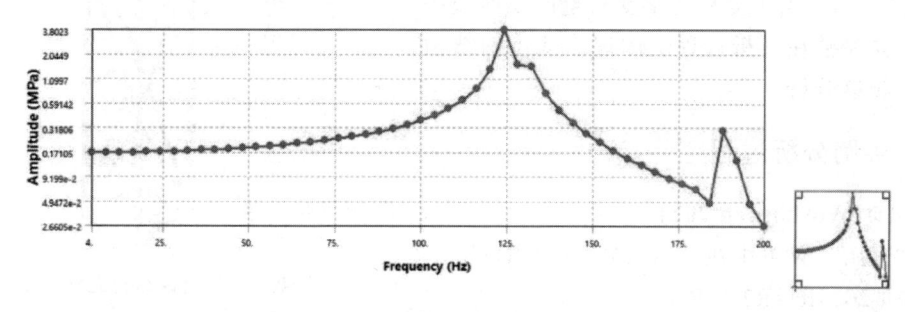

图 4-62　轨道垂向应力-频率响应曲线

12. 保存与退出

（1）退出 Mechanical 分析环境。单击 Mechanical 主界面的菜单【File】→【Close Mechanical】退出分析环境，返回到 Workbench 主界面，此时主界面的项目分析流程图中显示的分析均已完成。

（2）单击 Workbench 主界面上的【Save】按钮，保存所有分析结果文件。

（3）退出 Workbench 环境。单击 Workbench 主界面的菜单【File】→【Exit】退出主界面，完成分析。

4.4.3　分析点评

本实例是农田轨道谐响应分析，对边界条件进行了如下处理：在非固定式轨道结构中，由于轨枕与钢轨通过焊接完全连接在一起，两者之间几乎没有弹性，可以将钢轨和轨枕视为一体结构。轨道结构主要受到车轮压力和土壤对轨枕的支撑力，因此在轨道和土壤材料属性均匀分布的理想状况下，忽略钢轨的刚度和阻尼，可以将轨道简化为弹性支撑的欧拉梁，土壤离散为弹簧阻尼单元。

在轨道实际应用中整体轨道是由每节轨道连续拼接而成，在模型分析时，为减小分析计算量，以单节轨道为分析对象。在 ANSYS 中建立轨道结构有限元模型，轨道与地面接触区域即轨枕底部区域添加弹簧-阻尼约束来模拟土壤与轨道间的相互作用，轨道两端添加对称约束，用于模拟轨道间的对接约束。

从图 4-61 和图 4-62 可知，在此模型中，轨道结构在 124Hz 下应力或变形达到了最大振幅，此频率为结构的共振频率，在共振频率点以后，其振幅值随频率增大逐渐减小。从轨道结构垂向变形随频率的响应曲线可以看出，在轨道结构的最大工作频率 25.6Hz 下，轨道结构不会与运输车发生共振现象，也证明了轨道结构的合理性和可行性。

4.5 某舞台钢结构立柱频谱分析

4.5.1 问题描述

钢结构立柱用于支撑舞台，由4个长粗圆钢、若干个短细圆钢和8个角钢焊接而成，其模型如图4-63所示。钢结构立柱材料为结构钢，一端垂直置于地，为固定约束，另一端承受20000N作用力，整个立柱还承受自重以及地震谱作用，具体参数在分析过程中体现。试对钢结构立柱进行频谱分析。

4.5.2 实例分析过程

1. 启动 Workbench 2024

在"开始"菜单中执行 ANSYS 2024 R1/R2→Workbench 2024R1/R2 命令。

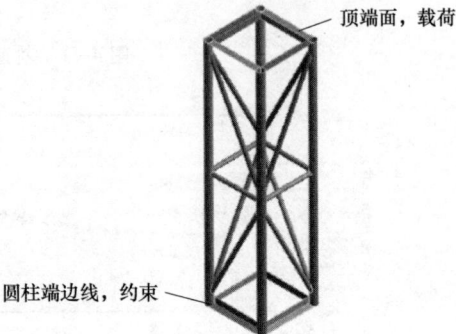

图 4-63 舞台钢结构立柱模型

2. 创建响应谱分析

（1）在工具箱【Toolbox】的【Analysis Systems】中双击或拖动静态结构分析【Static Structural】到项目分析流程图，然后右击静态结构分析的【Solution】单元，从弹出的快捷菜单中选择【Transfer Data To New】→【Modal】，即创建模态分析；然后右击模态分析的【Solution】单元，从弹出的快捷菜单中选择【Transfer Data To New】→【Response Spectrum】，即创建响应谱分析，此时相关联的数据共享，如图4-64所示。

（2）在Workbench的工具栏中单击【Save】，保存项目实例名称为Stage.wbpj。如工程实例文件保存在 D:\AWB\Chapter04 文件夹中。

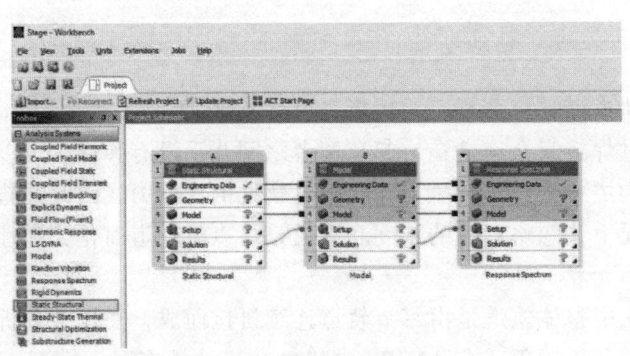

图 4-64 创建响应谱分析

3. 创建材料参数（默认为结构钢）

4. 导入几何模型

（1）在静态结构分析上右击【Geometry】→【Import Geometry】→【Browse】，找到模型文件 Stage.x_t，打开导入几何模型。如模型文件在 D:\AWB\Chapter04 文件夹中。

（2）在静态结构分析上右击【Geometry】→【Edit Geometry in DesignModeler...】进入

DesignModeler 环境。

(3) 在模型详细栏里,【Details View】→【Operation】选取【Add Frozen→Add Material】。在工具栏中单击【Generate】完成导入显示。

5. 模型抽取中面处理

(1) 对模型抽取中面。首先转换单位,单击菜单栏【Units】→【Millimeter】。单击菜单栏【Tools】→【Mid-Surface】,【MidSurf1】→【Details View】→【Selection Method】选取【Manual → Automatic】;【Minimum Threshold】= 0.001mm,【Maximum Threshold】= 10mm,其他默认;【Find Face Pairs Now】选取【Yes】,选中所有抽取面对。在工具栏中单击【Generate】完成抽取中面,如图 4-65 所示。

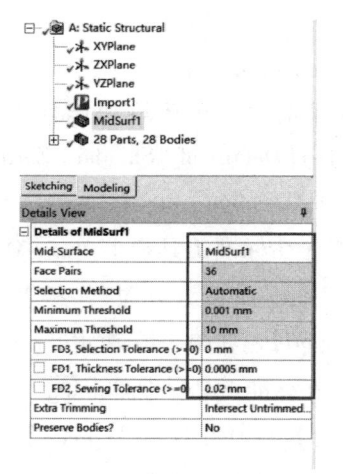

图 4-65 对模型抽取中面

(2) 单击 DesignModeler 主界面的菜单【File】→【Close DesignModeler】退出几何建模环境。

(3) 返回 Workbench 主界面,单击 Workbench 主界面上的【Save】按钮保存。

6. 进入 Mechanical 分析环境

(1) 在静态结构分析上右击【Model】→【Edit...】进入 Mechanical 分析环境。

(2) 在 Mechanical 的环境主页【Home】功能区单位【Units】中选择单位为 Metric (mm, kg, N, s, mV, mA)。

7. 为几何模型分配材料属性(默认为结构钢)

8. 创建接触连接

(1) 在导航树上展开【Connections】→【Contacts】,右击【Contacts】从弹出的快捷菜单中选择 Delete Children,删除自动接触连接。

(2) 单击【Contacts】→【Details of "Contacts"】→【Auto Detection】→【Tolerance Type】= Value;【Tolerance Value】= 2.4mm,【Face/Face】= No,【Face/Edge】= Yes,【Edge/Edge】= No,【Priority】= Edge Overrides,【Group By】= Faces,【Search Across】= Bodies,其他默认。

(3) 右击【Contacts】→【Create Automatic Connections】,自动产生 12 个接触对。

9. 划分网格

(1) 在导航树上单击【Mesh】→【Details of "Mesh"】→【Sizing】→【Use Adaptive Sizing】= No,【Capture Curvature】= Yes,其他默认。

(2) 在标准工具栏上单击 ,选择整个模型,右击【Mesh】→【Insert】→【Sizing】→【Details of "Body Sizing" - Sizing】→【Element Size】= 5mm;【Advanced】→【Capture Curvature】= Yes,其他默认。

(3) 生成网格。右击【Mesh】→【Generate Mesh】,图形区域显示程序生成的四边形单元网格模型,如图 4-66 所示。

(4) 网格质量检查。在导航树上单击【Mesh】→【Details of "Mesh"】→【Quality】→

【Mesh Metric】=Element Quality，显示 Element Quality 规则下网格质量详细信息，平均值处在良好的水平范围内，展开【Statistics】显示网格和节点数量。

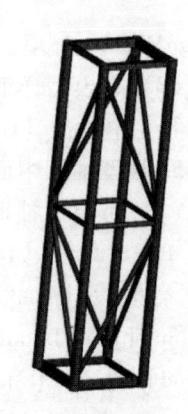

10. 施加边界条件

（1）单击【Static Structural（A5）】。

（2）施加标准地球重力。在环境功能区上单击【Inertial】→【Standard Earth Gravity】→【Details of "Standard Earth Gravity"】→【Definition】→【Direction】= -Y Direction。

（3）施加约束。首先在标准工具栏上单击 ，然后选择舞台立柱 4 个圆柱端边线（标准地球重力方向），接着在环境功能区单击【Supports】→【Fixed Support】，如图 4-67 所示。

图 4-66 四边形单元网格模型

（4）施加力载荷。在标准工具栏上单击 ，然后选择 4 个顶端面，接着在环境功能区上单击【Loads】→【Force】→【Details of "Force"】→【Definition】→【Define By】= Components，【Z Component】= -20000N，如图 4-68 所示。

（5）非线性设置。单击【Analysis Settings】→【Details of "Analysis Settings"】→【Solver Controls】→【Large Deflection】= On，其他默认。

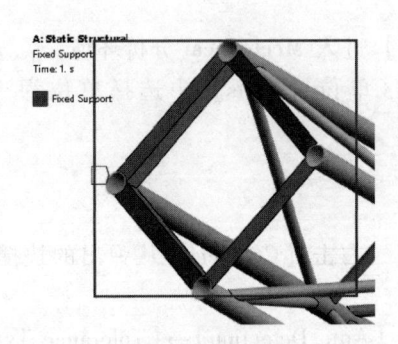

图 4-67 施加约束 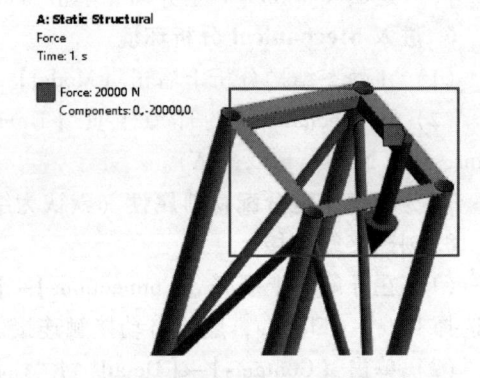　　图 4-68 施加力载荷

11. 模态边界条件

（1）在导航树上单击【Modal（B5）】。

（2）在导航树上单击【Analysis Settings】→【Details of "Analysis Settings"】→【Options】→【Max Modes to Find】= 5，其他默认。

12. 施加边界条件

（1）在导航树上单击【Response Spectrum（C5）】。

（2）设置模态合并类型。单击【Analysis Settings】→【Details of "Analysis Settings"】→【Options】→【Spectrum Type】= Single Point，【Modes Combination Type】= SRSS，其他默认。

（3）施加加速度响应。在环境功能区上单击【RS Base Excitation】→【RS Acceleration】→【Details of "RS Acceleration"】→【Scope】→【Boundary Condition】= All Supports；【Definition】→【Direction】= Y Axis；【Definition】→【Load Data】；找到名为"Earthquake Data"数据文件，

从 Excel 复制数据，然后在【Tabular Data】右击，从弹出的快捷菜单中选择【Paste Cell】，如图 4-69~图 4-71 所示。

13. 设置需要的结果

（1）在导航树上单击【Solution（C6）】。

（2）在 Mechanical 环境求解功能区单击【Deformation】→【Total】。

（3）在 Mechanical 环境求解功能区单击【Deformation】→【Directional】，【Directional Deformation】→【Details of "Directional Deformation"】→【Definition】→【Orientation】= Y Axis。

图 4-69 复制 Excel 数据

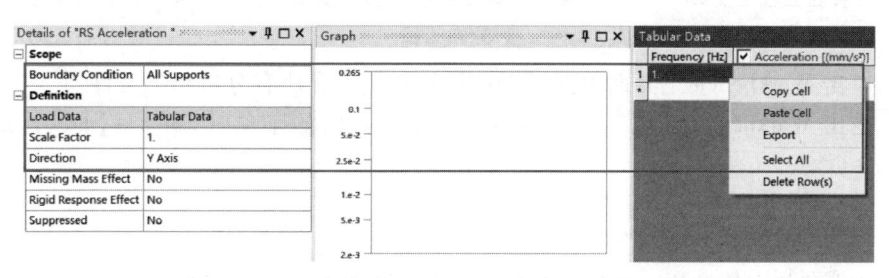

图 4-70 粘贴 Excel 数据

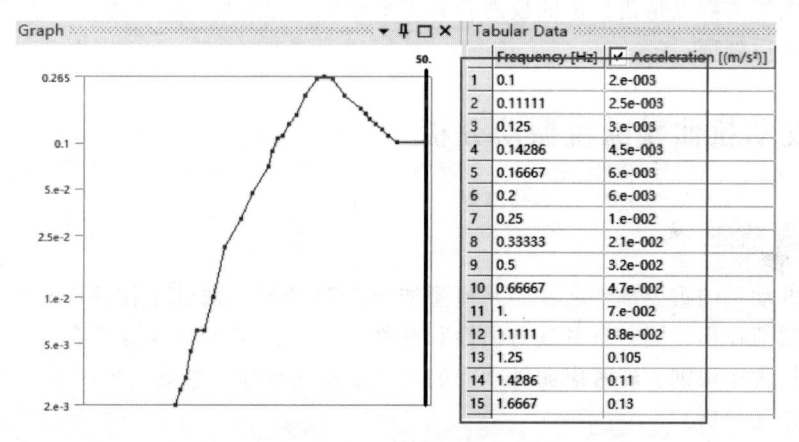

图 4-71 数据显示

（4）在 Mechanical 环境求解功能区单击【Stress】→【Equivalent（von-Mises）】。

14. 求解与结果显示

（1）在 Mechanical 环境求解功能区单击 ⚡ 进行求解运算。

（2）运算结束后，单击【Solution（C6）】→【Total Deformation】，图形区域显示分析得到的舞台立柱总变形分布云图，如图 4-72 所示；单击【Solution（C6）】→【Directional Deformation】，图形区域显示分析得到的舞台立柱 Y 方向变形分布云图，如图 4-73 所示；单击【Solution（C6）】→【Equivalent Stress】，显示舞台立柱等效应力分布云图，如图 4-74 所示。

15. 保存与退出

（1）退出 Mechanical 分析环境。单击 Mechanical 主界面的菜单【File】→【Close Mechanical】退出分析环境，返回到 Workbench 主界面，此时主界面的项目分析流程图中显示的分析均已完成。

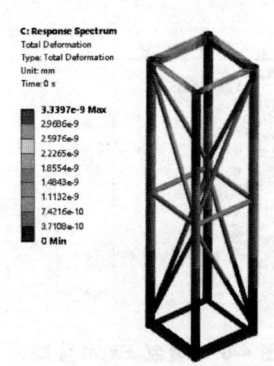

图 4-72 舞台立柱总变形　　图 4-73 舞台立柱 Y 方向变形　　图 4-74 舞台立柱等效应力
　　　　分布云图　　　　　　　　　　分布云图　　　　　　　　　　　　分布云图

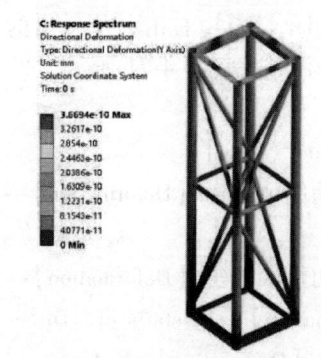

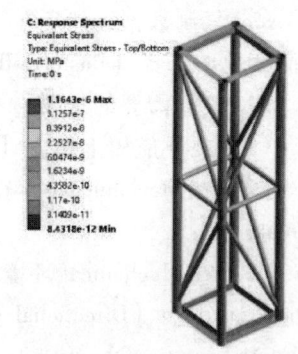

（2）单击 Workbench 主界面上的【Save】按钮，保存所有分析结果文件。

（3）退出 Workbench 环境。单击 Workbench 主界面的菜单【File】→【Exit】退出主界面，完成分析。

4.5.3 分析点评

本实例是某舞台钢结构立柱频谱分析，为复合型类分析，需要先预应力模态分析，后频谱分析。本例的关键点是谱分析的模态合并类型设置、加速度响应数据处理及钢结构模型中面处理、求解后处理。

4.6 某发动机曲轴随机振动分析

4.6.1 问题描述

曲轴是发动机的重要部件之一，其模型如图 4-75 所示。曲轴工作环境恶劣，承受复杂、交变的冲击载荷作用，同时自身具有惯性和弹性，由此决定了其本身固有的自由振动特性。假设曲轴材料为结构钢，若考虑曲轴承受的加速度振动载荷，忽略其他因素，试对发动机曲轴进行随机振动分析。

图 4-75 发动机曲轴模型

4.6.2 实例分析过程

1. 启动 Workbench 2024

在"开始"菜单中执行 ANSYS 2024R1/R2→Workbench 2024R1/R2 命令。

2. 创建随机振动分析

（1）在工具箱【Toolbox】的【Analysis Systems】中双击或拖动模态分析【Modal】到项目分析流程图，然后右击模态分析的【Solution】单元，从弹出的快捷菜单中选择【Transfer Data To New】→【Random Vibration】，即创建随机振动分析，此时相关联的数据共享，如图4-76所示。

（2）在 Workbench 的工具栏中单击【Save】，保存项目实例名称为 Crank shaft.wbpj。如工程实例文件保存在 D:\AWB\Chapter04 文件夹中。

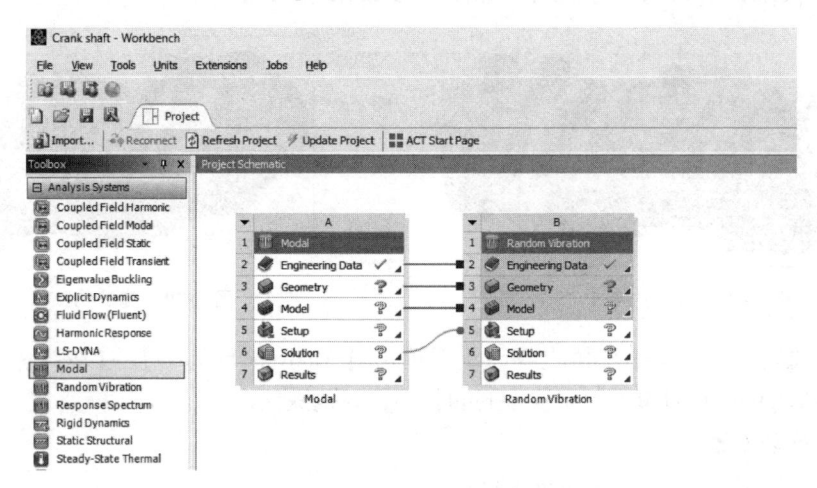

图 4-76 创建随机振动分析

3. 创建材料参数（默认为结构钢）

4. 导入几何模型

在模态分析上右击【Geometry】→【Import Geometry】→【Browse】，找到模型文件 Crank shaft.agdb，打开导入几何模型。如模型文件在 D:\AWB\Chapter04 文件夹中。

5. 进入 Mechanical 分析环境

（1）在模态分析上右击【Model】→【Edit...】进入 Mechanical 分析环境。

（2）在 Mechanical 的环境主页【Home】功能区单位【Units】中选择单位为 Metric（mm, kg, N, s, mV, mA）。

6. 为几何模型分配材料（默认为结构钢）

7. 划分网格

（1）在导航树上单击【Mesh】→【Details of "Mesh"】→【Defaults】→【Element Size】= 4mm，【Sizing】→【Use Adaptive Sizing】= No，其他默认。

（2）生成网格。右击【Mesh】→【Generate Mesh】，图形区域显示程序生成的网格模型，如图 4-77 所示。

（3）网格质量检查。在导航树上单击【Mesh】→【Details of "Mesh"】→【Quality】→【Mesh Metric】= Skewness，

图 4-77 网格模型

显示 Skewness 规则下网格质量详细信息，平均值处在良好的水平范围内，展开【Statistics】显示网格和节点数量。

8. 施加边界条件

（1）在导航树上单击【Modal（A5）】。

（2）施加约束。在标准工具栏上单击 ，选择曲轴的一个端面，在环境功能区上单击【Supports】→【Fixed Support】，如图 4-78 所示；然后选择曲轴的另一个端面，在环境功能区上单击【Supports】→【Fixed Support】，如图 4-79 所示。

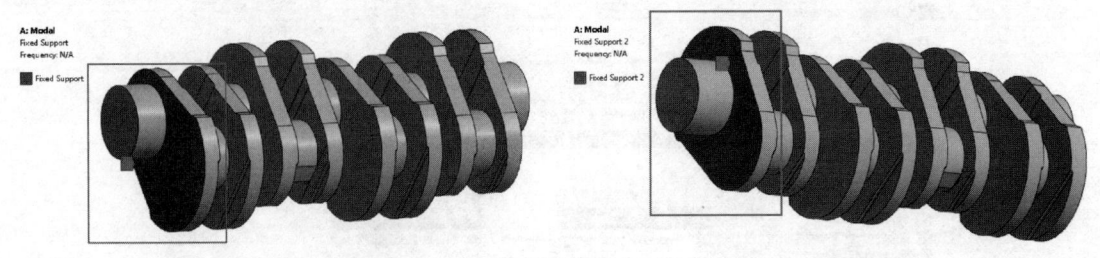

图 4-78　施加约束 1　　　　图 4-79　施加约束 2

（3）施加模态数。在导航树上 Modal 下单击【Analysis Settings】→【Details of "Analysis Settings"】→【Options】→【Max Modes to Find】= 6，其他默认。

9. 随机振动设置

（1）在导航树上单击【Random Vibration（B5）】。

（2）在环境功能区上单击【PSD Base Excitation】→【PSD G Acceleration】，【PSD G Acceleration】→【Details of "PSD G Acceleration"】→【Scope】→【Boundary Condition】= All Fixed Supports，【Definition】→【Load Data】，设置如图 4-80 所示，【Direction】= Y Axis，其他默认。

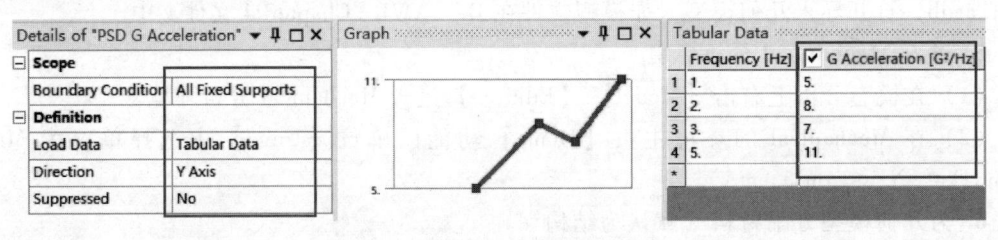

图 4-80　PSD G Acceleration 设置

10. 设置需要的结果

（1）在导航树上单击【Solution（B6）】。

（2）在 Mechanical 环境求解功能区单击【Deformation】→【Directional】，【Directional Deformation】→【Details of "Directional Deformation"】→【Definition】→【Orientation】= Y Axis，【Scale Factor】= 1Sigma。

（3）在 Mechanical 环境求解功能区单击【Stress】→【Equivalent（von-Mises）】。

11. 求解与结果显示

（1）右击【Directional Deformation】，从弹出的快捷菜单上单击 进行求解运算。

（2）运算结束后，单击【Solution（B6）】→【Directional Deformation】，可以查看图形区

域显示分析得到的曲轴随机振动变形分布云图,如图4-81所示;单击【Solution(B6)】→【Equivalent Stress】,显示曲轴随机振动等效应力分布云图,如图4-82所示。

图4-81 曲轴随机振动变形分布云图

图4-82 曲轴随机振动等效应力分布云图

12. 保存与退出

(1)退出Mechanical分析环境。单击Mechanical主界面的菜单【File】→【Close Mechanical】退出分析环境,返回到Workbench主界面,此时主界面的项目分析流程图中显示的分析均已完成。

(2)单击Workbench主界面上的【Save】按钮,保存所有分析结果文件。

(3)退出Workbench环境。单击Workbench主界面的菜单【File】→【Exit】退出主界面,完成分析。

4.6.3 分析点评

本实例是某发动机曲轴随机振动分析,随机振动分析基本流程为先模态分析,后随机振动分析。本例的关键点是随机振动分析的载荷类型设置、载荷数据处理及求解后处理。

4.7 某斜拉桥预应力模态分析

4.7.1 问题描述

斜拉桥是由索塔、主梁、斜拉索3种基本构件组成的组合桥梁结构。该型斜拉桥是双塔三跨度,索塔两侧是对称的斜拉索,通过斜拉索将索塔主梁连接在一起。其中混凝土塔柱和主梁的弹性模量为3.5E+10Pa,密度为2600kg/m³,泊松比为0.17;斜拉索弹性模量为1.95E+10Pa,密度为1200kg/m³,泊松比为0.25,其他相关参数在分析过程中体现。试求斜拉桥预应力状态下桥架主梁1阶模态变形及应力分布。

4.7.2 实例分析过程

1. 启动 Workbench 2024

在"开始"菜单中执行 ANSYS 2024R1/R2→Workbench 2024R1/R2 命令。

2. 创建预应力模态分析

(1)在工具箱【Toolbox】的【Analysis Systems】中双击或拖动静态结构分析【Static Structural】到项目分析流程图创建项目A,然后右击项目A的【Solution】单元,从弹出的快捷菜单中选择【Transfer Data To New】→【Modal】，即创建模态分析项目 B，此时相关联的数据共享，如图 4-83 所示。

（2）在 Workbench 的工具栏中单击【Save】，保存项目实例名称为 Bridge.wbpj。如工程实例文件保存在 D：\AWB\Chapter04 文件夹中。

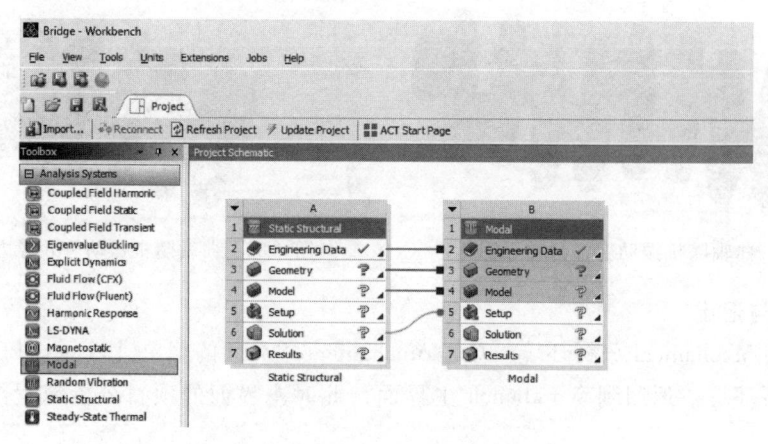

图 4-83 创建预应力模态分析

3. 创建材料参数

（1）编辑工程数据单元，右击 A 系统的【Engineering Data】→【Edit...】。

（2）在工程数据属性中创建新材料：【Outline of Schematic A2, B2：Engineering Data】→【Click here to add a new material】，输入材料名称 Girder。

（3）在左侧单击【Physical Properties】展开，双击【Density】，设置【Properties of Outline Row 4：Girder】→【Density】= 2600kg m^-3。

（4）在左侧单击【Linear Elastic】展开，双击【Isotropic Elasticity】，设置【Properties of Outline Row 4：Girder】→【Young's Modulus】= 3.5E+10Pa。

（5）设置【Properties of Outline Row 4：Girder】→【Poisson's Ratio】= 0.17。

（6）输入斜拉索（Cable）的材料属性，过程同（2）到（5）步，如图 4-84 所示。

（7）单击工具栏中的【A2, B2：Engineering Data】关闭按钮，返回到 Workbench 主界面，新材料创建完毕。

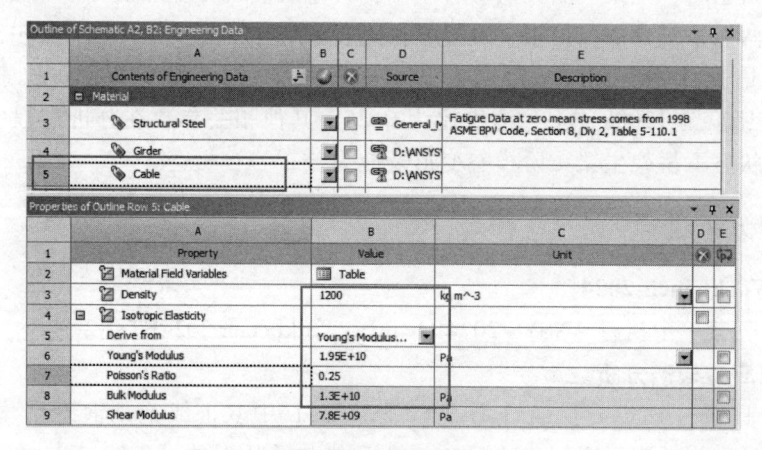

图 4-84 创建材料

4. 导入几何模型

在静态结构分析项目上右击【Geometry】→【Import Geometry】→【Browse】，找到模型文件 Bridge.agdb，打开导入几何模型。如模型文件在 D：\AWB\Chapter04 文件夹中。

5. 进入 Mechanical 分析环境

（1）在静态结构分析项目上右击【Model】→【Edit...】进入 Mechanical 分析环境。

（2）在 Mechanical 环境显示功能区选择【Style】→【Cross Section】。

（3）在 Mechanical 的环境主页【Home】功能区单位【Units】中选择单位为 Metric（m, kg, N, s, V, A）。

6. 为几何模型分配材料属性

（1）为塔主梁分配材料。在导航树上单击【Geometry】展开，展开【Bridge】，然后选择所有【Side_stiffeners】、【Column】、【Crossmember】、【Line Body】，共 12 个体，接着【Multiple Selection】→【Details of "Multiple Selection"】→【Material】→【Assignment】= Girder，如图 4-85 所示。

（2）为桥面分配分配材料。在导航树上单击【Geometry】展开，展开【Bridge】，然后选择【Deck】，共 1 个体，接着【Deck】→【Details of "Deck"】→【Material】→【Assignment】= Girder。

（3）为斜拉索分配材料。在导航树上选择所有【Main_Cables】和所有【Suspender】体，共 80 个体，接着【Multiple Selection】→【Details of "Multiple Selection"】→【Material】→【Assignment】= Cable。

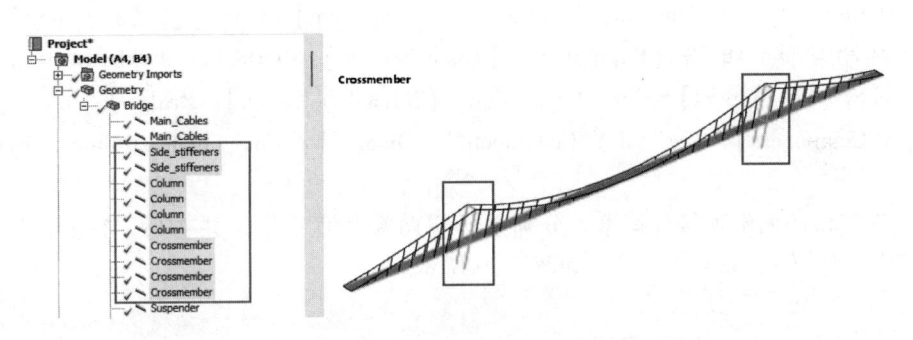

图 4-85 为塔主梁分配材料

7. 划分网格

（1）在导航树上单击【Mesh】→【Details of "Mesh"】→【Defaults】→【Element Size】= 0.8m，【Sizing】→【Defeature Size】= 0.5m，其他默认。

（2）生成网格。选择【Mesh】→【Generate Mesh】，图形区域显示程序生成的网格模型，如图 4-86 所示。

图 4-86 网格模型

（3）网格质量检查。在导航树上单击【Mesh】→【Details of "Mesh"】→【Quality】→【Mesh Metric】= Element Quality，显示 Element Quality 规则下网格质量详细信息，平均值处在良好的水平范围内，展开【Statistics】显示网格和节点数量。

8. 施加边界条件

（1）在导航树上单击【Static Structural（A5）】。

（2）施加约束。在环境功能区单击【Supports】→【Fixed Support】，单击【Fixed Support】→【Details of "Fixed Support"】→【Scope】→【Scoping Method】= Named Selection，【Named Selection】= Towerfoundation，如图 4-87 所示。

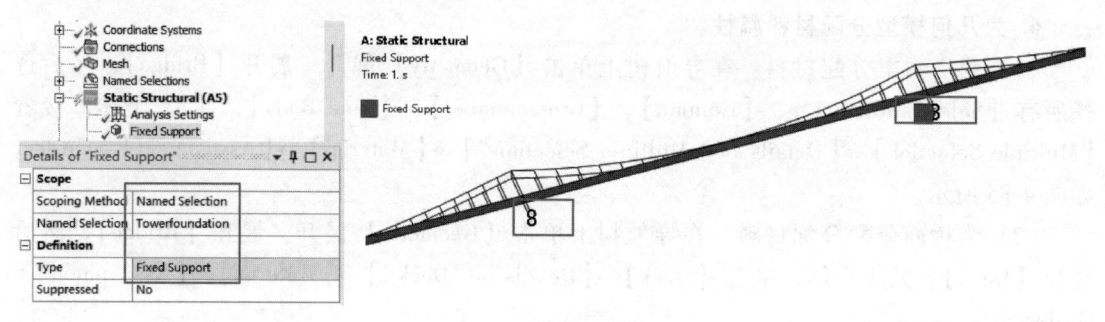

图 4-87 施加约束

（3）施加桥两端的约束。在环境功能区单击【Supports】→【Displacement】→【Details of "Displacement"】→【Scope】→【Scoping Method】= Named Selection，【Named Selection】= Bridgehead1；【Definition】→【X Component】= Free，【Y Component】= 0mm，【Z Component】= 0mm。同理，在环境功能区单击【Supports】→【Displacement】→【Details of "Displacement"】→【Scope】→【Scoping Method】= Named Selection，【Named Selection】= Bridge head2；【Definition】→【X Component】= Free，【Y Component】= 0mm，【Z Component】= 0mm，如图 4-88 所示。

（4）抑制桥的两端连接处钢索。分别选择桥两端竖直钢索，共 4 根，右击，从弹出的快捷菜单中选择【Suppress Body】，如图 4-89 所示。

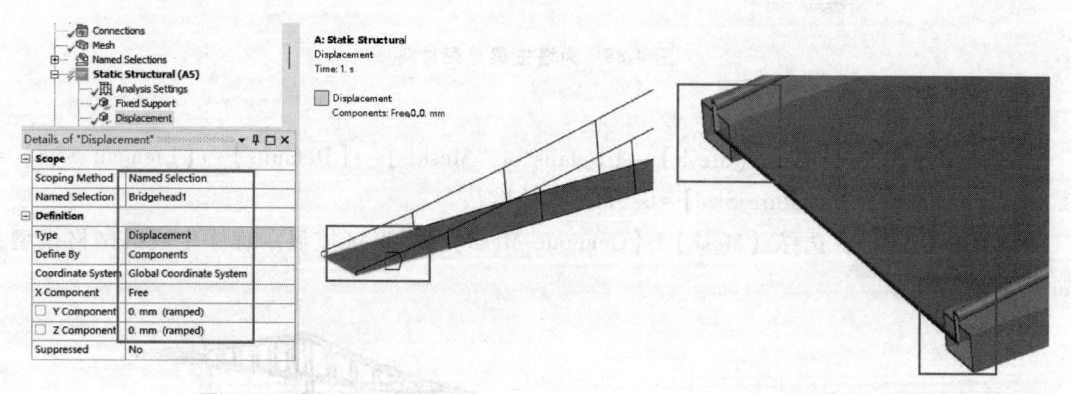

图 4-88 施加桥两端的约束　　图 4-89 抑制桥的两端连接处钢索

（5）施加钢索两端处自由约束。在环境功能区单击【Supports】→【Displacement】→【Details of "Displacement"】→【Scope】→【Scoping Method】= Named Selection，【Named Selection】=

Freewire1；【Definition】→【X Component】= -0.933m，【Y Component】= 0m，【Z Component】= -0.122m，如图 4-90 所示。同理，在环境功能区单击【Supports】→【Displacement】→【Details of "Displacement"】→【Scope】→【Scoping Method】= Named Selection，【Named Selection】= Freewire2；【Definition】→【X Component】= 0.933m，【Y Component】= 0m，【Z Component】= -0.122m。

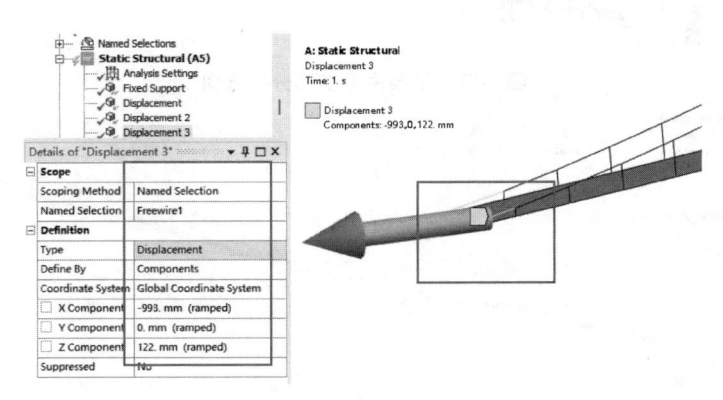

图 4-90 施加钢索两端处自由约束

（6）施加标准地球重力。在环境功能区单击【Inertial】→【Standard Earth Gravity】→【Details of "Standard Earth Gravity"】→【Definition】→【Direction】= -Z Direction，如图 4-91 所示。

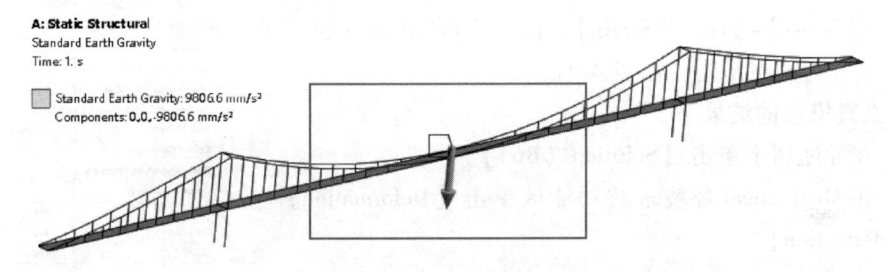

图 4-91 施加标准地球重力

（7）单击【Analysis Settings】→【Details of "Analysis Settings"】→【Solver Controls】→【Large Deflection】= On，其他默认。

9. 设置静态的结果

（1）在导航树上单击【Solution (A6)】。

（2）在 Mechanical 环境求解功能区单击【Deformation】→【Total】。

（3）在 Mechanical 环境求解功能区单击【Stress】→【Equivalent (von-Mises)】。

10. 求解与结果显示

（1）在 Mechanical 环境求解功能区单击 ⚡ 进行求解运算。

（2）运算结束后，单击【Solution (A6)】→【Total Deformation】，图形区域显示静态结构分析得到的桥架主梁变形分布云图，如图 4-92 所示；单击【Solution (A6)】→【Equivalent Stress】，显示桥架主梁等效应力分布云图，如图 4-93 所示。

11. 模态分析设置

（1）在导航树上单击【Modal (B5)】。

图 4-92 桥架主梁变形分布云图

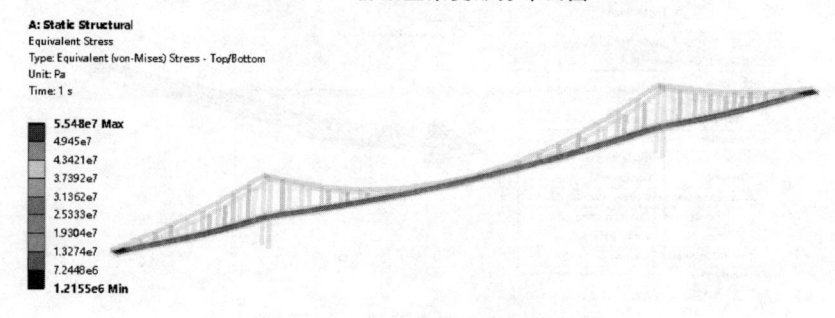

图 4-93 桥架主梁等效应力分布云图

（2）单击【Analysis Settings】→【Details of "Analysis Settings"】→【Options】→【Max Modes to Find】=10，【Output Controls】→【Stress】=Yes，【Strain】=Yes，同时也可看到预应力的初始条件为静态结构，如图 4-94 所示。

12. 设置模态的结果

（1）在导航树上单击【Solution（B6）】。

（2）在 Mechanical 环境求解功能区单击【Deformation】→【Total Deformation】。

（3）在 Mechanical 环境求解功能区单击【Stress】→【Equivalent Stress】。

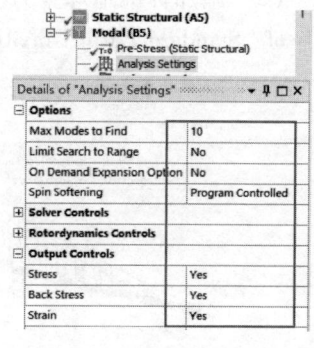

图 4-94 模态分析设置

13. 求解与结果显示

（1）在 Mechanical 环境求解功能区单击 ⚡ 进行求解运算。

（2）运算结束后，单击【Solution（B6）】→【Total Deformation】，图形区域显示预应力状态下得到的桥架主梁 1 阶模态变形分布云图，如图 4-95 所示，更多模态结果可按照 4.1 节查看；单击【Solution（B6）】→【Equivalent Stress】，显示预应力状态下得到的桥架主梁等效应力分布云图，如图 4-96 所示。

14. 保存与退出

（1）退出 Mechanical 分析环境。单击 Mechanical 主界面的菜单【File】→【Close Mechanical】退出分析环境，返回到 Workbench 主界面，此时主界面的项目管理区中显示的分析项目均已完成。

（2）单击 Workbench 主界面上的【Save】按钮，保存所有分析结果文件。

（3）退出 Workbench 环境。单击 Workbench 主界面的菜单【File】→【Exit】退出主界面，完成项目分析。

图 4-95　桥架主梁 1 阶模态变形分布云图

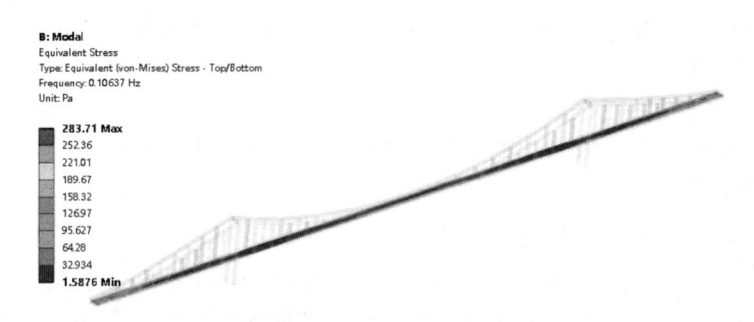

图 4-96　桥架主梁等效应力分布云图

4.7.3　分析点评

本实例是斜拉桥预应力模态分析，预应力模态分析基本流程为先线性静力分析，后模态分析。对本例来说，模型相对繁多，正确分类处理各部件是基础。

4.8　某舞台钢结构立柱屈曲分析

4.8.1　问题描述

钢结构立柱用于支撑舞台，由 4 个长粗圆钢、若干个短细圆钢和 8 个角钢焊接而成，其模型如图 4-97 所示。钢结构立柱材料为结构钢，一端垂直置于地，为固定约束，另一端承受 20000N 作用力，整个立柱还承受自重以及地震谱作用，具体参数在分析过程中体现。试对钢结构立柱进行屈曲分析。

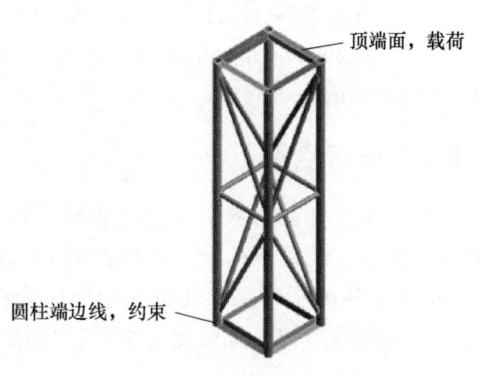

图 4-97　舞台钢结构立柱模型

4.8.2　实例分析过程

此分析紧接 4.5 实例，其实例前期分析过程省略，直接运用 4.5 实例进行分析。

1. 启动 Workbench 2024

在"开始"菜单中执行 ANSYS 2024R1/R2→Workbench 2024R1/R2 命令。

2. 打开 4.5 实例分析

在 Workbench 工具栏中单击 Open... 工具，从文件夹中找到保存的项目实例名为 Stage.wbpj 的文件并打开，如 4.5 实例分析数据文件在 D：\ AWB \ Chapter04 文件夹中。然后在 Workbench 的工具栏中单击【Save Project As...】，另存项目实例名为 Stage buckling.wbpj，保存在 D：\ AWB \ Chapter04 文件夹中。

3. 创建屈曲分析

（1）右击静态结构分析单元格【Solution】→【Transfer Data To New】→【Eigenvalue Buckling】，自动导入静态结构分析为预应力。

（2）返回 Mechanical 分析窗口，可见【Eigenvalue Buckling】自动放在【Static Structural】下面，且初始条件为【Pre-Stress（Static Structural）】，其他默认。

4. 设置需要结果

（1）在导航树上单击【Solution（D6）】。

（2）在 Mechanical 环境求解功能区单击【Deformation】→【Total】。

5. 求解与结果显示

（1）在 Mechanical 环境求解功能区单击 ⚡ 进行求解运算。

（2）运算结束后，单击【Solution（D6）】→【Total Deformation】，图形区域显示一阶屈曲分析得到压力容器的屈曲载荷因子和屈曲模态，【Load Multiplier】=-41.273，如图 4-98 所示。临界线性屈曲载荷为载荷因子乘实际载荷，即 41.273 × 20000N = 825460N。

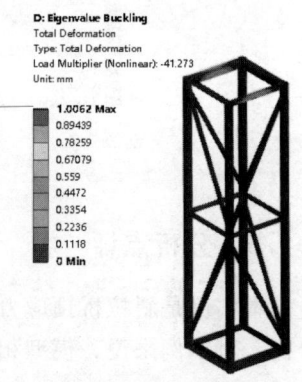

图 4-98 屈曲载荷因子和屈曲模态

6. 保存与退出

（1）退出 Mechanical 分析环境。单击 Mechanical 主界面的菜单【File】→【Close Mechanical】退出分析环境，返回到 Workbench 主界面，此时主界面的项目分析流程图中显示的分析均已完成。

（2）单击 Workbench 主界面上的【Save】按钮，保存所有分析结果文件。

（3）退出 Workbench 环境。单击 Workbench 主界面的菜单【File】→【Exit】退出主界面，完成分析。

4.8.3 分析点评

本实例是某舞台钢结构立柱屈曲分析，屈曲分析主要用于研究如薄壁结构、细长杆等结构类型在特定载荷下的稳定性以及确定结构失稳的临界载荷。本例前一步预应力分析利用了 4.5 例的结构分析结果，使得整个屈曲分析过程变得快捷简单，也说明 Workbench 的易用和灵活。对薄壁结构、可简化为细长杆的结构一般应进行屈曲分析。

4.9 卧式压力容器非线性屈曲分析

4.9.1 问题描述

某双鞍座支撑的卧式压力容器由筒体、封头、加强圈、法兰等组成，本实例为便于说明，仅对容器筒体进行分析，压力容器筒体模型如图4-99所示。其中筒体直径1600mm，筒体壁厚12mm，长度4900mm，材料为Q345R，其中密度为 7.85g/cm³，弹性模量为 2.09E+11Pa，泊松比为 0.3，筒体两端固定，承受1MPa压力。试对压力容器进行屈曲分析以及求临界压力、屈曲模态等。

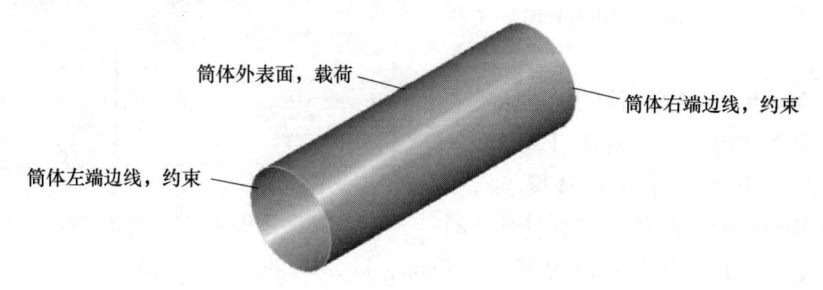

图 4-99 压力容器筒体模型

4.9.2 实例分析过程

1. 启动 Workbench 2024

在"开始"菜单中执行 ANSYS 2024R1/R2→Workbench 2024R1/R2 命令。

2. 创建静态结构分析

（1）在工具箱【Toolbox】的【Analysis Systems】中双击或拖动静态结构分析【Static Structural】到项目分析流程图，如图 4-100 所示。

（2）在 Workbench 的工具栏中单击【Save】，保存项目实例名称为 Pressure vessel.wbpj。如工程实例文件保存在 D:\AWB\Chapter04 文件夹中。

3. 创建材料参数

（1）编辑工程数据单元，右击【Engineering Data】→【Edit...】。

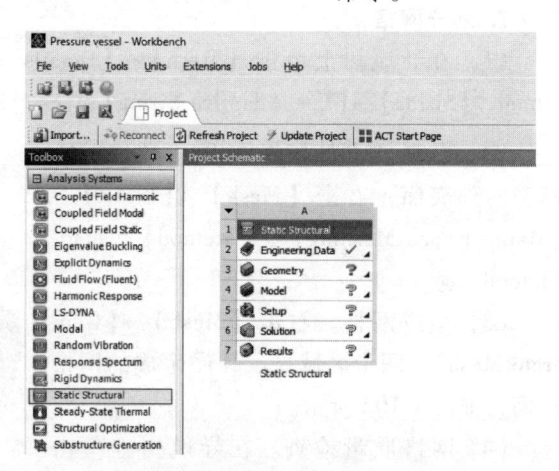

图 4-100 创建静态结构分析

（2）在工程数据属性中创建新材料：【Outline of Schematic D2, E2：Engineering Data】→【Click here to add a new material】，输入新材料名称 Q345R。

（3）在左侧单击【Physical Properties】展开，双击【Density】，设置【Properties of Outline Row 4：Q345R】→【Density】= 7850kg m^-3。

（4）在左侧单击【Linear Elastic】展开，双击【Isotropic Elasticity】，设置【Properties of Outline Row 4：Q345R】→【Young's Modulus】= 2.09E+11Pa。

（5）设置【Properties of Outline Row 4：Q345R】→【Poisson's Ratio】= 0.3，如图 4-101 所示。

（6）单击工具栏中的【A2：Engineering Data】关闭按钮，返回到 Workbench 主界面，新材料创建完毕。

4. 导入几何模型

在静态结构分析上右击【Geometry】→【Import Geometry】→【Browse】，找到模型文件 Pressure vessel.x_t，打开导入几何模型。如模型文件在 D：\AWB\Chapter04 文件夹中。

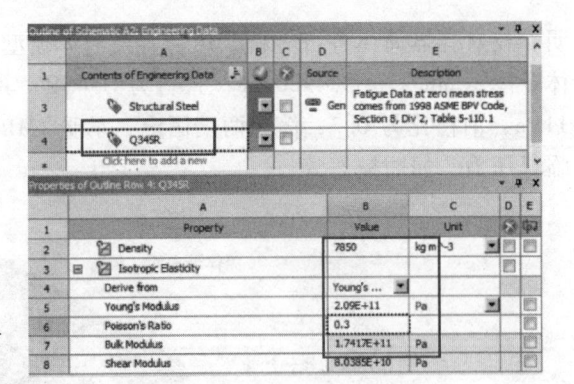

5. 进入 Mechanical 分析环境

（1）在静态结构分析上右击【Model】→【Edit...】进入 Mechanical 分析环境。

（2）在 Mechanical 的环境主页【Home】功能区单位【Units】中选择单位为 Metric（mm，kg，N，s，mV，mA）。

图 4-101 创建材料

6. 为几何模型分配壁厚值及材料

（1）为压力容器分配壁厚。在导航树上单击【Geometry】展开，设置【Pressure vessel】→【Details of "Pressure vessel"】→【Definition】→【Thickness】= 12mm。

（2）为压力容器分配材料。在导航树上单击【Geometry】展开，设置【Pressure vessel】→【Details of "Pressure vessel"】→【Material】→【Assignment】= Q345R。

7. 划分网格

（1）在导航树上单击【Mesh】→【Details of "Mesh"】→【Defaults】→【Element Size】= 30mm，【Sizing】→【Use Adaptive Sizing】= Yes，其他默认。

（2）在标准工具栏单击 ![icon]，选择筒体模型的外表面，右击【Mesh】→【Insert】→【Mapped Face Meshing】→【Method】= Quadrilaterals。

（3）生成网格。右击【Mesh】→【Generate Mesh】，图形区域显示程序生成的网格模型，如图 4-102 所示。

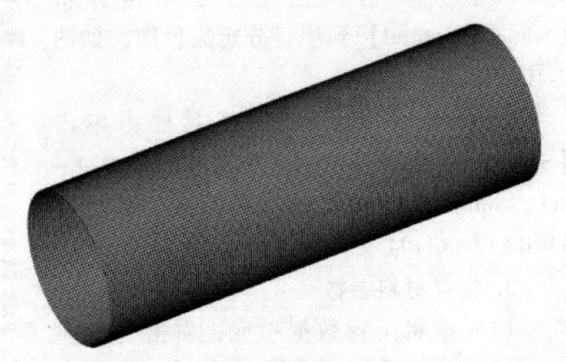

（4）网格质量检查。在导航树上单击【Mesh】→【Details of "Mesh"】→【Quality】→【Mesh Metric】= Element Quality，显示 Element Quality 规则下网格质量详细信息，平均值处在良好的水平范围内，展开【Statistics】显示网格和节点数量。

图 4-102 网格模型

8. 施加边界条件

（1）单击【Static Structural（A5）】。

（2）施加载荷。在标准工具栏单击 ![icon]，选择筒体外表面，接着在环境功能区单击【Loads】→【Pressure】→【Details of "Pressure"】→【Definition】→【Magnitude】= 1MPa，如图 4-103 所示。

（3）施加约束。在标准工具栏单击 ![icon]，选择筒体两端边线，接着在环境功能区单击【Supports】→【Fixed Support】，如图 4-104 所示。在这里，筒体两端可以得到封头、加强圈、法兰等构件的刚性加强，认为筒体两端可保持圆形截面形状，故采取这种约束方式。

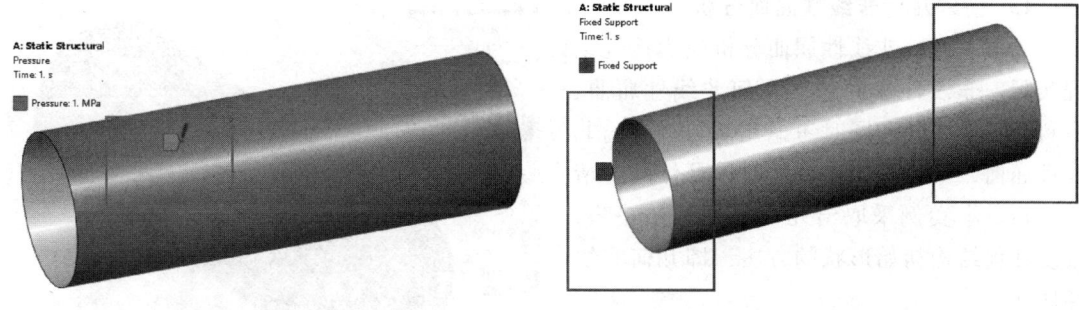

图 4-103　施加载荷　　　　　　　　图 4-104　施加约束

9. 设置需要结果

（1）在导航树上单击【Solution（A6）】。

（2）在 Mechanical 环境求解功能区单击【Deformation】→【Total】；【Stress】→【Equivalent Stress】。

（3）在 Mechanical 环境求解功能区单击⚡进行求解运算，求解结束后结果如图 4-105 和图 4-106 所示。

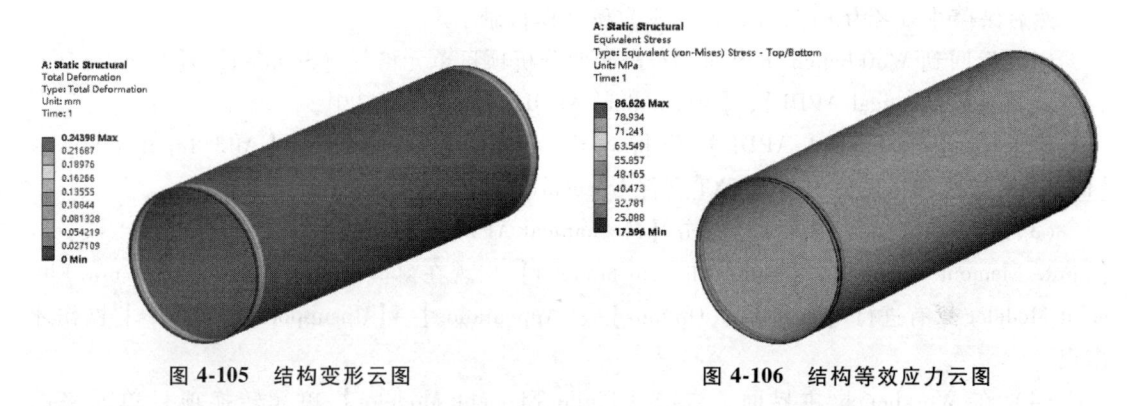

图 4-105　结构变形云图　　　　　　　图 4-106　结构等效应力云图

10. 创建屈曲分析

（1）返回到 Workbench 主界面，右击静态结构分析项目单元格的【Solution】→【Transfer Data To New】→【Eigenvalue Buckling】，自动导入静态结构分析为预应力。

（2）返回 Mechanical 分析窗口，可见【Eigenvalue Buckling】自动放在【Static Structural】下面，且初始条件为【Pre-Stress（Static Structural）】，其他默认。

11. 设置需要结果

（1）在导航树上单击【Solution（B6）】。

（2）在 Mechanical 环境求解功能区单击【Deformation】→【Total】。

12. 求解与结果显示

（1）在 Mechanical 环境求解功能区单击⚡进行求解运算。

（2）运算结束后，单击【Solution（B6）】→【Total Deformation】，图形区域显示 1 阶屈曲分析得到压力容器的屈曲载荷因子和屈曲模态，【Load Multiplier】= 1.2489，如图 4-107 所示。临界线性屈曲载荷为载荷因子乘以实际载荷，即 1.2489×1MPa = 1.2489MPa。

13. 创建几何非线性屈曲分析

一般来说，非线性屈曲分析较为接近工程实际。非线性屈曲包括几何非线性屈曲、材料非线性屈曲和同时考虑几何与材料的非线性屈曲，具体采用哪种需根据具体问题情况分析。本实例采取给几何施加初始缺陷，改变几何结构初始形状的方法，即几何非线性屈曲。

首先新建一个 TXT 文本，在文本里写入以下几串语句：

/prep7！前处理

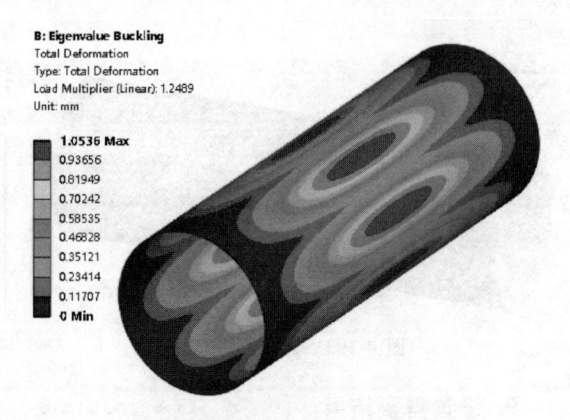

图 4-107 屈曲载荷因子和屈曲模态

upgeom，0.15，1，1，file，rst！调入结果文件，根据特征值屈曲模态的 15%设置初始缺陷，更新几何模型

cdwrite，db，file，cdb！

/solu

然后保存并命名为 Upgeom，放入本实例工作目录下。

（1）返回到 Workbench 主界面，右击屈曲分析项目单元格的【Solution】→【Transfer Data To New】→【Mechanical APDL】，【Mechanical APDL】出现在窗口中。

（2）在【Mechanical APDL】分析项中，右击【Analysis】→【Add Input File】→【Browse...】，选择先前创建的 TXT 文件 Upgeom 导入。

（3）在 Workbench 主界面，右击【Mechanical APDL】分析项目单元格的【Analysis】→【Finite Element Modeler】，【Finite Element Modeler】出现在窗口中。注意：新版本 Finite Element Modeler 只有进行【Tools】→【Options】→【Appearance】→【Unsupported Features】操作才出现。

（4）在 Workbench 主界面，右击【Finite Element Modeler】单元转换项目单元格的【Model】→【Static Structural】，静态结构分析项出现在窗口中，断开单元转换项与静态结构分析项之间的自动连接线，重新连接单元转换项目单元格的【Model】与静态结构分析项目单元格的【Model】。

（5）在 Workbench 主界面，选择第一次创建的结构分析项目单元格的【Engineering Data】并拖动与第（4）小步创建的结构分析项目单元格的【Engineering Data】相连接，最终各个分析项连接如图 4-108 所示。

（6）数据传递。在 Workbench 主界面，右击线性屈曲分析单元格的【Solution】→【Update】使线性屈曲分析数据传递到【Mechanical APDL】，右击【Mechanical APDL】分析单

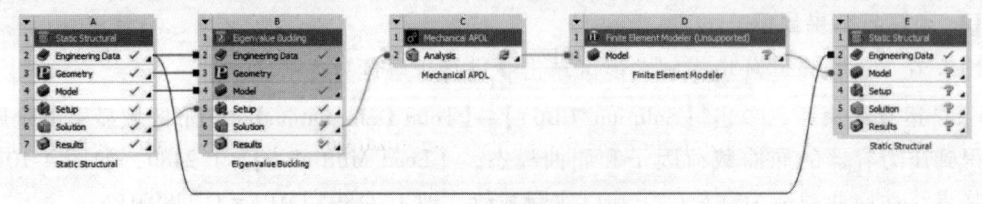

图 4-108 创建几何非线性屈曲分析

元格的【Analysis】→【Update】使有缺陷模型数据传递到【Finite Element Modeler】，右击【Finite Element Modeler】分析单元格的【Model】→【Update】使有缺陷模型网格传递到静态结构分析项中。

14. 创建几何非线性屈曲分析设置

（1）重新为压力容器筒体施加材料，这与前几步相同，参看上步。

（2）重新施加约束，这与前几步相同，参看上步。

（3）重新施加载荷。这里设置外压力大于特征值计算的15%，取【Pressure】=1.44MPa。

（4）非线性屈曲分析设置。单击【Analysis Settings】→【Details of "Analysis Settings"】→【Step Controls】→【Step End Time】=1440s，【Auto Time Stepping】=On，【Define By】=Substeps，【Initial Substeps】=100，【Minimum Substeps】=100，【Maximum Substeps】=1.e+006；【Solver Controls】→【Large Deflection】=On；【Nonlinear Controls】→【Stabilization】=Reduce，【Activation For First Substep】=On Nonconvergence，【Stabilization Force Limit】=0.1，其他默认，如图4-109所示。

15. 设置需要结果

（1）在导航树上单击【Solution (E5)】。

（2）在 Mechanical 环境求解功能区单击【Deformation】→【Total】。

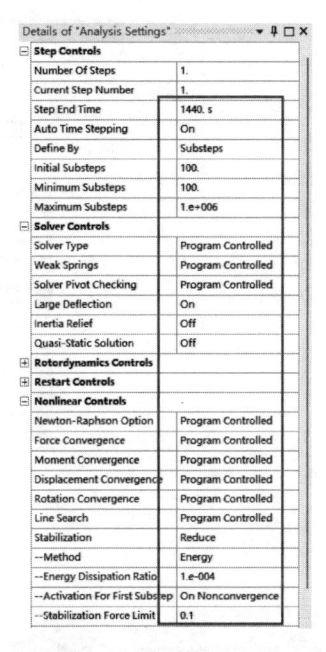

图 4-109 非线性屈曲分析设置

16. 求解与结果显示

（1）在 Mechanical 环境求解功能区单击⚡进行求解运算。

（2）运算结束后，单击【Solution (E5)】→【Total Deformation】，查看屈曲变化结果。图形区域显示变形随载荷历程的变化，可以看出，外载荷在 0~1.2096MPa 时为线性变化，大于 1.224MPa 时进入几何非线性变形并迅速增加，到达 1.2528MPa 时达到峰值 16.278mm，随后丧失承载能力，位移骤减，如图 4-110 和图 4-111 所示。

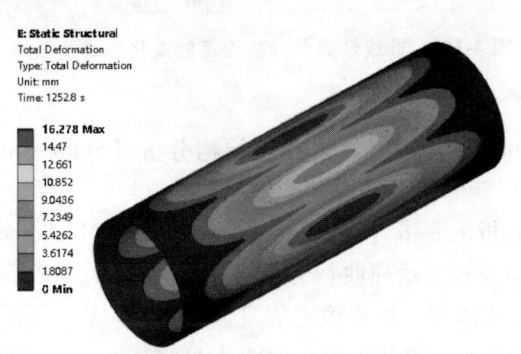

图 4-110 非线性屈曲变形

（3）插入稳定能。单击【Solution (E5)】→【Stabilization】→【Stabilization Energy】，查看稳定能变化结果，如图 4-112 和图 4-113 所示。载荷超过 1.2384MPa 时，稳定能骤然上升，到结构失效前达到峰值 52.994mJ。

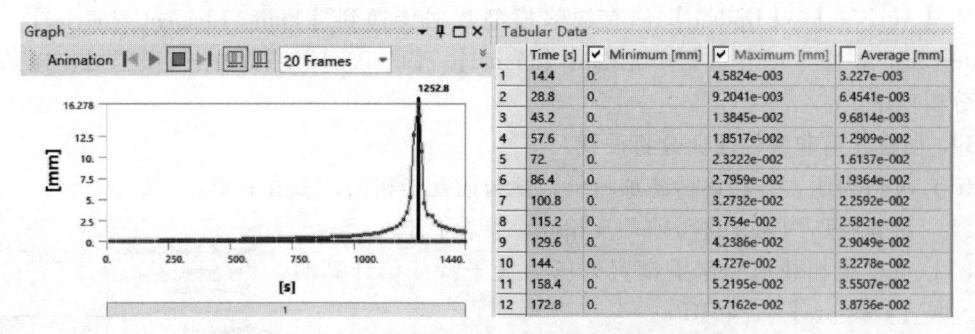

图 4-111 变形随载荷历程的变化曲线及数据

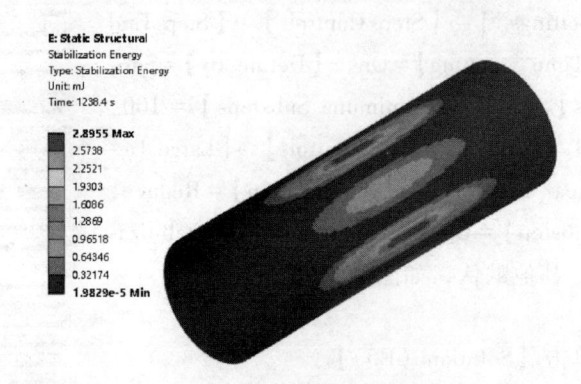

图 4-112 非线性屈曲分析稳定能

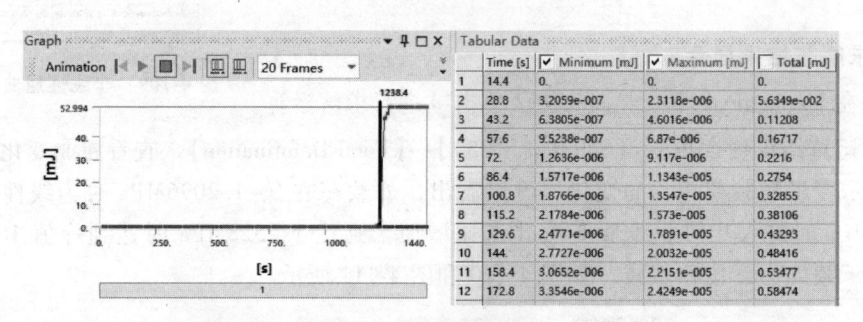

图 4-113 非线性屈曲分析稳定能变化曲线及数据

17. 创建后屈曲分析

(1) 返回到 Workbench 主界面，右击静态结构分析【Static Structural】，从弹出的快捷菜单中选择【Duplicate】，新的静态结构分析出现。

(2) 在新静态结构分析上右击【Model】→【Edit】进入 Mechanical 分析环境。

(3) 为模拟压力容器筒体的后屈曲行为，增加压力到 1.5MPa，分析时间调整到 1500s，调整非线性控制中的稳定能选项，设置稳定能【Stabilization】=Constant，【Activation For First Substep】=Yes，其他设置不变，重新求解，如图 4-114 所示。

(4) 选择【Total Deformation】→【Graph】，图形区下显示变形随载荷历程的变化，可以看到外载荷到 1.245MPa 屈曲后，继续承载到 1.5MPa，如图 4-115 和图 4-116 所示。

(5) 插入【Chart】查看压力随总变形的变化图表。在工具栏中单击图表【New Chart and Table】按钮，在导航树上选择【Pressure】和【Total Deformation】两个对象，【Chart

第4章 线性动力学分析

图 4-114 后屈曲分析设置

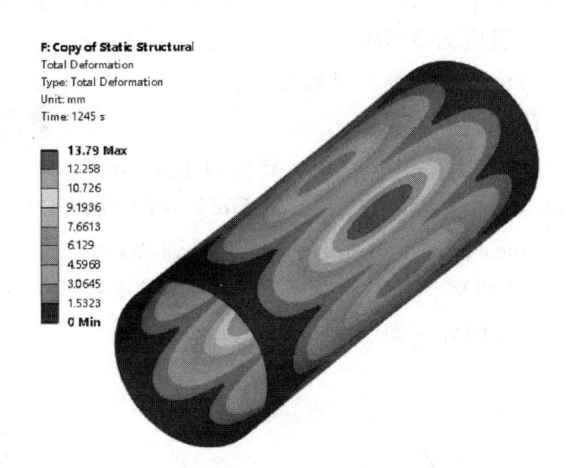

图 4-115 后屈曲变形

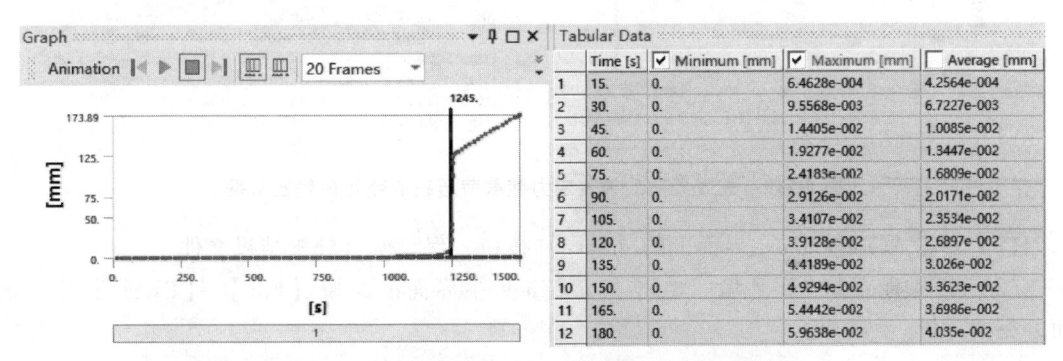

图 4-116 后屈曲变形随载荷历程的变化曲线及数据

详细窗口中,【Definition】→【Outline Selection】= 2 Objects;【Chart Controls】→【X Axis】= Total Deformation(Max);【Axis Labels】→【X- Axis】= Displacement,【Y- Axis】= Pressure;【Input Quantities】→【Time】= Omit,【[A] Pressure】= Display;【Output Quantities】→【[B] Total Deformation(Min)】= Omit,【Total Deformation(Max)】= X Axis,如图 4-117 所示。

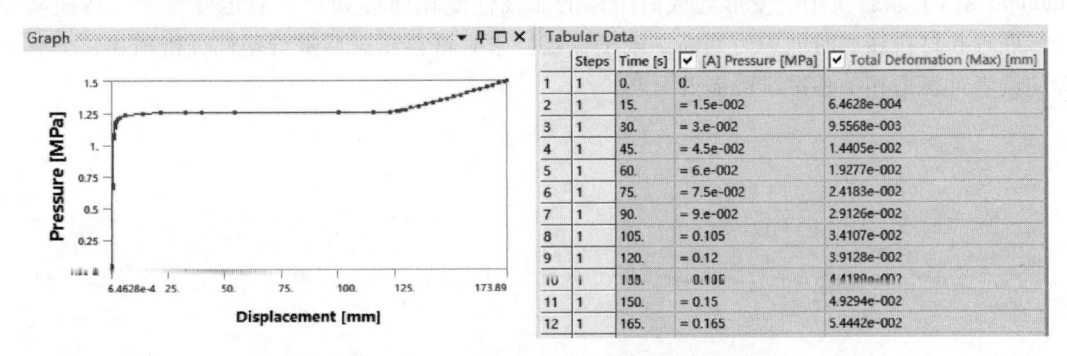

图 4-117 压力随总变形设置与变化图表

95

（6）插入等效应力结果，判别是否进行塑性分析。获取1245s时刻的结果如图4-118和图4-119所示，该结果对应1.245MPa的压力，显示最大应力为456.95MPa，已超出材料屈服应力345MPa，说明应进行塑性分析。若读者有兴趣，可展开分析。

18. 保存与退出

（1）退出Mechanical分析环境。单击Mechanical主界面的菜单【File】→【Close Mechanical】退出分析环境，返回到Workbench主界面，此时主界面的项目分析流程图中显示的分析均已完成。

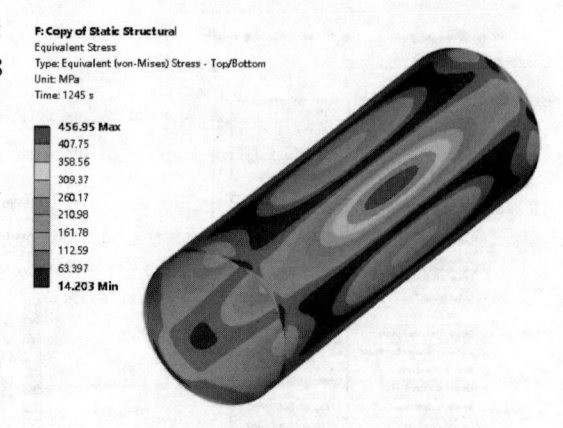

图4-118 失效载荷的等效应力云图

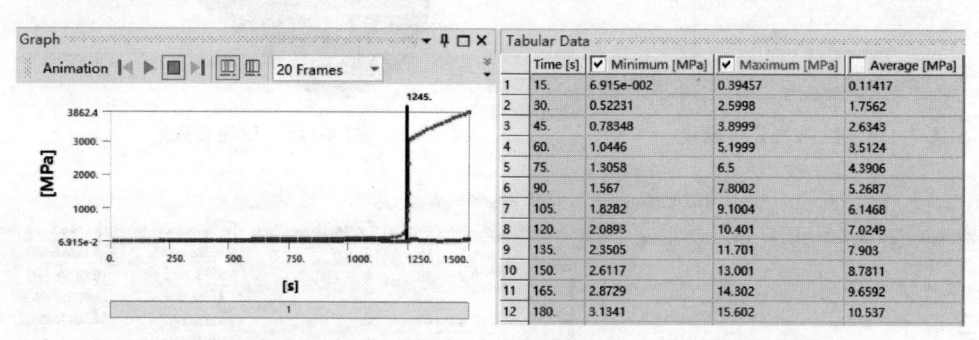

图4-119 失效载荷的等效应力随载荷历程的变化曲线及数据

（2）单击Workbench主界面上的【Save】按钮，保存所有分析结果文件。

（3）退出Workbench环境。单击Workbench主界面的菜单【File】→【Exit】退出主界面，完成分析。

4.9.3 分析点评

本实例是关于卧式压力容器非线性屈曲分析，压力容器除了一般的静态结构分析，通常还要考虑疲劳性以及本实例考虑的屈曲稳定性。尽管本例对压力容器结构做了大量的简化，但分析过程中涉及的分析方法值仍得借鉴。在本例中涉及了Workbench Mechanical与Mechanical APDL联合应用、变形随载荷历程的非线性变化曲线处理、稳定性设置、载荷随总变形处理和材料屈服时的应力判断。限于篇幅，未对材料屈服后进行塑性分析阐述，但感兴趣的读者可根据相关标准继续展开分析。

第5章 多体动力学分析

5.1 某四杆机构刚体动力学分析

5.1.1 问题描述

某四杆机构由曲柄、上连杆、连架杆、机架及转动副组成，各个运动构件均在同一平面内运动，其模型如图 5-1 所示。机构材料为结构钢，若曲柄以 100r/min 的速度转动，试求连杆运动轨迹及曲柄与连杆运动副处的运动加速度。

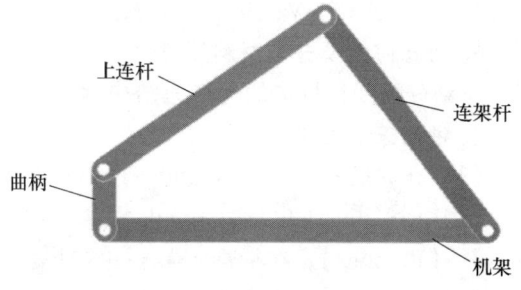

图 5-1 四杆机构模型

5.1.2 实例分析过程

1. 启动 Workbench 2024

在"开始"菜单中执行 ANSYS 2024R1/R2→Workbench 2024R1/R2 命令。

2. 创建刚体动力学分析

（1）在工具箱【Toolbox】的【Analysis Systems】中双击或拖动刚体动力学分析【Rigid Dynamics】到项目分析流程图，如图 5-2 所示。

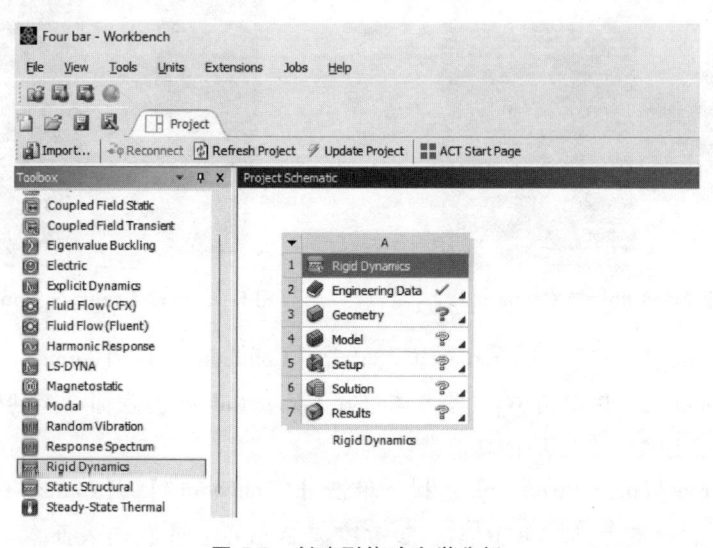

图 5-2 创建刚体动力学分析

(2) 在 Workbench 的工具栏中单击【Save】，保存项目实例名称为 Four bar．wbpj。如工程实例文件保存在 D：\AWB\Chapter05 文件夹中。

3. 创建材料参数

四杆机构的材料为结构钢，采用默认数据。

4. 导入几何模型

在刚体动力学分析上右击【Geometry】→【Import Geometry】→【Browse】，找到模型文件 Four bar．agdb，打开导入几何模型。如模型文件在 D：\AWB\Chapter05 文件夹中。

5. 进入 Mechanical 分析环境

(1) 在刚体动力学分析上右击【Model】→【Edit...】进入 Mechanical 分析环境。

(2) 在 Mechanical 的环境主页【Home】功能区单位【Units】中选择单位为 Metric（mm，kg，N，s，mV，mA），RPM。

6. 为几何模型分配材料属性

自动分配四杆机构的材料为结构钢。

7. 创建关节连接

(1) 在导航树上单击【Connections】并展开，删除【Contacts】，打开【Body Views】。

(2) 创建 Fixed link 与 Crank 连接。单击【Connections】，在连接工具栏单击【Body-Body】→【Revolute】，在标准工具栏单击 ▸，参考体选择 Fixed link 孔内表面，运动体选择 Crank 孔内表面，如图 5-3 所示，其他默认。

(3) 创建 Crank 与 Upper link 连接。单击【Connections】→【Joints】→【Body-Body】→【Revolute】，在标准工具栏单击 ▸，参考体选择 Crank 另一端孔内表面，运动体选择 Upper link 一端孔内表面，如图 5-4 所示，其他默认。

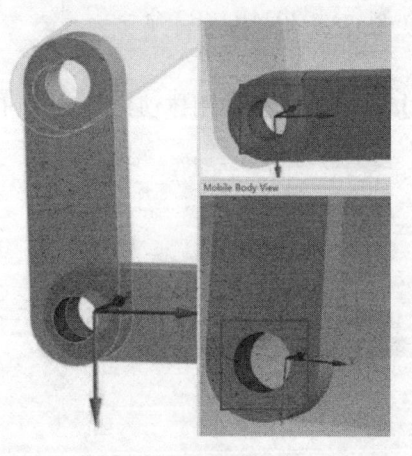

图 5-3　创建 Fixed link 与 Crank 连接 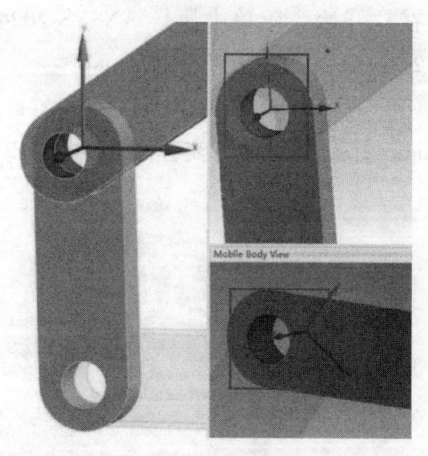　　　　图 5-4　创建 Crank 与 Upper link 连接

(4) 创建 Upper link 与 Front rod 连接。单击【Connections】→【Joints】→【Body-Body】→【Revolute】，在标准工具栏单击 ▸，参考体选择 Upper link 孔内表面，运动体选择 Front rod 另一端孔内表面，如图 5-5 所示，其他默认。

(5) 创建 Front rod 与 Fixed link 连接。单击【Connections】→【Joints】→【Body-Body】→【Translational】，在标准工具栏单击 ▸，参考体选择 Front rod 孔内表面，运动体选择 Fixed link 孔内表面，如图 5-6 所示，其他默认。

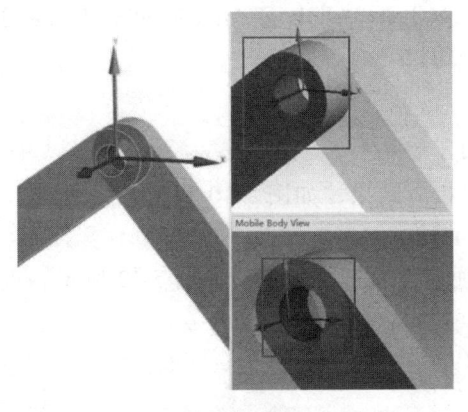

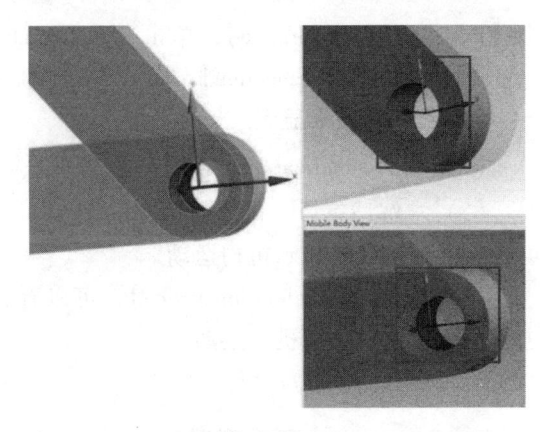

图 5-5 创建 Upper link 与 Front rod 连接　　　图 5-6 创建 Front rod 与 Fixed link 连接

（6）创建 Slider slot 接地连接。单击【Connections】→【Joints】→【Body-Ground】→【Fixed】，在标准工具栏单击 ▣，参考体默认，运动体选择 Fixed link 底面表面，如图 5-7 所示，其他默认。

8. 划分网格

由于各部件为刚体，不会产生网格，直接右击【Mesh】→【Generate Mesh】即可。

9. 施加边界条件

（1）设置时间步。单击【Transient（A5）】→【Analysis Settings】→【Details of "Analysis Settings"】→【Step Controls】→【Step End Time】= 1.2s，其他默认。

（2）设置载荷。在环境功能区单击【Loads】→【Joint Load】，单击【Joint Load】→【Details of "Joint Load"】→【Scope】→【Joint】= Revolute - Fixed link To Crank，【Definition】→【Type】= Rotational Velocity，【Magnitude】= -100RPM，其他默认，如图 5-8 所示。

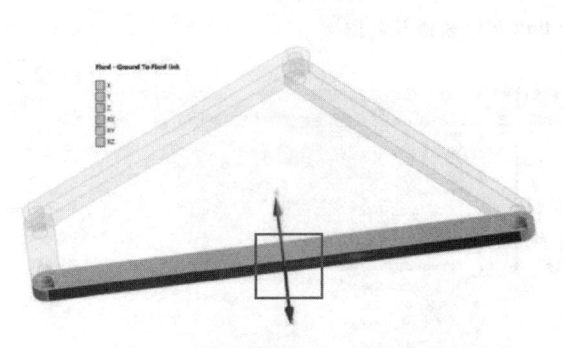

图 5-7 创建 Slider slot 接地连接　　　图 5-8 设置载荷

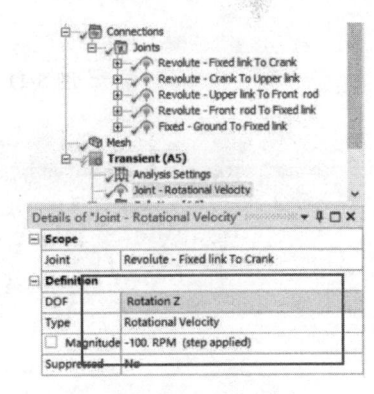

10. 设置需要结果

（1）单击【Solution（A6）】

（2）在标准工具栏上单击 ▣，选择 Upper link，单击【Probe】→【Position】，其他默认。

（3）在标准工具栏上单击 ▣，选择 Upper link 与 Crank 交接处 Upper link 上的顶点，单击【Probe】→【Acceleration】，单击【Acceleration Probe】→【Details of "Acceleration Probe"】→【Options】→【Result Selection】= Total，其他默认，如图 5-9 所示。

11. 求解与结果显示

（1）在 Mechanical 环境求解功能区单击 ⚡ 进行求解运算。

（2）求解结束后，单击【Position】，可以看到相应结果，如图 5-10 和图 5-11 所示。也可进行动画设置，显示机构运动。

（3）单击【Acceleration Probe】，可以看到角加速度轨迹及数据，如图 5-12 所示。也可进行动画设置，显示机构运动。

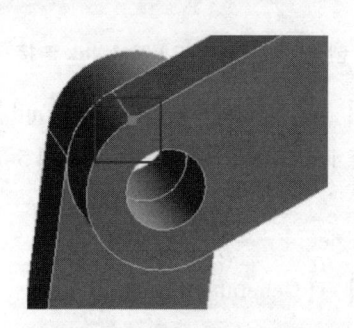

图 5-9　Upper link 上顶点

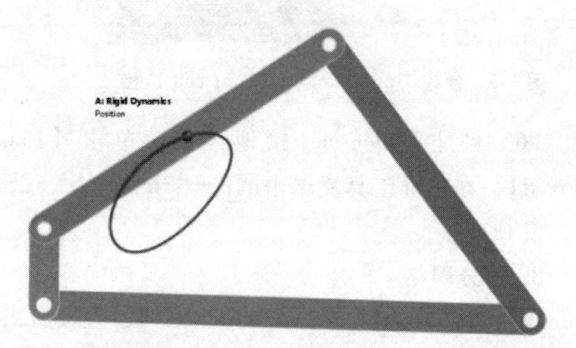

图 5-10　Upper link 位置轨迹

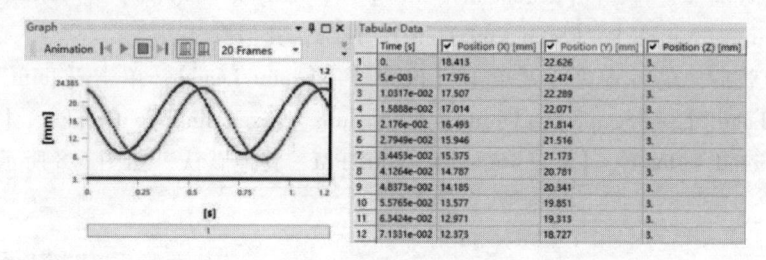

图 5-11　Upper link 运动轨迹及数据

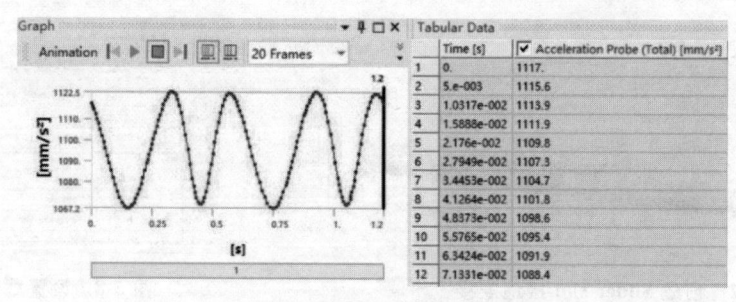

图 5-12　角加速度轨迹及数据

12. 保存与退出

（1）退出 Mechanical 分析环境。单击 Mechanical 主界面的菜单【File】→【Close Mechanical】退出分析环境，返回到 Workbench 主界面，此时主界面的项目分析流程图中显示的分析已完成。

（2）单击 Workbench 主界面上的【Save】按钮，保存所有分析结果文件。

（3）退出 Workbench 环境。单击 Workbench 主界面的菜单【File】→【Exit】退出主界面，完成分析。

5.1.3 分析点评

本实例是某四杆机构刚体动力学分析，关键点是运动关节选择创建及边界设置。因可将相关关节连接直接拖动到边界设置，模型不产生网格，并采用了无须迭代计算和收敛检查的显式积分求解技术方法，故而能够快速完成计算，这也显现出该方法的高效性。新增的运动轨迹工具也为后处理提供了便利。

5.2 某发动机曲柄连杆机构刚柔耦合分析

5.2.1 问题描述

某简易发动机曲柄连杆机构由活塞、连杆、曲柄、缸体、活塞销、油底壳 6 部分组成，其模型如图 5-13 所示。若发动机曲柄连杆机构材料为结构钢，曲柄以 2000r/min 的速度转动，试求曲柄在连续转动过程中连杆所受的变形及应力。

5.2.2 实例分析过程

1. 启动 Workbench 2024

在"开始"菜单中执行 ANSYS 2024R1/R2→Workbench 2024R1/R2 命令。

2. 创建刚体动力学分析

（1）在工具箱【Toolbox】的【Analysis Systems】中双击或拖动刚体动力学分析【Rigid Dynamics】到项目分析流程图，如图 5-14 所示。

（2）在 Workbench 的工具栏中单击【Save】，保存项目实例名称为 Crank rod.wbpj。如工程实例文件保存在 D:\AWB\Chapter05 文件夹中。

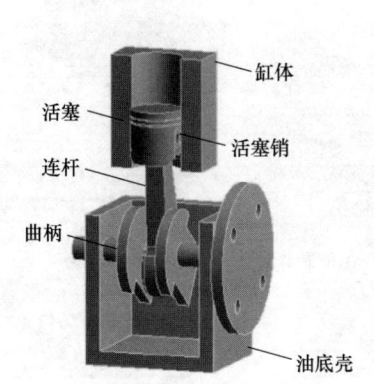

图 5-13 发动机曲柄连杆机构模型

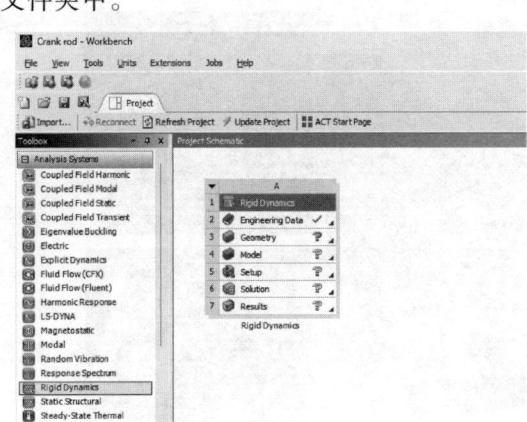

图 5-14 创建刚体动力学分析

3. 创建材料参数

简易发动机曲柄连杆机构材料为结构钢，采用默认数据。

4. 导入几何模型

在刚体动力学分析上右击【Geometry】→【Import Geometry】→【Browse】，找到模型文件

Crank rod.x_t，打开导入几何模型。如模型文件在 D:\AWB\Chapter05 文件夹中。

5. 进入 Mechanical 分析环境

（1）在刚体动力学分析上右击【Model】→【Edit...】进入 Mechanical 分析环境。

（2）在 Mechanical 的环境主页【Home】功能区单位【Units】中选择单位为 Metric（mm，kg，N，s，mV，mA）。

6. 为几何模型分配材料

自动分配曲柄连杆机构材料为结构钢。

7. 创建关节连接

（1）在导航树上单击【Connections】并展开，删除【Contacts】，打开【Body Views】。

（2）创建 Crank 与 Connecting rod 连接。单击【Connections】，在连接工具栏单击【Body-Body】→【Revolute】，在标准工具栏单击，参考体选择 Connecting rod 大端孔内表面，运动体选择 Crank 外表面，如图 5-15 所示，其他默认。

（3）创建 Oil pan 与 Crank 连接。单击【Connections】→【Joints】→【Body-Body】→【Revolute】，在标准工具栏单击，参考体选择 Oil pan 支撑曲轴两侧孔内表面，运动体选择 Crank 圆柱外表面，如图 5-16 所示，其他默认。

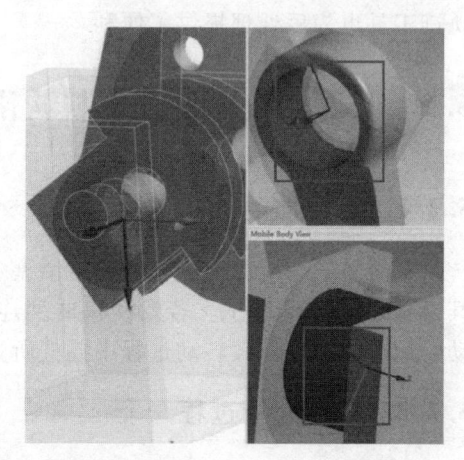

图 5-15 创建 Crank 与 Connecting rod 连接

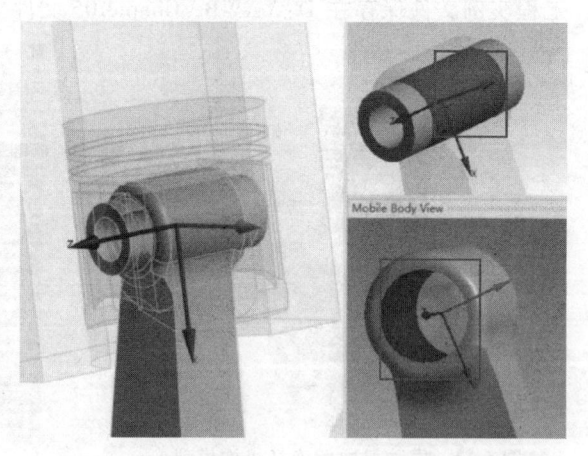

（4）创建 Piston pin 与 Connecting rod 连接。单击【Connections】→【Joints】→【Body-Body】→【Revolute】，在标准工具栏单击，参考体选择 Piston pin 外表面（中间长段），运动体选择 Connecting rod 小端孔内表面，如图 5-17 所示，其他默认。

图 5-16 创建 Oil pan 与 Crank 连接

图 5-17 创建 Piston pin 与 Connecting rod 连接

（5）创建 Piston pin 与 Piston 连接。单击【Connections】→【Joints】→【Body-Body】→【Revolute】，在标准工具栏单击，参考体选择 Piston pin 外表面（两侧短段），运动体选择 Piston 两端孔内表面，如图 5-18 所示，其他默认。

（6）创建 Cylinder 与 Piston 连接。单击【Connections】→【Joints】→【Body-Body】→【Translational】，在标准工具栏单击，参考体选择 Cylinder 半内圆柱表面，运动体选择 Piston 圆柱外表面，如图 5-19 所示，其他默认。

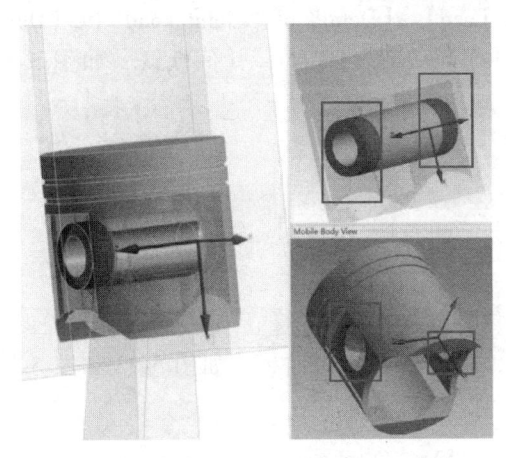

图 5-18　创建 Piston pin 与 Piston 连接 　　　　图 5-19　创建 Cylinder 与 Piston 连接

（7）创建 Cylinder 接地连接。单击【Connections】→【Joints】→【Body-Ground】→【Fixed】，在标准工具栏单击，参考体默认，运动体选择 Cylinder 一侧端表面，如图 5-20 所示，其他默认。

（8）创建 Oil pan 接地连接。单击【Connections】→【Joints】→【Body-Ground】→【Fixed】，在标准工具栏单击，参考体默认，运动体选择 Oil pan 底面表面，如图 5-21 所示，其他默认。

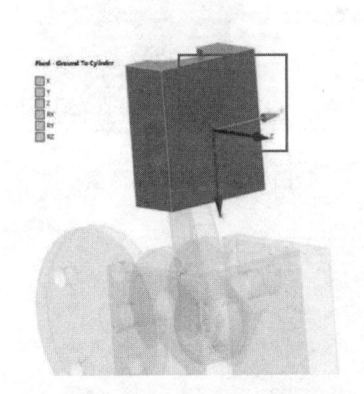

图 5-20　创建 Cylinder 接地连接 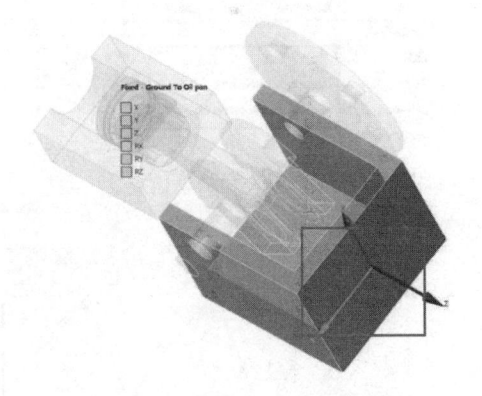　　　　图 5-21　创建 Oil pan 接地连接

8. 划分网格

由于各部件为刚体，不会产生网格，直接右击【Mesh】→【Generate Mesh】即可。

9. 施加边界条件

（1）设置时间步。单击【Transient (A5)】→【Analysis Settings】→【Details of "Analysis Settings"】→【Step Controls】→【Step End Time】= 0.06s，【Auto Time Stepping】= On，【Initial Time Step】= 1e-2s，【Minimum Time Step】= 1e-4s，【Maximum Time Step】= 5e-2s，其他默认。

103

（2）设置加速度。单击【Transient（A5）】→【Inertial】→【Acceleration】→【Details of "Acceleration"】→【Definition】→【Define By】= Component，Z Component = 9806.6mm/s^2。

（3）施加转动速度。单击【Connections】→【Joints】→【Revolute - Oil pan To Crank】，按住不放直接拖动到【Transient（A5）】下，【Joints Load】→【Details of "Joint Load"】→【Definition】→【Type】= Rotational Velocity，【Magnitude】= -209.44rad/s，其他默认，如图 5-22 所示。

10. 设置需要结果

（1）在导航树上单击【Solution（A6）】。

（2）在 Mechanical 环境求解功能区单击【Deformation】→【Total】。

11. 求解与结果显示

（1）在 Mechanical 环境求解功能区单击⚡进行求解运算。

（2）求解结束后，单击【Total Deformation】，可以看到相应结果，如图 5-23 和图 5-24 所示。也可进行动画设置，显示运动。

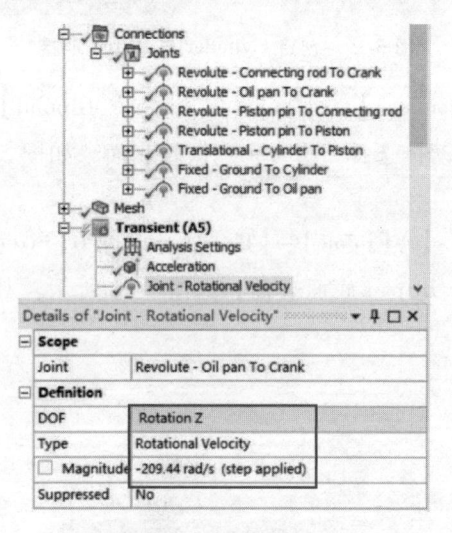

图 5-22 施加转动速度 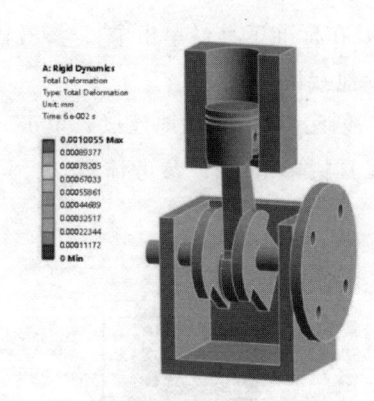　　　　图 5-23 运动变形图

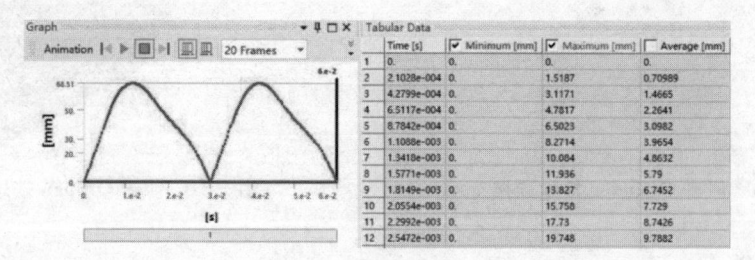

图 5-24 运动轨迹及数据

12. 创建刚柔耦合分析

（1）创建分析。返回到 Workbench 主界面，在工具箱【Toolbox】的【Analysis Systems】中拖动结构瞬态动力学分析【Transient Structural】到项目分析流程图，并与刚体动力学分析连接共享【Engineering Data】、【Geometry】、【Model】3 项，如图 5-25 所示。

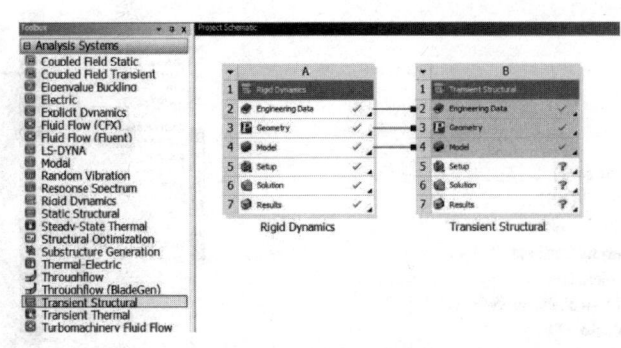

图 5-25 创建刚柔耦合分析

（2）在结构瞬态动力学分析上右击【Setup】→【Edit】，进入 Mechanical 分析环境。

（3）转换连杆刚性行为。在导航树上单击【Geometry】并展开，单击【Connecting rod】→【Details of "Connecting rod"】→【Definition】→【Stiffness Behavior】=Flexible，其他默认。

（4）划分网格。选择【Connecting rod】，单击【Mesh】→【Details of "Mesh"】→【Defaults】→【Element Size】=3mm；单击【Mesh】→【Insert】→【Method】，单击【Automatic Method】→【Details of "Automatic Method" -Method】→【Definition】→【Method】=Hex Dominant，其他默认；右击【Mesh】→【Generate Mesh】，图形区域显示程序生成的六面体单元为主体的网格模型，如图 5-26 所示。

图 5-26 网格模型

（5）设置时间步。单击【Transient 2（B5）】→【Analysis Settings】→【Details of "Analysis Settings"】→【Step Controls】→【Step End Time】=0.06s，【Auto Time Stepping】=On，【Define By】=Time，【Initial Time Step】=1e-3s，【Minimum Time Step】=1e-7s，【Maximum Time Step】=5e-2s；【Solver Controls】→【Large Deflection】=On，其他默认。

（6）施加边界条件。单击【Transient（A5）】，选择【Acceleration】、【Joint-Rotational Velocity】，然后右击【Copy】，右击【Transient 2（B5）】，然后选择【Paste】，结果如图 5-27 所示。

（7）设置所需结果。在导航树上单击【Solution（B6）】，在 Mechanical 环境求解功能区单击【Deformation】→【Total】；【Stress】→【Equivalent Stress】。

13. 求解与结果显示

（1）在 Mechanical 环境求解功能区单击 ⚡ 进行求解运算。

（2）运算结束后，单击【Total Deformation】、【Equivalent Stress】，可以查看连杆的变形和等效应力云图，如图 5-28~图 5-31 所示。

14. 保存与退出

（1）退出 Mechanical 分析环境。单击 Mechanical 主界面的菜单【File】→【Close Mechanical】退出分析环境，返回到 Workbench 主界面，此时主界面的项目分析流程图中显示的分析均已完成。

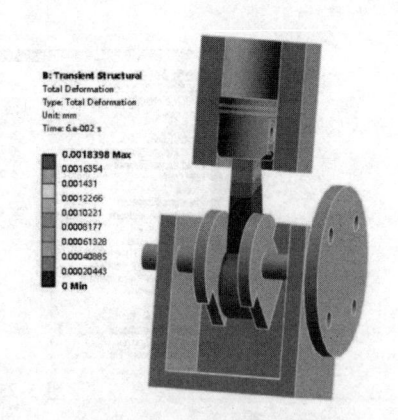

图 5-27　施加边界条件　　　　　　　图 5-28　连杆变形云图

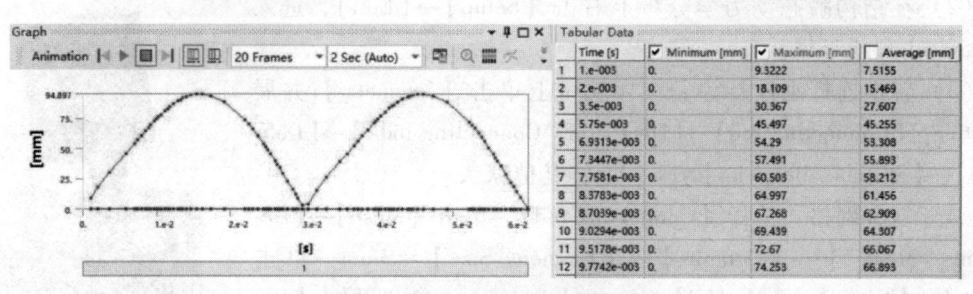

图 5-29　连杆运动变形轨迹及数据

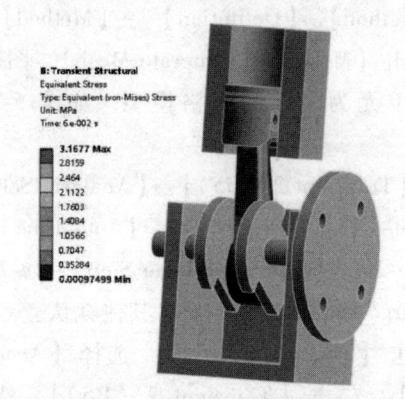

图 5-30　连杆等效应力云图

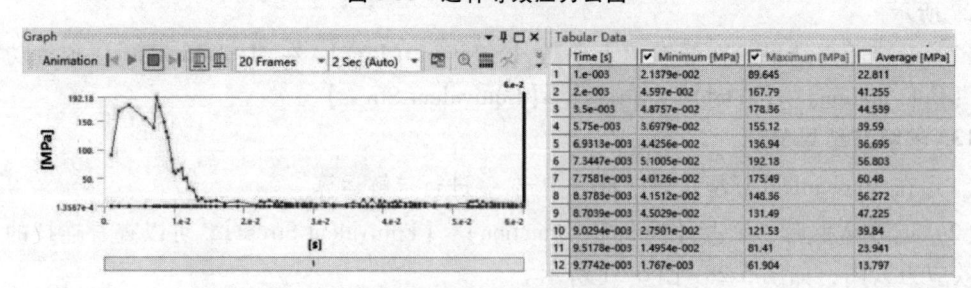

图 5-31　连杆运动等效应力轨迹及数据

(2) 单击 Workbench 主界面上的【Save】按钮，保存所有分析结果文件。

(3) 退出 Workbench 环境。单击 Workbench 主界面的菜单【File】→【Exit】退出主界面，完成分析。

5.2.3 分析点评

本实例是发动机曲柄连杆机构刚柔耦合分析，分为两步：第一步采用刚体动力学分析，充分运用独有显式的时间积分快捷求解技术，第二步采用刚体与柔体结合的刚柔耦合分析求连杆的应力。关键点是运动关节选择创建、设置边界、设置时间步和后处理。需要注意的是本例开启了大变形选项，求解时间与收敛性有较大不同。

5.3 某回转臂刚柔耦合分析

5.3.1 问题描述

某回转臂机构由回转臂、滑块、连杆、连架杆组成，材料为结构钢，若连杆以 2mm/s 的速度移动，其他相关参数在分析过程中体现。试求连杆所受的力、回转臂变形及应力。

5.3.2 实例分析过程

1. 启动 Workbench 2024

在"开始"菜单中执行 ANSYS 2024 R1/R2→Workbench 2024R1/R2 命令。

2. 创建刚体动力学分析

（1）在工具箱【Toolbox】的【Analysis Systems】中双击或拖动刚体动力学分析【Rigid Dynamics】到项目分析流程图，如图 5-32 所示。

（2）在 Workbench 的工具栏中单击【Save】，保存项目实例名称为 Pivot arm.wbpj。如工程实例文件保存在 D:\AWB\Chapter05 文件夹中。

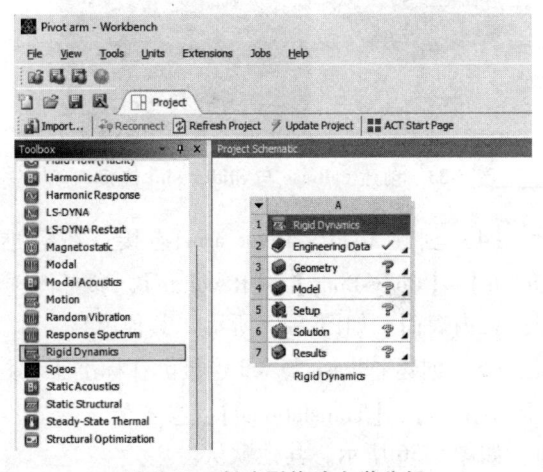

图 5-32 创建刚体动力学分析

3. 确定材料参数

回转臂的材料为结构钢，采用默认数据。

4. 导入几何模型

在刚体动力学分析项目上右击【Geometry】→【Import Geometry】→【Browse】，找到模型文件 Pivot arm.agdb，打开导入几何模型。如模型文件在 D:\AWB\Chapter05 文件夹中。

5. 进入 Mechanical 分析环境

（1）在刚体动力学分析项目上右击【Model】→【Edit...】进入 Mechanical 分析环境。

（2）在 Mechanical 的环境主页【Home】功能区单位【Units】中选择单位为 Metric（mm, kg, N, s, mV, mA）。

6. 为几何模型分配材料属性

自动分配回转臂的材料为结构钢。

7. 创建连接副连接

（1）在导航树上单击【Connections】并展开，删除【Contacts】，打开【Body Views】。

（2）创建 cylbase 与 Slider slot 连接。在标准工具栏上单击 ▣，单击【Connections】，在 Mechanical 环境连接功能区单击【Body-Body】→【Revolute】，参考体选择 cylbase 销轴外表面，运动体选择 Slider slot 一端孔内表面，如图 5-33 所示，其他默认。

（3）创建 Slider slot 与 Pivot arm 连接。在标准工具栏上单击 ▣，单击【Connections】→【Joints】→【Body-Body】→【Revolute】，参考体选择 Slider slot 另一端孔内表面，运动体选择 Pivot arm 一端孔内表面，如图 5-34 所示，其他默认。

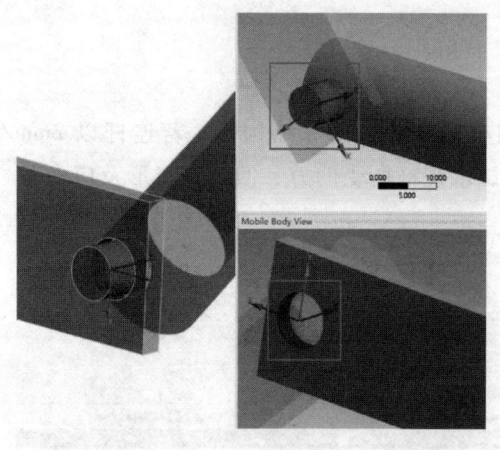

图 5-33　创建 cylbase 与 Slider slot 连接 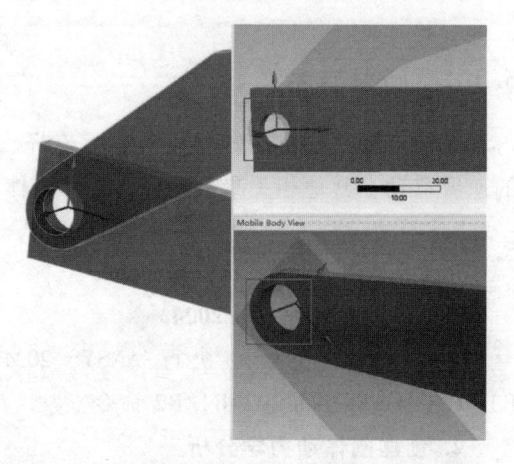　　　图 5-34　创建 Slider slot 与 Pivot arm 连接

（4）创建 rod 与 Pivot arm 连接。在标准工具栏上单击 ▣，单击【Connections】→【Joints】→【Body-Body】→【Revolute】，参考体选择 rod 销轴外表面，运动体选择 Pivot arm 另一端孔内表面，如图 5-35 所示，其他默认。

（5）创建 cylbase 与 rod 连接。在标准工具栏上单击 ▣，单击【Connections】→【Joints】→【Body-Body】→【Translational】，参考体选择 cylbase 圆柱内圆表面，运动体选择 rod 圆柱外表面，如图 5-36 所示，其他默认。

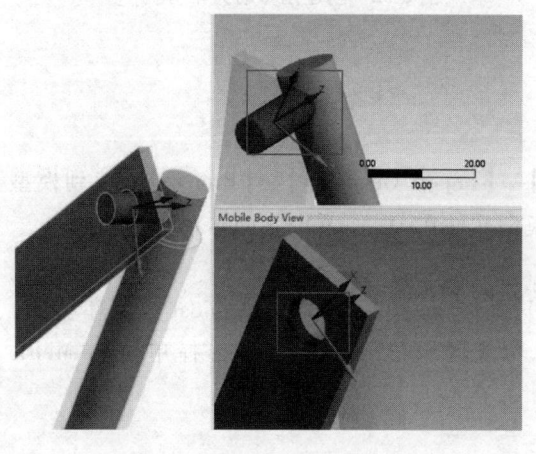

图 5-35　创建 rod 与 Pivot arm 连接 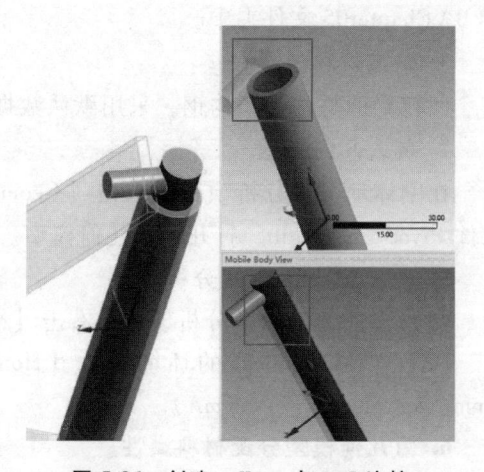　　　图 5-36　创建 cylbase 与 rod 连接

(6) 创建 Slider slot 接地连接。在标准工具栏上单击 ▣，单击【Connections】→【Joints】→【Body-Ground】→【Fixed】，参考体默认，运动体选择 Slider slot 底面表面，如图 5-37 所示，其他默认。

8. 划分网格

由于各部件为刚体，不会产生网格，直接右击【Mesh】→【Generate Mesh】即可。

图 5-37 创建 Slider slot 接地连接

9. 施加边界条件

（1）设置时间步。单击【Transient（A5）】→【Analysis Settings】→【Details of "Analysis Settings"】→【Step Controls】→【Step End Time】= 30s，其他默认。

（2）设置加速度。单击【Transient（A5）】→【Inertial】→【Acceleration】→【Details of "Acceleration"】→【Definition】→【Define By】= Component，Y Component = 9806.6 mm/s^2。

（3）设置移动速度。单击【Connections】→【Joints】→【Translational-cylbase To rod】，按住不放直接拖动到【Transient（A5）】下，【Joints】→【Details of "Joint Load"】→【Definition】→【Type】= Velocity，【Magnitude】= 2mm/s，其他默认，如图 5-38 所示。

10. 设置需要结果

在导航树上单击【Connections】→【Joints】→【Translational-cylbase To rod】，按住不放直接拖动到【Solution（A6）】下，【Joint Probe】→【Details of "Joint Probe"】→【Options】→【Result Selection】= X Axis，其他默认。

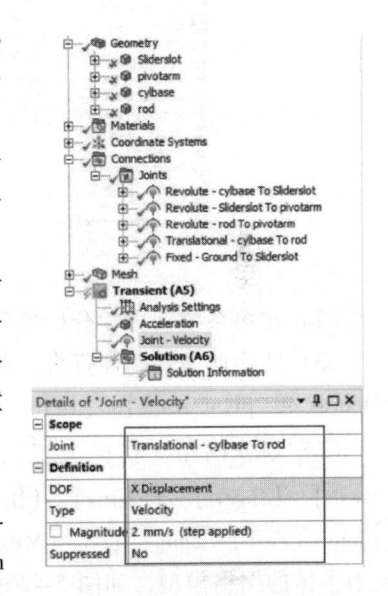

图 5-38 设置移动速度

11. 求解与结果显示

（1）在 Mechanical 环境求解功能区单击 ⚡ 进行求解运算。

（2）求解结束后，单击【Joint Probe】，可以看到相应结果，如图 5-39 和图 5-40 所示。也可进行动画设置，显示机构运动。

图 5-39 位移结果

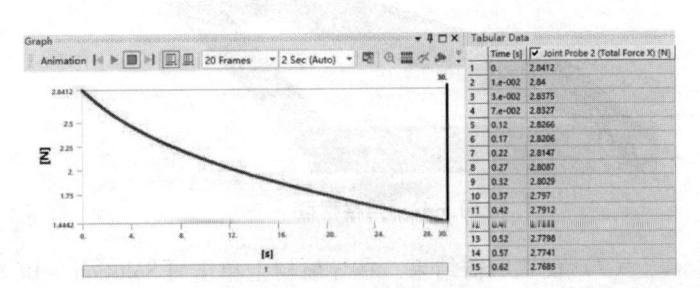

图 5-40 运动轨迹及数据

109

12. 创建刚柔耦合分析

（1）创建分析项目。返回到 Workbench 主界面，在工具箱【Toolbox】的【Analysis Systems】中拖动多柔性系统动力学分析项目【Transient Structural】到项目分析流程图，并与刚体动力学分析项目连接共享【Engineering Data】、【Geometry】、【Model】3 项，如图 5-41 所示。

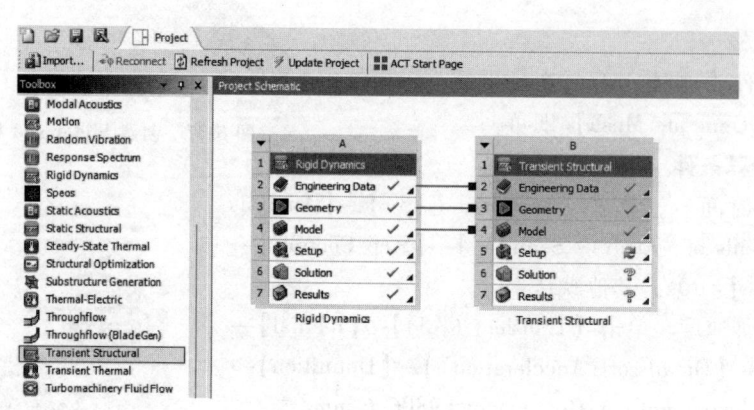

图 5-41　创建刚柔耦合分析

（2）在多系统动力学分析项目上右击【Setup】→【Edit...】进入 Mechanical 分析环境。

（3）转换回转臂刚性行为。在导航树上单击【Geometry】并展开，单击【pivot arm】→【Details of "pivot arm"】→【Definition】→【Stiffness Behavior】=Flexible，其他默认。

（4）划分网格。在标准工具栏上单击 ，选择实体然后选择【pivot arm】，单击【Mesh】→【Insert】→【Sizing】→【Body Sizing】→【Details of "Body Sizing"-Sizing】→【Sizing】→【Element Size】=2mm；右击【Mesh】→【Generate Mesh】，图形区域显示程序生成的六面体单元为主体的网格模型，如图 5-42 所示。

（5）设置时间步。单击【Transient 2（B5）】→【Analysis Settings】→【Details of "Analysis Settings"】→【Step Controls】→【Step End Time】=30s，【Initial Time Step】=0.01s，【Minimum Time Step】=0.01s，【Maximum Time Step】=0.05s，其他默认。

（6）施加边界条件。单击【Transient（A5）】，选择【Acceleration】、【Joint-Velocity】，然后右击【Copy】，右击【Transient 2（B5）】，然后选择【Paste】，结果如图 5-43 所示。

图 5-42　网格模型

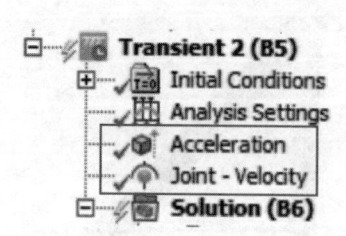

图 5-43　施加边界条件

（7）设置所需结果。在导航树上单击【Solution（B6）】，在 Mechanical 环境求解功能区单击【Deformation】→【Total】；【Stress】→【Equivalent Stress】。

13. 求解与结果显示

(1) 在 Mechanical 环境求解功能区单击 ⚡ 进行求解运算。

(2) 运算结束后,单击【Total Deformation】、【Equivalent Stress】,可以查看回转臂的变形和应力云图,如图 5-44~图 5-47 所示。

图 5-44 位移云图

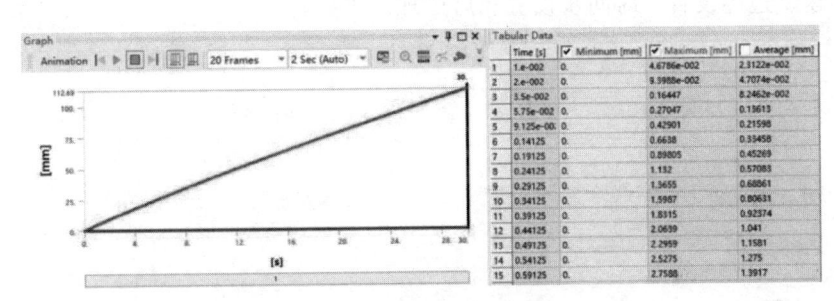

图 5-45 位移轨迹及数据

图 5-46 应力云图

14. 保存与退出

(1) 退出 Mechanical 分析环境。单击 Mechanical 主界面的菜单【File】→【Close Mechanical】退出分析环境,返回到 Workbench 主界面,此时主界面的项目分析流程图中显示的分析项目均已完成。

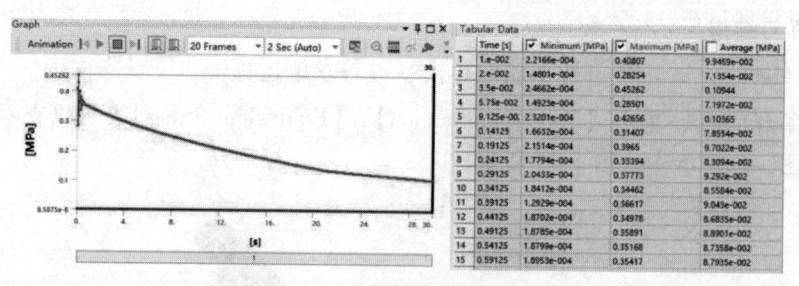

图 5-47　应力变化规律及数据

（2）单击 Workbench 主界面上的【Save】按钮，保存所有分析结果文件。

（3）退出 Workbench 环境。单击 Workbench 主界面的菜单【File】→【Exit】退出主界面，完成项目分析。

5.3.3　分析点评

本例是回转臂刚柔耦合分析，分为两步：第一步采用刚体动力学分析，充分运用独有显式的时间积分快捷求解技术，第二步采用刚体与柔体结合的刚柔耦合分析。关键点是运动连接副选择创建、边界设置、时间步设置和后处理。

第6章　显式动力学分析

6.1　小汽车撞击钢平板分析

6.1.1　问题描述

某型小汽车以 90000mm/s 的水平初速度撞击固定的钢平板，小汽车简化为车身及外壳，其材料均为铝合金，汽车撞击钢平板模型如图 6-1 所示。试分析小汽车碰撞结果情况。

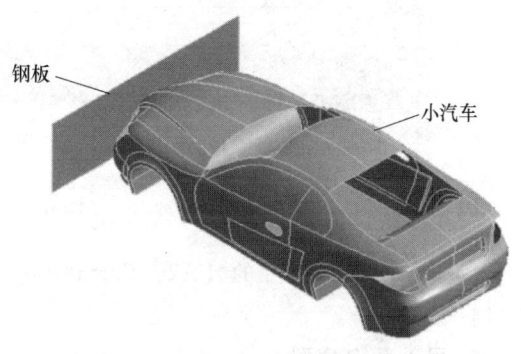

图 6-1　汽车撞击钢平板模型

6.1.2　实例分析过程

1. 启动 Workbench 2024

在"开始"菜单中执行 ANSYS 2024R1/R2→Workbench 2024R1/R2 命令。

2. 创建显式动力学分析

（1）在工具箱【Toolbox】的【Analysis Systems】中双击或拖动显式动力学分析【Explicit Dynamics】到项目分析流程图，如图 6-2 所示。

（2）在 Workbench 的工具栏中单击【Save】，保存项目实例名称为 Car.wbpj。如工程实例文件保存在 D:\AWB\Chapter06 文件夹中。

图 6-2　创建显式动力学分析

3. 创建材料参数

(1) 编辑工程数据单元，右击【Engineering Data】→【Edit...】。

(2) 在工程数据属性中添加材料。在 Workbench 的工具栏上单击 ![] 进入工程材料库，此时的界面显示【Engineering Data Sources】和【Outline of Favorites】。单击【General Materials】，从【Outline of General Materials】里查找【Aluminum Alloy】材料，然后单击【Outline of General Materials】表中的添加按钮 ![]，此时在 C 栏中显示标示 ![]，表明材料添加成功，如图 6-3 所示。

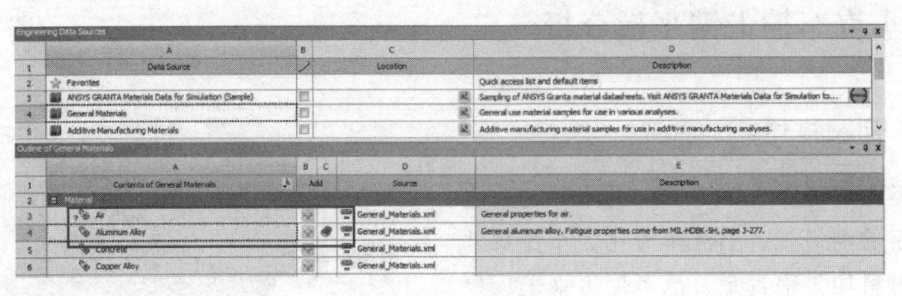

图 6-3 添加材料

(3) 单击工具栏中的【A2：Engineering Data】关闭按钮，返回到 Workbench 主界面，新材料添加完毕。

4. 导入几何模型

在显式动力学分析上右击【Geometry】→【Import Geometry】→【Browse】，找到模型文件 Car.x_t，打开导入几何模型。如模型文件在 D:\AWB\Chapter06 文件夹中。

5. 进入 Mechanical 分析环境

(1) 在显式动力学分析上右击【Model】→【Edit...】进入 Mechanical 分析环境。

(2) 在 Mechanical 的环境主页【Home】功能区单位【Units】中选择单位为 Metric (mm, kg, N, s, mV, mA)。

6. 为几何模型分配厚度及材料

(1) 为小汽车分配厚度及材料。在导航树上单击【Geometry】展开，设置【Car1】→【Details of "Car1"】→【Definition】→【Thickness】= 2mm；【Material】→【Assignment】= Aluminum Alloy，其他默认。

(2) 为平板分配材料。在导航树上单击【Geometry】展开，设置【Plate】→【Details of "Plate"】→【Definition】→【Thickness】= 3mm；【Material】→【Assignment】= Structural Steel，其他默认。

7. 接触设置

在导航树上单击【Connections】展开，右击【Contacts】，从弹出的快捷菜单中单击【Delete】删除接触。

8. 划分网格

(1) 在导航树上单击【Mesh】→【Details of "Mesh"】，→【Defaults】，设置【Element Size】= 4.5mm；【Sizing】→【Use Adaptive Sizing】= No，【Capture Curvature】= Yes，其他默认。

(2) 生成网格。右击【Mesh】→【Generate Mesh】，图形区域显示程序生成的网格模型，如图 6-4 所示。

（3）网格质量检查。在导航树上单击【Mesh】→【Details of "Mesh"】→【Quality】→【Mesh Metric】= Element Quality，显示 Element Quality 规则下网格质量详细信息，平均值处在良好的水平范围内，展开【Statistics】显示网格和节点数量。

9. 施加边界条件

（1）单击【Explicit Dynamics（A5）】。

（2）时间设置。单击【Analysis Settings】→【Details of "Analysis Settings"】→【Step Controls】→【End Time】= 2.5e-3，其他默认。

（3）在标准工具栏上单击 ▣，选择 Car1，在导航树上右击【Initial Conditions】，从弹出的快捷菜单中选择【Velocity】；接着依次选择【Velocity】→【Details of "Velocity"】→【Definition】→【Define By】= Components，【X Component】= -90000mm/s，如图 6-5 所示。

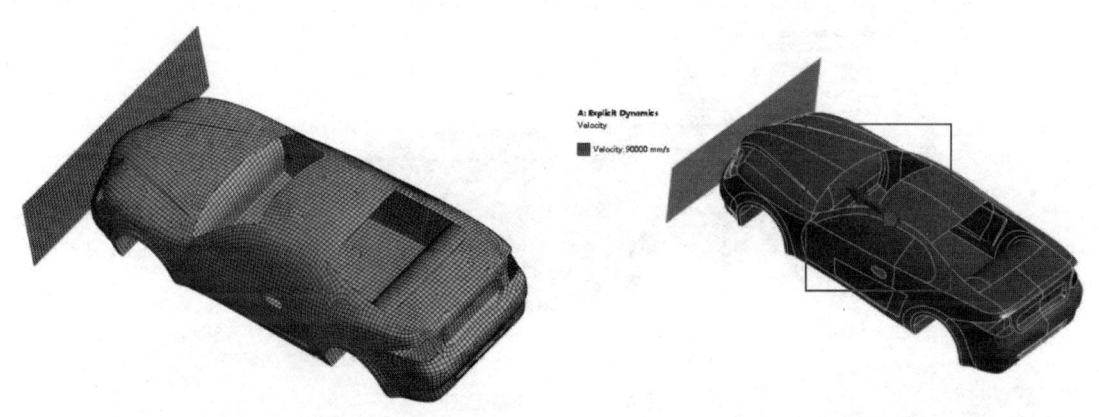

图 6-4　网格模型　　　　　　　　　　图 6-5　设置初始条件

（4）施加小汽车底部边 Y 向位移约束。首先在标准工具栏上单击 ▣，然后选择小汽车底部边，接着在环境功能区单击【Supports】→【Displacement】→【Details of "Displacement"】→【Definition】→【Define By】= Components，【Y Component】= 0mm，【X Component】= Free，【Z Component】= Free，如图 6-6 所示。

（5）施加约束。在标准工具栏上单击 ▣，分别选择平板两端边，然后在环境功能区单击【Supports】→【Fixed Support】，如图 6-7 所示。

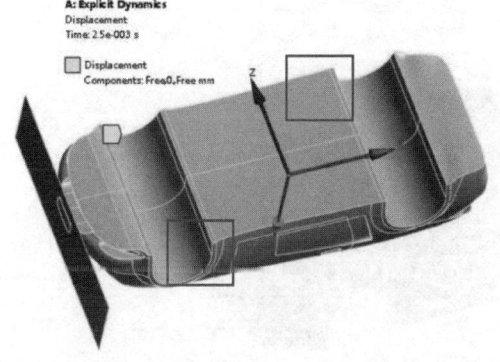

图 6-6　施加小汽车底部边 Y 向位移约束　　　　图 6-7　施加约束

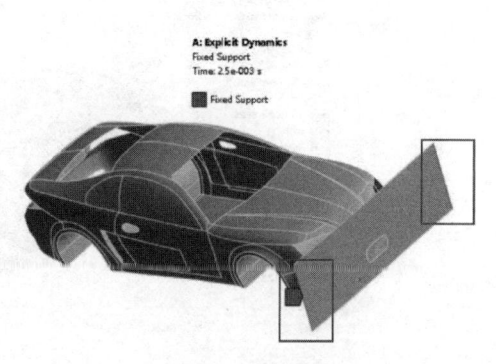

10. 设置需要的结果

（1）在导航树上单击【Solution（A6）】。

（2）在 Mechanical 环境求解功能区单击【Deformation】→【Total】,【Deformation】→【Directional】；【Directional Deformation】→【Details of "Directional Deformation"】→【Definition】→【Orientation】= X Axis。

（3）在 Mechanical 环境求解功能区单击【Stress】→【Equivalent（von-Mises）】。

11. 求解与结果显示

（1）在 Mechanical 环境求解功能区单击 ⚡ 进行求解运算。

（2）运算结束后，单击【Solution（A6）】→【Total Deformation】，图形区域显示显式动力学分析得到的变形分布云图，如图 6-8 和图 6-9 所示；单击【Solution（A6）】→【Directional Deformation】，图形区域显示显式动力学分析得到的 X 向变形分布云图，如图 6-10 和图 6-11 所

图 6-8　变形分布云图

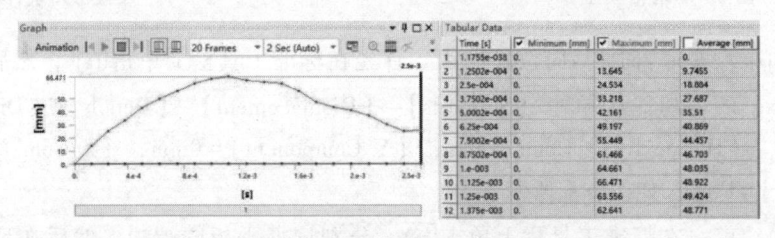

图 6-9　总体变形随时间历程的变化曲线及数据

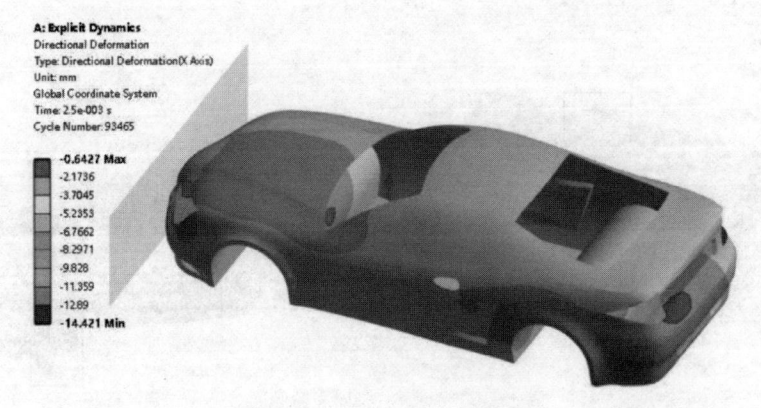

图 6-10　X 向变形分布云图

示;单击【Solution（A6）】→【Equivalent Stress】,显示等效应力分布云图,如图 6-12 和图 6-13 所示;单击【Solution（A6）】→【Solution Information】→【Details of "Solution Information"】→【Solution Information】→【Solution Output】= Energy 1Summary,查看各个能量曲线变化概要,也可在求解过程中查看实时的变化趋势,如图 6-14 所示。此外,读者也可通过动画观看小汽车撞击过程,此处不再赘述。

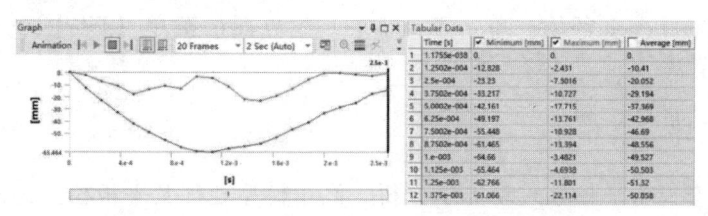

图 6-11 X 向变形随时间历程的变化曲线及数据

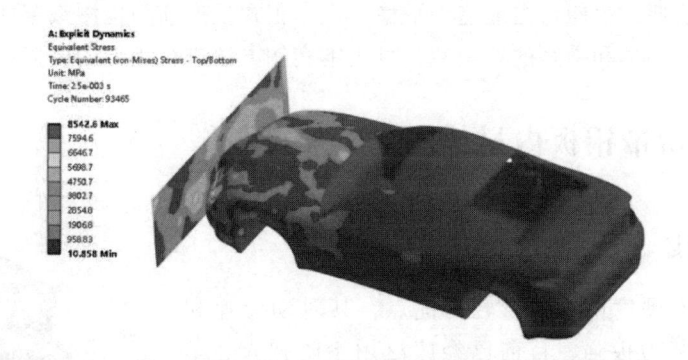

图 6-12 等效应力分布云图

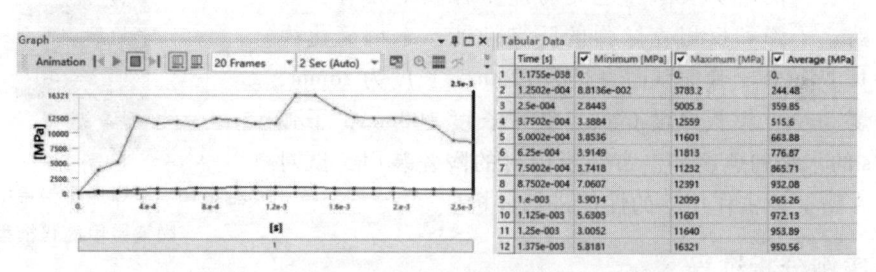

图 6-13 等效应力随时间历程的变化曲线及数据

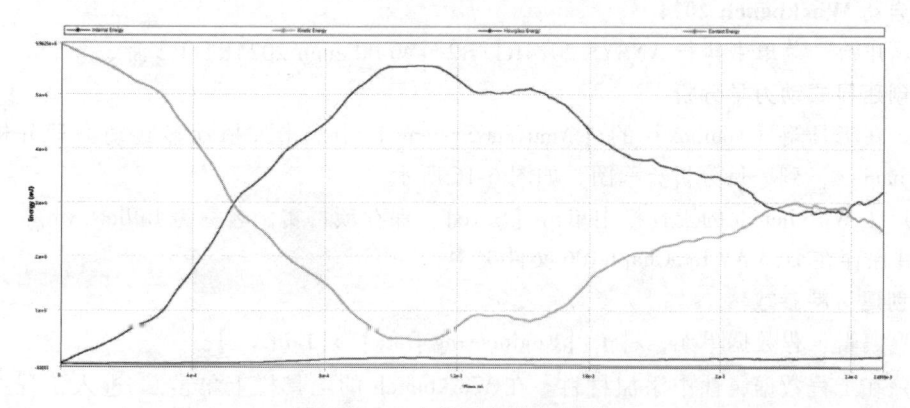

图 6-14 各个能量曲线变化概要

12. 保存与退出

（1）退出 Mechanical 分析环境。单击 Mechanical 主界面的菜单【File】→【Close Mechanical】退出分析环境，返回到 Workbench 主界面，此时主界面的项目分析流程图中显示的分析已完成。

（2）单击 Workbench 主界面上的【Save】按钮，保存所有分析结果文件。

（3）退出 Workbench 环境。单击 Workbench 主界面的菜单【File】→【Exit】退出主界面，完成分析。

6.1.3 分析点评

本实例是汽车撞击平板显式动力学分析，汽车模型处理及平板模型间距处理、求解时间、边界设置是关键点。本例在碰撞初期，动能快速下降，内能快速上升，动能转化为内能；在碰撞时间后期，动能与内能趋于平稳。汽车正式投产前为检测汽车性能而进行的碰撞试验，可以确保驾驶员和乘客的安全性，可用本实例方法进行类似的碰撞试验分析。

6.2 子弹冲击带铝板内衬的陶瓷装甲分析

6.2.1 问题描述

陶瓷材料具有硬度高、重量轻的优点，其对动能弹和弹药破片的防御能力极强，目前已经广泛用于防弹衣、车辆和飞机等装备的防护装甲。这类陶瓷复合装甲具有良好的常规弹药、子弹和反坦克导弹的防御性能。本例简化模型如图 6-15 所示，子弹横截面直径为 12mm，长度为 26mm，陶瓷层厚度 6mm，铝板厚度 6mm，装甲长度 100mm，子弹以 900m/s 的水平初速度冲击带铝板内衬的陶瓷装甲，试对陶瓷装甲在遭受冲击作用下的性能进行分析。

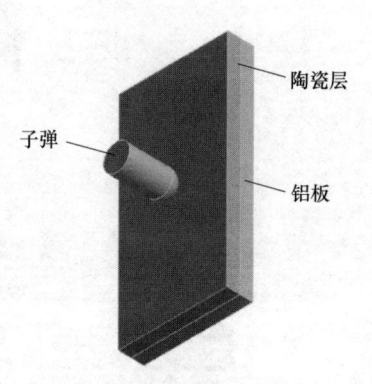

图 6-15 子弹冲击带铝板内衬的陶瓷装甲简化模型

6.2.2 实例分析过程

1. 启动 Workbench 2024

在"开始"菜单中执行 ANSYS 2024R1/R2→Workbench 2024R1/R2 命令。

2. 创建显式动力学分析

（1）在工具箱【Toolbox】的【Analysis Systems】中双击或拖动显式动力学分析【Explicit Dynamics】到项目分析流程图，如图 6-16 所示。

（2）在 Workbench 的工具栏中单击【Save】，保存项目实例名称为 Bullet.wbpj。如工程实例文件保存在 D:\AWB\Chapter06 文件夹中。

3. 创建材料参数

（1）编辑工程数据单元，右击【Engineering Data】→【Edit...】。

（2）在工程数据属性中添加材料。在 Workbench 的工具栏上单击 进入工程材料库，此时的界面显示【Engineering Data Sources】和【Outline of Favorites】。单击【Explicit Materials】,

图 6-16 创建显式动力学分析

从【Outline of Explicit Materials】里分别查找【AL6061-T6、STEEL4340、AL2O3CERA】材料，然后分别单击【Outline of Explicit Materials】表中的添加按钮，此时在 C 栏中显示标示，表明材料添加成功，如图 6-17 所示。

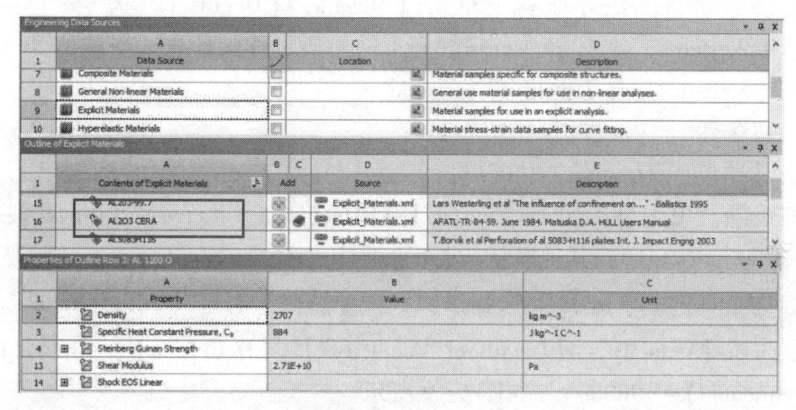

图 6-17 添加材料

（3）单击工具栏中的【A2：Engineering Data】关闭按钮，返回到 Workbench 主界面，新材料添加完毕。

4. 导入几何模型

在显式动力学分析上右击【Geometry】→【Import Geometry】→【Browse】，找到模型文件 Bullet.agdb，打开导入几何模型。如模型文件在 D:\AWB\Chapter06 文件夹中。

5. 进入 Mechanical 分析环境

（1）在显式动力学分析上右击【Model】→【Edit...】进入 Mechanical 分析环境。

（2）在 Mechanical 的环境主页【Home】功能区单位【Units】中选择单位为 Metric（m，kg，N，s，V，A）。

6. 为几何模型分配材料

（1）为子弹分配材料。在导航树上单击【Geometry】展开，设置【Bullet】→【Details of

119

"Bullet"】→【Material】→【Assignment】= STEEL4340。

（2）为陶瓷板分配材料。在导航树上单击【Geometry】展开，设置【Ceramic】→【Details of "Ceramic"】→【Material】→【Assignment】= AL2O3CERA。

（3）为铝板分配材料。在导航树上单击【Geometry】展开，设置【Aluminum plate】→【Details of "Aluminum plate"】→【Material】→【Assignment】= AL6061-T6。

7. 接触设置

在导航树上单击【Connections】展开，右击【Contacts】，从弹出的快捷菜单中单击【Delete】删除接触。

8. 划分网格

（1）在导航树上单击【Mesh】→【Details of "Mesh"】→【Defaults】→【Relevance】= 100，其他默认。

（2）工具栏上单击 ▣，选择子弹头半圆面，然后在导航树上右击【Mesh】，从弹出的快捷菜单中选择【Insert】→【Sizing】，【Face Sizing】→【Details of "Face Sizing"】→【Element Size】= 0.001m。

（3）生成网格。右击【Mesh】→【Generate Mesh】，图形区域显示程序生成的网格模型，如图6-18所示。

（4）网格质量检查。在导航树上单击【Mesh】→【Details of "Mesh"】→【Quality】→【Mesh Metric】= Skewness，显示Skewness规则下网格质量详细信息，平均值处在良好的水平范围内，展开【Statistics】显示网格和节点数量。

9. 施加边界条件

（1）单击【Explicit Dynamics（A5）】。

（2）时间设置。单击【Analysis Settings】→【Details of "Analysis Settings"】→【Step Controls】→【End Time】= 5.0e-3，其他默认。

（3）在标准工具栏上单击 ▣，选择子弹，在导航树上右击【Initial Conditions】，从弹出的快捷菜单中选择【Velocity】→【Details of "Velocity"】→【Definition】→【Define By】= Components，【Y Component】= -900m/s，如图6-19所示。

图6-18 网格模型 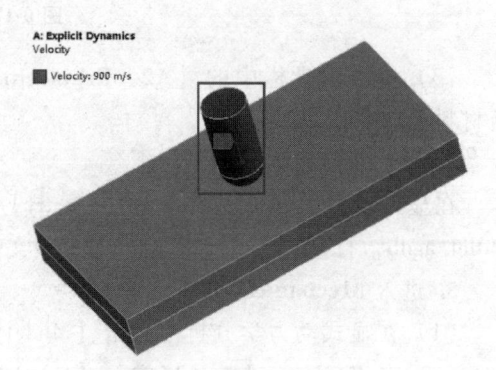　　图6-19 设置初始条件

（4）施加约束。在标准工具栏上单击 ▣，分别选择陶瓷板和铝板两端面，然后在环境功能区上单击【Supports】→【Fixed Support】，如图6-20所示。

10. 保存设置

（1）退出 Mechanical 分析环境。单击 Mechanical 主界面的菜单【File】→【Close Mechanical】退出分析环境，返回到 Workbench 主界面。

（2）单击 Workbench 主界面上的【Save】按钮，保存所有分析结果文件。

11. 进入 Autodyn 环境

（1）创建 Explicit Dynamics 与 Autodyn 共享环境。在左边的组件系统中选择【Autodyn】，并将其直接拖至显式动力学分析单元格【Setup】处即可，如图 6-21 所示。

（2）在 A 分析上右击【Setup】，从弹出的快捷菜单中选择【Update】升级，此时数据传出；之后在 B 分析上右击【Setup】，从弹出的快捷菜单中选择【Edit Model...】，进入 Autodyn 环境，如图 6-22 所示。

图 6-20　施加约束

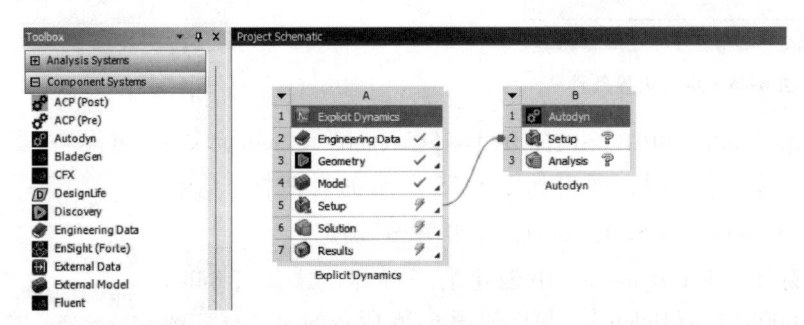

图 6-21　创建 Explicit Dynamics 与 Autodyn 共享环境

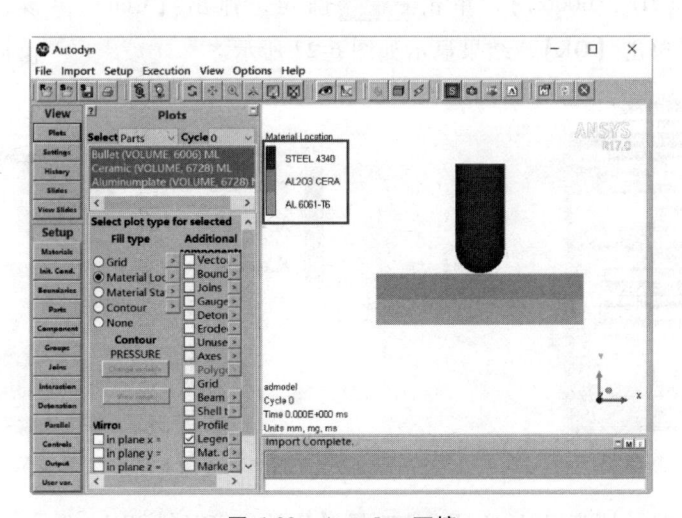

图 6-22　Autodyn 环境

12. 定义边界条件

在导航树上单击【Boundaries】，在任务面板上单击【New】，弹出如图 6-23 所示的对话框，进入边界条件的设置，定义 Y 方向的速度边界条件。设置【Name】＝Rigid，【Type】＝

Velocity,【Sub option】= Y-velocity（Constant）,【Constant Y velocity】= 0.00000，单击 ☑ 确定。

13. 算法选择及模型建立

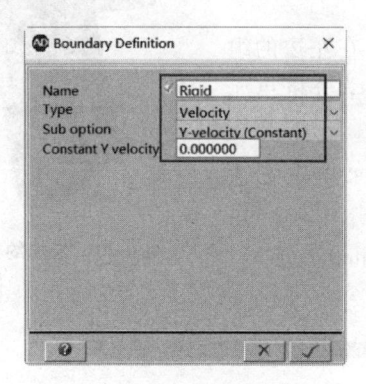

（1）在导航树上单击【Parts】，在任务面板上单击【New】，弹出如图 6-24 所示的对话框，进入算法的设置，设置 SPH 法。设置【Part Name】= Bullet_SPH，Solver = SPH，单击 ☑ 确定。

图 6-23 定义边界条件

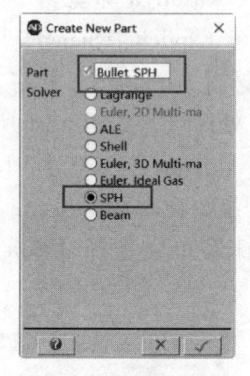

图 6-24 算法选择

（2）选择【Bullet_SPH（SPH, 0）】→【Geometry（Zoning）】→【Import Objects】→【Part】，弹出如图 6-25 所示的对话框，选择【Bullet】,【New object】= SPH_Bullet，单击 ☑ 确定。

（3）删除 Explicit Dynamics 中创建的子弹体。选择【Bullet（VOLUME, 6006）】→【Delete】，弹出如图 6-26 所示的对话框，选择【Bullet（VOLUME, 6006）】，单击 ☑ 确定，弹出【Confirm】确认信息，单击【OK】，结果显示如图 6-27 所示。

图 6-25 导入几何

图 6-26 删除 Parts

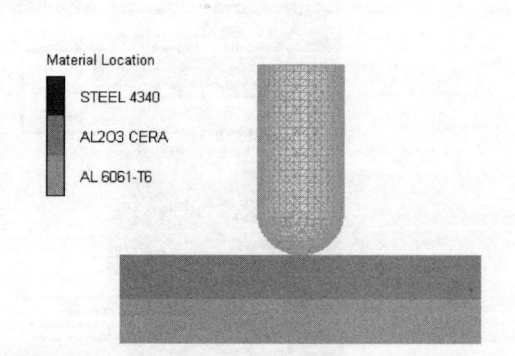

图 6-27 结果显示

（4）用 SPH 粒子填充 SPH_Bullet。选择【Bullet_SPH（SPH, 0）】→【Pack（Fill）】→【SPH_Bullet（0 sph nodes）】→【Pack Selected Object（s）】，弹出如图 6-28 所示的对话框，选择【Fill with Initial Condition Set】，单击【Next】，在弹出的对话框中设置【Partide size】= 1mm，单击 ☑ 确定，子弹头中填充的粒子如图 6-29 所示。

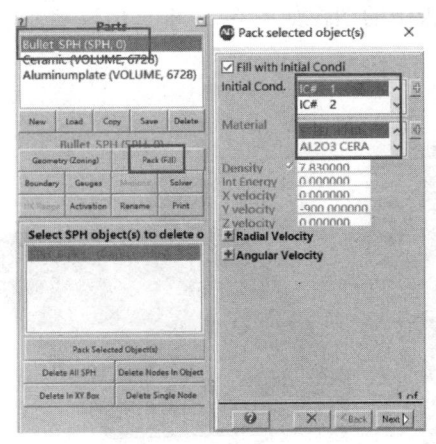

图 6-28 粒子填充对话框

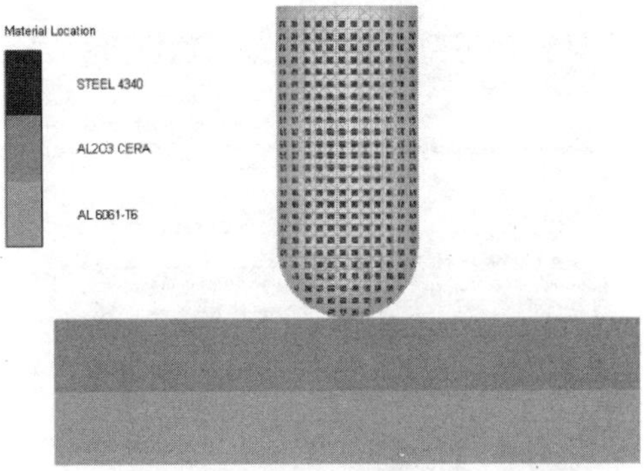

图 6-29 子弹头中填充的粒子

14. 选择输出单元

在导航树上单击【Part】，然后在对话面板中单击【Gauges】，在【Define Gauge Points】中选择【Interactive Selection】，用<Alt>+鼠标左键选择需要的节点，之后单击【Node】，如图 6-30 所示。

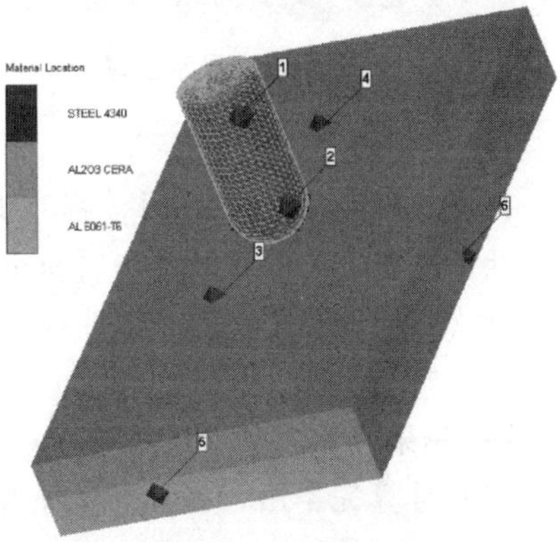

15. 求解控制

在导航树上单击【Controls】，进入求解控制【Define Solution Controls】选项，如图 6-31 所示，设置【Cycle limit】=10000，【Time limit】=0.5，【Energy fraction】=0.005，【Energy ref. cycle】=100000。

16. 输出控制

在导航树上单击【Output】，进入输出设置【Define Output】选项，如图 6-32 所示。设置【Save】=Times，【Start time】=0.022，【End time】=0.5，【Increment】=0.001。展开【History】，选择【History】=Times，【Start time】=0.022，【End time】=0.5，【Increment】=0.001，如图 6-33 所示。

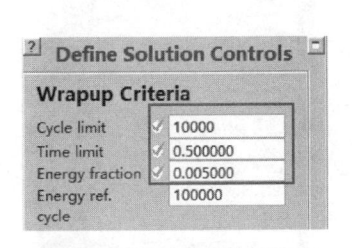

图 6-30 选择输出单元

图 6-31 求解控制 　　图 6-32 输出控制 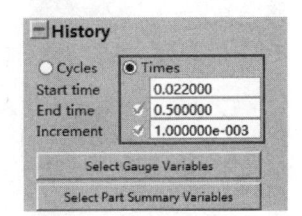　　图 6-33 输出 History 控制

17. 显示设置

在导航树上单击【Plots】，进入显示设置 Plots 选项，在【Fill type】中选择【Contour】，单击▶，弹出如图 6-34 所示的对话框，将【Number of contours】设置为 20，单击✓确

定，更改图像显示方式。完成后计算模型在视图面板中的图像如图 6-34 和图 6-35 所示。

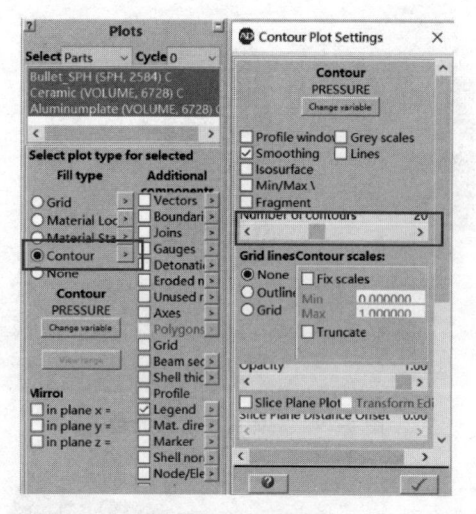

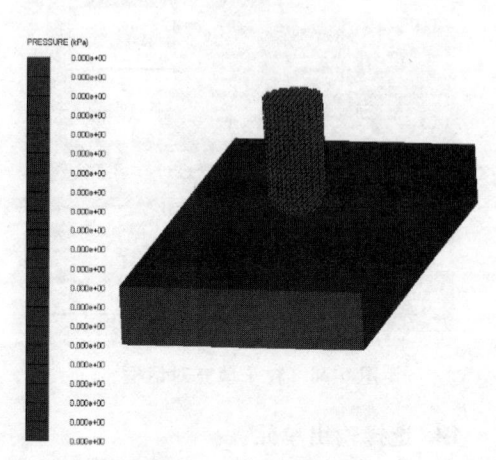

图 6-34　显示设置

图 6-35　显示设置效果

18. 求解计算

在导航树上单击【Run】，程序即开始运算，在计算中每隔 0.01ms 对数据进行一次保存。计算过程中可以随时单击【Stop】停止运行，来观测子弹对复合结构的撞击过程及对数据进行读取，观测相关的计算曲线。图中给出了计算过程中冲击带铝板内衬的陶瓷装甲的过程图像，如图 6-36～图 6-43 所示。

19. 结果输出

（1）计算完毕后，在导航树上单击【Plots】，在对应的对话面板中的【Fill type】栏内选择【Material Location】，如图 6-44 所示。单击其后的 ，弹出图 6-45 所示的【Material Plot Settings】对话框，在【Material】中选择 AL2O3CERA，单击 确定。之后在对话面板中的【Fill type】栏内选择【Contour】，在【Contour variable】中单击【Change variable】，弹出如图 6-46 所示的对话框，在【Variable】中选择【MIS. STRESS】，单击 确定，可得到陶瓷在子弹冲击作用下的应力分布云图，如图 6-47 所示。

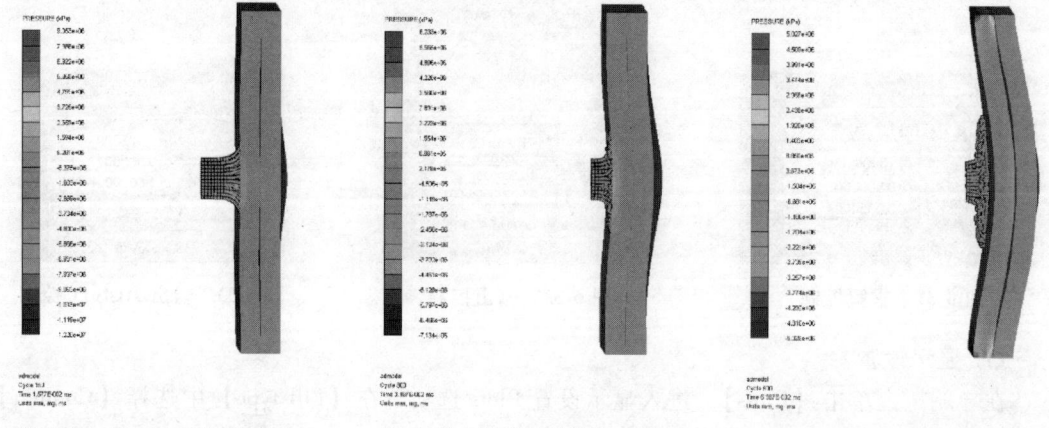

图 6-36　第 150 圈结果云图　　　图 6-37　第 300 圈结果云图　　　图 6-38　第 500 圈结果云图

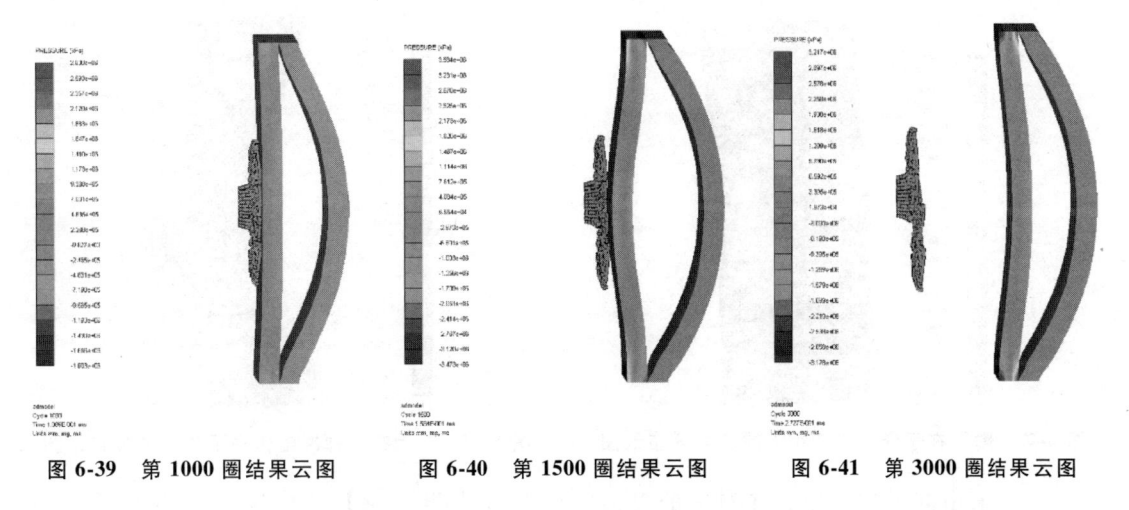

第6章 显式动力学分析

图 6-39 第 1000 圈结果云图　　图 6-40 第 1500 圈结果云图　　图 6-41 第 3000 圈结果云图

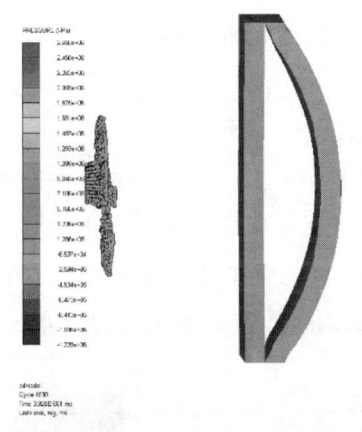

图 6-42 第 4500 圈结果云图 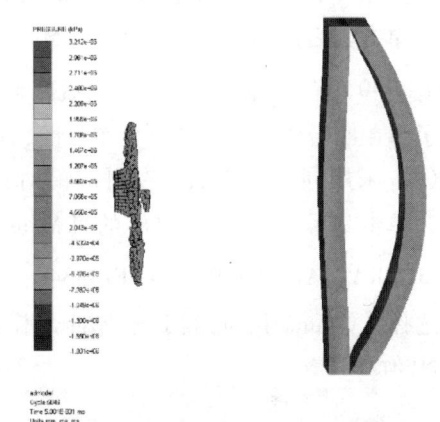　　图 6-43 第 5846 圈结果云图

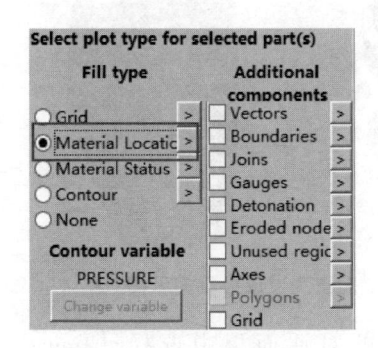

图 6-44 图像设置 　　图 6-45 陶瓷板显示设置对话框 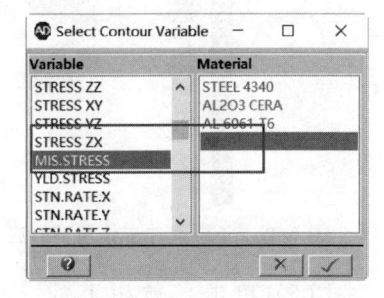　　图 6-46 陶瓷板应力云图设置对话框

（2）采用同上的方法，在对应的对话面板中的【Fill type】栏内选择【Material Location】，单击其后的 > ，在弹出的【Material Plot Settings】对话框里的【Material】中选择 AL6065-T6，单击 ✓ 确定。之后在对话面板中的【Fill type】栏内选择【Contour】，可得到铝板在子弹冲击作用下的应力分布云图，如图 6-48 所示。

125

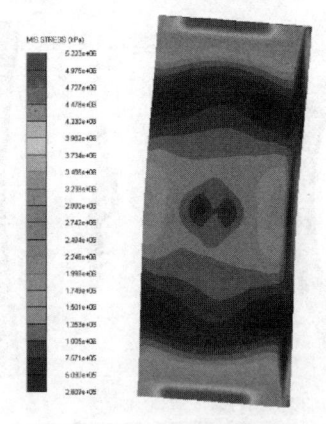

图 6-47　陶瓷在子弹冲击作用下的应力分布云图 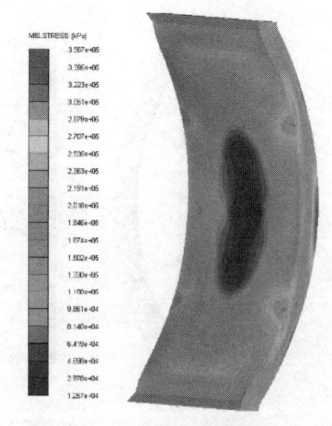　　图 6-48　铝板在子弹冲击作用下的应力分布云图

（3）采用同上的方法，在对应的对话面板中的【Fill type】栏内选择【Material Location】，单击其后的 > ，在弹出的【Material Plot Settings】对话框里的【Material】中选择 STEEL-4340，单击 ✓ 确定。之后在对话面板中的【Fill type】栏内选择【Contour】，可得到子弹在冲击作用下的应力分布云图，如图 6-49 所示。

（4）采用同样的方法，在对应的对话面板中的【Fill type】栏内选择【Material Location】，单击其后的 > ，在弹出的【Material Plot Settings】对话框里的【Material】中选择 AL2O3CERA、AL6065-T6、STEEL-4340，单击 ✓ 确定。之后在对话面板中的【Fill type】栏内选择【Contour】，可得到子弹冲击作用下的带铝板内衬的陶瓷装甲应力分布云图，如图 6-50 所示。

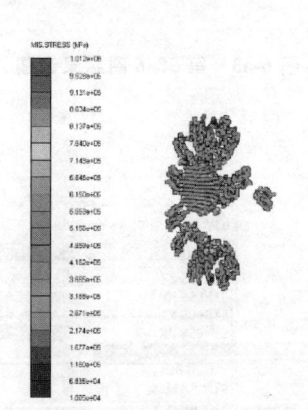

图 6-49　子弹在冲击作用下的应力分布云图 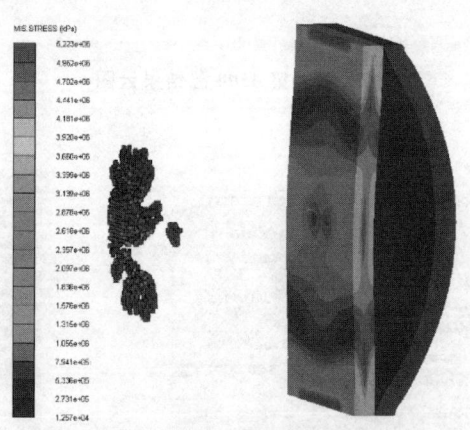　　图 6-50　陶瓷装甲应力分布云图

（5）单击导航树上的【History】，在【History Plots】的对话面板中选择【Gauge Points】，然后单击【Single Variable Plots】，弹出如图 6-51 所示的对话框。在对话框的左边选择 Gauge# 1，在右边 Y 栏内选择 Y-VELOCITY，在 X 栏内选择 TIME，单击 ✓ 确定，得到弹头上的节点 1 在 Y 方向上的速度随时间变化的曲线，如图 6-52 所示。

（6）按照同样的方法，在【History Plots】的对话面板中，单击【Single Variable Plots】，在对话框的左边选择 Gauge# 2，单击 ✓ 确定，得到弹头上的节点 2 在 Y 方向上的速度随时间变化的曲线，如图 6-53 所示。

（7）按照同样的方法，在【History Plots】的对话面板中，单击【Single Variable Plots】，在对话框的左边选择 Gauge# 3，单击 ✓ 确定，得到陶瓷上的节点 3 在 Y 方向上的速度随时间变化的曲线，如图 6-54 所示。

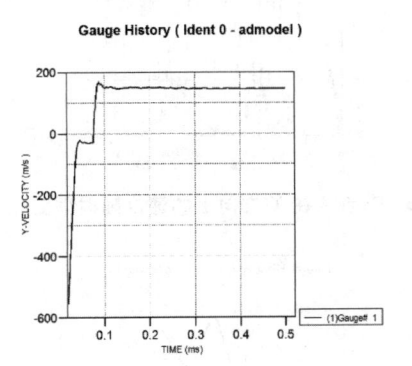

图 6-51　节点 1 显示设置　　图 6-52　节点 1 在 Y 方向上的速度随时间变化的曲线

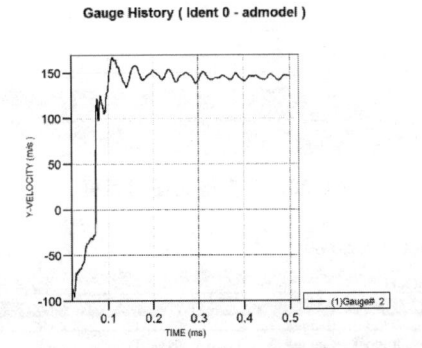

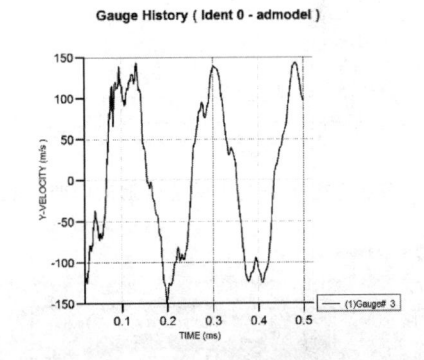

图 6-53　节点 2 在 Y 方向上的速度随时间变化的曲线　图 6-54　节点 3 在 Y 方向上的速度随时间变化的曲线

（8）按照同样的方法，在【History Plots】的对话面板中，单击【Single Variable Plots】，在对话框的左边选择 Gauge# 4，单击 ✓ 确定，得到陶瓷上的节点 4 在 Y 方向上的速度随时间变化的曲线，如图 6-55 所示。

（9）按照同样的方法，在【History Plots】的对话面板中，单击【Single Variable Plots】，在对话框的左边选择 Gauge# 5，单击 ✓ 确定，得到铝板上的节点 5 在 Y 方向上的速度随时间变化的曲线，如图 6-56 所示。

（10）按照同样的方法，在【History Plots】的对话面板中，单击【Single Variable Plots】。在对话框的左边选择 Gauge# 6，单击 ✓ 确定，得到铝板上的节点 6 在 Y 方向上的速度随时间变化的曲线，如图 6-57 所示。

（11）在【History Plots】的对话面板中，单击【Multiple Variable Plots】，弹出如图 6-58 所示的对话框。单击【Select】，从弹出的对话框中选中 Gauge# 1、Gauge# 2、Gauge# 3、Gauge# 4、Gauge# 5、Gauge# 6，Y VELOCITY，TIME，单击 ✓ 确定，如图 6-59 所示；返回【Multiple Variable Plots】对话框，如图 6-60 所示，单击 ✓ 确定，得到所有节点在 Y 方向上的速度随时间变化的曲线，如图 6-61 所示。

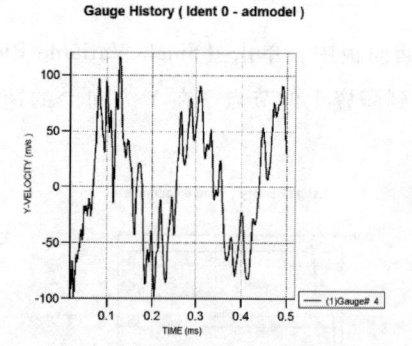

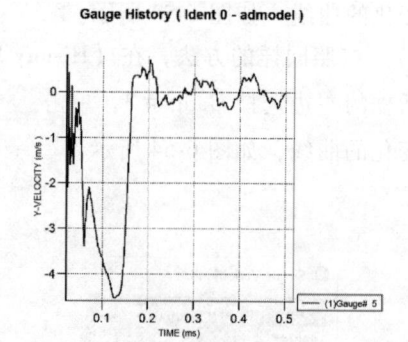

图 6-55 节点 4 在 Y 方向上的速度随时间变化的曲线　图 6-56 节点 5 在 Y 方向上的速度随时间变化的曲线

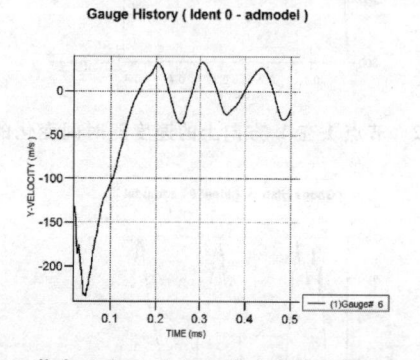

图 6-57 节点 6 在 Y 方向上的速度随时间变化的曲线

图 6-58 多变量绘图对话框 1

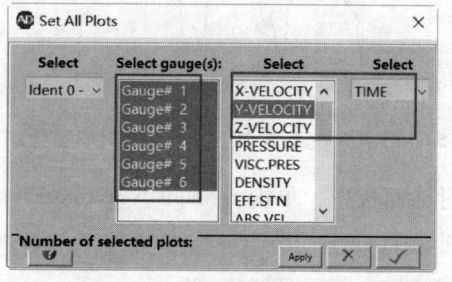

图 6-59 选择所有节点对话框

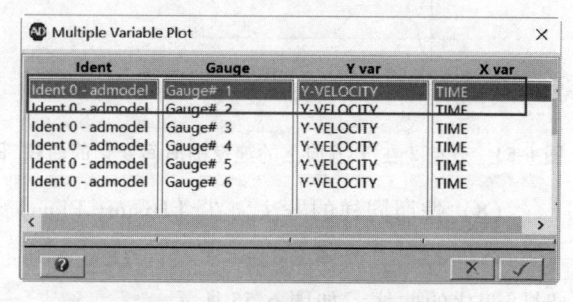

图 6-60 多变量绘图对话框 2

20. 保存与退出

（1）退出显式动力学分析环境。单击 Autodyn 主界面的菜单【File】→【Close Autodyn】退出分析环境，返回到 Workbench 主界面，此时主界面的项目分析流程图中显示的分析均已完成。

（2）单击 Workbench 主界面上的【Save】按钮，保存所有分析结果文件。

（3）退出 Workbench 环境。单击 Workbench 主界面的菜单【File】→【Exit】退出主界面，完成分析。

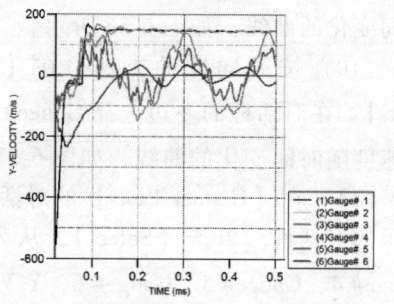

图 6-61 所有节点在 Y 方向上的速度随时间变化的曲线

6.2.3 分析点评

本实例是子弹冲击带铝板内衬的陶瓷装甲显式动力学分析，为 Explicit Dynamics 与 Autodyn 联合分析。在 Explicit Dynamics 分析中进行了前处理设置，在子弹冲击过程中，子弹和陶瓷层、铝板都会发生较大变形，Autodyn 分析中采用了能适应大变形物体计算的 SPH 算法。可以看出 Autodyn 前后处理丰富，求解效率高。

6.3 手榴弹爆炸分析

6.3.1 问题描述

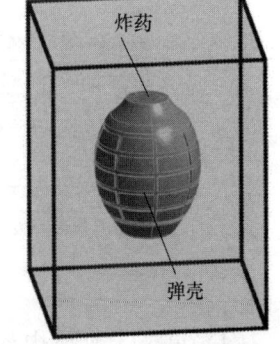

某型手榴弹主要由弹壳和炸药组成，其他部件忽略，其弹壳材料为 STEEL4340，炸药为 TNT，具体参数在分析过程中体现，手榴弹结构模型如图 6-62 所示。试分析手榴弹爆炸结果情况。

图 6-62 手榴弹结构模型

6.3.2 实例分析过程

1. 启动 Workbench 2024

在"开始"菜单中执行 ANSYS 2024R1/R2 → Workbench 2024R1/R2 命令。

2. 创建显式动力学分析

（1）在工具箱【Toolbox】的【Analysis Systems】中双击或拖动显式动力学分析【Explicit Dynamics】到项目分析流程图，如图 6-63 所示。

（2）在 Workbench 的工具栏中单击【Save】，保存项目实例名称为 Frag.wbpj。如工程实例文件保存在 D:\AWB\Chapter06 文件夹中。

图 6-63 创建显式动力学分析

3. 创建材料参数

（1）编辑工程数据单元，右击【Engineering Data】→【Edit...】。

（2）在工程数据属性中添加材料。在 Workbench 的工具栏上单击 ![] 进入工程材料库，此时的界面显示【Engineering Data Sources】和【Outline of Favorites】。单击【Explicit Materials】，从【Outline of General Materials】里查找合金钢【STEEL4340】材料和爆炸材料【TNT】，然后单击【Outline of General Materials】表中的添加按钮 ![]，此时在 C 栏中显示标示 ![]，表明材料添加成功。

（3）单击【STEEL4340】，接着在左侧单击【Failure】展开，双击【Principal Strain Failure】→【Properties of Outline Row 3：STEEL4340】→【Maximum Principal Strain】= 0.25，如图 6-64 所示。

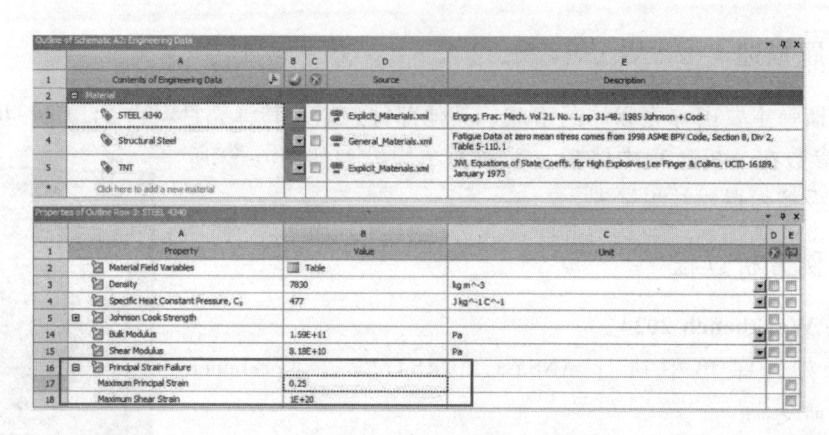

图 6-64　材料设置

（4）单击工具栏中的【A2：Engineering Data】关闭按钮，返回到 Workbench 主界面，新材料创建完毕。

4. 导入几何模型

在显式动力学分析上右击【Geometry】→【Import Geometry】→【Browse】，找到模型文件 Frag.scdoc，打开导入几何模型。如模型文件在 D:\AWB\Chapter06 文件夹中。

5. 进入 Mechanical 分析环境

（1）在显式动力学分析上右击【Model】→【Edit...】进入 Mechanical 分析环境。

（2）在 Mechanical 的环境主页【Home】功能区单位【Units】中选择单位为 Metric（mm, kg, N, s, mV, mA）。

6. 为几何模型分配厚度及材料

（1）为手榴弹外壳分配材料。在导航树上单击【Geometry】展开，设置【Frag/Shell】→【Details of "Frag/Shell"】→【Material】→【Assignment】= STEEL4340，其他默认。

（2）为炸药分配材料。在导航树上单击【Frag/TNT】→【Details of "Frag/TNT"】→【Material】→【Assignment】= TNT；【Definition】→【Reference Frame】= Eulerian（Virtual），其他默认。

7. 接触设置

在导航树上单击【Connections】展开，右击【Contacts】，从弹出的快捷菜单中单击【Delete】删除接触。

8. 划分网格

（1）在导航树上单击【Mesh】→【Details of "Mesh"】→【Defaults】→【Element Size】= 1.5mm；【Sizing】→【Use Adaptive Sizing】= No，【Capture Curvature】= Yes，其他默认。

（2）生成网格。右击【Mesh】→【Generate Mesh】，图形区域显示程序生成的网格模型，如图 6-65 所示。

（3）网格质量检查。在导航树上单击【Mesh】→【Details of "Mesh"】→【Quality】→【Mesh Metric】= Element Quality，显示 Element Quality 规则下网格质量详细信息，平均值处在良好的水平范围内，展开【Statistics】显示网格和节点数量。

9. 施加边界条件

（1）单击【Explicit Dynamics（A5）】。

（2）时间设置。单击【Analysis Settings】→【Details of "Analysis Settings"】→【Step Controls】→【End Time】= 0.0001，【Maximum Number of Cycles】= 100000，【Time Step Safety Factor】= 0.666；【Euler Domain Controls】→【X Scale factor】= 2，【Y Scale factor】= 2，【Z Scale factor】= 2；【Output Controls】→【Result Number of Points】= 100，其他默认。

（3）设置爆炸点。在环境功能区单击【Loads】→【Detonation Point】，【Detonation Point】→【Details of "Detonation Point"】→【Location】→【Y Coordinate】= 47mm，如图 6-66 所示。

图 6-65 网格模型

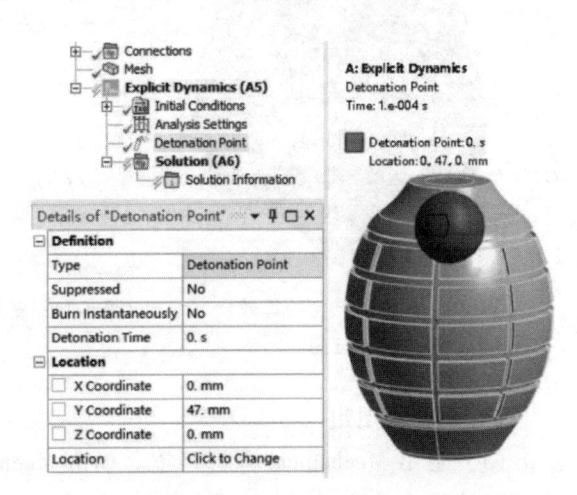

图 6-66 设置爆炸点

10. 设置需要的结果

（1）在导航树上单击【Solution（A6）】。

（2）在 Mechanical 环境求解功能区单击【Deformation】→【Total Velocity】。

（3）在 Mechanical 环境求解功能区单击【Stress】→【Equivalent（von-Mises）】。

（4）在 Mechanical 环境求解功能区单击【Probe】→【Energy】，然后选择弹壳体。

11. 求解与结果显示

（1）在 Mechanical 环境求解功能区单击 ⚡ 进行求解运算。

（2）运算结束后，单击【Solution（A6）】→【Total Velocity】，显示爆炸所产生的速度分布云图和爆炸所产生的速度随时间历程变化的曲线及数据，如图 6-67 和图 6-68 所示；单击

【Solution（A6）】→【Equivalent Stress】，显示爆炸所产生的等效应力分布云图和爆炸所产生的等效应力随时间历程变化的曲线及数据，如图 6-69 和图 6-70 所示；单击【Solution（A6）】→【Energy Probe】，显示爆炸所产生的能量和爆炸所产生的能量随时间历程变化的曲线及数据如图 6-71 和图 6-72 所示。此外，读者也可通过动画观看手榴弹爆炸过程，这里不再展示。

图 6-67　爆炸所产生的速度分布云图

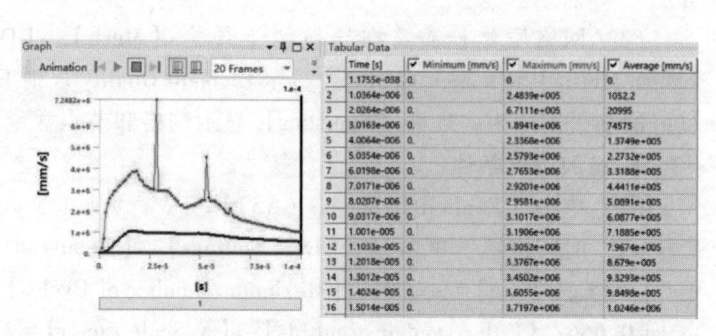

图 6-68　爆炸所产生的速度随时间历程变化的曲线及数据

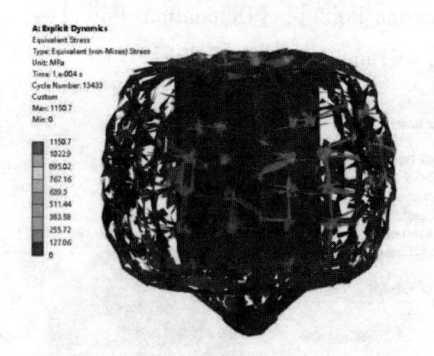

图 6-69　爆炸所产生的等效应力分布云图

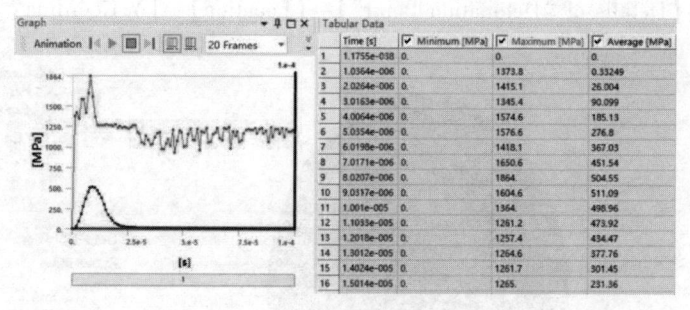

图 6-70　爆炸所产生的等效应力随时间历程变化的曲线及数据

12. 保存与退出

（1）退出 Mechanical 分析环境。单击 Mechanical 主界面的菜单【File】→【Close Mechanical】退出分析环境，返回到 Workbench 主界面，此时主界面的项目分析流程图中显示的分析已完成。

（2）单击 Workbench 主界面上的【Save】按钮，保存所有分析结果文件。

（3）退出 Workbench 环境。单击 Workbench 主界面的菜单【File】→【Exit】退出主界面，完成分析。

图 6-71　爆炸所产生的能量

6.3.3　分析点评

本实例是手榴弹爆炸显式动力学分析，在分析中使用了参考系的欧拉（虚拟）设置以及爆炸点条件。爆轰点位置设置是关键，决定了爆炸材料的爆轰路径。

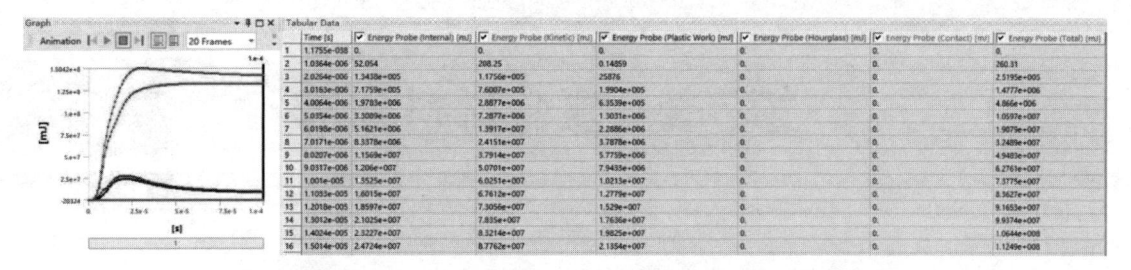

图 6-72 爆炸所产生的能量随时间历程变化的曲线及数据

第7章 复合材料分析

7.1 圆柱螺旋弹簧管复合材料分析

7.1.1 问题描述

圆柱螺旋弹簧管模型如图7-1所示,弹簧管直径33.02mm,中径66.04mm,自由长度381mm。圆柱螺旋弹簧管一端为约束端,另一端承受1E+6N压缩力,为使该弹簧更轻同时满足使用要求,对弹簧管采用复合材料Epoxy Carbon Woven(230GPa)Wet,试对该圆柱螺旋弹簧管进行复合材料分析。

图7-1 圆柱螺旋弹簧管模型

7.1.2 实例分析过程

1. 启动Workbench 2024

在"开始"菜单中执行ANSYS 2024R1/R2→Workbench 2024R1/R2命令。

2. 创建复合材料分析

(1) 在工具箱【Toolbox】的【Component Systems】中双击或拖动复合材料前处理【ACP(Pre)】到项目分析流程图,如图7-2所示。

(2) 在Workbench的工具栏中单击【Save】,保存项目实例名称为Helix spring.wbpj。如工程实例文件保存在D:\AWB\Chapter07文件夹中。

3. 创建材料参数

(1) 编辑工程数据单元,右击【Engineering Data】→【Edit...】。

(2) 在工程数据属性中添加材料。在Workbench的工具栏上单击进入工程材料库,此时的界面显示【Engineering Data Sources】和【Outline of Favorites】。选择A7栏【Composite Materials】,从【Outline of Composite Materials】里查找【Epoxy Carbon Woven(230GPa)Wet】材料,然后单击【Outline of Composite Materials】表中的添加按钮,此时在

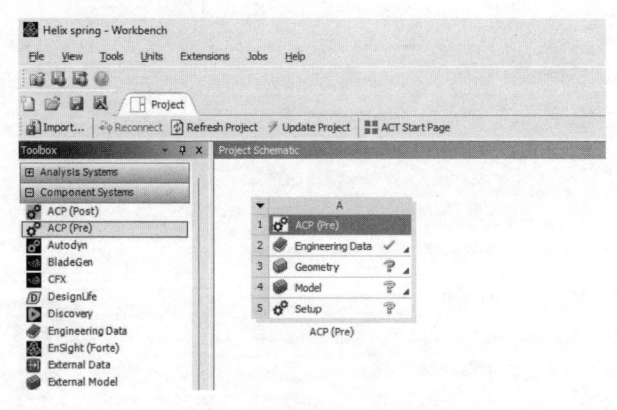

图7-2 创建复合材料分析

C17 栏中显示标示 ![icon]，表明材料添加成功，如图 7-3 所示。

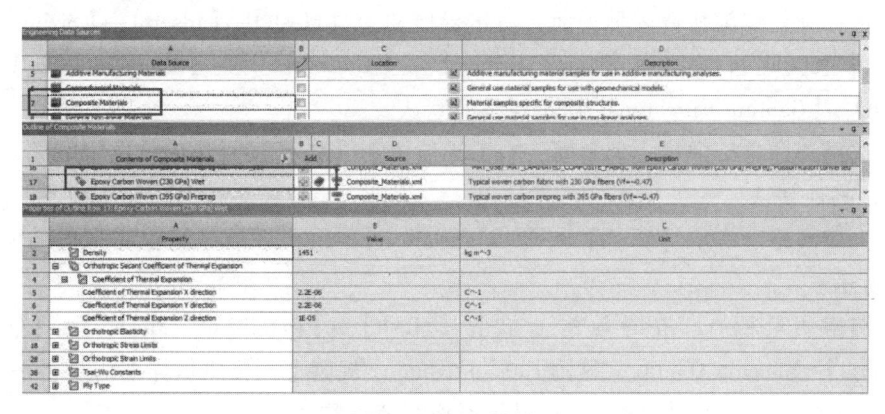

图 7-3 添加材料

（3）单击工具栏中的【A2：Engineering Data】关闭按钮，返回到 Workbench 主界面，新材料添加完毕。

4. 导入几何模型

在复合材料前处理上右击【Geometry】→【Import Geometry】→【Browse】，找到模型文件 Helix spring.agdb，打开导入几何模型。如模型文件在 D:\AWB\Chapter07 文件夹中。

5. 进入 Mechanical 分析环境

（1）在复合材料前处理上右击【Model】→【Edit...】进入 Mechanical 分析环境。

（2）在 Mechanical 的环境主页【Home】功能区单位【Units】中选择单位为 Metric（mm，kg，N，s，mV，mA）。

6. 为几何模型分配厚度及材料

为圆柱螺旋弹簧分配厚度及材料。在导航树上单击【Geometry】展开，设置【Helix spring】→【Details of "Helix spring"】→【Definition】→【Thickness】= 0.0000245mm；【Material】→【Assignment】= Epoxy Carbon Woven（230GPa）Wet，其他默认，如图 7-4 所示。

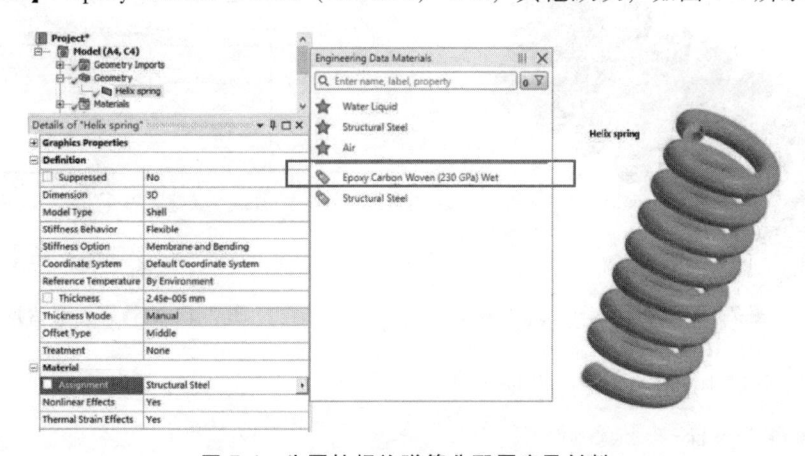

图 7-4 为圆柱螺旋弹簧分配厚度及材料

7. 划分网格

（1）在导航树上单击【Mesh】→【Details of "Mesh"】→【Sizing】→【Use Adaptive Sizing】=

No,【Capture Curvature】=Yes，其他默认。

（2）选择圆柱螺旋弹簧2个表面，右击导航树上【Mesh】→【Insert】→【Sizing】,【Face Sizing】→【Details of "Face Sizing"-Sizing】→【Definition】→【Element Size】=4mm；【Advanced】→【Capture Curvature】=Yes，其他默认。

（3）选择圆柱螺旋弹簧2个表面，右击导航树上【Mesh】→【Insert】→【Method】→【Face Meshing】，其他默认。

（4）生成网格。右击【Mesh】→【Generate Mesh】，图形区域显示程序生成的网格模型，如图7-5所示。

（5）网格质量检查。在导航树上单击【Mesh】→【Details of "Mesh"】→【Quality】→【Mesh Metric】=Element Quality，显示 Element Quality 规则下网格详细信息，平均值处在良好的水平范围内，展开【Statistics】显示网格和节点数量。

（6）退出 Mechanical 分析环境。单击 Mechanical 主界面的菜单【File】→【Close Mechanical】退出分析环境。

8. 进行复合材料前处理环境

（1）进入 ACP 工作环境。返回到 Workbench 界面，右击 ACP（Pre）Model 单元，从弹出的快捷菜单中选择【Update】把网格数据导入 ACP（Pre）。

（2）右击 ACP（Pre）Setup 单元，从弹出的快捷菜单中选择【Edit...】进入 ACP（Pre）环境。

9. 材料数据

（1）单击并展开【Material Data】，右击【Fabrics】，从弹出的快捷菜单中选择【Create Fabric...】，弹出织物属性对话框，Material=Epoxy Carbon Woven（230GPa）Wet，Thickness=0.127，其他默认，单击【OK】关闭对话框，如图7-6所示。

图7-5 网格模型

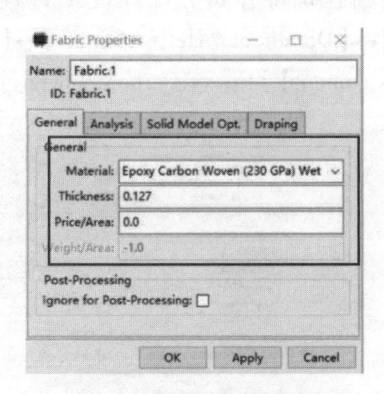

图7-6 织物属性对话框

（2）在工具栏中单击 ⚡ 进行数据更新。

10. 创建参考坐标

（1）创建内边参考坐标。右击【Rosette】，从弹出的快捷菜单中选择【Create Rosette...】，弹出 Rosette 属性对话框，如图7-7所示，【Type】=Edge Wise,【Edge Set】=Inner_edge,【Origin】=（0.0000, 0.0000, 0.0000），【Direction1】=（1.0000, 0.0000, 0.0000），

【Direction2】=(0.0000, 1.0000, 0.0000), 其他默认, 单击【OK】关闭对话框。

（2）创建外边参考坐标。右击【Rosette】, 从弹出的快捷菜单中选择【Create Rosette...】, 弹出 Rosette 属性对话框, 如图 7-8 所示,【Type】= Edge Wise,【Edge Set】= Out_edge,【Origin】=(0.0000, 0.0000, 0.0000),【Direction1】=(1.0000, 0.0000, 0.0000),【Direction2】=(0.0000, 1.0000, 0.0000), 其他默认, 单击【OK】关闭对话框。

（3）在工具栏中单击 ⚡ 进行数据更新。

图 7-7 创建内边参考坐标　　　图 7-8 创建外边参考坐标

11. 创建方向选择集

（1）右击【Oriented Selection Sets】, 从弹出的快捷菜单中选择【Create Oriented Selection Sets...】, 弹出方向选择属性对话框, 如图 7-9 所示,【Element Sets】= All_Elements,【Point】=(0.0819, 0.3784, 0.0075),【Direction】=(0.9929, -0.1173, 0.0188),【Rosettes】= Rosette.1, Rosette.2, 其他默认, 单击【OK】关闭对话框。

（2）在工具栏中单击 ⚡ 进行数据更新。

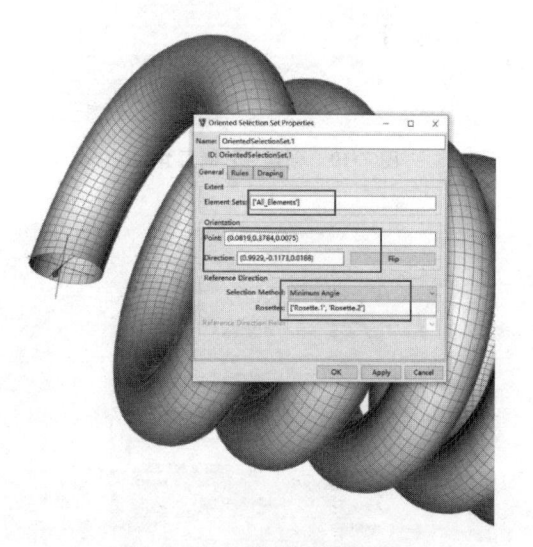

图 7-9 方向选择属性对话框

12. 创建铺层组【Modeling Groups】

（1）右击【Modeling Groups】, 从弹出的快捷菜单中选择【Create Modeling Groups...】, 弹出创建铺层组属性对话框, 默认铺层组命名, 单击【OK】关闭对话框。

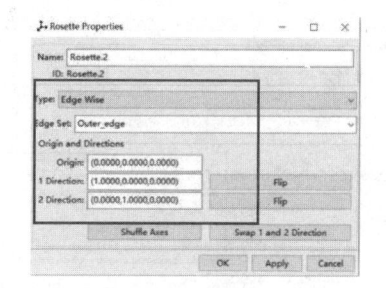

（2）右击【Modeling Groups.1】, 从弹出的快捷菜单中选择【Create Ply...】, 弹出创建铺层属性对话框,【Oriented Selection Sets】= Oriented Selection Sets.1,【Ply Material】= Fabric.1,【Ply Angle】= 45.0,【Number of Layers】= 1, 其他默认, 如图 7-10 所示, 单击【OK】关闭对话框。

（3）右击【Modeling Groups.1】, 从弹出的快捷菜单中选择【Create Ply...】, 弹出创建铺层属性对话框,【Oriented Selection Sets】= Oriented Selection Sets.1,【Ply Material】= Fabric.1,【Ply Angle】= 0.0,【Number of Layers】= 2, 其他默认, 如图 7-11 所示, 单击【OK】关闭对话框。

（4）右击【Modeling Groups.1】, 从弹出的快捷菜单中选择【Create Ply...】, 弹出创建

铺层属性对话框,【Oriented Selection Sets】= Oriented Selection Sets.1,【Ply Material】= Fabric.1,【Ply Angle】= -45.0,【Number of Layers】= 3,其他默认,如图 7-12 所示,单击【OK】关闭对话框。

(5) 在工具栏中单击 进行数据更新。

(6) 单击铺层显示工具,查看铺层信息,如图 7-13 所示。

图 7-10 创建 45°铺层角

图 7-11 创建 0°铺层角

图 7-12 创建-45°铺层角

图 7-13 铺层信息

(7) 退出 ACP-Pre 环境。单击【File】→【Exit】。

13. 进入到静态结构分析环境

(1) 返回到 Workbench 主界面,在工具箱【Toolbox】的【Analysis Systems】中双击或拖动静态结构分析【Static Structural】到项目分析流程图。

(2) 单击复合材料前处理单元格【Setup】,拖动到静态结构分析单元格【Model】并选择【Transfer Shell Composite Data】,如图 7-14 所示。

(3) 右击 ACP【Setup】→【Update】,更新并把数据传递到静态结构分析单元格【Model】中。

(4) 右击静态结构分析单元格【Model】→【Edit...】,进入静态结构分析环境。

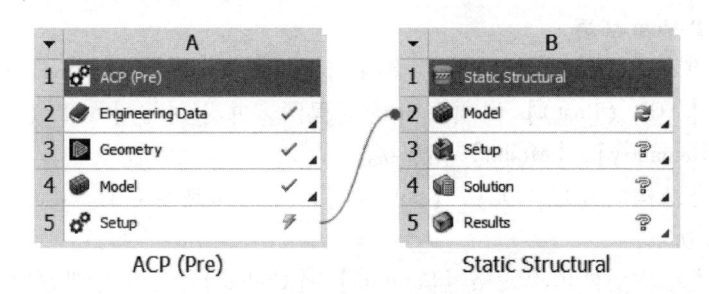

图 7-14 前处理数据导入静态结构环境

14. 施加边界条件

(1) 在导航树上单击【Static Structural (B3)】。

(2) 单击【Analysis Settings】→【Details of "Analysis Settings"】→【Solver Controls】→【Large Deflection】= On, 其他默认。

(3) 施加约束。在标准工具栏上单击 ，然后选择圆柱螺旋弹簧端 2 个边线（参照图中坐标系），接着在环境功能区单击【Supports】→【Fixed Support】，如图 7-15 所示。

(4) 施加力载荷。在标准工具栏上单击 ，然后选择圆柱螺旋弹簧另一端 2 个边线（参照图中坐标系），接着在环境功能区单击【Loads】→【Force】→【Details of "Force"】→【Definition】→【Define By】= Components,【Y Component】= 1e+006N, 如图 7-16 所示。

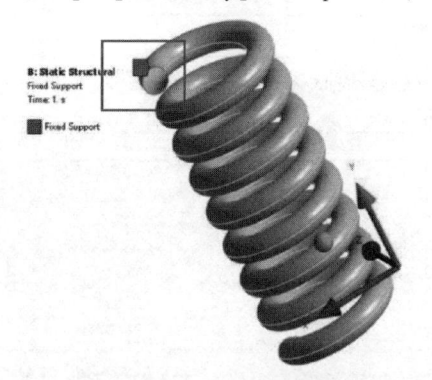

图 7-15 施加约束

图 7-16 施加力载荷

15. 设置需要的结果、求解及显示

(1) 在导航树上单击【Solution (B4)】。

(2) 在 Mechanical 环境求解功能区单击【Deformation】→【Total】。

(3) 在 Mechanical 环境求解功能区单击 进行求解运算。

(4) 运算结束后，单击【Solution (B4)】→【Total Deformation】，可以查看圆柱螺旋弹簧变形分布云图，如图 7-17 所示。

(5) 退出静态结构分析环境。单击 Mechanical 主界面的菜单【File】→【Close Mechanical】退出分析环境。

图 7-17 圆柱螺旋弹簧变形分布云图

16. 进入 ACP-Post 环境

（1）返回到 Workbench 主界面，在工具箱【Toolbox】的【Component Systems】中拖动复合材料前处理【ACP（Post）】到项目分析流程图，并分别与【ACP（Pre）】的【Engineering Data】、【Geometry】、【Model】相连接。

（2）单击静态结构前处理单元格【Solution】，并拖动到复合材料后处理单元格【Results】，如图 7-18 所示。

（3）右击静态结构前处理单元格【Solution】→【Update】，更新并把数据传递到复合材料后处理单元格【Results】中。

（4）右击【ACP（Post）Results】→【Edit...】，进入复合材料后处理环境。

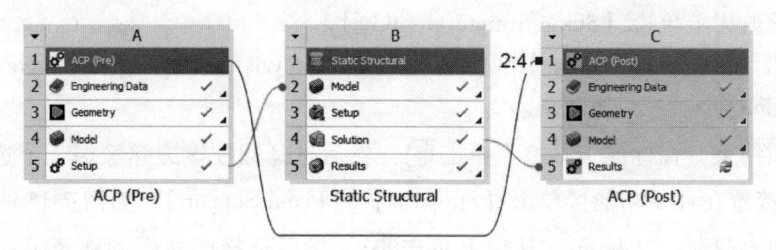

图 7-18　复合材料后处理连接

17. 定义失效准则

（1）右击【Definitions】，从弹出的快捷菜单中选择【Create Failure Criteria...】，弹出创建失效准则属性对话框，选择最大应力失效准则，其他默认，单击【OK】关闭对话框，如图 7-19 所示。

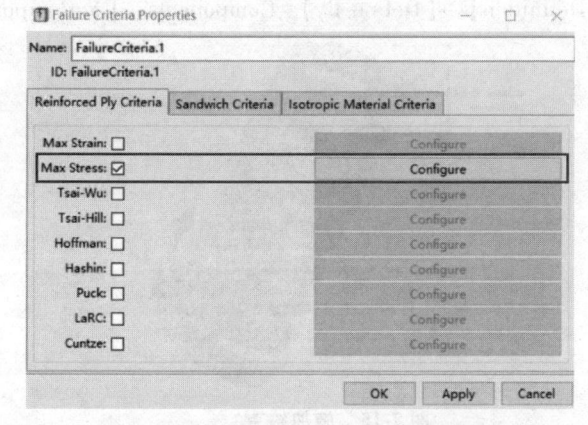

（2）在工具栏中单击 ⚡ 进行数据更新。

图 7-19　创建失效准则属性对话框

18. 求解后处理

（1）单击并展开【Solutions】→【Solutions.1】，右击【Solutions.1】，从弹出的快捷菜单中选择【Create Deformation...】，弹出变形对话框，默认设置，单击【OK】关闭对话框。

（2）右击【Solutions.1】，从弹出的快捷菜单中选择【Create Failure...】，弹出失效对话框，选择【Failure Criteria Definition】=FailureCriteria.1，其他默认设置，单击【OK】关闭对话框。

（3）在工具栏中单击 ⚡ 进行数据更新。

（4）在特征树上右击【Deformation.1】→【Show】，显示结果变形云图，如图 7-20 所示。

（5）在特征树上右击【Failure.1】→【Show】，显示结果失效云图，如图 7-21 所示。

19. 保存与退出

（1）退出复合材料后处理环境。单击复合材料后处理主界面的菜单【File】→【Exit】退出后处理环境，返回到 Workbench 主界面，此时主界面的项目分析流程图中显示的分析均已完成。

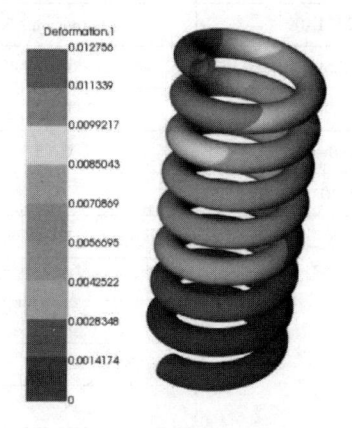

图 7-20　结果变形云图

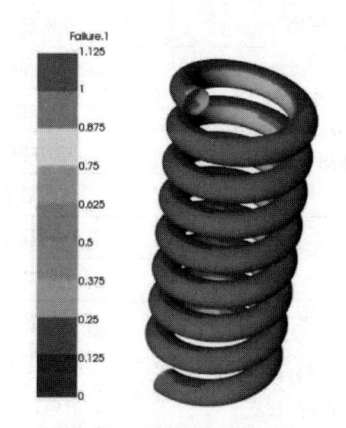

图 7-21　结果失效云图

（2）单击 Workbench 主界面上的【Save】按钮，保存所有分析结果文件。

（3）退出 Workbench 环境。单击 Workbench 主界面的菜单【File】→【Exit】退出主界面，完成分析。

7.1.3　分析点评

本实例是圆柱螺旋弹簧管复合材料分析，包含了两个重要知识点：一方面是复合材料分析 ACP 前后处理，另一方面是线性静力分析。在本例中如何进行复合材料前处理、后处理是关键，这牵涉到铺层组创建、对应的边界条件设置、失效准则给定、求解及后处理。本例诠释了 ACP 复合材料分析易用性、脉络清晰、过程完整。

7.2　复合材料均质化分析

7.2.1　问题描述

已知用于补偿储热管道的光滑弯管方形补偿管长为 1400mm，管截面半径 30mm，储热管模型如图 7-22 所示。该管采用复合材料 Epoxy Carbon Woven（235GPa）Wet，材料数据如表 7-1 和表 7-2 所示，试对储热管进行复合材料分析。

图 7-22　储热管模型

表 7-1 Epoxy Carbon Woven（235GPa）Wet 材料参数

类型	属性	数据	单位
密度	密度	1.251E-09	tonne mm^-3
正交各向异性割线热膨胀系数	X 方向	2.2e-6	℃^-1
	Y 方向	2.2e-6	℃^-1
	Z 方向	1.0e-5	℃^-1
	参考温度	20	℃
正交各向异性弹性材料	弹性模量 X 向	见表 7-2	MPa
	弹性模量 Y 向		MPa
	弹性模量 Z 向		MPa
	泊松比 XY		
	泊松比 YZ		
	泊松比 XZ		
	剪切模量 XY		MPa
	剪切模量 YZ		MPa
	剪切模量 XZ		MPa
正交各向异性应力极限	拉伸 X 向	510	MPa
	拉伸 Y 向	510	MPa
	拉伸 Z 向	50	MPa
	压缩 X 向	−437	MPa
	压缩 Y 向	−437	MPa
	压缩 Z 向	−150	MPa
	剪切 XY	120	MPa
	剪切 YZ	55	MPa
	剪切 XZ	55	MPa
正交各向异性导热系数	导热系数 X	0.0003	W mm^-1 ℃^-1
	导热系数 Y	0.0003	W mm^-1 ℃^-1
	导热系数 Z	0.0002	W mm^-1 ℃^-1
层的类型	类型	Woven	

表 7-2 Epoxy Carbon Woven（235GPa）Wet 的正交各向异性弹性材料参数

温度/℃	X 向弹性模量/MPa	Y 向弹性模量/MPa	Z 向弹性模量/MPa	泊松比 XY	泊松比 YZ	泊松比 XZ	XY 剪切模量/MPa	YZ 剪切模量/MPa	XZ 剪切模量/MPa
20	59160	59160	7500	0.04	0.3	0.3	17500	2700	2700
40	39440	39440	5000	0.027	0.2	0.2	11667	1800	1800
60	29580	29580	3750	0.02	0.15	0.15	8750	1050	1050
80	23664	23664	3000	0.016	0.12	0.12	7000	1080	1080
100	19720	19720	2500	0.010	0.1	0.1	5833	900	900

(续)

温度 /℃	X向弹性 模量 /MPa	Y向弹性 模量 /MPa	Z向弹性 模量 /MPa	泊松比 XY	泊松比 YZ	泊松比 XZ	XY剪切 模量 /MPa	YZ剪切 模量 /MPa	XZ剪切 模量 /MPa
120	16903	16903	2143	0.011	0.08	0.08	5000	771	771
140	14790	14790	1875	0.01	0.075	0.075	4375	675	675
160	10147	10147	1667	0.009	0.067	0.067	3888	600	600
180	11832	11832	1500	0.008	0.06	0.06	3500	540	540

7.2.2 实例分析过程

1. 启动 Workbench 2024

在"开始"菜单中执行 ANSYS 2024R1/R2→Workbench 2024R1/R2 命令。

2. 创建复合材料分析

（1）在工具箱【Toolbox】的【Component Systems】中双击或拖动复合材料前处理【ACP（Pre）】到项目分析流程图，如图 7-23 所示。

（2）在 Workbench 的工具栏中单击【Save】，保存项目实例名称为 Heat pipe.wbpj。如工程实例文件保存在 D:\AWB\Chapter07 文件夹中。

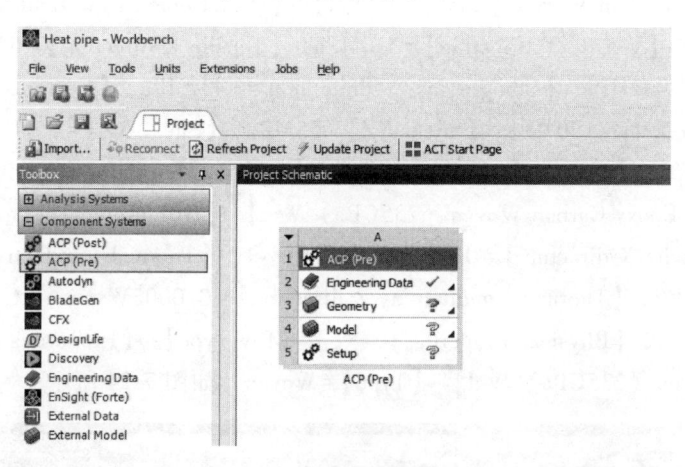

图 7-23 创建复合材料分析

3. 创建材料参数

（1）编辑工程数据单元，右击【Engineering Data】→【Edit】。

（2）在工程数据属性中创建新材料：【Outline of Schematic A2：Engineering Data】→【Click here to add a new material】，输入新材料名称 Epoxy Carbon Woven（235GPa）Wet。

（3）在左侧单击【Physical Properties】展开，双击【Density】→【Properties of Outline Row 4：Epoxy Carbon Woven（235GPa）Wet】→【Table of Properties Row 2：Density】→【Density】= 1.251e-09 tonne mm^-3。

（4）在左侧单击【Physical Properties】，双击【Orthotropic Secant Coefficient of Thermal Expansion】→【Properties of Outline Row 4：Epoxy Carbon Woven（235GPa）Wet】→【Coefficient

143

of Thermal Expansion】→【Coefficient of Thermal Expansion X direction】= 2.2e-6℃^-1,【Coefficient of Thermal Expansion Y direction】= 2.2e-6℃^-1,【Coefficient of Thermal Expansion Z direction】= 1e-5℃^-1,【Reference Temperature】= 20℃。

(5) 在左侧单击【Linear Elastic】展开,双击【Orthotropic Elasticity】→【Properties of Outline Row 4:Epoxy Carbon Woven (235GPa) Wet】→【Orthotropic Elasticity】→【Young's Modulus X direction】→【Table of Properties Row 10:Orthotropic Elasticity】= 表7-2对应的数据,【Young's Modulus Y direction:Scale】→【Table of Properties Row 12:Orthotropic Elasticity】= 表7-2对应的数据,【Young's Modulus Z direction:Scale】→【Table of Properties Row 14:Orthotropic Elasticity】= 表7-2对应的数据;【Poisson's Ratio XY:Scale】→【Table of Properties Row 16:Orthotropic Elasticity】= 表7-2对应的数据,【Poisson's Ratio YZ:Scale】→【Table of Properties Row 18:Orthotropic Elasticity】= 表7-2对应的数据,【Poisson's Ratio XZ:Scale】→【Table of Properties Row 20:Orthotropic Elasticity】= 表7-2对应的数据;【Shear Modulus XY:Scale】→【Table of Properties Row 22:Orthotropic Elasticity】= 表7-2对应的数据,【Shear Modulus YZ:Scale】→【Table of Properties Row 24:Orthotropic Elasticity】= 表7-2对应的数据,【Shear Modulus XZ:Scale】→【Table of Properties Row 26:Orthotropic Elasticity】= 表7-2对应的数据。

(6) 在左侧单击【Strength】展开,双击【Orthotropic Stress Limits】→【Properties of Outline Row 4:Epoxy Carbon Woven (235GPa) Wet】→【Orthotropic Stress Limits】→【Tensile X direction】= 510MPa,【Tensile Y direction】= 510MPa,【Tensile Z direction】= 50MPa;【Compressive X direction】= -437MPa,【Compressive Y direction】= -437MPa,【Compressive Z direction】= -150MPa;【Shear XY】= 120MPa,【Shear YZ】= 55MPa,【Shear XZ】= 55MPa。

(7) 在左侧单击【Thermal】展开,双击【Orthotropic Thermal Conductivity】→【Properties of Outline Row 4:Epoxy Carbon Woven (235GPa) Wet】→【Orthotropic Thermal Conductivity】→【Thermal Conductivity X direction】= 0.0003W mm^-1℃^-1,【Thermal Conductivity Y direction】= 0.0003W mm^-1℃^-1,【Thermal Conductivity Z direction】= 0.0002W mm^-1℃^-1。

(8) 在左侧单击【Physical Properties】,双击【Ply Type】→【Properties of Outline Row 4:Epoxy Carbon Woven (235GPa) Wet】→【Type】= Woven,如图7-24所示。

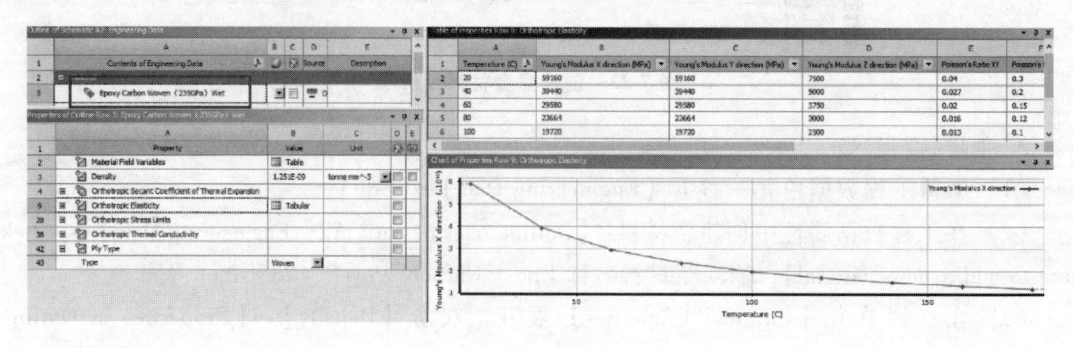

图7-24 创建材料

(9) 单击工具栏中的【A2:Engineering Data】关闭按钮,返回到Workbench主界面,新材料创建完毕。

4. 导入几何模型

在复合材料前处理上右击【Geometry】→【Import Geometry】→【Browse】，找到模型文件 Heat Pipe.x_t，打开导入几何模型。如模型文件在 D:\AWB\Chapter07 文件夹中。

5. 进入 Mechanical 分析环境

（1）在复合材料前处理上右击【Model】→【Edit...】进入 Mechanical 分析环境。

（2）在 Mechanical 的环境主页【Home】功能区单位【Units】中选择单位为 Metric（mm, kg, N, s, mV, mA）。

6. 为几何模型分配厚度及材料

为方管分配厚度及材料。在导航树上单击【Geometry】展开，设置【Compensator】→【Details of "Compensator"】→【Definition】→【Thickness】= 0.0000254mm；【Material】→【Assignment】= Epoxy_Carbon_Woven_235GPa_Wet，其他默认，如图 7-25 所示。

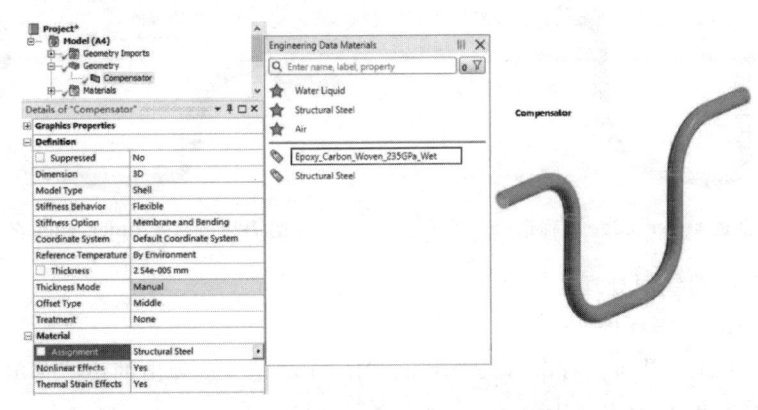

图 7-25 为方管分配厚度及材料

7. 划分网格

（1）在导航树上单击【Mesh】→【Details of "Mesh"】→【Defaults】→【Element Order】= Quadratic；【Sizing】→【Use Adaptive Sizing】= No，【Capture Curvature】= Yes，其他默认。

（2）在标准工具栏单击 ![icon]，选择管 18 个表面，右击导航树上【Mesh】→【Insert】→【Sizing】，【Face Sizing】→【Details of "Face Sizing"-Sizing】→【Definition】→【Element Size】= 10mm；【Advanced】→【Capture Curvature】= Yes，其他默认。

（3）在标准工具栏单击 ![icon]，选择管 18 个表面，右击导航树上【Mesh】→【Insert】→【Face Meshing】，其他默认。

（4）生成网格。右击【Mesh】→【Generate Mesh】，图形区域显示程序生成的网格模型，如图 7-26 所示。

（5）网格质量检查。在导航树上单击【Mesh】→【Details of "Mesh"】→【Quality】→【Mesh Metric】= Element Quality，显示 Element Quality 规则下网格质量详细信息，平均值处在良好的水平范围内，展开【Statistics】显示网格和节点数量。

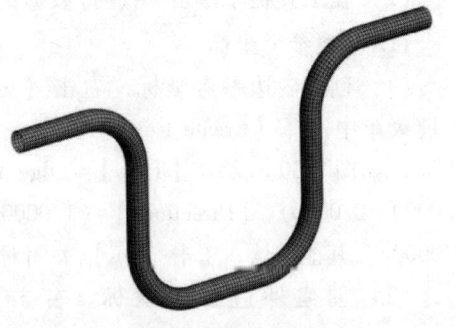

图 7-26 网格模型

8. 创建名称选择

（1）在标准工具栏上单击 ▣，选择管外边线（9条），右击，从弹出的快捷菜单中选择【Create Named Selection】，弹出名称选择，输入 Outer_edge，单击【OK】关闭菜单，如图 7-27 所示。

（2）在标准工具栏上单击 ▣，选择管内边线（9条），右击，从弹出的快捷菜单中选择【Create Named Selection】，弹出名称选择，输入 Inner_edge，单击【OK】关闭菜单，如图 7-28 所示。

（3）退出 Mechanical 分析环境。单击 Mechanical 主界面的菜单【File】→【Close Mechanical】退出分析环境。

图 7-27　创建 Outer_edge 名称选择 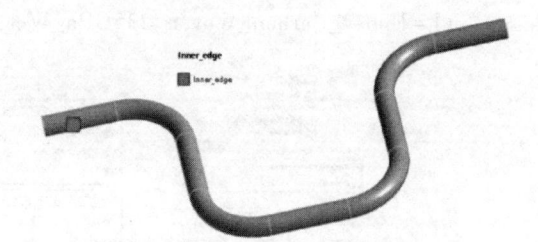　　　　图 7-28　创建 Inner_edge 名称选择

9. 进行复合材料铺层处理

（1）进入 ACP 工作环境

返回到 Workbench 界面，右击 ACP（Pre）Model 单元，从弹出的快捷菜单中选择【Update】，把网格数据导入 ACP（Pre）。

（2）右击 ACP（Pre）Setup 单元，从弹出的快捷菜单中选择【Edit...】进入 ACP（Pre）环境。

10. 材料数据

（1）单击并展开【Material Data】，右击【Fabrics】，从弹出的快捷菜单中选择【Create Fabric...】，弹出织物属性对话框，Material=Epoxy_Carbon_Woven_235GPa_Wet，Thickness=0.00101，其他默认，单击【OK】关闭对话框，如图 7-29 所示。

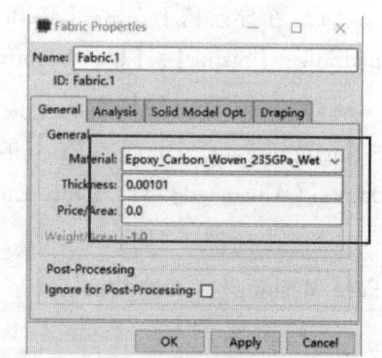

（2）在工具栏中单击 ⚡ 进行数据更新。

11. 创建参考坐标

（1）创建内边参考坐标，右击【Rosette】，从弹出的快捷菜单中选择【Create Rosette...】，弹出 Rosette 属性对话框，如图 7-30 所示，【Type】=Edge Wise，【Edge Set】=Inner_edge，【Origin】=（0.0000，0.0000，0.0000），【Direction1】=（1.0000，0.0000，0.0000），【Direction2】=（0.0000，1.0000，0.0000），其他默认，单击【OK】关闭对话框。

图 7-29　织物属性对话框

（2）创建外边参考坐标。右击【Rosette】，从弹出的快捷菜单中选择【Create Rosette...】，弹出 Rosette 属性对话框，如图 7-31 所示，【Type】=Edge Wise，【Edge Set】=Out_ edge，【Origin】=（0.0000，0.0000，0.0000），【Direction1】=（1.0000，0.0000，0.0000），【Direction2】=（0.0000，1.0000，0.0000），其他默认，单击【OK】关闭对话框。

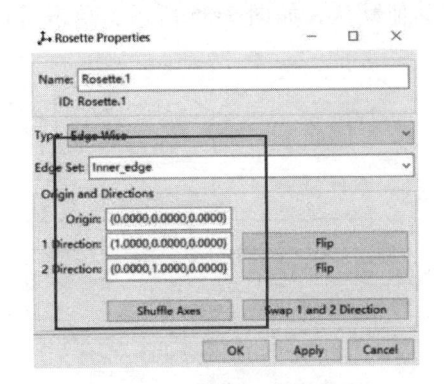

（3）在工具栏中单击 ⚡ 进行数据更新。

图 7-30　创建内边参考坐标　　　　　　图 7-31　创建外边参考坐标

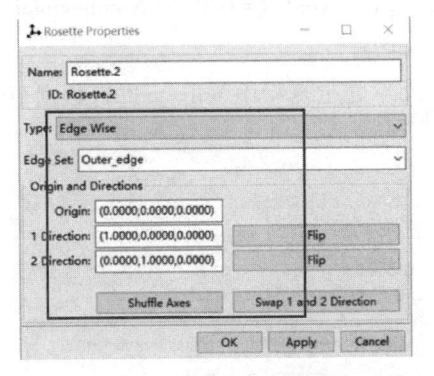

12. 创建方向选择集

（1）右击【Oriented Selection Sets】，从弹出的快捷菜单中选择【Create Oriented Selection Sets...】，弹出方向选择属性对话框，如图 7-32 所示，【Element Sets】= All_Elements，【Orientation】→【Point】=（0.0191，-0.8100，0.0232），【Direction】=（0.4916，0.0000，0.8708），【Rosettes】= Rosette.1，Rosette.2，其他默认，单击【OK】关闭对话框。

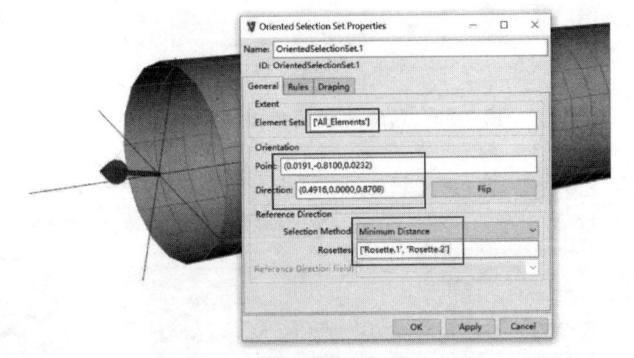

（2）在工具栏中单击 ⚡ 进行数据更新。

图 7-32　创建方向选择属性对话框

13. 创建铺层组【Modeling Groups】

（1）右击【Modeling Groups】，从弹出的快捷菜单中选择【Create Modeling Groups...】，弹出创建铺层组属性对话框，默认铺层组命名，单击【OK】关闭对话框。

（2）右击【Modeling Groups.1】，从弹出的快捷菜单中选择【Create Ply...】，弹出创建铺层属性对话框，【Oriented Selection Sets】= Oriented Selection Set.1，【Ply Material】= Fabric.1，【Ply Angle】= 0.0，【Number of Layers】= 1，其他默认，如图 7-33 所示，单击【OK】关闭对话框。

（3）右击【Modeling Groups.1】，从弹出的快捷菜单中选择【Create Ply...】，弹出创建铺层属性对话框，【Oriented Selection Sets】= Oriented Selection Set.1，【Ply Material】= Fabric.1，【Ply Angle】= -30.0，【Number of Layers】= 2，其他默认，如图 7-34 所示，单击【OK】关闭对话框。

（4）右击【Modeling Groups.1】，从弹出的快捷菜单中选择【Create Ply...】，弹出创建铺层属性对话框，【Oriented Selection Sets】= Oriented Selection Set.1，【Ply Material】= Fabric.1，【Ply Angle】= 30.0，【Number of Layers】= 2，其他默认，如图 7-35 所示，单击【OK】

147

关闭对话框。

（5）右击【Modeling Groups.1】，从弹出的快捷菜单中选择【Create Ply...】，弹出创建铺层属性对话框，【Oriented Selection Sets】= Oriented Selection Set.1，【Ply Material】= Fabric.1，【Ply Angle】= 0.0，【Number of Layers】= 1，其他默认，如图7-36所示，单击【OK】关闭对话框。

（6）在工具栏中单击 进行数据更新。

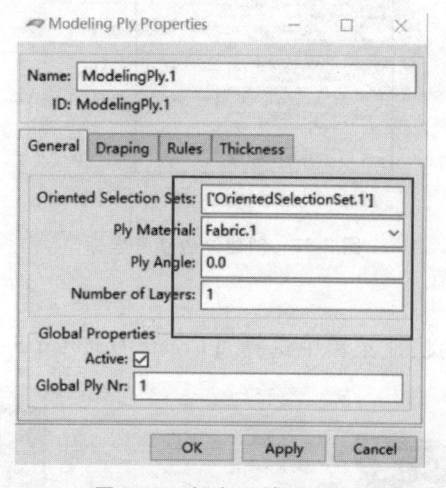

图7-33 创建0°铺层角1

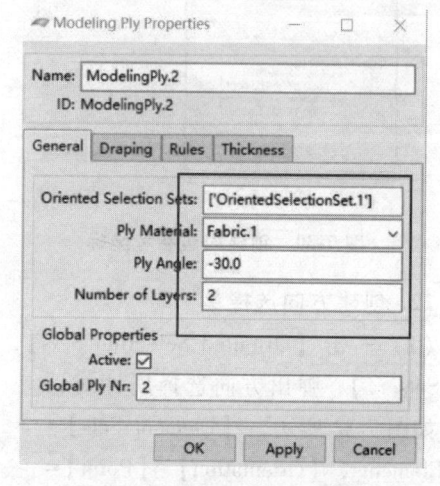

图7-34 创建-30°铺层角

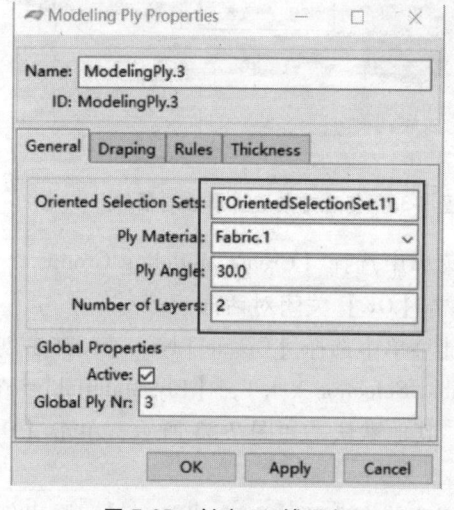

图7-35 创建30°铺层角

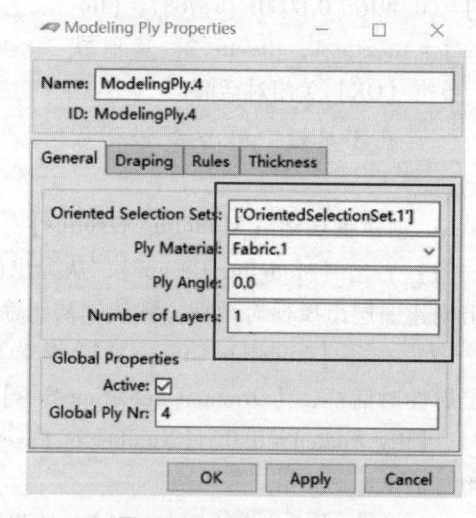

图7-36 创建0°铺层角2

（7）单击铺层显示工具查看铺层信息，如图7-37所示。

14. 创建实体模型

（1）右击【Solid Models】，从弹出的快捷菜单中选择【Create Solid Models...】，弹出实体模型属性对话框，【Element Sets】= All_Elements，【Extrusion Method】= Monolithic，其他默认，单击【OK】关闭对话框。

（2）在工具栏中单击 ⚡ 进行数据更新。

（3）更新完毕后，查看实体模型单元，如图7-38所示。

图7-37 铺层信息

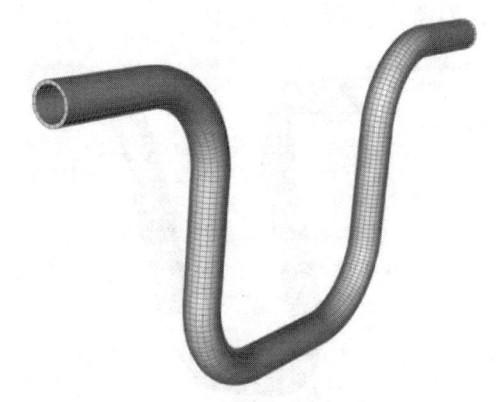

图7-38 实体模型单元

（4）退出 ACP-Pre 环境，单击【File】→【Exit】。

15. 进入稳态热分析环境

（1）返回到 Workbench 主界面，在工具箱【Toolbox】的【Analysis Systems】中双击或拖动稳态热分析【Steady-State Thermal】到项目分析流程图。

（2）单击复合材料前处理单元格【Setup】，并拖动到稳态热分析单元格【Model】并选择【Transfer Solid Composite Data】，如图7-39所示。

（3）右击 ACP【Setup】→【Update】，更新并把数据传递稳态热分析单元格【Model】中。

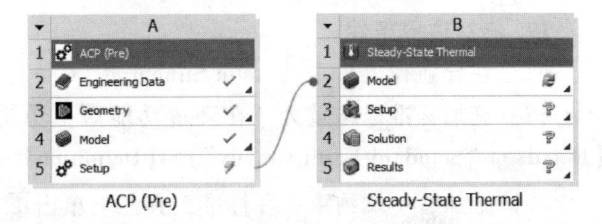

图7-39 前处理数据导入稳态热分析环境

（4）右击稳态热分析单元格【Model】→【Edit...】，进入稳态热分析环境。

16. 稳态热分析环境边界设置

（1）在管一端施加热边界。在标准工具栏上单击 🖱，选择管一端的端面，环境功能区单击【Temperature】，【Temperature】→【Details of "Temperature"】→【Definition】→【Magnitude】=150，如图7-40所示。

（2）在管的另一端施加热边界。在标准工具栏上单击 🖱，选择管一端的端面，环境功能区单击【Temperature】，【Temperature】→【Details of "Temperature"】→【Definition】→【Magnitude】=180，如图7-41所示。

17. 设置需要的结果、求解及显示

（1）在导航树上单击【Solution（D4）】。

（2）在 Mechanical 环境求解功能区单击【Thermal】→【Temperature】。

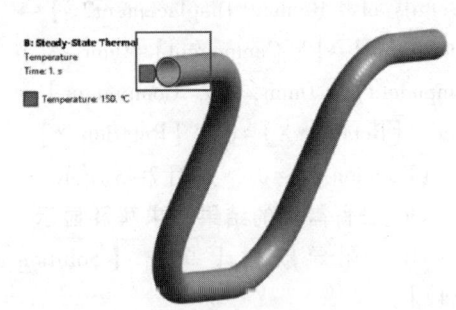

图7-40 在管一端施加热边界

（3）在 Mechanical 环境求解功能区单击 ⚡ 进行求解运算。

（4）运算结束后，单击【Solution（B4）】→【Temperature】，可以查看管的温度分布云图，如图 7-42 所示。

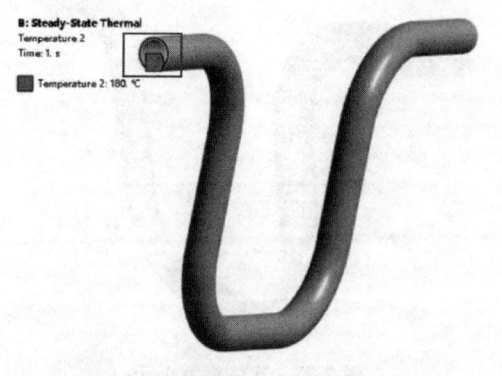

图 7-41　在管的另一端施加热边界　　　图 7-42　管的温度分布云图

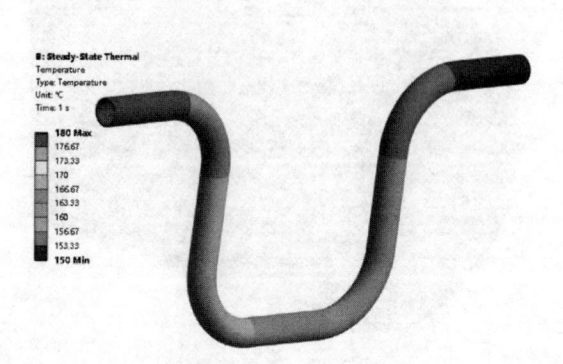

18. 进入到静态结构分析环境

（1）返回到 Workbench 主界面，右击稳态热分析单元格的【Solution】→【Transfer Data To New】→【Static Structural】。

（2）返回 Mechanical 分析环境，【Static Structural（C3）】出现在导航树中。

19. 施加边界条件

（1）在导航树上单击【Static Structural（C3）】。

（2）施加标准地球重力。在环境功能区上单击【Inertial】→【Standard Earth Gravity】→【Details of "Standard Earth Gravity"】→【Definition】→【Direction】= -Z Direction。

（3）施加管一端约束。在标准工具栏上单击 ▣，然后选择管的端面，接着在环境功能区上单击【Supports】→【Remote Displacement】，【Remote Displacement】→【Details of "Remote Displacement"】→【Definition】→【X Component】= 0mm，【Y Component】= 0mm，【Z Component】= 0mm，【Rotation X】= 0°，【Rotation Y】= 0°，【Rotation Z】= 0°。

（4）施加管的另一端约束。在标准工具栏上单击 ▣，然后选择管的端面，接着在环境功能区上单击【Supports】→【Remote Displacement】，【Remote Displacement2】→【Details of "Remote Displacement2"】→【Definition】→【X Component】= 0mm，【Y Component】= 0mm，【Z Component】= 0mm，【Rotation X】= 0°，【Rotation Y】= 0°，【Rotation Z】= 0°，如图 7-43 所示。

20. 设置需要的结果、求解及显示

（1）在导航树上单击【Solution（C4）】。

（2）在 Mechanical 环境求解功能区单击【Deformation】→【Total】。

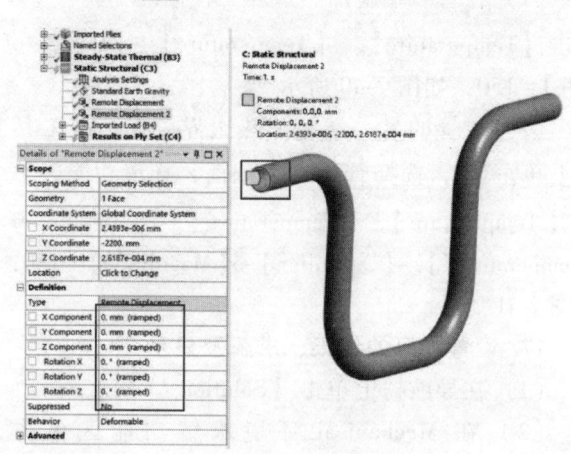

图 7-43　施加约束

（3）在 Mechanical 环境求解功能区单击 ⚡ 进行求解运算。

（4）运算结束后，单击【Solution（C4）】→【Total Deformation】，可以查看管的热变形分布云图，如图 7-44 所示。

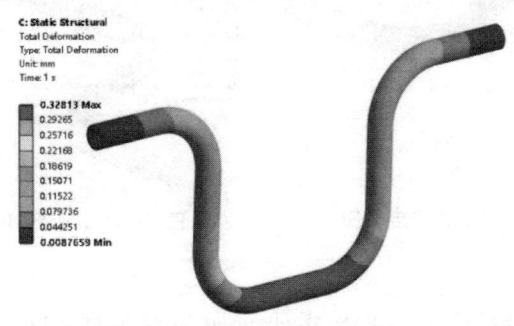

图 7-44　管的热变形分布云图

（5）在导航树上右击【Imported Plies】→【Insert for Environment...】→【Static Structural（C3）】→【Stress】→【Intensity】。

（6）右击【Solution（C4）】→【Evaluate All Results】。

（7）单击【Solution（C4）】→【Results on Ply Set】→【Elastic Strain Intensity-P1L1_ModelingPly.1（ACP（Pre））-End Time】，【Elastic Strain Intensity-P1L1_ModelingPly.2（ACP（Pre））-End Time】，【Elastic Strain Intensity-P2L1_ModelingPly.2（ACP（Pre））-End Time】，【Elastic Strain Intensity-P1L1_ModelingPly.3（ACP（Pre））-End Time】，【Elastic Strain Intensity-P2L1_ModelingPly.3（ACP（Pre））-End Time】，【Elastic Strain Intensity-P1L1_ModelingPly.4（ACP（Pre））-End Time】查看各铺层强度云图，如图 7-45～图 7-50 所示。

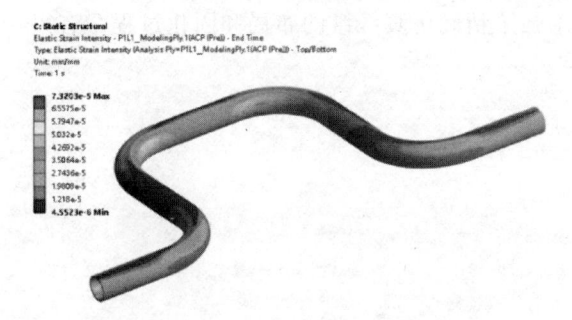

图 7-45　P1L1_ModelingPly.1 强度云图 　　　　图 7-46　P1L1_ModelingPly.2 强度云图

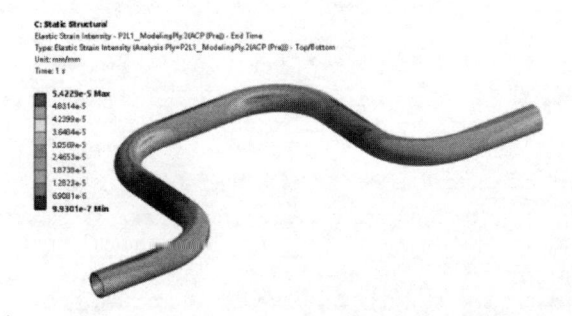

图 7-47　P2L1_ModelingPly.2 强度云图 　　　　图 7-48　P1L1_ModelingPly.3 强度云图

图 7-49　P2L1_ModelingPly.3 强度云图　　　　图 7-50　P1L1_ModelingPly.4 强度云图

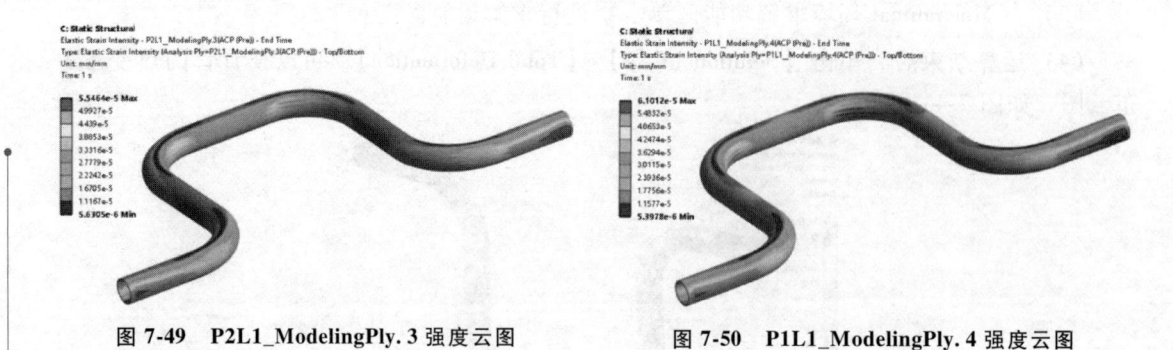

21. 保存与退出

（1）退出静态结构分析环境。单击 Mechanical 主界面的菜单【File】→【Close Mechanical】退出分析环境，返回到 Workbench 主界面，此时主界面的项目分析流程图中显示的分析均已完成。

（2）单击 Workbench 主界面上的【Save】按钮，保存所有分析结果文件。

（3）退出 Workbench 环境。单击 Workbench 主界面的菜单【File】→【Exit】退出主界面，完成分析。

7.2.3　分析点评

本实例是储热管复合材料分析，实际上主要是关于热状态实体复合材料分析处理的问题。牵涉到复合材料数据创建、铺层组创建、对应的边界条件设置、实体复合材料模型处理、失效准则给定、求解及后处理等方面。本实例相对复杂，诠释了 ACP 复合材料分析易用性、全面性，脉络清晰、过程完整。新版本增强了精确仿真纤维的布局和固化过程，有兴趣的读者可扩展应用。

第8章 断裂力学分析

8.1 三通接头管表面缺陷裂纹断裂分析

8.1.1 问题描述

已知三通接头管表面含有裂纹缺陷，三通接头管的材料为铝合金，其中两通路对称，受无摩擦支撑，另一通路受 3MPa 压力，其表面缺陷模型如图 8-1 所示。若裂纹为半椭圆形，试用应力强度因子法进行裂纹断裂分析。

8.1.2 实例分析过程

1. 启动 Workbench 2024

在"开始"菜单中执行 ANSYS 2024R1/R2→Workbench 2024R1/R2 命令。

2. 创建静态结构分析

（1）在工具箱【Toolbox】的【Analysis Systems】中双击或拖动静态结构分析【Static Structural】到项目分析流程图，如图 8-2 所示。

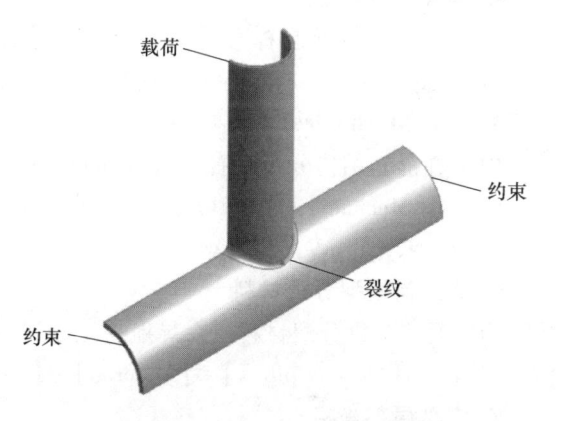

图 8-1 三通接头管表面缺陷模型

（2）在 Workbench 的工具栏中单击【Save】，保存项目实例名称为 Three way pipe.wbpj，如工程实例文件保存在 D:\AWB\Chapter08 文件夹中。

3. 创建材料参数

（1）编辑工程数据单元，右击【Engineering Data】→【Edit...】。

（2）在工程数据属性中添加材料。在 Workbench 的工具栏上单击 进入工程材料库，此时的界面显示【Engineering Data Sources】和【Outline of Favorites】。选择 A4 栏【General Materials】，从【Outline of General Materials】里查找铝合金【Aluminum Alloy】材料，然后单击【Outline of General Material】表中的添加按钮 ，此时在 C4 栏中显示标示

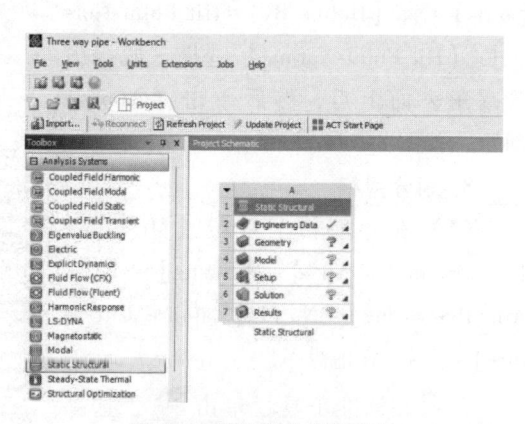

图 8-2 创建静态结构分析

💿 表明材料添加成功，如图8-3所示。

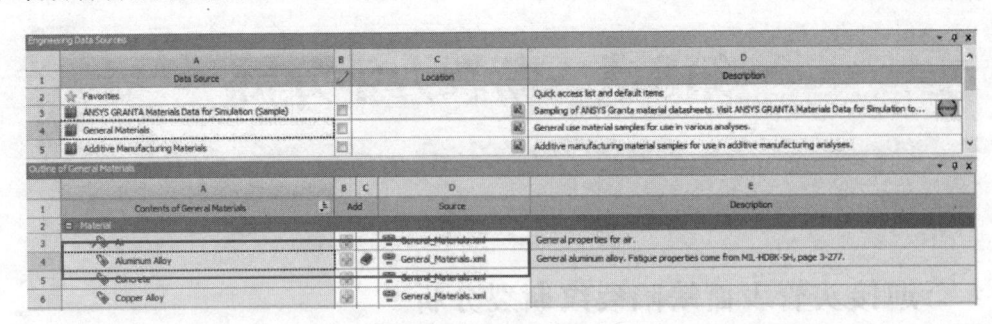

图 8-3　添加材料

（3）单击工具栏中的【A2：Engineering Data】关闭按钮，返回到 Workbench 主界面，新材料添加完毕。

4．导入几何模型

在静态结构分析上右击【Geometry】→【Import Geometry】→【Browse】，找到模型文件 Three way pipe.agdb，打开导入几何模型，如模型文件在 D:\AWB\Chapter08 文件夹中。

5．进入 Mechanical 分析环境

（1）在静态结构分析上右击【Model】→【Edit...】进入 Mechanical 分析环境。

（2）在 Mechanical 的环境主页【Home】功能区单位【Units】中选择单位为 Metric（mm，kg，N，s，mV，mA）。

6．为几何模型分配材料

为三通接头管分配材料。在导航树上单击【Geometry】展开，设置【Three way pipe】→【Details of "Three way pipe"】→【Material】→【Assignment】= Aluminum Alloy。

7．定义局部坐标

（1）在 Mechanical 标准工具栏单击 ，选择三通接头管圆角表面上点；在导航树上右击【Coordinate Systems】，从弹出的快捷菜单中选择【Insert】→【Coordinate Systems】，其他默认。

（2）单击【Coordinate Systems】→【Details of "Coordinate Systems"】→【Principal Axis】→【Axis】= X，【Define By】= Hit Point Normal，【Hit Point Normal】选择三通接头管圆角表面上点，然后单击【Apply】确定，如图8-4所示。

8．划分网格

（1）在导航树上单击【Mesh】→【Details of "Mesh"】→【Sizing】→【Use Adaptive Sizing】= No，【Capture Curvature】= Yes，其他默认。

（2）在标准工具栏单击 ，选择三通接头管模型，然后右击【Mesh】，

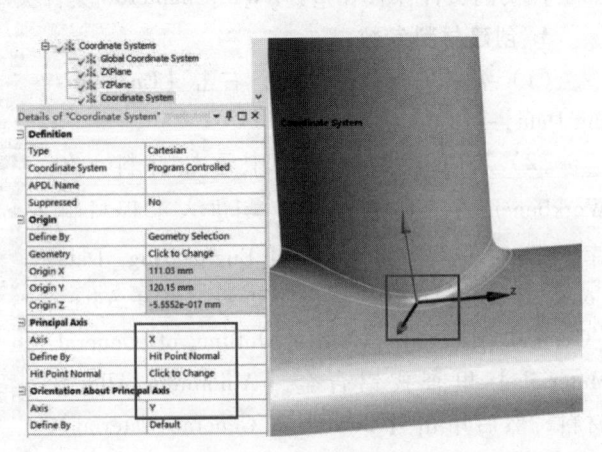

图 8-4　定义局部坐标

154

从弹出的快捷菜单中选择【Insert】→【Method】→【Details of "Automatic Method"】→【Definition】→【Method】=Tetrahedrons，【Algorithm】=Patch Conforming，其他默认。

（3）在标准工具栏单击 ，选择三通接头管圆角表面，右击【Mesh】→【Insert】→【Sizing】，【Face Sizing】→【Details of "Face Sizing"-Sizing】→【Definition】→【Element Size】=5mm。

（4）生成网格。选择【Mesh】→【Generate Mesh】，图形区域显示程序生成的网格模型，如图8-5所示。

（5）网格质量检查。在导航树上单击【Mesh】→【Details of "Mesh"】→【Quality】→【Mesh Metric】=Element Quality，显示Element Quality规则下网格质量详细信息，平均值处在良好的水平范围内，展开【Statistics】显示网格和节点数量。

9. 定义裂纹

（1）在导航树上右击【Model（A4）】→【Insert】→【Fracture】插入断裂工具。

图8-5 网格模型

（2）选择三通接头管模型，右击【Fracture】→【Insert】→【Semi-Elliptical Crack】，单击【Semi-Elliptical Crack】→【Details of "Semi-Elliptical Crack"】→【Definition】→【Coordinate System】=Coordinate System，【Major Radius】=10mm，【Minor Radius】=6mm，【Largest Contour Radius】=1mm，【Crack Front Divisions】=25，【Circumferential Divisions】=16，【Mesh Contours】=6，其他默认，如图8-6所示。

（3）产生裂纹。右击【Fracture】→【Generate All Crack Meshes】产生裂纹网格，如图8-7所示。

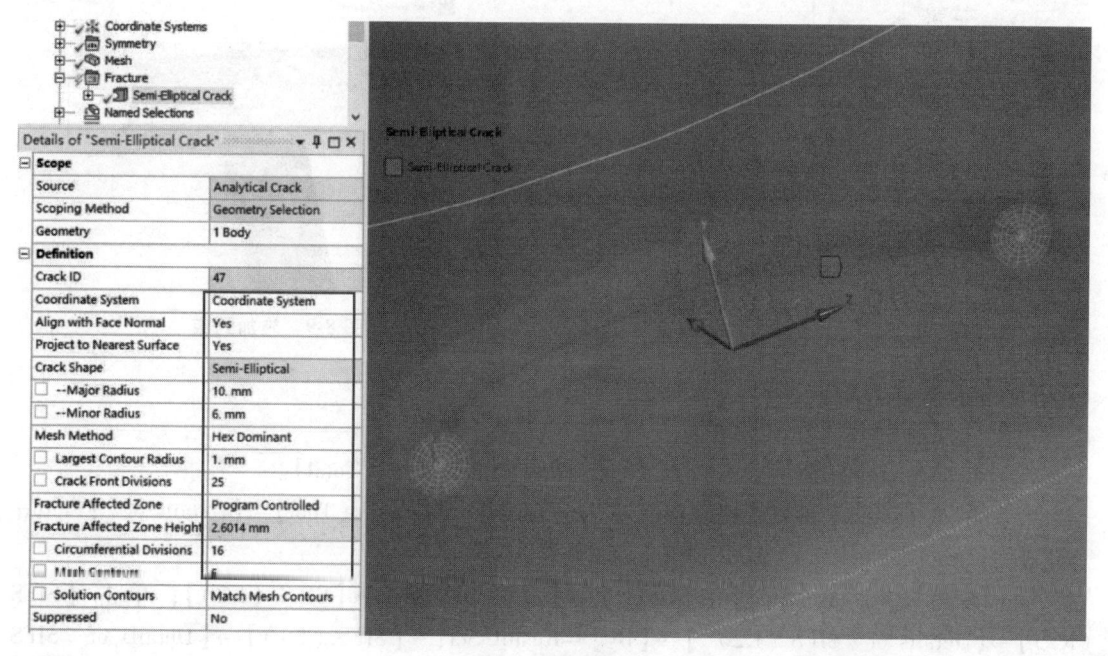

图8-6 定义裂纹

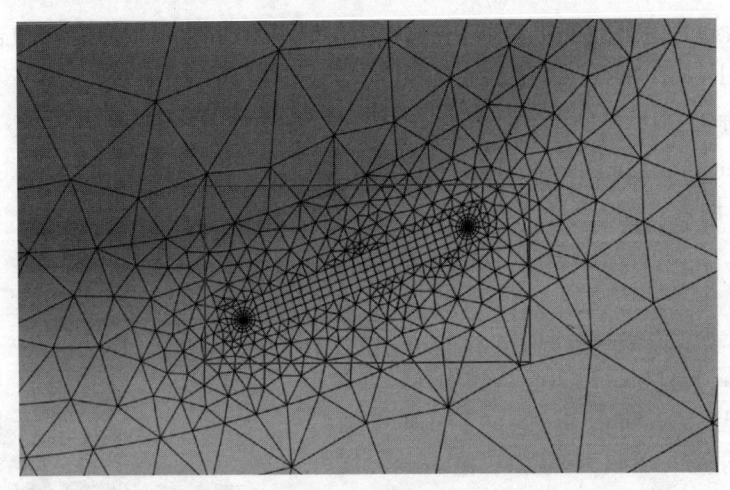

图 8-7 裂纹网格

10. 施加边界条件

(1) 在导航树上单击【Static Structural（A5）】。

(2) 施加裂纹上表面边的力载荷。在标准工具栏上单击选择面图标，然后选择竖直管断面，接着在环境功能区上单击【Loads】→【Pressure】→【Details of "Pressure"】→【Definition】→【Magnitude】= -3MPa，其他默认，如图 8-8 所示。

(3) 施加约束。在标准工具栏上单击面图标，选择横管两端面，然后在环境功能区上单击【Supports】→【Frictionless Support】，如图 8-9 所示。

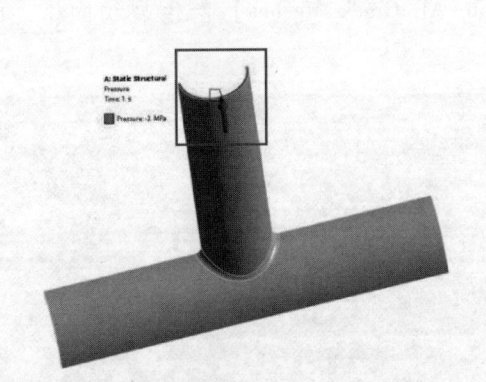

图 8-8 施加裂纹上表面边的力载荷

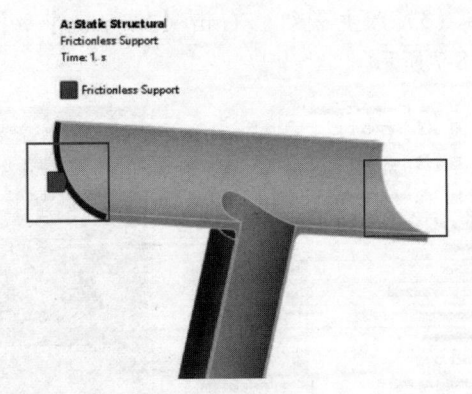

图 8-9 施加约束

11. 设置需要的结果

(1) 在导航树上单击【Solution（A6）】。

(2) 在 Mechanical 环境求解功能区单击【Deformation】→【Total】。

(3) 在 Mechanical 环境求解功能区单击【Tools】→【Fracture Tool】→【Details of "Fracture Tool"】→【Crack Selection】= Semi-Elliptical Crack。

(4) 右击【Fracture Tool】→【Insert】→【SIFS Results】→【SIFS（K2）】；单击【SIFS（K2）】→【Details of "SIFS（K2）"】→【By】= Result Set；【SIFS（K1）】→【Details of "SIFS（K1）"】→【By】= Result Set，其他默认，如图 8-10 所示。

12. 求解与结果显示

（1）在 Mechanical 环境求解功能区单击 ⚡ 进行求解运算。

（2）运算结束后，单击【Solution（A6）】→【Total Deformation】，图形区域显示三通接头管变形分布云图，如图 8-11 所示；单击【Fracture Tool】→【SIFS（K1）】查看 I 型应力强度因子结果数据，如图 8-12 和图 8-13 所示；单击【Fracture Tool】→【SIFS（K2）】查看 II 型应力强度因子结果数据，如图 8-14 和图 8-15 所示。

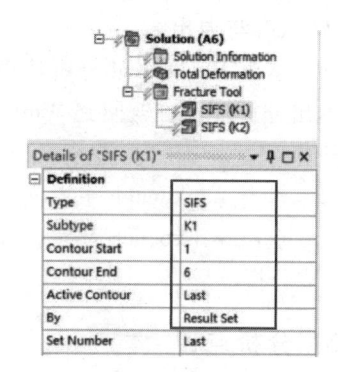

图 8-10 结果设置

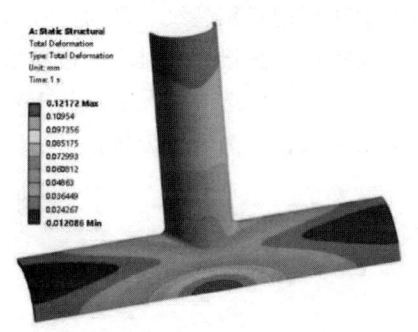

图 8-11 三通接头管变形分布云图

图 8-12 I 型应力强度因子结果云图

图 8-13 I 型应力强度因子结果视图与数据

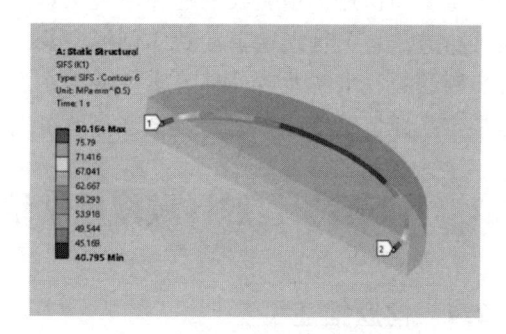

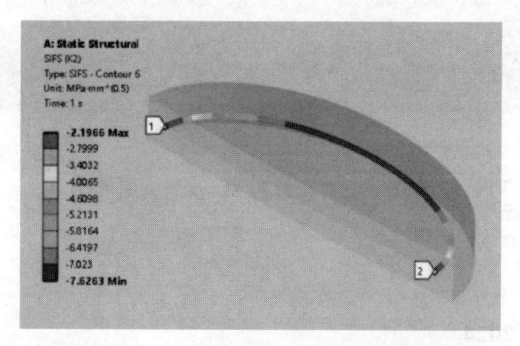

图 8-14 II 型应力强度因子结果云图

图 8-15 II 型应力强度因子结果视图与数据

13. 保存与退出

（1）退出 Mechanical 分析环境。单击 Mechanical 主界面的菜单【File】→【Close Mechanical】退出分析环境，返回到 Workbench 主界面，此时主界面的项目分析流程图中显示的分析已完成。

（2）单击 Workbench 主界面上的【Save】按钮，保存所有分析结果文件。

（3）退出 Workbench 环境。单击 Workbench 主界面的菜单【File】→【Exit】退出主界面，完成分析。

8.1.3 分析点评

本实例是具有线性各向同性弹性行为材料的三通接头管表面缺陷裂纹断裂分析，包含了两个重要知识点：预裂纹创建和断裂工具应用。在本例中如何创建预裂纹、采用何种裂纹扩展分析方法是关键，这牵涉到实例模型及裂纹创建、裂纹扩展方法选择、对应的边界条件设置、断裂裂纹求解及后处理。实际上，在裂纹扩展分析方法一定可选的情况下，其主要任务是根据实际情况创建合适的裂纹，目前可以分析任意形状裂纹，这为裂纹分析带来了便利。

8.2 双悬臂梁接触区域接触粘结界面失效分析

8.2.1 问题描述

已知含有裂纹的 2D 双悬臂梁模型如图 8-16 所示，两个悬臂梁 Top 和 Bot 长度都为 1200mm，裂纹长为 200mm，裂纹起始张开位置两点分别有 5mm 的张开位移。材料在分析过程定义，试对双悬臂梁接触区域的接触粘结行为进行接触界面失效分析，并求裂纹张开过程中 Top 和 Bot 端顶点上的支反力。

图 8-16 含有裂纹的 2D 双悬臂梁模型

8.2.2 实例分析过程

1. 启动 Workbench 2024

在"开始"菜单中执行 ANSYS 2024R1/R2→Workbench 2024R1/R2 命令。

2. 创建静态结构分析

（1）在工具箱【Toolbox】的【Analysis Systems】中双击或拖动静态结构分析【Static Structural】到项目分析流程图，如图 8-17 所示。

（2）在 Workbench 的工具栏中单击【Save】，保存项目实例名称为 Plate crack.wbpj，如

工程实例文件保存在 D：\ AWB \ Chapter08 文件夹中。

3. 创建材料参数

（1）编辑工程数据单元，右击【Engineering Data】→【Edit...】。

（2）在工程数据属性中创建新内聚力法材料：【Outline of Schematic A2，B2：Engineering Data】→【Click here to add a new material】，输入新材料名称 CZM Material。

（3）在左侧单击【Cohesive Zone】展开，双击【Fracture-Energies based Debonding】→【Properties of Outline Row 4：CZM Material】→【Maximum Normal Contact Stress】= 1.7E+06Pa，【Critical Fracture Energy for Normal Separation】= 280Jm^-2，【Maximum Equivalent Tangential Contact Stress】= 1E-30Pa，【Critical Fracture Energy for Tangential Slip】= 1E-30Jm^-2，【Artificial Damping Coefficient】= 1E-08s，其他默认，如图 8-18 所示。

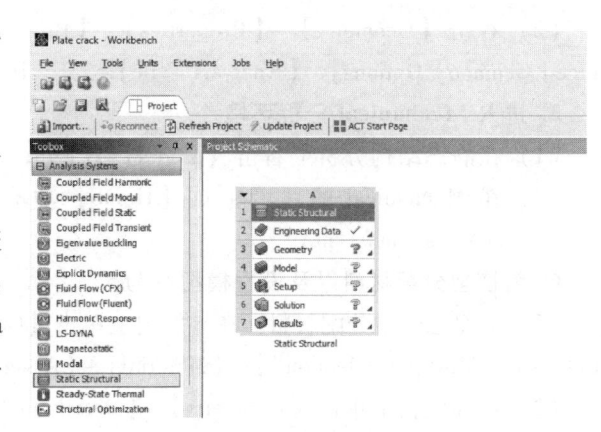

图 8-17 创建静态结构分析

（4）在工程数据属性中创建新界面梁材料：【Outline of Schematic A2：Engineering Data】→【Click here to add a new material】，输入新材料名称 Interface Body。在左侧单击【Linear Elastic】展开，双击【Orthotropic Elasticity】→【Properties of Outline Row 5：Interface Body】→【Young's Modulus X direction】= 1.353E+11Pa，【Young's Modulus Y direction】= 9E+09Pa，【Young's Modulus Z direction】= 9E+09Pa，【Poisson's Ratio XY】= 0.24，【Poisson's Ratio YZ】= 0.46，【Poisson's Ratio XZ】= 0.24，【Shear Modulus XY】= 5.2E+09Pa，【Shear Modulus YZ】= 100Pa，【Shear Modulus XZ】= 100Pa，其他默认，如图 8-19 所示。

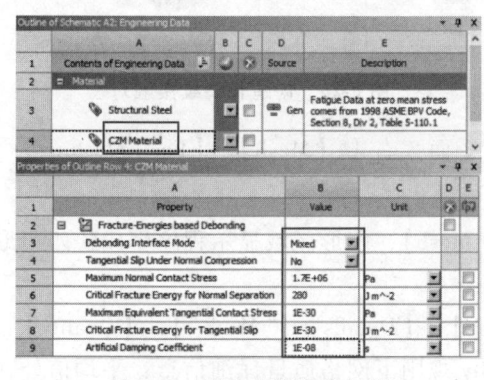

图 8-18 创建内聚力法材料

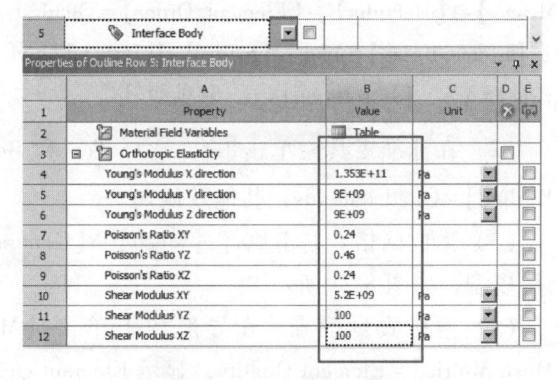

图 8-19 创建界面梁材料

（5）单击工具栏中的【A2：Engineering Data】关闭按钮，返回到 Workbench 主界面，新材料创建完毕。

4. 导入几何模型

（1）在静态结构分析上右击【Geometry】→【Import Geometry】→【Browse】，找到模型文件 Plate crack.agdb，打开导入几何模型，如模型文件在 D:\AWB\ Chapter08 文件夹中。

（2）右击【Geometry】→【Properties】→【Properties of Schematic A3：Geometry】→【Advanced Geometry Options】→【Analysis Type】=2D，其他默认。

5. 进入 Mechanical 分析环境

（1）在静态结构分析上右击【Model】→【Edit...】进入 Mechanical 分析环境。

（2）在 Mechanical 的环境主页【Home】功能区单位【Units】中选择单位为 Metric（mm，kg，N，s，mV，mA）。

6. 为模型分配材料以及设置模型行为

（1）为双悬臂梁分配材料。在导航树上单击【Geometry】展开，分别选择【Top 和 Bot】→【Details of "Multiple Selection"】→【Material】→【Assignment】=Interface Body。

（2）在导航树上单击【Geometry】→【Details of "Geometry"】→【Definition】→【2D Behavior】=Plane Strain，其他默认。

7. 创建连接

（1）删除自动接触。在导航树上展开【Connections】→【Contacts】，右击【Contact Region】→【Delete】，删除接触对。

（2）在导航树上单击【Contacts】，【Contacts】→【Contact】→【Bonded】，在标准工具栏上单击边线图标，图形区域隐藏梁 Bot 一侧，在接触详细栏的接触区域选择 Top 区域长边。显示梁 Bot，隐藏梁 Top，目标区域选择 Bot 区域长边。接触详细栏里【Advanced】→【Formulation】=Pure Penalty，其他默认，如图 8-20 所示。

8. 划分网格

（1）在导航树上单击【Mesh】→【Details of "Mesh"】→【Defaults】→【Element Order】=Quadratic；【Element Size】=4mm；【Sizing】→【Use Adaptive Sizing】=Yes，【Resolution】=6，其他默认。

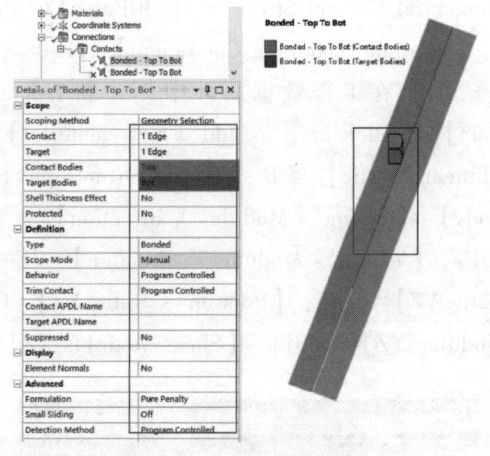

图 8-20 创建长裂纹接触对

（2）在标准工具栏单击，选择 Top 和 Bot 平面，右击【Mesh】→【Face Meshing】→【Method】=Quadrilaterals，其他默认。

（3）生成网格。右击执行【Mesh】→【Generate Mesh】，图形区域显示程序生成的四边形网格模型，如图 8-21 所示。

（4）网格质量检查。在导航树上单击【Mesh】→【Details of "Mesh"】→【Quality】→【Mesh Metric】=Element Quality，显示 Element Quality 规则下网格质量详细信息，平均值处在良好的水平范围内，展开【Statistics】显示网格和节点数量。

图 8-21 四边形网格模型

9. 定义裂纹

(1) 在导航树上右击【Model（A4）】→【Insert】→【Fracture】插入断裂工具。

(2) 右击【Fracture】→【Insert】→【Contact Debonding】，单击【Contact Debonding】→【Details of "Contact Debonding"】→【Material】= CZM Material；【Contact Region】= Bonded-Top To Bot，其他默认，如图 8-22 所示。

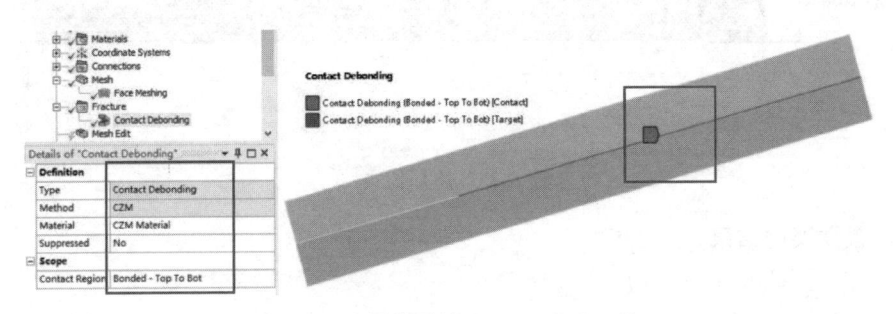

图 8-22 设置长裂纹 Contact Debonding

10. 施加边界条件

(1) 单击【Static Structural（A5）】。

(2) 施加双悬臂梁裂纹 Top 面端顶点位移。在标准工具栏上单击点图标，然后选择梁裂纹 Top 面端顶点，接着在环境功能区单击【Supports】→【Displacement】→【Details of "Displacement"】→【Definition】→【Y Component】= 5mm，如图 8-23 所示。

(3) 施加双悬臂梁裂纹 Bot 面端顶点位移。在标准工具栏上单击点图标，然后选择梁裂纹 Bot 面端顶点，接着在环境功能区单击【Supports】→【Displacement】，单击【Displacement2】→【Details of "Displacement2"】→【Definition】→【Y Component】= －5mm，如图 8-24 所示。

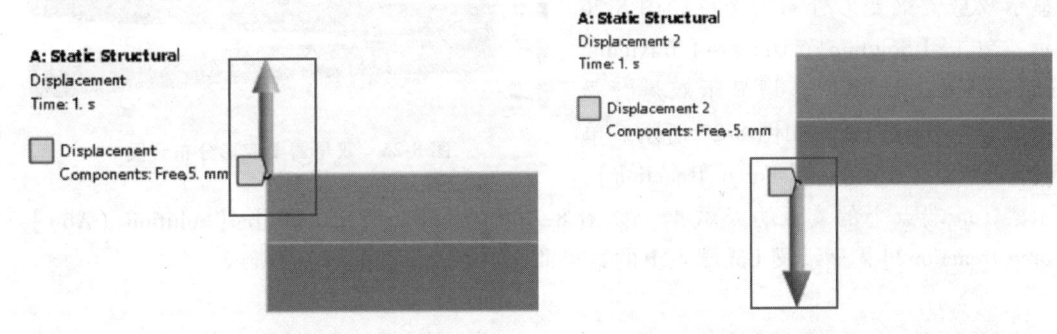

图 8-23 施加双悬臂梁裂纹 Top 面端顶点位移

图 8-24 施加双悬臂梁裂纹 Bot 面端顶点位移

(4) 施加约束。在标准工具栏上单击边线，分别选择梁 Top 面和 Bot 面的另一端边，然后在环境功能区单击【Supports】→【Fixed Support】，如图 8-25 所示。

(5) 分析设置。单击【Analysis Settings】→【Details of "Analysis Settings"】→【Step Controls】→【Auto Time Stepping】= On，【Define By】= Substeps，【Initial Substeps】= 50，【Minimum Substeps】= 50，【Maximum Substeps】= 100，其他默认。

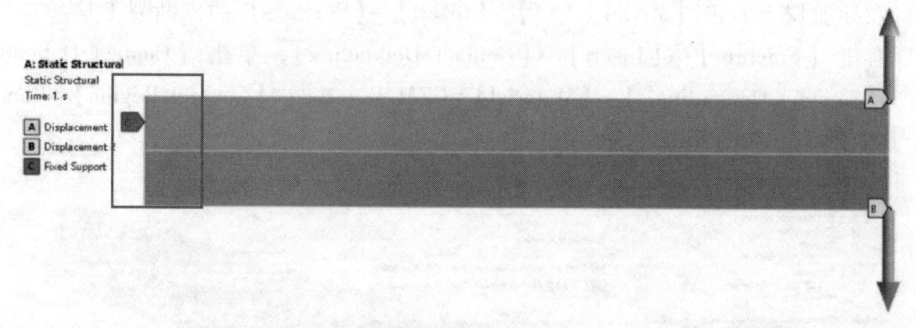

图 8-25 施加约束

11. 设置需要的结果

（1）单击【Solution（A6）】。

（2）在 Mechanical 环境求解功能区单击【Deformation】→【Directional】→【Details of "Directional Deformation"】→【Orientation】= Y Axis。

（3）在 Mechanical 环境求解功能区单击【Stress】→【Maximum Principal】。

（4）在 Static Structural（A5）下，单击【Displacement】并拖动到【Solution（A6）】，出现小加号，松开，支反力【Force Reaction】项出现。

（5）在 Static Structural（A5）下，单击【Displacement2】并拖动到【Solution（A6）】，出现小加号，松开，支反力【Force Reaction2】项出现。

12. 求解与结果显示

（1）在 Mechanical 环境求解功能区单击 ⚡ 进行求解运算。

（2）运算结束后，单击【Solution（A6）】→【Directional Deformation】，图形区域显示双悬臂梁变形分布云图，如图 8-26 所示。单击【Solution（A6）】→【Maximum Principal Stress】，图形区域显示双悬臂梁最大主应力分布云图，如图 8-27 所示。单击【Solution（A6）】→【Force Reaction】，显示梁 Top 端点上的支反力及数据，如图 8-28 和图 8-29 所示。单击【Solution（A6）】→【Force Reaction2】，显示梁 Bot 端点上的结果曲线与数据，如图 8-30 所示。

图 8-26 双悬臂梁变形分布云图

图 8-27 双悬臂梁最大主应力分布云图

图 8-28 梁 Top 端点上的支反力

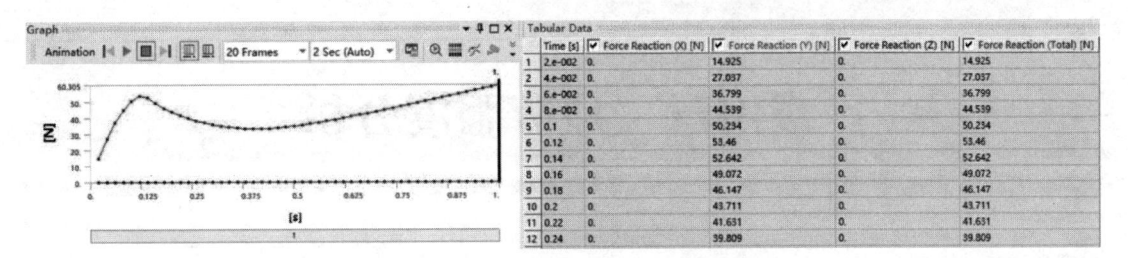

图 8-29　梁 Top 端点上的结果曲线与数据

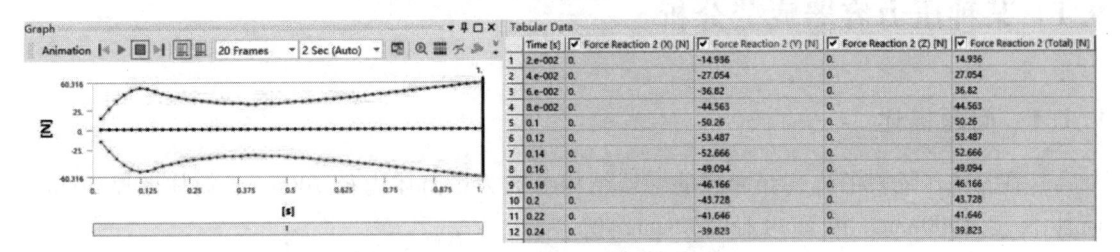

图 8-30　梁 Bot 端点上的结果曲线与数据

13. 保存与退出

（1）退出 Mechanical 分析环境。单击 Mechanical 主界面的菜单【File】→【Close Mechanical】退出分析环境，返回到 Workbench 主界面，此时主界面的项目分析流程图中显示的分析已完成。

（2）单击 Workbench 主界面上的【Save】按钮，保存所有分析结果文件。

（3）退出 Workbench 环境。单击 Workbench 主界面的菜单【File】→【Exit】退出主界面，完成分析。

8.2.3　分析点评

本实例是具有正交各向异性弹性行为材料的双悬臂梁接触区域接触粘结界面失效分析，主要模拟裂纹接触区域在接触交界面初始分离情况。在本例中如何创建接触区域接触体间的材料和裂纹区域材料粘结失效模式是关键，这牵涉到实例模型及裂纹创建、接触间粘结接触选择、对应的边界条件设置、结果求解及后处理。实际上，接触区域接触粘结失效分析还有一定局限性，这需要不断改进提高。

第9章 疲劳强度分析

9.1 某种压力容器疲劳分析

9.1.1 问题描述

某往复式压缩机的排气缓冲罐的容器结构参数为：筒体内径 700mm，筒体壁厚 30mm，筒体长度 1500mm，接管内径 130mm，壁厚 30mm，接管外伸长度 150mm，焊缝外侧过渡圆角半径 3mm，压力容器模型如图 9-1 所示。不考虑温度影响，设计压力为 5.75MPa，工作压力为 5MPa，最低工作压力 2.5MPa，设计寿命 10 年，考虑检修等因素，选取每年工作 360 天，电机选取 250r/min，每转 2 次压缩波动。容器材料为 Q345R 钢，密度 7850kg/m^3，弹性模量 2.0E+11Pa，泊松比 0.3，屈服强度 325MPa，抗拉强度 510MPa，疲劳强度因子为 0.8，SN（应力-寿命）曲线根据 JB 4732—2005 年确认版表 C-1 确定，如表 9-1 所示。试求容器的疲劳寿命、应力幅以及在设计寿命内的安全系数、损伤、应力幅情况。

图 9-1 压力容器模型

表 9-1 Q345R 材料的疲劳数据（SN 数据）

循环次数(N)	1e1	2e1	5e1	1e2	2e2	5e2	1e3	2e3
交变应力(S)/MPa	4000	2828	1897	1414	1069	724	572	441
循环次数(N)	5e3	1e4	2e4	5e4	1e5	2e5	5e5	1e6
交变应力(S)/MPa	331	262	214	159	138	114	93.1	86.2

9.1.2 实例分析过程

1. 启动 Workbench 2024

在"开始"菜单中执行 ANSYS 2024R1/R2→Workbench 2024R1/R2 命令。

2. 创建静态结构分析

（1）在工具箱【Toolbox】的【Analysis Systems】中双击或拖动静态结构分析【Static Structural】到项目分析流程图，如图 9-2 所示。

（2）在 Workbench 的工具栏中单击【Save】，保存项目实例名称为 Buffer tank . wbpj。如工程实例文件保存在 D:\AWB\Chapter09 文件夹中。

3. 创建材料参数

（1）编辑工程数据单元，右击【Engineering Data】→【Edit...】。

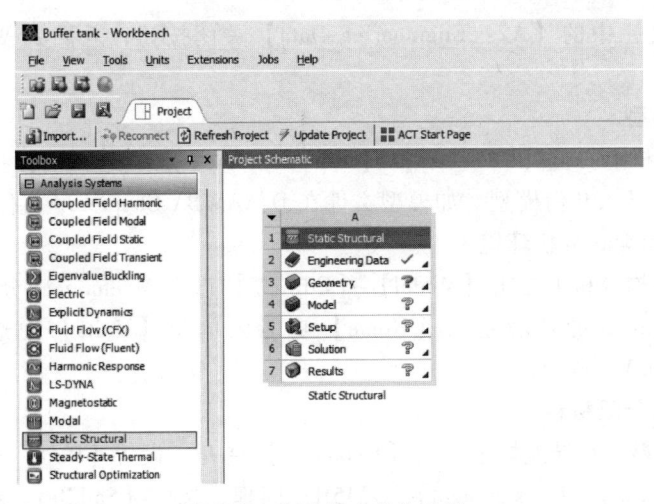

图 9-2 创建静态结构分析

（2）在工程数据属性中创建新材料：【Outline of Schematic D2，E2：Engineering Data】→【Click here to add a new material】，输入新材料名称 Q345R。

（3）在左侧单击【Physical Properties】展开，双击【Density】，设置【Properties of Outline Row 4：Q345R】→【Density】 = 7850kg m^-3。

（4）在左侧单击【Linear Elastic】展开，双击【Isotropic Elasticity】，设置【Properties of Outline Row 4：Q345R】→【Young's Modulus】 = 2.1E+11Pa。

（5）设置【Properties of Outline Row 4：Q345R】→【Poisson's Ratio】= 0.3。

（6）在左侧单击【Strength】展开，双击【Tensile Yield Strength】，设置【Properties of Outline Row 4：Q345R】→【Tensile Yield Strength】= 3.25E+08Pa；同理，双击【Compressive Yield Strength】→【Properties of Outline Row 4：Q345R】→【Compressive Yield Strength】= 3.25E+08Pa；同理，双击【Tensile Ultimate Strength】→【Properties of Outline Row 4：Q345R】→【Tensile Ultimate Strength】= 5.1E+08Pa。

（7）在左侧单击【Life】展开，双击【Alternating Stress Mean Stress】，设置【Properties of Outline Row 4：Q345R】→【Alternating Stress Mean Stress】→【Interpolation】= Log-Log；【Table of Properties Row 9：Alternating Stress Mean Stress】→【Mean Stress】= 0Pa，然后对应表把数据输入 B 列 Cycles 和 C 列 Alternating Stress（Pa）中，输入完毕后可得 Q345R 材料的 SN 曲线，如图 9-3 所示。

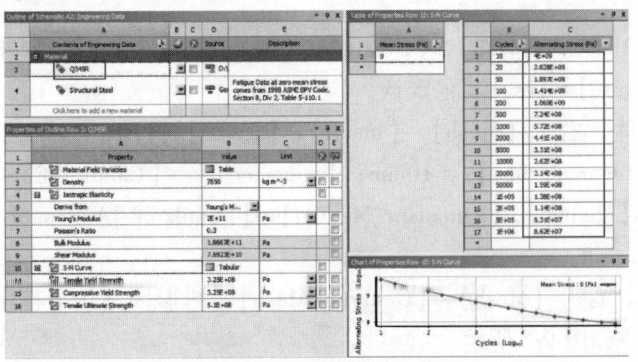

图 9-3 创建材料

(8) 单击工具栏中的【A2：Engineering Data】关闭按钮，返回到 Workbench 主界面，新材料创建完毕。

4. 导入几何模型

在静态结构分析上右击【Geometry】→【Import Geometry】→【Browse】找到模型文件 Buffer tank. agdb，打开导入几何模型。如模型文件在 D:\AWB\ Chapter09 文件夹中。

5. 进入 Mechanical 分析环境

(1) 在静态结构分析上右击【Model】→【Edit...】进入 Mechanical 分析环境。

(2) 在 Mechanical 的环境主页【Home】功能区单位【Units】中选择单位为 Metric (mm, kg, N, s, mV, mA)。

6. 为几何模型分配材料

为容器分配材料。在导航树上单击【Geometry】展开，设置【Part】→【Tank】→【Details of "Tank"】→【Material】→【Assignment】= Q345R；同理，选中【Saddle1，Saddle2】→【Details of "Multiple Selection"】→【Material】→【Assignment】= Q345R。

7. 接触处理

(1) 在导航树上单击【Connection】→【Contacts】删除自动接触项，右击【Contacts】→【Insert】→【Manual Contact Region】。

(2) 单击【Bonded-No Selection To No Selection】，在标准工具栏单击 ▣，然后选择两鞍座圆弧表面，在接触详细栏选择【Contact】，选择筒体外表面，在接触详细栏选择【Target】，如图 9-4 所示。

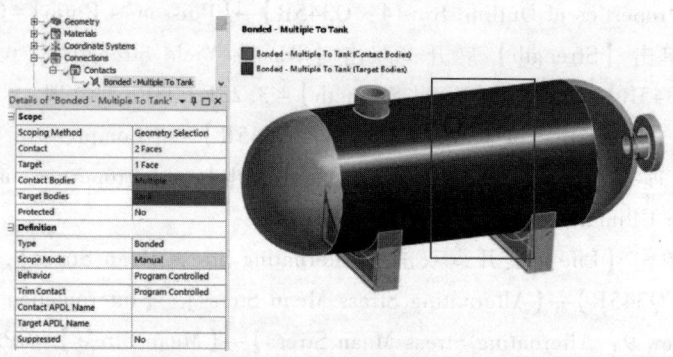

图 9-4 两鞍座圆弧表面与筒体外表面接触

8. 划分网格

(1) 在导航树上单击【Mesh】→【Details of "Mesh"】→【Sizing】→【Use Adaptive Sizing】= No，【Capture Curvature】= Yes，其他默认。

(2) 选择所有体，右击【Mesh】→【Insert】→【Sizing】，【Body Sizing】→【Details of "Body Sizing"-Sizing】→【Element Size】= 10mm；【Advanced】→【Capture Curvature】= Yes；右击【Mesh】→【Insert】→【Method】，【Automatic Method】→【Details of "Automatic Method"-Method】→【Method】= Hex Dominant。

(3) 生成网格。右击【Mesh】→【Generate Mesh】，图形区域显示程序生成的六面体单元为主体的网格模型，如图 9-5 所示。

(4) 网格质量检查。在导航树上单击【Mesh】→【Details of "Mesh"】→【Quality】→

【Mesh Metric】= Element Quality，显示 Element Quality 规则下网格质量详细信息，平均值处在良好的水平范围内，展开【Statistics】显示网格和节点数量。

9. 施加边界条件

（1）单击【Static Structural（A5）】。

（2）施加内压力载荷。在标准工具栏单击，选择容器所有内径表面及接管内表面，接着在环境功能区单击【Loads】→【Pressure】→【Details of "Pressure"】→【Definition】→【Define By】= Normal To，【Magnitude】= 5MPa，如图 9-6 所示。

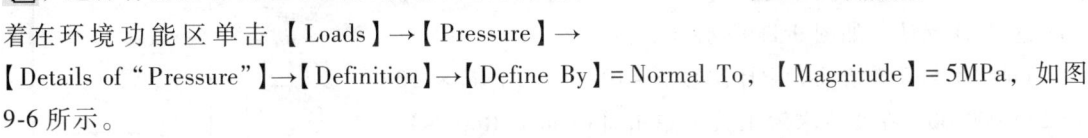

图 9-5 网格模型

（3）施加约束。在标准工具栏单击，选择鞍座底面，接着在环境功能区单击【Supports】→【Fixed Support】，如图 9-7 所示。

图 9-6 施加内压力载荷

图 9-7 施加约束

10. 设置需要结果

（1）在导航树上单击【Solution（A6）】。

（2）在 Mechanical 环境求解功能区单击【Deformation】→【Total】；【Stress】→【Equivalent Stress】；【Stress】→【Maximum Principal】。

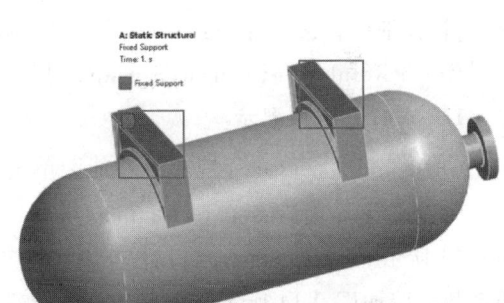

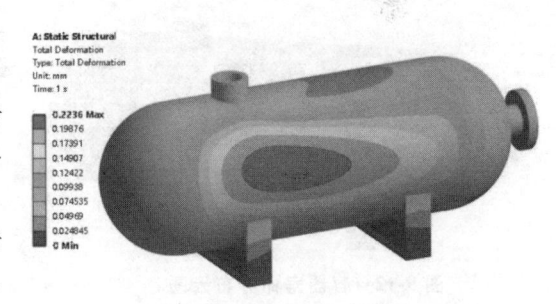

（3）在 Mechanical 环境求解功能区单击 进行求解运算，求解结束后，如图 9-8~图 9-10 所示。

图 9-8 容器变形云图

图 9-9 容器等效应力云图

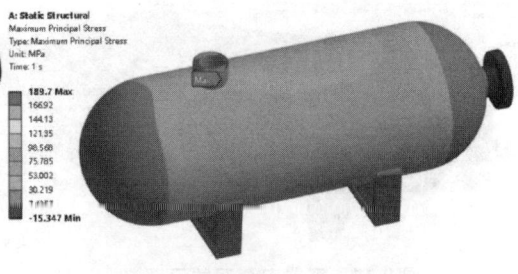

图 9-10 容器最大主应力云图

11. 创建疲劳分析

（1）在导航树上单击【Solution（A6）】。

（2）在 Mechanical 环境求解功能区单击【Tools】→【Fatigue Tool】。

（3）【Fatigue Tool】→【Fatigue Strength Factor（Kf）】= 0.8；【Loading】→【Type】=【Ratio】，【Loading Ratio】= 0.5，【Scale Factor】= 1；【Options】→【Analysis Type】= Stress Life，【Mean Stress Theory】= Goodman，【Life Units】→【Units Name】= cycles；其他默认，如图 9-11 所示。

（4）设置所需结果。循环次数 $N = 10 \times 360 \times 24 \times 60 \times 250 \times 2 = 2592000000$，在疲劳求解工具上单击【Contour Results】→【Life】，【Damage】，【Safety Factor】，【Biaxiality Indication】，【Equivalent Alternating Stress】，其中【Damage】和【Safety Factor】详细设置选项【Design Life】= 2592000000 cycles；单击【Graph Results】→【Fatigue Sensitivity】。

图 9-11 创建疲劳分析设置

12. 求解与结果显示

（1）在 Mechanical 环境求解功能区单击⚡进行求解。

（2）运算结束后，单击【Fatigue Tool】→【Life】，图形区域显示容器寿命分布云图，如图 9-12 所示。同样也可显示设计寿命为 2592000000 次循环的损坏，如图 9-13 所示；容器安全系数云图如图 9-14 所示；容器双轴指示结果云图如图 9-15 所示；容器交变应力幅云图如图 9-16 所示；容器疲劳敏感性图如图 9-17 所示。

图 9-12 容器寿命分布云图

图 9-13 容器损伤云图

图 9-14 容器安全系数云图

图 9-15 容器双轴指示结果云图

图 9-16　容器交变应力幅云图　　　　图 9-17　容器疲劳敏感性图

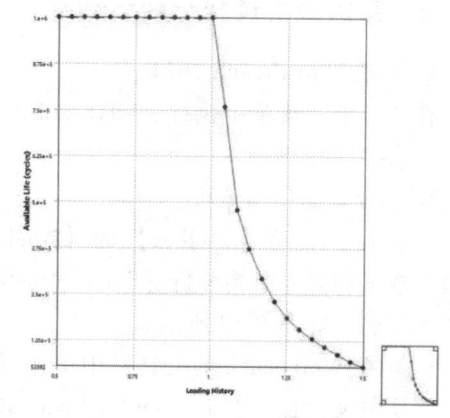

13. 保存与退出

（1）退出 Mechanical 分析环境。单击 Mechanical 主界面的菜单【File】→【Close Mechanical】退出分析环境，返回到 Workbench 主界面，此时主界面的项目分析流程图中显示的分析已完成。

（2）单击 Workbench 主界面上的【Save】按钮，保存所有分析结果文件。

（3）退出 Workbench 环境。单击 Workbench 主界面的菜单【File】→【Exit】退出主界面，完成分析。

9.1.3　分析点评

本实例是具有缓冲功能的压力容器疲劳分析，包含了两个重要知识点：材料的 SN 曲线输入和疲劳工具应用。由于容器工作过程中不断受到恒定的疲劳载荷作用，缓冲罐工作循环次数 $N=2592000000$ 次，根据容器材料 Q345R 的特性，循环次数大于 10^6 次，材料趋于疲劳强度极限，疲劳极限呈现水平段，即可认为应力幅低于 83.82MPa，材料可无限次循环。因此采用高周疲劳分析方法和 Goodman 理论修正平均应力。

在本例中如何确定材料 SN 曲线、采用何种疲劳分析方法是关键，这牵涉到材料 SN 曲线、缓冲罐实际工作过程及疲劳载荷、疲劳平均应力修正选择、对应的边界条件设置、疲劳求解及后处理。本例由于容器工作过程中疲劳载荷恒定、循环次数可确定，整个过程相对简单，计算速度相对较快。实际上，本例疲劳分析可先不经应力分析，直接运用疲劳工具进行疲劳分析，然后再运用静态应力分析。

9.2　某机床弹簧夹头疲劳分析

9.2.1　问题描述

某机床弹簧夹头模型如图 9-18 所示。工作过程中始终有 0.5mm 的往复位移，疲劳破坏是强度破坏的主要失效形式。弹簧夹头的材料为 BS970。试运用 nCode Design Life 分析方法分析该部件的损伤分布、寿命及疲劳应力。

9.2.2 实例分析过程

1. 启动 Workbench 2024

在"开始"菜单中执行 ANSYS 2024R1/R2→Workbench 2024R1/R2 命令。

2. 创建静态结构分析

(1) 在工具箱【Toolbox】的【Analysis Systems】中双击或拖动静态结构分析【Static Structural】到项目分析流程图,如图 9-19 所示。

图 9-18 机床弹簧夹头模型

(2) 在 Workbench 的工具栏中单击【Save】,保存项目实例名称为 Collet chuck.wbpj。如工程实例文件保存在 D:\AWB\Chapter09 文件夹中。

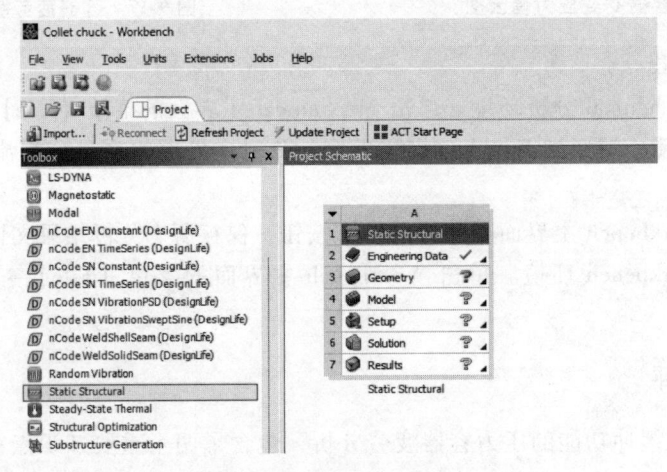

图 9-19 创建静态结构分析

3. 创建材料参数

(1) 编辑工程数据单元,右击【Engineering Data】→【Edit...】。

(2) 在工程数据属性中添加材料。在 Workbench 的工具栏上单击 进入工程材料库,此时的界面显示【Engineering Data Sources】和【Outline of Favorites】。选择 A12 栏【nCode_matml】,从【Outline of nCode_matml】里查找奥氏体不锈钢【Austenitic Stainless Steel BS970 Grade 352S52】材料,然后单击【Outline of General Material】表中的添加按钮,此时在 C38 栏中显示标示,表明材料添加成功,如图 9-20 所示。注:若初次使用 nCode 材料库,则可通过 Click here to add a new library,找到 nCode Design Life 安装目录,如 C:\Program Files\nCode\ANSYS 2024 nCode DesignLife 64-bit\GlyphWorks\mats,并选择 nCode_matml.xml,添加到工程数据。

(3) 单击工具栏中的【A2:Engineering Data】关闭按钮,返回到 Workbench 主界面,新材料添加完毕。

4. 导入几何模型

在静态结构分析上右击【Geometry】→【Import Geometry】→【Browse】,找到模型文件 Collet chuck.scdoc,打开导入几何模型。如模型文件在 D:\AWB\Chapter09 文件夹中。

图 9-20 添加材料

5. 进入 Mechanical 分析环境

（1）在静态结构分析上右击【Model】→【Edit...】进入 Mechanical 分析环境。

（2）在 Mechanical 的环境主页【Home】功能区单位【Units】中选择单位为 Metric（mm，kg，N，s，mV，mA）。

6. 为几何模型分配材料

为圆管分配材料。在导航树上单击【Geometry】展开，设置【Collet chuck\Chuck】→【Details of "Collet chuck\Chuck"】→【Material】→【Assignment】= Austenitic Stainless Steel BS970 Grade 352S52。

7. 划分网格

（1）在导航树上单击【Mesh】→【Details of "Mesh"】→【Sizing】→【Use Adaptive Sizing】= Yes，其他默认。

（2）选择模型，右击【Mesh】→【Insert】→【Sizing】，【Body Sizing】→【Details of "Body Sizing"-Sizing】→【Element Size】= 0.4mm，其他默认。

（3）生成网格。右击【Mesh】→【Generate Mesh】，图形区域显示程序生成的四面体网格模型，如图 9-21 所示。

（4）网格质量检查。在导航树上单击【Mesh】→【Details of "Mesh"】→【Quality】→【Mesh Metric】= Skewness，显示 Skewness 规则下网格质量详细信息，平均值处在良好的水平范围内，展开【Statistics】显示网格和节点数量。

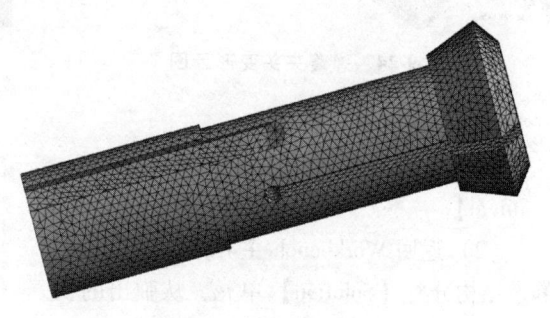

图 9-21 四面体网格模型

8. 施加边界条件

（1）单击【Static Structural (A5)】。

（2）施加位移载荷。在标准工具栏单击 ▥，选择弹簧夹头端面，接着在环境功能区单击【Support】→【Displacement】→【Details of "Displacement"】→【Definition】→【Define By】=

Components,【X Component】= 0mm,【Y Component】= 0mm,【Z Component】= 0.5mm,如图 9-22 所示。

(3) 施加约束。在标准工具栏单击 ▶,选择弹簧夹头的锥形表面,接着在环境功能区单击【Supports】→【Compression Only Support】→【Details of "Compression Only Support"】→【Scope】→【Geometry】= 3Face,如图 9-23 所示。

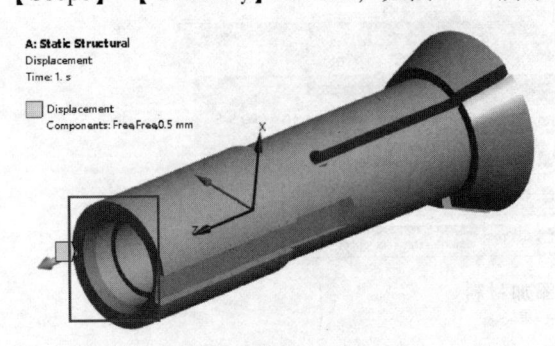

图 9-22　施加位移载荷 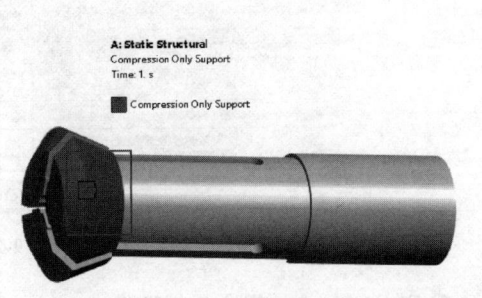　　　　图 9-23　施加约束

9. 设置需要结果

(1) 在导航树上单击【Solution (A6)】。

(2) 在 Mechanical 环境求解功能区单击【Deformation】→【Total】;【Stress】→【Equivalent Stress】。

(3) 在 Mechanical 环境求解功能区单击 ⚡ 进行求解运算,求解结束后结果如图 9-24 和图 9-25 所示。

图 9-24　弹簧夹头变形云图 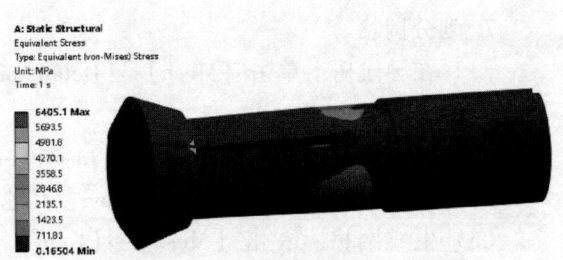　　　　图 9-25　弹簧夹头等效应力云图

10. 创建疲劳分析项目

(1) 单击主菜单【File】→【Close Mechanical】。

(2) 返回 Workbench 主界面,然后右击静态结构分析【Solution】单元,从弹出的快捷菜单中选择【Transfer Data To New】→【nCode EN Constant (DesignLife)】,即创建疲劳分析,此时相关联的数据共享,如图 9-26 所示。

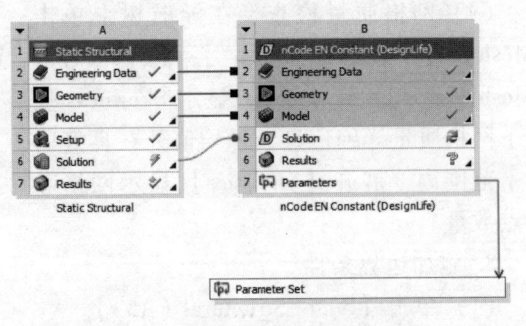

(3) 右击静态结构项目【Solution】,

图 9-26　创建 nCode EN Constant
(DesignLife) 分析

从弹出的快捷菜单中选择【Update】升级，把数据传递到下一单元中。

11. 疲劳分析设置

（1）在疲劳分析上右击【Solution】→【Edit】进入 nCode Design Life 分析环境。

（2）选择【Simulation_Input】模块上的【Display】显示输入模型。

（3）右击【StrainLife_Analysis】模块，从弹出的快捷菜单中选择【Edit Load Map】→【Yes】→【Available FE Load Cases】→【选择 1-Collet chuck-Static Structural（A5）：Time 1】，然后选择 << ，接着选择 > ；选择【Load Cases Assignments】→【Min Factor】= 0，其他默认，单击【OK】关闭对话框，如图 9-27 所示。

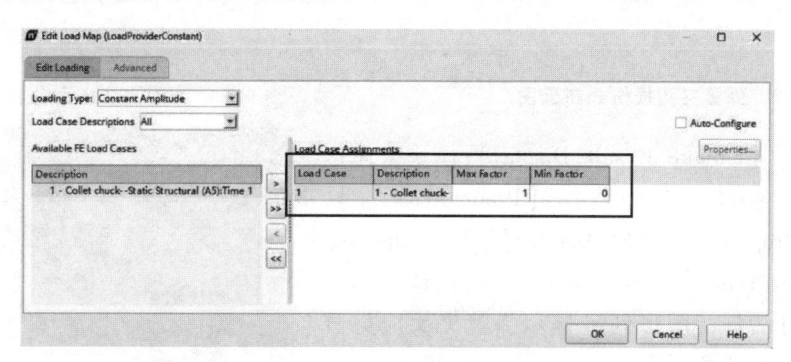

图 9-27　疲劳载荷因子设置

（4）右击【StrainLife_Analysis】模块，从弹出的快捷菜单中选择【Advanced Edit...】→【Yes】→【Analysis Runs】→【ENEngine_1】→【Elastic Plastic Correction】= Hoffmann Seeger，其他默认，单击【OK】关闭对话框，如图 9-28 所示。

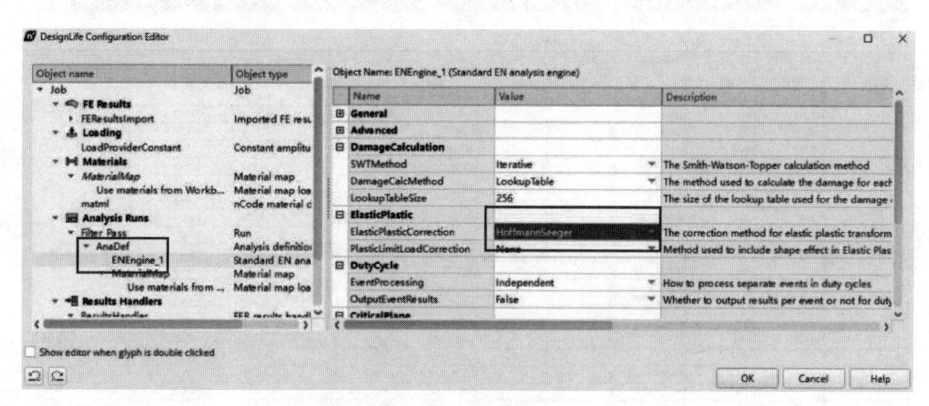

图 9-28　确认 Hoffmann Seeger 准则

12. 求解与结果显示

（1）在 nCode Design Life 标准工具栏上单击 ▶ 进行求解运算。

（2）运算结束后，单击【Fatigue_Result_Display】模块，图形区域显示弹簧夹头损伤分布云图，如图 9-29 所示。

（3）右击【Fatigue_Result_Display】模块空白区域，从弹出的快捷菜单中选择【Properties...】，【FE Display Properties】→【FE Display】→【Results Legend】→【Result Type】= Life，其他默认，单击【OK】关闭对话框，图形区域显示弹簧夹头寿命分布云图，如图 9-30 所示。

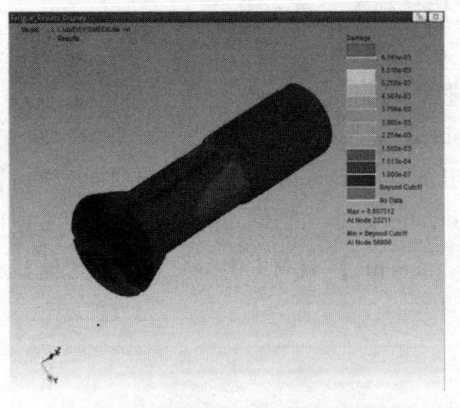

图 9-29 弹簧夹头损伤分布云图

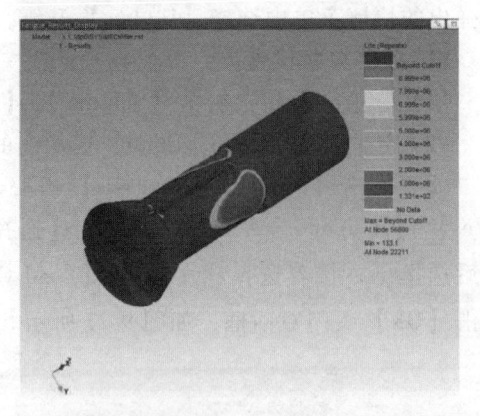

图 9-30 弹簧夹头寿命分布云图

（4）右击【Fatigue_Result_Display】模块空白区域，从弹出的快捷菜单中选择【Proper Ties…】，【FE Display Properties】→【FE Display】→【Results Legend】→【Result Type】= Max Stress，其他默认，单击【OK】关闭对话框，图形区域显示弹簧夹头应力分布云图，如图 9-31 所示。

（5）单击数据值显示窗口缩放，展开弹簧夹头疲劳分析结果数据表格，查看每个节点所对应的数值，如图 9-32 所示。

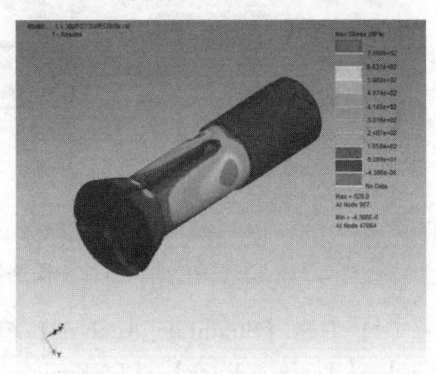

图 9-31 弹簧夹头应力分布云图

图 9-32 疲劳分析结果数据表格

13. 保存与退出

（1）退出 nCode Design Life 分析环境。单击 nCode 主界面的菜单【File】→【Exit nCode】退出分析环境，返回到 Workbench 主界面。

（2）右击 nCode Design Life 的【Solution】，从弹出的快捷菜单中选择【Update】升级，把数据传递到下一单元中。

（3）右击 nCode Design Life 项目【Results】，从弹出的快捷菜单中选择【Refresh】刷

新，此时主界面的项目分析流程图中显示的分析均已完成。也可右击【Results】→【View】查看结果。

（4）单击 Workbench 主界面上的【Save】按钮，保存所有分析结果文件。

（5）退出 Workbench 环境。单击 Workbench 主界面的菜单【File】→【Exit】退出主界面，完成分析。

9.2.3 分析点评

本实例是机床弹簧夹头疲劳分析，运用了 Workbench 静力分析和 nCode Design Life 疲劳寿命分析两大功能。nCode Design Life 具有强大的疲劳寿命分析功能，可以和 Workbench 联合分析，也可单独分析，其包含有丰富的材料，如本例中使用的 Austenitic Stainless Steel BS970 Grade 352S52 材料。在本例中如何采用两者联合分析及在寿命分析中所采用的处理方法是关键，本例与前实例不同，采用的是应变疲劳寿命分析法和 Hoffmann Seeger 修正。本例是初次介绍 Workbench 和 nCode Design Life 联合应用，限于篇幅，过程相对简单。

第10章 稳态导电与静磁场分析

10.1 压电分析

10.1.1 问题描述

某导电薄板长 100mm，宽 10mm，厚 2mm，材料在分析中体现，其模型如图 10-1 所示。薄板一端激励源电压 0.005V，相角 0°，试求导电薄板电压分布。

图 10-1 导电薄板模型

10.1.2 实例分析过程

1. 启动 Workbench 2024

在"开始"菜单中执行 ANSYS 2024R1/R2→Workbench 2024R1/R2 命令。

2. 创建导电分析

（1）在工具箱【Toolbox】的【Analysis Systems】中双击或拖动导电分析【Electric】到项目分析流程图，如图 10-2 所示。

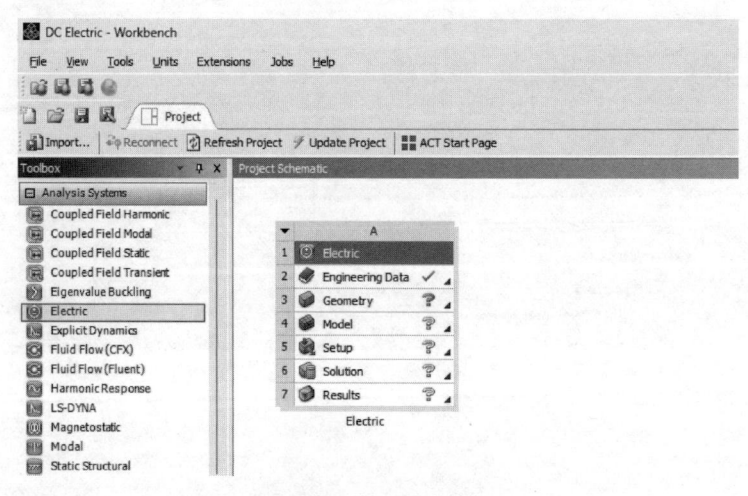

图 10-2 创建导电分析

（2）在 Workbench 的工具栏中单击【Save】，保存项目实例名称为 DC Electric．wbpj。如工程实例文件保存在 D：\AWB\Chapter10 文件夹中。

3. 创建材料参数

（1）编辑工程数据单元，右击【Engineering Data】→【Edit...】。

（2）在工程数据属性中创建新材料：【Outline of Schematic A2：Engineering Data】→【Click here to add a new material】，输入新材料名称 Heating。

（3）在左侧单击【Electric】展开，双击【Isotropic Resistivity】，选择【Properties of Outline Row 4：Heating】→【Isotropic Resistivity】→【Table of Properties Row 2：Isotropic Resistivity】，在 AB 列分别输入如下数据：0、0.0003；20、0.0004；100、0.0009，如图 10-3 所示。

（4）单击工具栏中的【A2：Engineering Data】关闭按钮，返回到 Workbench 主界面，新材料创建完毕。

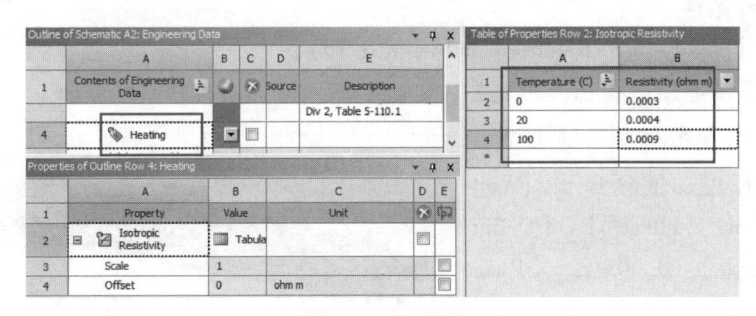

图 10-3 创建材料

4. 导入几何模型

在导电分析上右击【Geometry】→【Import Geometry】→【Browse】，找到模型文件 DC Electric．agdb，打开导入几何模型。如模型文件在 D：\AWB\Chapter10 文件夹中。

5. 进入 Mechanical 分析环境

（1）在导电分析上右击【Model】→【Edit...】进入 Electric-Mechanical 分析环境。

（2）在 Mechanical 的环境主页【Home】功能区单位【Units】中选择单位为 Metric（mm，kg，N，s，V，A）。

6. 为几何模型分配材料

为导电薄板分配材料。在导航树上单击【Geometry】→【DC Electric】→【Details of "DC Electric"】→【Material】→【Assignment】= Heating。

7. 划分网格

（1）在导航树上单击【Mesh】→【Details of "Mesh"】→【Sizing】→【Resolution】= 4，其他默认。

（2）在标准工具栏上单击 ，选择所有几何模型，然后在导航树上右击【Mesh】，从弹出的快捷菜单中选择【Insert】→【Sizing】→【Details of "Body Sizing"-Sizing】→【Definition】→【Element Size】= 0.001m，其他默认。

（3）生成网格。右击【Mesh】→【Generate Mesh】，图形区域显示程序生成的网格模型，如图 10-4 所示。

（4）网格质量检查。在导航树上单击【Mesh】→【Details of "Mesh"】→【Quality】→

【Mesh Metric】= Element Quality，显示 Element Quality 规则下网格质量详细信息，平均值处在良好的水平范围内，展开【Statistics】显示网格和节点数量。

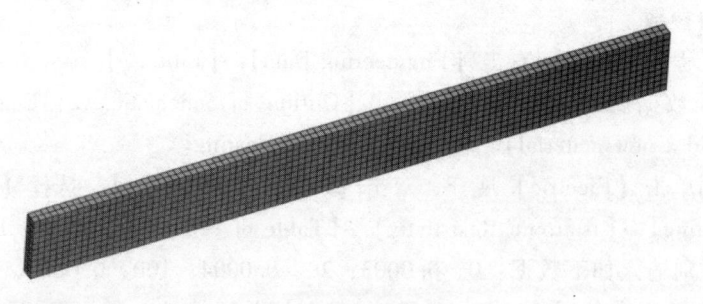

图 10-4 网格模型

8. 施加边界条件

（1）单击【Steady-State Electric Conduction（A5）】。

（2）施加激励电压。在标准工具栏上单击 ，然后参考坐标系选择模型端面，接着在环境功能区单击【Voltage】→【Details of "Voltage"】→【Definition】→【Magnitude】= 0.005V，【Phase Angle】= 0°，如图 10-5 所示。

（3）在导航树上右击【Steady-State Electric Conduction（A5）】→【Insert】→【Commends】；单击【Commends（APDL）】，在右侧的命令窗口中输入命令如下，如图 10-6 所示。

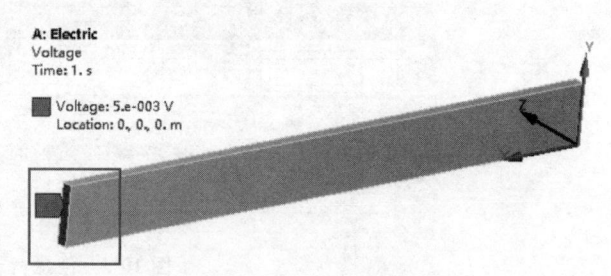

图 10-5 施加激励电压

```
nsel,all
nsel,r,loc,x,0
cp,2,volt,all
n_electrode=ndnext(0)
d,n_electrode,volt,4
nsel,all
```

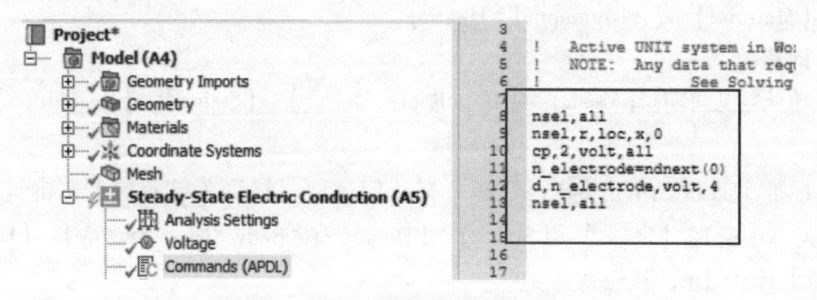

图 10-6 设置命令

9. 设置需要结果

（1）在导航树上单击【Solution（A6）】。

（2）在 Mechanical 环境求解功能区单击【Electric】→【Electric Voltage】。

10. 求解与结果显示

（1）在 Mechanical 环境求解功能区单击⚡进行求解运算。

（2）运算结束后，单击【Solution（A6）】→【Electric Voltage】显示电压分布云图，如图10-7所示。

11. 保存与退出

（1）退出 Mechanical 分析环境。单击 Mechanical 主界面的菜单【File】→【Close Mechanical】退出分析环境，返回到 Workbench 主界面，此时主界面的项目分析流程图中显示的分析已完成。

（2）单击 Workbench 主界面上的【Save】按钮，保存所有分析结果文件。

（3）退出 Workbench 环境。单击 Workbench 主界面的菜单【File】→【Exit】退出主界面，完成分析。

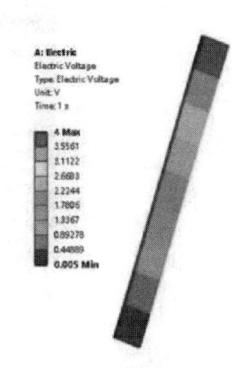

图 10-7　电压分布云图

10.1.3　分析点评

本实例是直流电电压分析，重点关注边界的施加方式。本实例涉及了 Workbench Mechanical 与 Mechanical APDL 联合应用，在后处理过程中，利用 APDL 还可求阻抗和功率。

10.2　三相变压器电磁分析

10.2.1　问题描述

某三相变压器由铁芯、线圈及空气包裹而成，铁芯材料为默认结构钢，线圈材料为铜合金，包裹体材料为空气，其模型如图10-8所示。各线圈激励参数在分析中体现，试求线圈在第7步数的总磁通密度。

10.2.2　实例分析过程

1. 启动 Workbench 2024

在"开始"菜单中执行 ANSYS 2024R1/R2→Workbench 2024R1/R2 命令。

2. 创建静磁场分析

（1）在工具箱【Toolbox】的【Analysis Systems】中双击或拖动静磁场分析【Magnetostatic】到项目分析流程图，如图10-9所示。

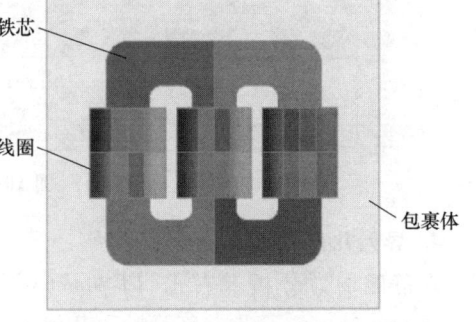

图 10-8　三相变压器模型

（2）在 Workbench 的工具栏中单击【Save】，保存项目实例名称为 3Phase transformer.wbpj。如工程实例文件保存在 D:\AWB\Chapter10 文件夹中。

3. 创建材料参数

（1）编辑工程数据单元，右击【Engineering Data】→【Edit...】。

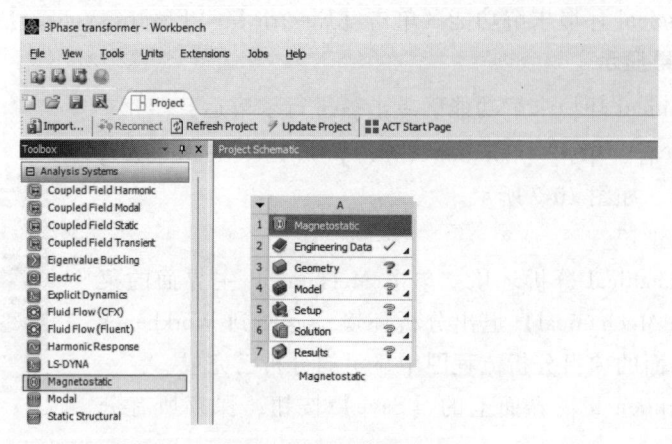

图 10-9 创建静磁场分析

（2）在工程数据属性中添加材料。在 Workbench 的工具栏上单击 ![] 进入工程材料库，此时的界面显示【Engineering Data Sources】和【Outline of Favorites】。选择 A4 栏【General Materials】，从【Outline of General Materials】里查找空气【Air】材料，然后单击【Outline of General Materials】表中的添加按钮 ![]，此时在 C3 栏中显示标示 ![]，表明材料添加成功，同理添加铜合金材料【Copper Alloy】，如图 10-10 所示。

（3）单击工具栏中的【A2：Engineering Data】关闭按钮，返回到 Workbench 主界面，新材料添加完毕。

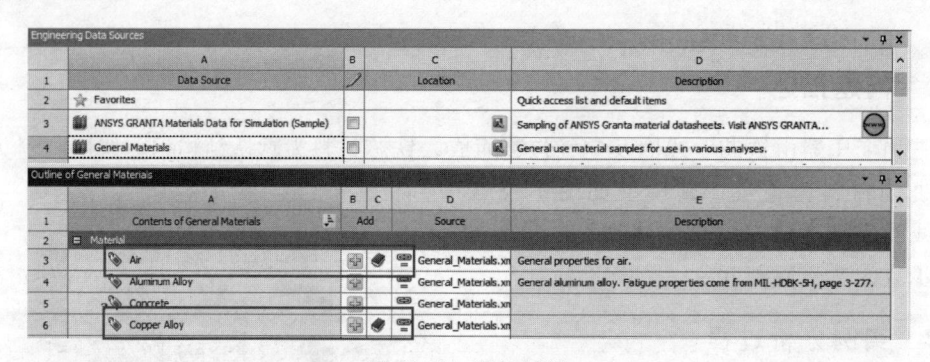

图 10-10 添加材料

4. 导入几何模型

在静磁场力分析上右击【Geometry】→【Import Geometry】→【Browse】，找到模型文件 3Phase transformer.agdb，打开导入几何模型。如模型文件在 D:\AWB\Chapter10 文件夹中。

5. 进入 Mechanical 分析环境

（1）在静磁场分析上右击【Model】→【Edit...】进入 Magnetostatic-Mechanical 分析环境。

（2）在 Mechanical 的环境主页【Home】功能区单位【Units】中选择单位为 Metric（m，kg，N，s，V，A）。

6. 为几何模型分配材料

（1）在导航树上单击【Named Selections】展开，选择【Open Domain，Core】，并右击

【Hide Bodies in Group】，隐藏【Open Domain，Core】。

（2）在图形区域右击【Select All】或按<Ctrl>+<A>，选择所有线圈，再次右击，从弹出的快捷菜单中选择【Go To】→【Corresponding Bodies in Tree】转移到导航树区域，【Details of "Multiple Selection"】→【Material】→【Assignment】=Copper Alloy，如图10-11所示。

（3）其他两零件材料默认，但需保证Core（12，34，56，78）材料为Structural Steel，Air材料为Air。

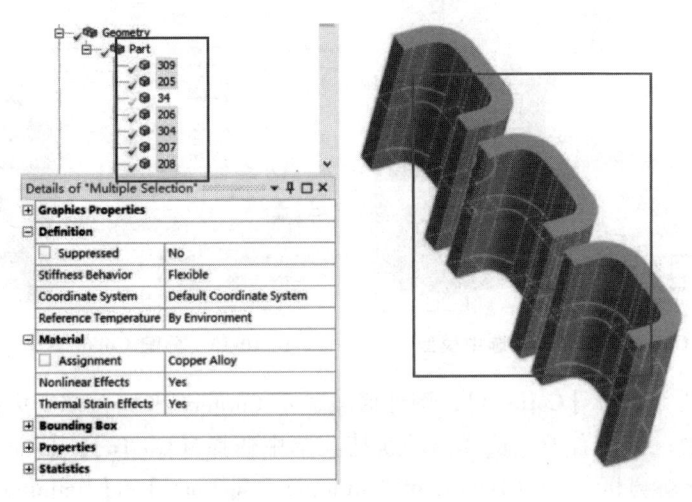

图 10-11　为线圈分配材料

7. 为线圈分配局部坐标

（1）在导航树上单击【Coordinate Systems】展开，选择【Corner1】，图像区域显示Corner1坐标在模型中的位置，选择线圈102和108模型，如图10-12所示。接着右击，从弹出的快捷菜单中选择【Go To】→【Corresponding Bodies in Tree】转移到导航树区域，【Details of "Multiple Selection"】→【Definition】→【Coordinate System】=Corner1，其他默认，如图10-13所示。

（2）在导航树上单击【Corner2】，图像区域显示Corner2坐标在模型中的位置，选择线圈105和111模型；接着右击，从弹出的快捷菜单中选择【Go To】→【Corresponding Bodies in Tree】转移到导航树区域，【Details of "Multiple Selection"】→【Definition】→【Coordinate System】=Corner2，其他默认，如图10-14所示。

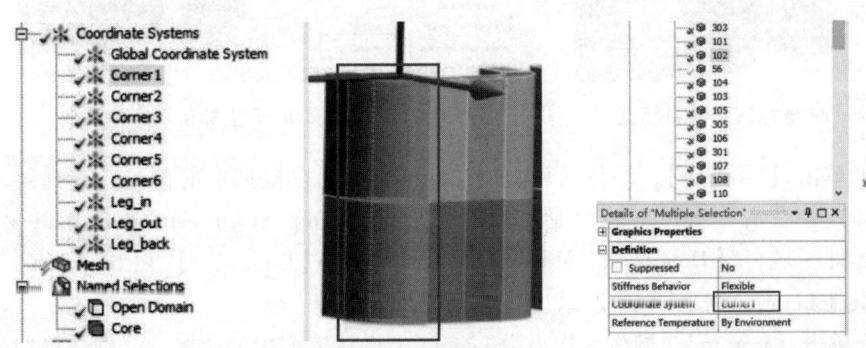

图 10-12　Corner1坐标位置及选中模型　　　图 10-13　分配Corner1坐标系及选中模型

（3）在导航树上单击【Corner3】，图像区域显示 Corner3 坐标在模型中的位置，选择线圈 202 和 208 模型；接着右击，从弹出的快捷菜单中选择【Go To】→【Corresponding Bodies in Tree】转移到导航树区域，【Details of "Multiple Selection"】→【Definition】→【Coordinate System】＝Corner3，其他默认，如图 10-15 所示。

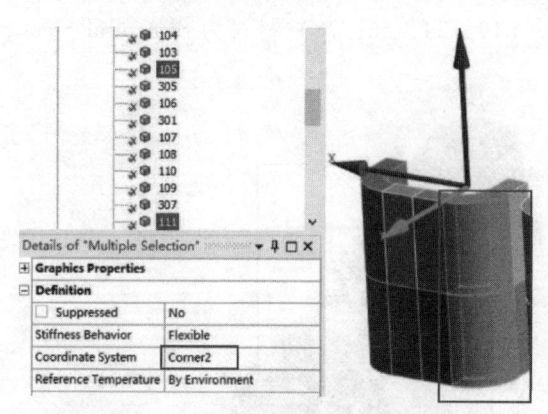

图 10-14 分配 Corner2 坐标系及选中模型 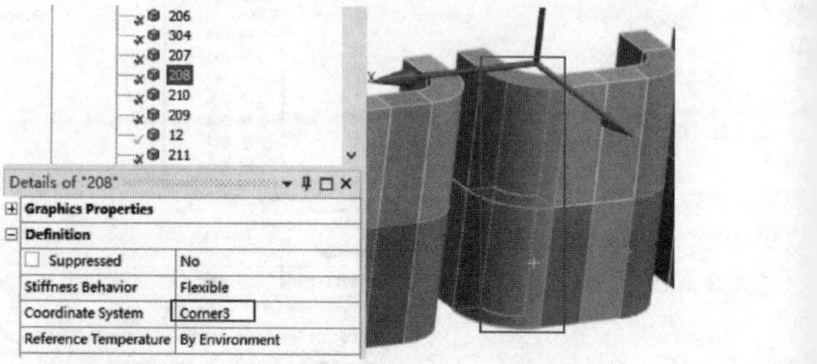　　图 10-15 分配 Corner3 坐标系及选中模型

（4）在导航树上单击【Corner4】，图像区域显示 Corner4 坐标在模型中的位置，选择线圈 205 和 211 模型；接着右击，从弹出的快捷菜单中选择【Go To】→【Corresponding Bodies in Tree】转移到导航树区域，【Details of "Multiple Selection"】→【Definition】→【Coordinate System】＝Corner4，其他默认，如图 10-16 所示。

（5）在导航树上单击【Corner5】，图像区域显示 Corner5 坐标在模型中的位置，选择线圈 302 和 308 模型；接着右击，从弹出的快捷菜单中选择【Go To】→【Corresponding Bodies in Tree】转移到导航树区域，【Details of "Multiple Selection"】→【Definition】→【Coordinate System】＝Corner5，其他默认，如图 10-17 所示。

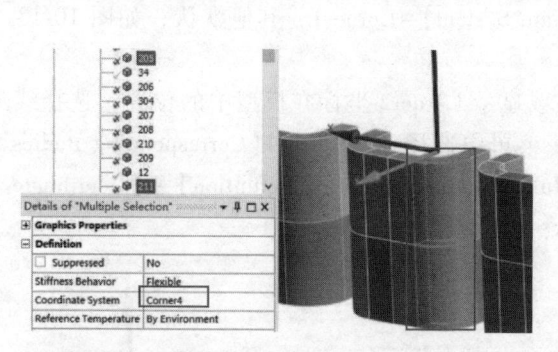

图 10-16 分配 Corner4 坐标系及选中模型 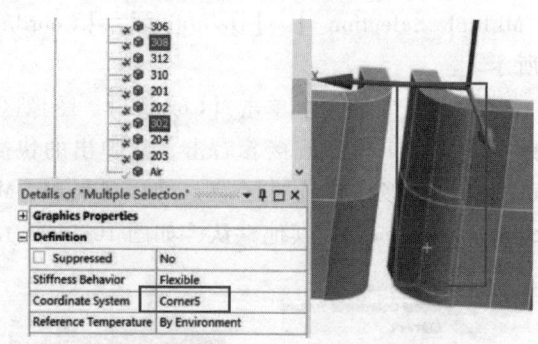　　图 10-17 分配 Corner5 坐标系及选中模型

（6）在导航树上单击【Corner6】，图像区域显示 Corner6 坐标在模型中的位置，选择线圈 305 和 311 模型；接着右击，从弹出的快捷菜单中选择【Go To】→【Corresponding Bodies in Tree】转移到导航树区域，【Details of "Multiple Selection"】→【Definition】→【Coordinate System】＝Corner6，其他默认，如图 10-18 所示。

（7）在导航树上单击【Leg_in】，图像区域显示 Leg_in 坐标在模型中的位置，分别选择线圈 101、107、201、207、301、307 模型；接着右击，从弹出的快捷菜单中选择【Go To】→

【Corresponding Bodies in Tree】转移到导航树区域,【Details of "Multiple Selection"】→【Definition】→【Coordinate System】= Leg_in,其他默认,如图 10-19 所示。

(8) 在导航树上单击【Leg_out】,图像区域显示 Leg_out 坐标在模型中的位置,分别选择线圈 106、112、206、212、306、312 模型;接着右击,从弹出的快捷菜单中选择【Go To】→【Corresponding Bodies in Tree】转移到导航树区域,【Details of "Multiple Selection"】→【Definition】→【Coordinate System】= Leg_out,其他默认,如图 10-20 所示。

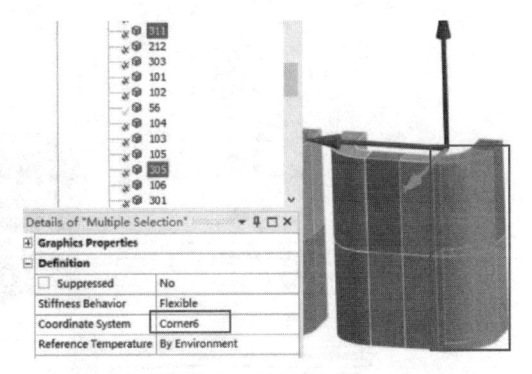

图 10-18　分配 Corner6 坐标系及选中模型

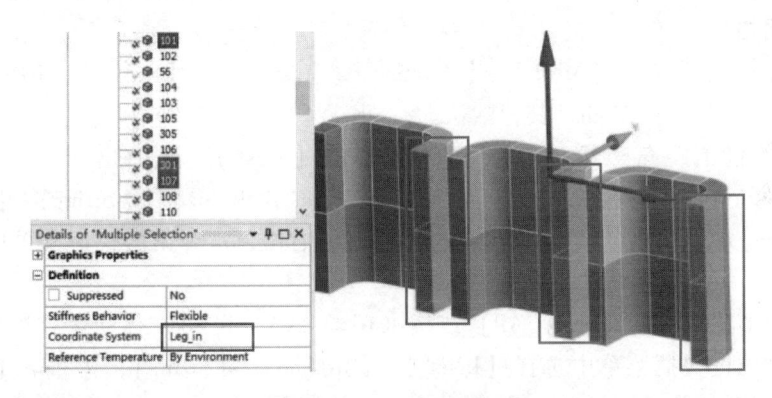

图 10-19　分配 Leg_in 坐标系及选中模型

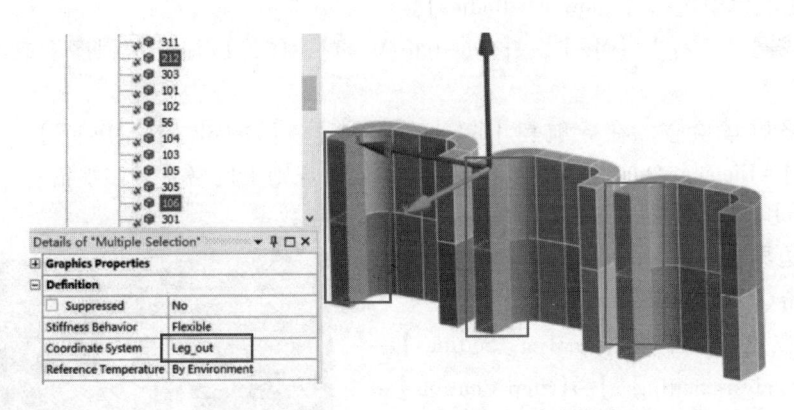

图 10-20　分配 Leg_out 坐标系及选中模型

(9) 在导航树上单击【Leg_back】,图像区域显示 Leg_back 坐标在模型中的位置,分别选择线圈 103、104、109、110、203、204、209、210、303、304、309、310 模型;接着右击,从弹出的快捷菜单中选择【Go To】→【Corresponding Bodies in Tree】转移到导航树区域,【Details of "Multiple Selection"】→【Definition】→【Coordinate System】= Leg_back,其他默认,如图 10-21 所示。

(10) 在图形区域右击,从弹出的快捷菜单中选择【Show All Bodies】。

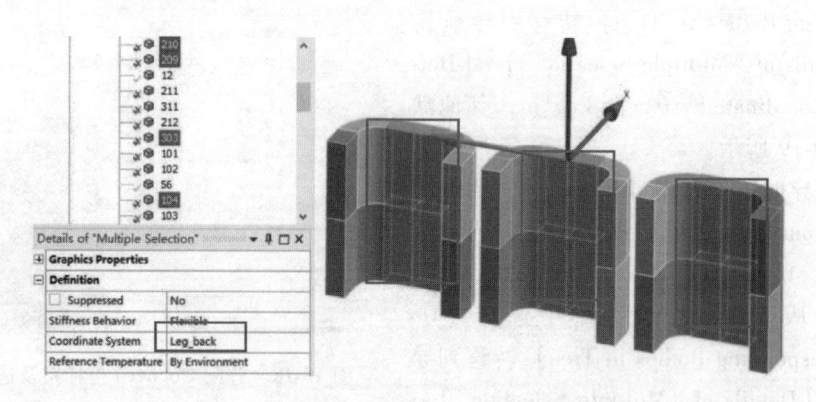

图 10-21 分配 Leg_back 坐标系及选中模型

8. 划分网格

（1）在导航树上单击【Mesh】→【Details of "Mesh"】→【Sizing】→【Resolution】= 6；【Quality】→【Smoothing】= High，其他默认。

（2）选择包围空气，然后在导航树上右击【Mesh】，从弹出的快捷菜单中选择【Insert】→【Method】→【Sizing】；【Sizing】→【Details of "Body Sizing" -Sizing】→【Definition】→【Element Sizing】= 0.05m，然后再次选择包围空气，右击，从弹出的快捷菜单中选择【Hide Body】隐藏。

（3）在图形区域右击【Select All】或按<Ctrl>+<A>，共 40 个体，然后在导航树上右击【Mesh】，从弹出的快捷菜单中选择【Insert】→【Method】→【Sizing】；【Sizing】→【Details of "Body Sizing" -Sizing】→【Definition】→【Element Sizing】= 0.025m，然后，在图形区域右击，从弹出的快捷菜单中选择【Show All Bodies】。

（4）生成网格。右击【Mesh】→【Generate Mesh】，图形区域显示程序生成的网格模型，如图 10-22 所示。

（5）网格质量检查。在导航树上单击【Mesh】→【Details of "Mesh"】→【Quality】→【Mesh Metric】= Element Quality，显示 Element Quality 规则下网格质量详细信息，平均值处在良好的水平范围内，展开【Statistics】显示网格和节点数量。

9. 施加边界条件

（1）单击【Magnetostatic（A5）】。

（2）步数设置。单击【Analysis Settings】→【Details of "Analysis Settings"】→【Step Controls】→【Number Of Steps】= 20，【Current Step Number】= 1，【Step End Time】= 0.001s，其他默认，如图 10-23 所示。然后在数据表格输入如下数据：0.002、0.003、0.004、0.005、0.006、0.007、0.008、0.009、0.010、0.011、0.012、0.013、0.014、0.015、0.016、0.017、0.018、0.019、0.020，如图 10-24 所示。

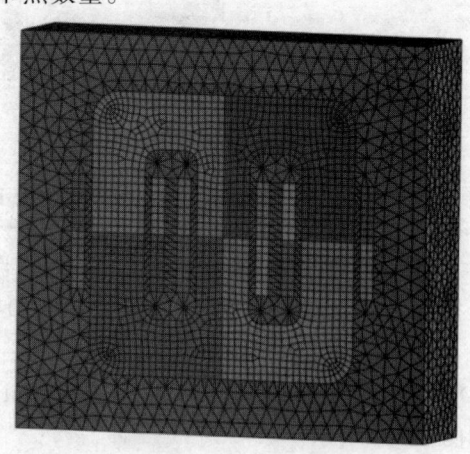

图 10-22 网格模型

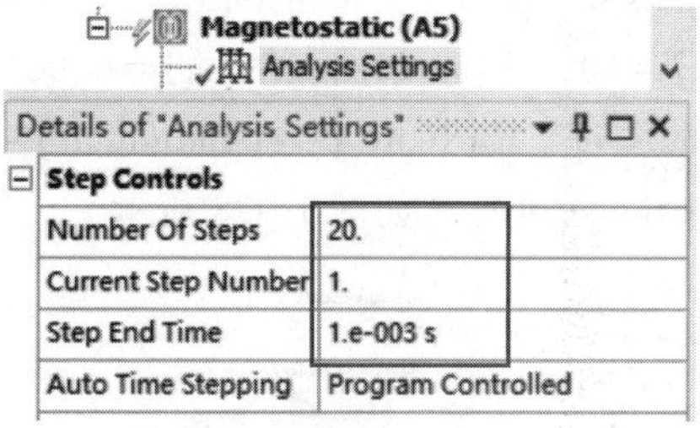

第10章 稳态导电与静磁场分析

图10-23 步数设置

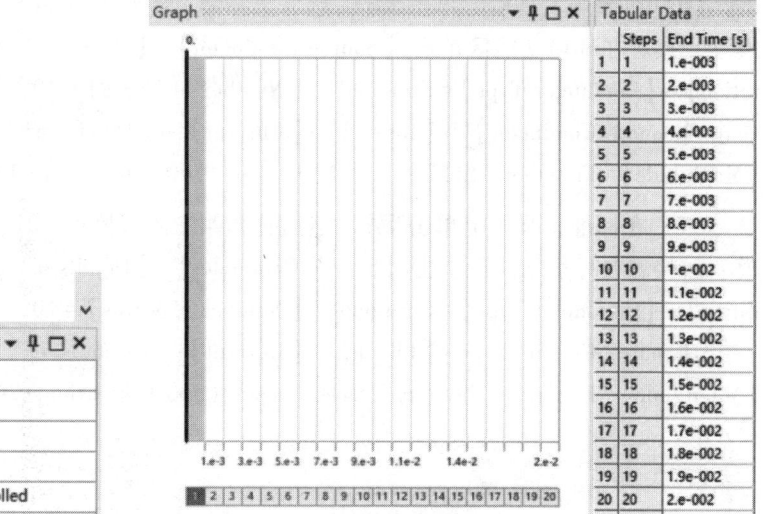

图10-24 步数数据输入

（3）施加磁通量平行。首先在标准工具栏上单击选择面图标，然后选择Enclosure模型所有外表面（共6个），然后按<Shift>+<F2>，接着在环境功能区单击【Magnetic Flux Parallel】，如图10-25所示。

（4）在导航树上单击【Named Selections】展开，选择【Open Domain，Core】，并右击【Hide Bodies in Group】，隐藏【Open Domain，Core】。

（5）为铜线圈施加激励源导体。首先在标准工具栏上单击，然后选择第一组线圈的101、102、103、104、105、106模型，接着在环境功能区单击【Source Conductor】→【Details of "Source Conductor"】→【Definition】→【Conductor Type】=Stranded，【Number of Turns】=10，【Conducting Area】=0.001。右击【Source Conductor】→【Insert】→【Current】→【Details of "Current"】→【Definition】→【Magnitude】=Function，继续输入函数1*sin(360*50*time+0)，如图10-26所示。

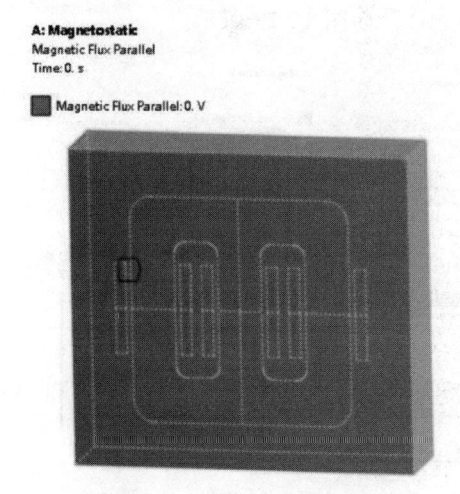

图10-25 施加磁通量平行

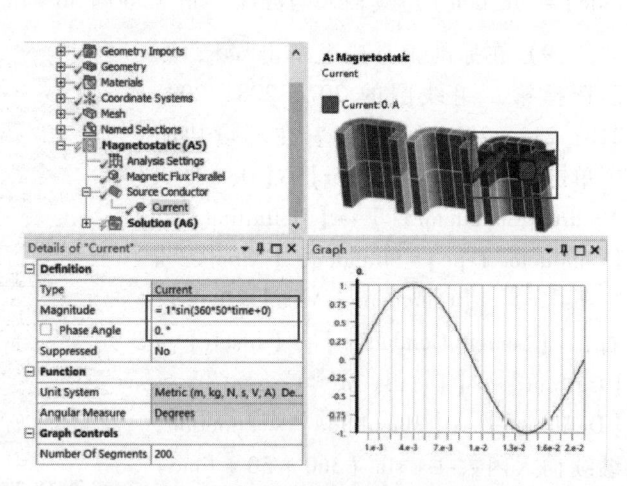

图10-26 为第一组铜线圈施加激励源导体

（6）在标准工具栏上单击 ![icon]，然后选择第二组线圈的 201、202、203、204、205、206 模型，接着在环境功能区单击【Source Conductor】→【Details of "Source Conductor2"】→【Definition】→【Conductor Type】= Stranded，【Number of Turns】= 10，【Conducting Area】= 0.001。右击【Source Conductor】→【Insert】→【Current】→【Details of "Current"】→【Definition】→【Magnitude】= Function，继续输入函数 1∗sin（360∗50∗time+120），如图 10-27 所示。

（7）在标准工具栏上单击 ![icon]，然后选择第三组线圈的 301、302、303、304、305、306 模型，接着在环境功能区单击【Source Conductor】→【Details of "Source Conductor3"】→【Definition】→【Conductor Type】= Stranded，【Number of Turns】= 10，【Conducting Area】= 0.001。右击【Source Conductor】→【Insert】→【Current】→【Details of "Current"】→【Definition】→【Magnitude】= Function，继续输入函数 1∗sin（360∗50∗time+240），如图 10-28 所示。

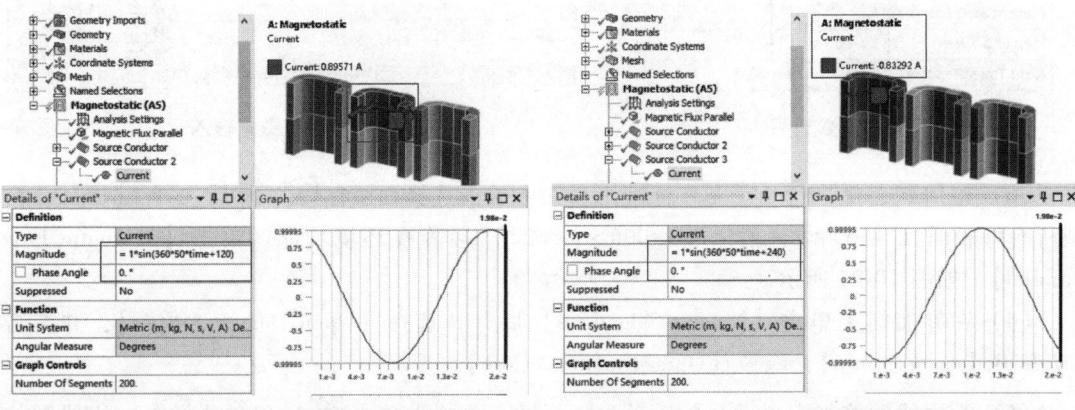

图 10-27　为第二组铜线圈施加激励源导体　　　图 10-28　为第三组铜线圈施加激励源导体

（8）在标准工具栏上单击 ![icon]，然后选择第一组线圈的 107、108、109、110、111、112 模型，接着在环境功能区单击【Source Conductor】→【Details of "Source Conductor4"】→【Definition】→【Conductor Type】= Stranded，【Number of Turns】= 5，【Conducting Area】= 0.001。右击【Source Conductor】→【Insert】→【Current】→【Details of "Current"】→【Definition】→【Magnitude】= Function，继续输入函数-1∗sin（360∗50∗time+0），如图 10-29 所示。

（9）在标准工具栏上单击 ![icon]，然后选择第二组线圈的 207、208、209、210、211、212 模型，接着在环境功能区单击【Source Conductor】→【Details of "Source Conductor5"】→【Definition】→【Conductor Type】= Stranded，【Number of Turns】= 5，【Conducting Area】= 0.001。右击【Source Conductor】→【Insert】→【Current】→【Details of "Current"】→【Definition】→【Magnitude】= Function，继续输入函数-1∗sin（360∗50∗time+120），如图 10-30 所示。

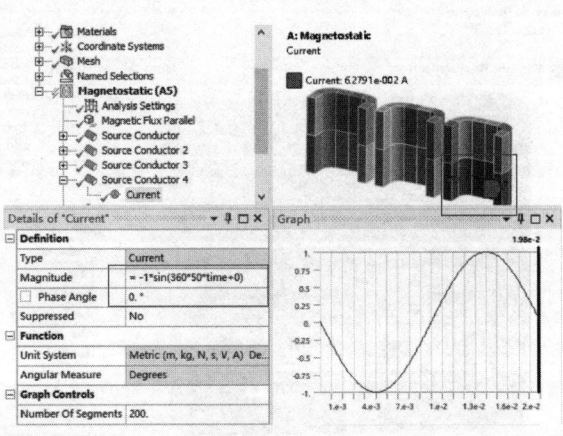

图 10-29　为第一组余下铜线圈施加激励源导体

（10）在标准工具栏上单击 ，然后选择第三组线圈的 307、308、309、310、311、312 模型，接着在环境功能区单击【Source Conductor】→【Details of "Source Conductor6"】→【Definition】→【Conductor Type】= Stranded，【Number of Turns】= 5，【Conducting Area】= 0.001。右击【Source Conductor】→【Insert】→【Current】→【Details of "Current"】→【Definition】→【Magnitude】= Function，继续输入函数 -1*sin(360*50*time+240)，如图 10-31 所示。然后，在图形区域右击，从弹出的快捷菜中选择【Show All Bodies】。

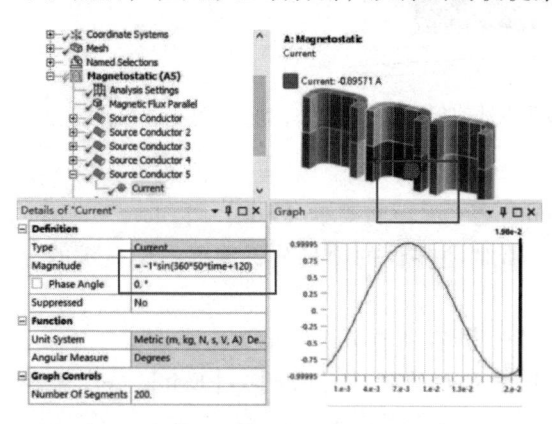

图 10-30　为第二组余下铜线圈施加激励源导体

图 10-31　为第三组余下铜线圈施加激励源导体

10. 设置需要结果

（1）在导航树上单击【Solution（A6）】。

（2）在 Mechanical 环境求解功能区单击【Electromagnetic】→【Total Magnetic Flux Density】→【Details of "Total Magnetic Flux Density"】→【Scope】→【Scoping Method】= Named Selection，【Named Selection】= Core，【Definition】→【By】= Result Set，【Set Number】= 7，其他默认。

11. 求解与结果显示

（1）在 Mechanical 环境求解功能区单击 进行求解运算。

（2）运算结束后，单击【Solution（A6）】→【Total Magnetic Flux Density】，总磁通密度在第 7 步数的分布云图及数据，如图 10-32 和图 10-33 所示；也可在工具栏依次单击线框图标 ，矢量图图标 ，查看总磁通密度在第 7 步数的矢量分布云图，如图 10-34 所示。

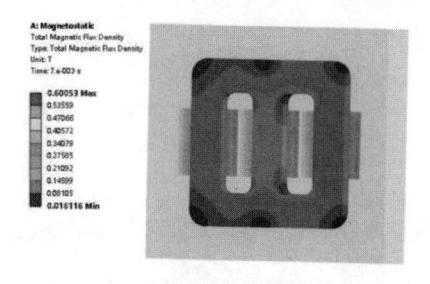

图 10-32　总磁通密度在第 7 步数的分布云图

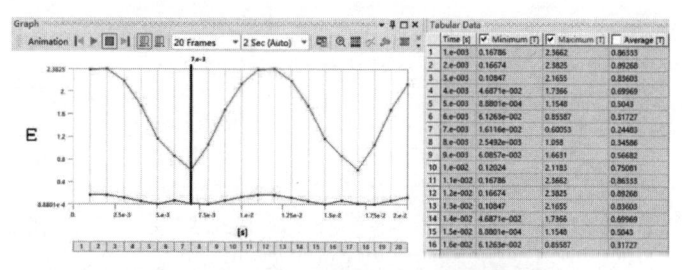

图 10-33　总磁通密度在第 7 步数的数据

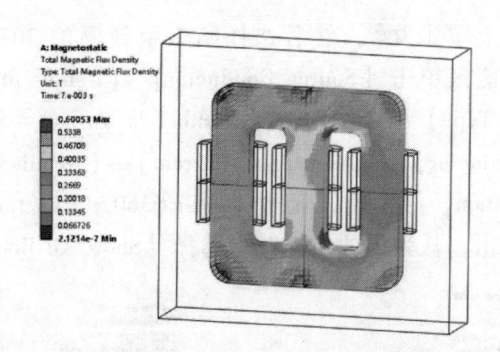

图 10-34　总磁通密度在第 7 步数的矢量分布云图

12. 保存与退出

（1）退出 Mechanical 分析环境。单击 Mechanical 主界面的菜单【File】→【Close Mechanical】退出分析环境，返回到 Workbench 主界面，此时主界面的项目分析流程图中显示的分析已完成。

（2）单击 Workbench 主界面上的【Save】按钮，保存所有分析结果文件。

（3）退出 Workbench 环境。单击 Workbench 主界面的菜单【File】→【Exit】退出主界面，完成分析。

10.2.3　分析点评

本实例是三相变压器电磁分析，电磁分析与结构分析不同，除关注边界的施加方式外，在分析前，需对铜线圈包裹钢芯体外围进行空气域包围处理，这一步本实例未体现，可参考几何模型的做法。在后处理方面，本实例更关注矢量分布图。

第11章　增材制造工艺分析

11.1　椎弓根导板增材制造分析

11.1.1　问题描述

某节段颈椎椎弓根导板由曲面贴合板和两进针孔导航圆柱组成，采用粉末床熔融增材制造方法制造，材料为316不锈钢，其模型成形示意图如图11-1所示。若采用固有应变方法，其他相关参数在分析过程中体现。试分析椎弓根导板增材过程中是否存在反向干涉，求解过程中的等效应力和等效应变。

11.1.2　实例分析过程

1. 启动 Workbench 2024

在"开始"菜单中执行 ANSYS 2024 R1/R2→Workbench 2024R1/R2 命令。

2. 创建粉末床融合固有应变分析

（1）在工具箱【Toolbox】的【Custom Systems】中双击或拖动粉末床融合固有应变分析【AM LPBF Inherent Strain】到项目分析流程图，如图11-2所示。

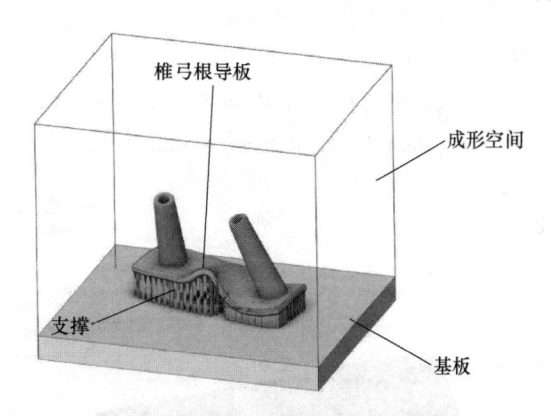

图11-1　椎弓根导板模型成形示意图

（2）在 Workbench 的工具栏中单击【Save】，保存项目实例名称为 Guide．wbpj。如工程实例文件保存在 D：\AWB\Chapter11 文件夹中。

3. 导入几何模型

在粉末床融合固有应变增材制造分析项目上右击【Geometry】→【Import Geometry】→【Browse】，找到模型文件 Guide．scdoc，打开导入几何模型。如模型文件在 D：\AWB\Chapter11 文件夹中。

4. 进入 Mechanical 分析环境

（1）在粉末床融合固有应变增材制造分析项目上右击【Model】→【Edit...】进入 Systems A，B- Mechanical 分析环境。

图11-2　创建粉末床融合固有应变分析

（2）在 Mechanical 的环境主页【Home】功能区【Units】中设置单位为 Metric（mm，kg，N，s，mV，mA）。

5. 增材制造设置

（1）使用 LPBF 设置向导。在功能区单击【LPBF Process】→【LPBF Setup Wizard】后会在右侧自动弹出设置面板，首先进行模型设置，在标准工具栏上单击 ▣。

（2）设置构建模型。【Build Geometry】→【Part Geometry Selection】选择 Guide 体，单击【Apply】。

（3）设置支撑。【Select Support】= New，【Support Type】= STL Supports，【Number of Supports】= Single，【STL Supports File】→【Edit】选择 STL 支撑，如在 D:\AWB\Chapter11\Guide Support.stl，【STL Support Type】= Volumeless。

（4）设置基板。【Base Geometry】→【Base Geometry Selection】选择 Base 体，单击【Apply】。

（5）设置材料。【Material Assignment】→【Build Material】= 316 Stainless Steel，在这里模型椎弓根导板、基板、支撑都用 316 Stainless Steel 材料。

（6）设置网格。【Mesh Criteria】→【Mesh Method】= Cartesian，【Build Element Size】= 0.2mm，【Base Element Size】= 5mm，如图 11-3 所示，单击【Next】进行下一步设置。

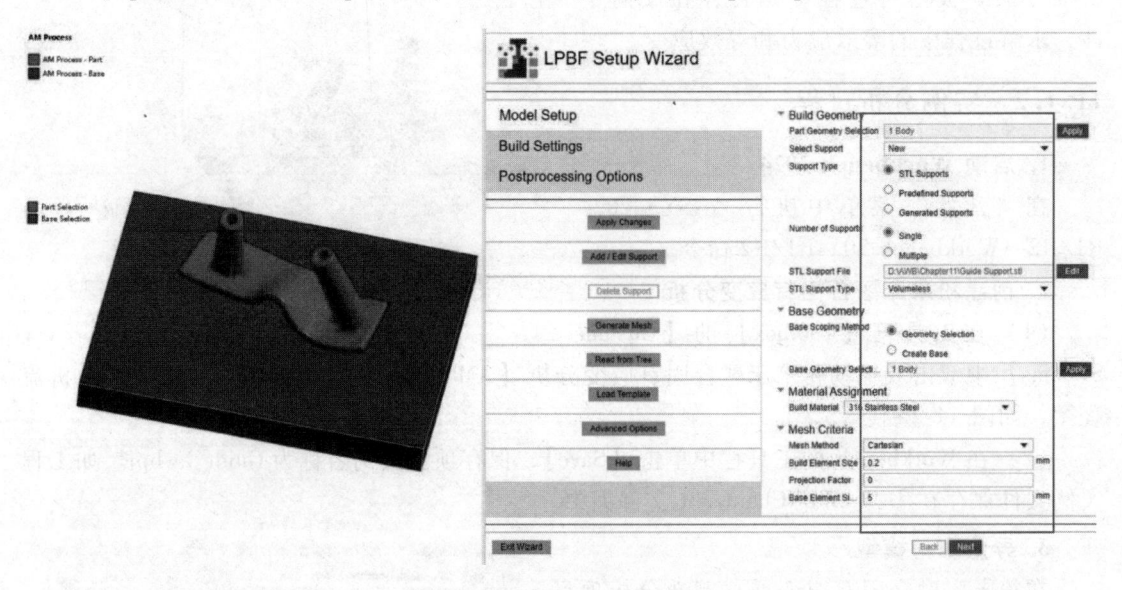

图 11-3 增材制造模型设置

（7）构建机器设置。【Build Settings】→【Inherent Strain Definition】= Isotropic→【Hatch Spacing】= 0.15mm，【Scan Speed】= 1200mm/s，【Dwell Time】= 5s，其他包括基板预热温度、边界条件等采取自动选择和默认设置，如图 11-4 所示。单击【Next】进行下一步设置。

（8）后处理设置。本例分析不进行基板移除和支撑移除，默认后处理结果设置，更多结果处理根据需要可自行设置，如图 11-5 所示。单击【Finish】程序自动完成所有设置，出现在左侧的导航树上，如图 11-6 所示。

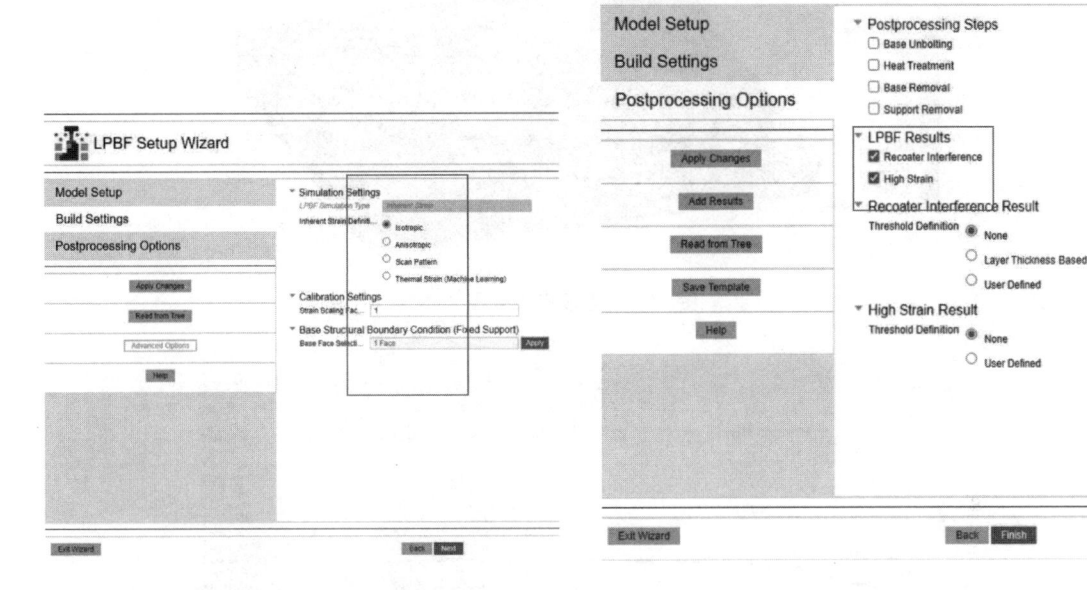

图 11-4 增材制造构建机器设置

图 11-5 增材制造后处理设置

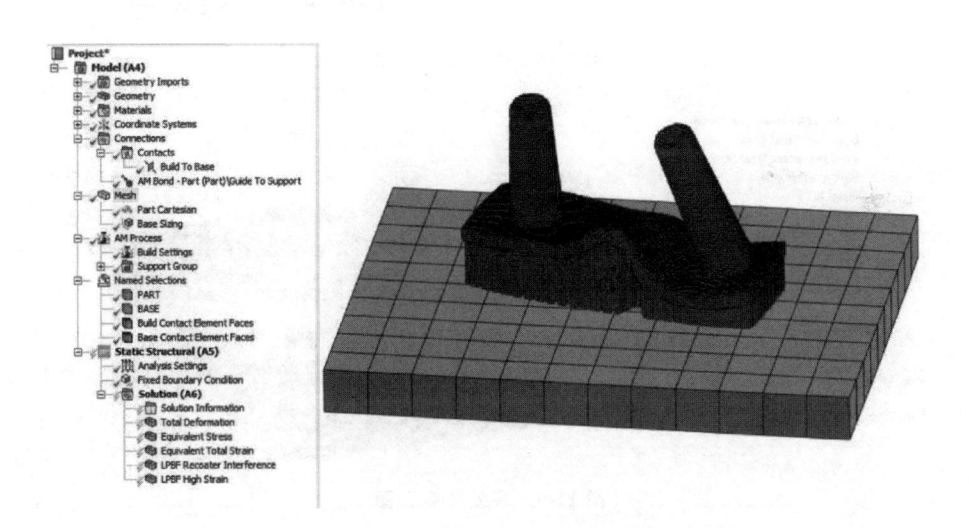

图 11-6 增材制造导航树完成设置及划分网格

6. 求解与结果显示

（1）在 Mechanical 环境求解功能区单击 ⚡ 进行求解运算。

（2）运算结束后，依次单击【Solution（A6）】→【Equivalent Stress】、【Equivalent Total Strain】、【LPBF Recoater Interference】、【LPBF High Strain】，图形区域显示椎弓根导板增材过程中产生的等效应力云图及数据、等效应变云图及数据、反冲干涉云图、高应变云图，如图 11-7~图 11-12 所示。

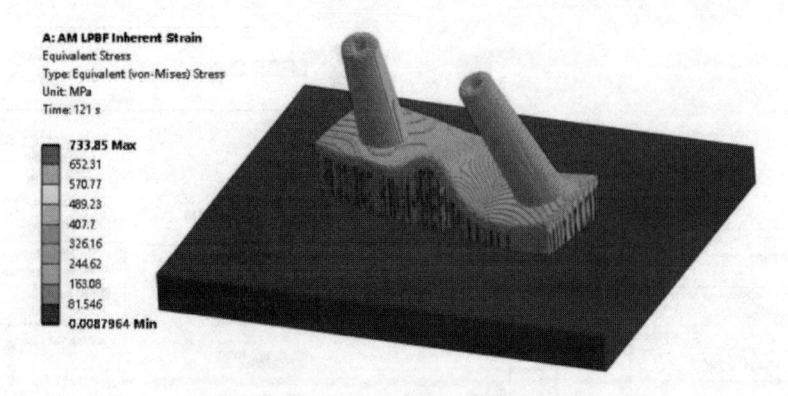

图 11-7 等效应力云图

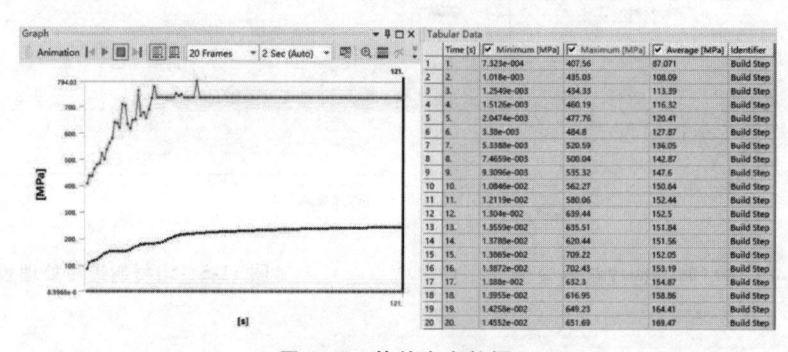

图 11-8 等效应力数据

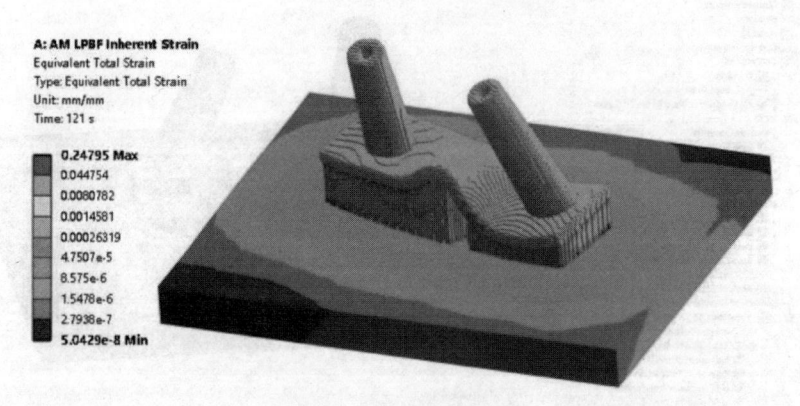

图 11-9 等效应变云图

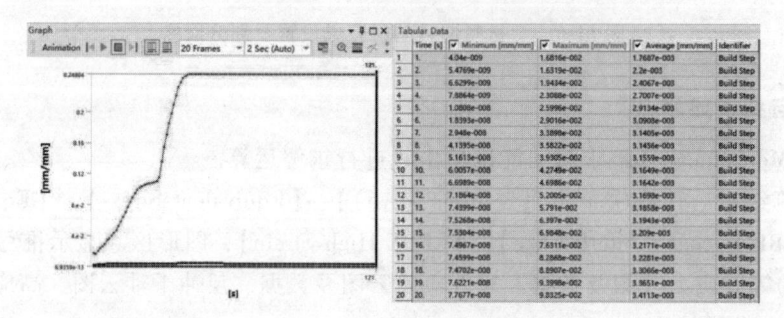

图 11-10 等效应变数据

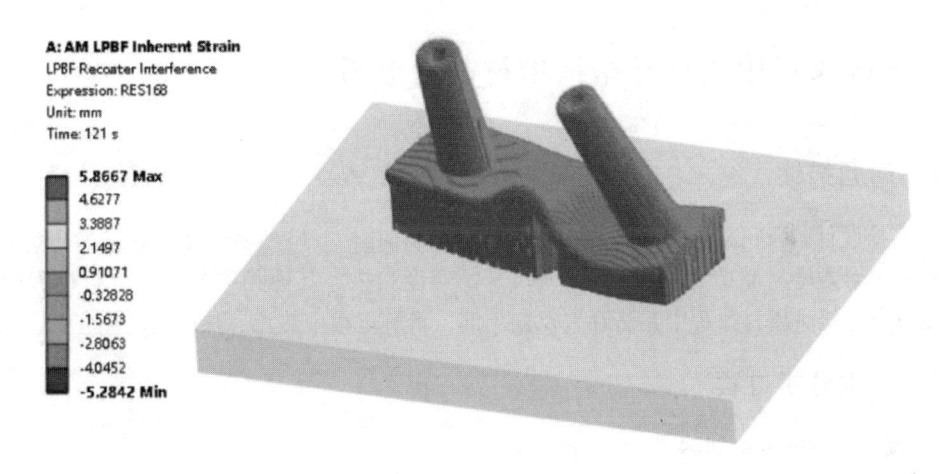

图 11-11　反冲干涉云图

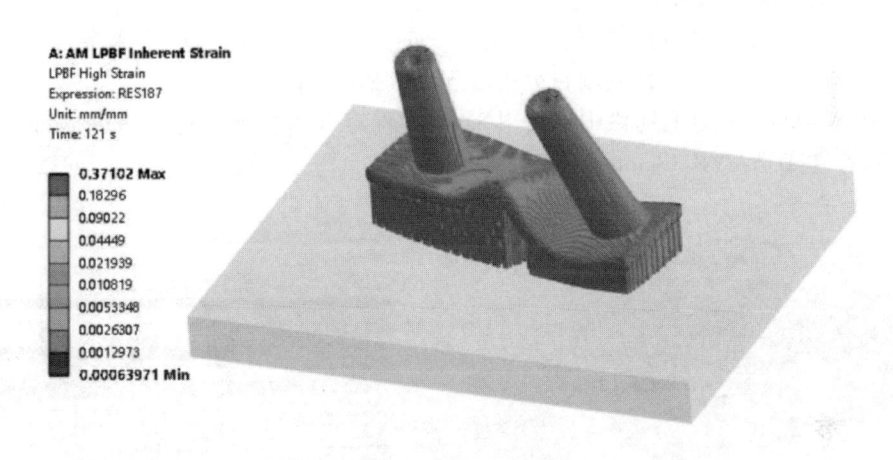

图 11-12　高应变云图

7. 保存与退出

（1）退出 Mechanical 分析环境。单击 Mechanical 主界面的菜单【File】→【Close Mechanical】退出分析环境，返回到 Workbench 主界面，此时主界面的项目管理区中显示的分析项目均已完成。

（2）单击 Workbench 主界面上的【Save】按钮，保存所有分析结果文件。

（3）退出 Workbench 环境。单击 Workbench 主界面的菜单【File】→【Exit】退出主界面，完成项目分析。

11.1.3　分析点评

本例椎弓根导板采用的是粉末床熔融增材制造的方法，与传统方法相比，在质量和效率方面有明显的优势。分析过程中采用定制的粉末床融合固有应变分析流程模板，并采用向导设置，过程简单快速，可以自动完成导航树中的移植设置。摆放方式设置45°角内无支撑，因底部与基板有间距，导板底部与基板间设有支撑。由于程序采用的是超级层方法，简化了细节、计算效率高。

11.2 飞机双耳接头拓扑结构增材制造分析

11.2.1 问题描述

某种拓扑设计的飞机双耳接头模型增材制造示意图如图 11-13 所示。接头材料为 316 不锈钢，若采用粉末床熔融增材制造方法，以 1200mm/s 的速度扫描，其他相关参数在分析过程中体现。试分析飞机双耳接头增材过程中是否存在反向干涉，求解过程中热点、热应力、热应变。

11.2.2 实例分析过程

1. 启动 Workbench 2024

在"开始"菜单中执行 ANSYS 2024R1/R2→Workbench 2024R1/R2 命令。

2. 创建粉末床融合热结构分析

（1）在工具箱【Toolbox】的【Custom Systems】中双击或拖动粉末床融合热结构分析【AM LPBF Thermal Structural】到项目分析流程图，如图 11-14 所示。

（2）在 Workbench 的工具栏中单击【Save】，保存项目实例名称为 Joint.wbpj。如工程实例文件保存在 D:\AWB\Chapter11 文件夹中。

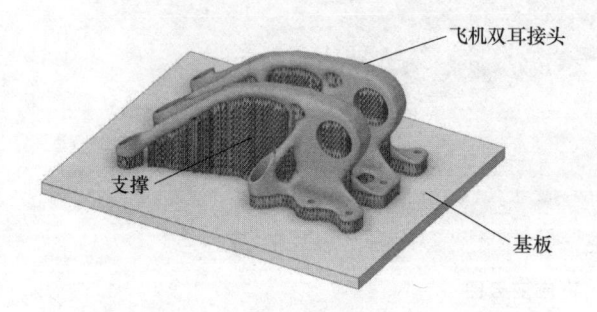

图 11-13 飞机双耳接头模型增材制造示意图

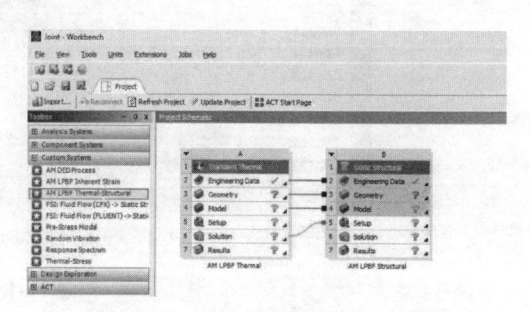

图 11-14 创建粉末床融合热结构分析

3. 导入几何模型

在粉末床融合热分析项目上右击【Geometry】→【Import Geometry】→【Browse】，找到模型文件 Joint.scdoc，打开导入几何模型。如模型文件在 D:\AWB\Chapter11 文件夹中。

4. 进入 Mechanical 分析环境

（1）在粉末床融合热分析项目上右击【Model】→【Edit…】进入 Systems A，B-Mechanical 分析环境。

（2）在 Mechanical 的环境主页【Home】功能区【Units】中设置单位为 Metric（mm，kg，N，s，mV，mA）。

5. 增材制造设置

（1）使用 LPBF 设置向导。在功能区单击【LPBF Process】→【LPBF Setup Wizard】后会在右侧自动弹出设置面板，首先进行模型设置，在标准工具栏上单击 。

（2）设置构建模型。【Build Geometry】→【Part Geometry Selection】选择 Joint 体，单击【Apply】。

（3）设置支撑。【Select Support】=New，【Support Type】=STL Supports，【Number of Supports】=Single，【STL Supports File】→【Edit】选择 STL 支撑，如在 D：\AWB\Chapter11\Joint Support.stl，【STL Support Type】=Volumeless。

（4）设置基板。【Base Geometry】→【Base Geometry Selection】选择 Base 体，单击【Apply】。

（5）设置材料。【Material Assignment】→【Build Material】=316 Stainless Steel，在这里模型飞机接头、基板、支撑都用 316 Stainless Steel 材料。

（6）设置网格。【Mesh Criteria】→【Mesh Method】=Cartesian，【Build Element Size】=0.6mm，【Base Element Size】=5mm，如图 11-15 所示，单击【Next】进行下一步设置。

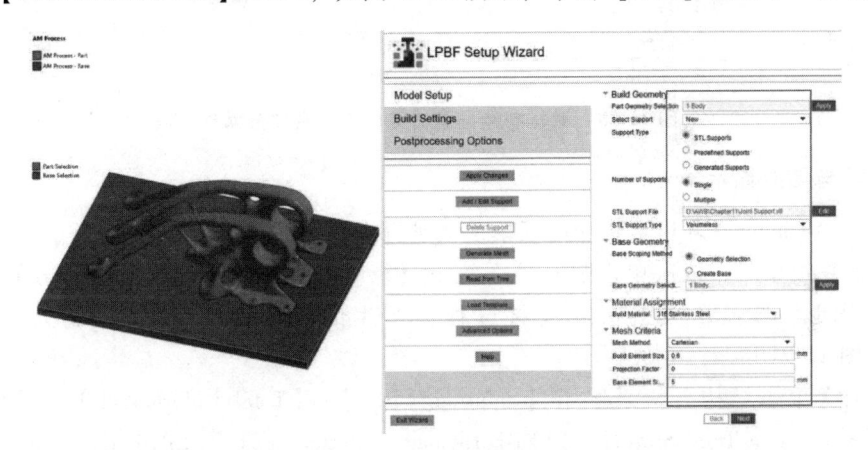

图 11-15　增材制造模型设置

（7）构建机器设置。【Machine Settings】→【Heating Method】→【Melting Temperature】→【Hatch Spacing】=0.13mm，【Scan Speed】=1200mm/s，【Dwell Time】=5s，其他包括基板预热温度、边界条件等采取自动选择和默认设置，如图 11-16 所示。单击【Next】进行下一步设置。

（8）后处理设置。本例分析不进行基板移除和支撑移除，默认后处理结果设置，更多结果处理根据需要可自行设置，如图 11-17 所示。单击【Finish】程序自动完成所有设置，出现在左侧的导航树上，如图 11-18 所示。

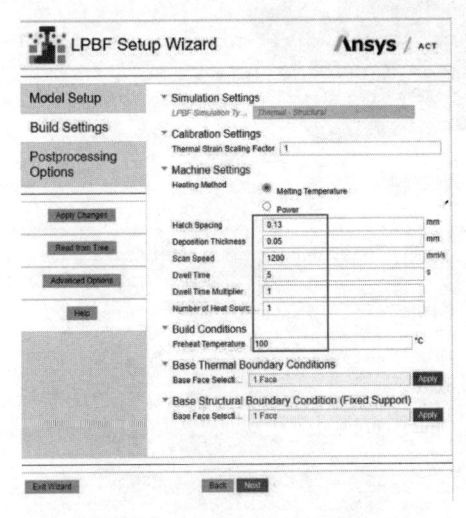

图 11-16　增材制造构建机器设置

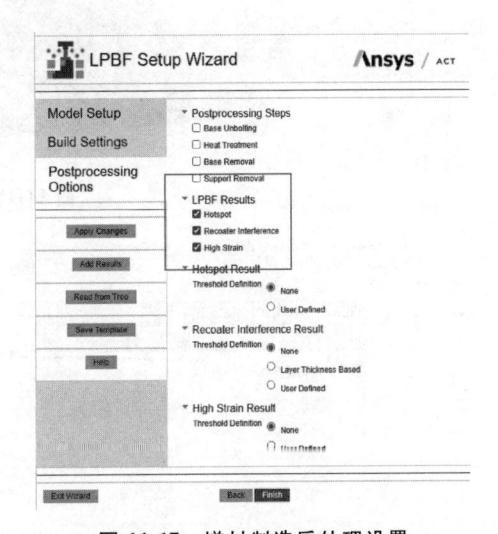

图 11-17　增材制造后处理设置

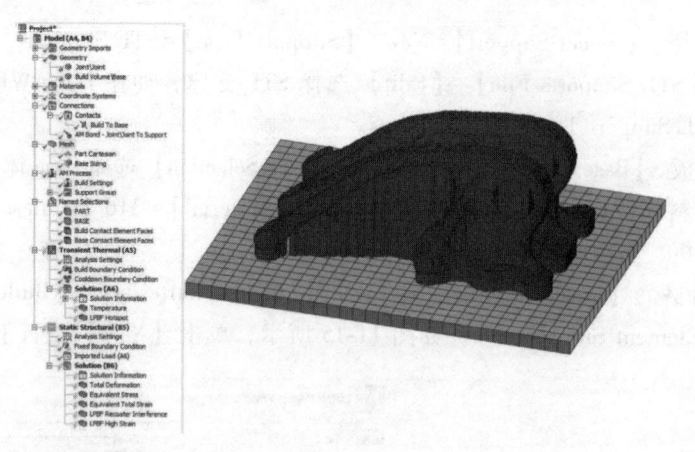

图 11-18 增材制造导航树完成设置及划分网格

6. 求解与结果显示

（1）在 Mechanical 环境求解功能区单击 ⚡ 进行求解运算。

（2）运算结束后，依次单击热分析系统下【Solution（A6）】→【Temperature】、【LPBF Hotspot】，图形区域显示飞机接头增材过程中产生的温度云图及数据和热点云图，如图 11-19～图 11-21 所示。

（3）依次单击结构分析系统下【Solution（B6）】→【Total Deformation】、【Equivalent Stress】、【Equivalent Total Strain】、【LPBF Recoater Interference】、【LPBF High Strain】，图形区域显示飞机接头增材过程中产生的等效应力云图、等效应变云图、反冲干涉云图、高应变云图，如图 11-22～图 11-25 所示。

图 11-19 温度云图

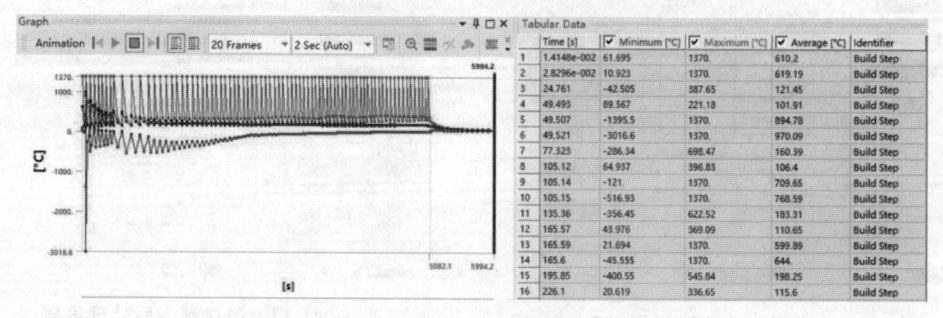

图 11-20 温度数据

图 11-21　热点云图

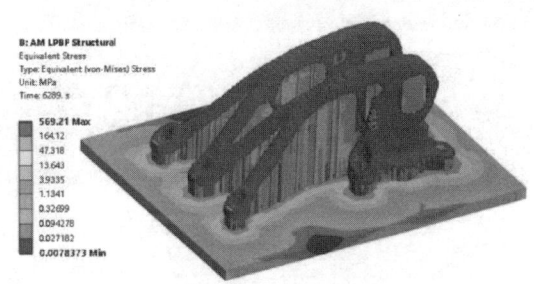

图 11-22　等效应力云图

图 11-23　等效应变云图

图 11-24　反冲干涉云图

7. 保存与退出

（1）退出 Mechanical 分析环境。单击 Mechanical 主界面的菜单【File】→【Close Mechanical】退出分析环境，返回到 Workbench 主界面，此时主界面的项目管理区中显示的分析项目均已完成。

（2）单击 Workbench 主界面上的【Save】按钮，保存所有分析结果文件。

（3）退出 Workbench 环境。单击 Workbench 主界面的菜单【File】→【Exit】退出主界面，完成项目分析。

图 11-25　高应变云图

11.2.3　分析点评

本例拓扑设计的飞机双耳接头采用的是粉末床熔融增材制造的方法，与传统方法相比，可以一次性生产这种拓扑结构，在质量和效率方面有明显的优势。分析过程中采用定制的粉末床融合热结构分析流程模板，并采用向导设置，过程简单快速，可自动完成导航树中的移植设置。粉末床熔融增材制造模拟一方面是打印参数的设置，另一方面是支撑的摆放方式，对分析结果和实际的打印都有重要影响。限于篇幅内容，本例直接采用加载最优支撑文件方式，没有说明如何加支撑，具体可参看本系列第一本《ANSYS Workbench 2024 有限元分析入门与应用》。

第12章　耦合场分析

12.1　铜芯铝绞导线热电场耦合分析

12.1.1　问题描述

某型铜芯铝绞导线，导线中心为铜芯，周围为铝线，在通电时导线会产生热量，相关参数在分析过程中体现。试求导线在 50mv 电压下通电 10min 所产生的温度及电压分布情况。

12.1.2　实例分析过程

1. 启动 Workbench 2024

在"开始"菜单中执行 ANSYS 2024R1/R2→Workbench 2024R1/R2 命令。

2. 创建耦合场静态分析

（1）在工具箱【Toolbox】的【Analysis Systems】中双击或拖动耦合场静态分析【Coupled Field Static】到项目分析流程图，如图 12-1 所示。

（2）在 Workbench 的工具栏中单击【Save】，保存项目实例名称为 Cable.wbpj。如工程实例文件保存在 D:\AWB\Chapter12 文件夹中。

3. 确定材料参数

（1）编辑工程数据单元，右击【Engineering Data】→【Edit...】。

（2）在工程数据属性中添加材料。

在 Workbench 的工具栏上单击 进入工程材料库，此时的界面显示【Engineering Data Sources】和【Outline of Favorites】。选择 A4 栏【General Materials】，从【Outline of General Materials】里查找铜合金【Copper Alloy】材料和铝合金【Aluminum Alloy】，然后单击【Outline of General Materials】表

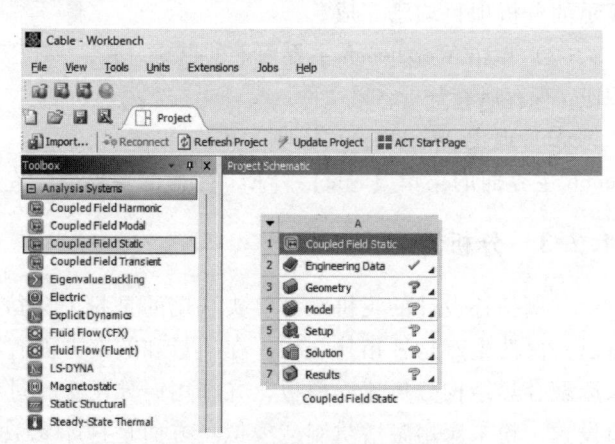

图 12-1　创建耦合场静态分析

中的添加按钮 ，此时在 C6 栏中显示标示 ，表明材料添加成功，如图 12-2 所示。

（3）单击工具栏中的【A2：Engineering Data】关闭按钮，返回到 Workbench 主界面，新材料添加完毕。

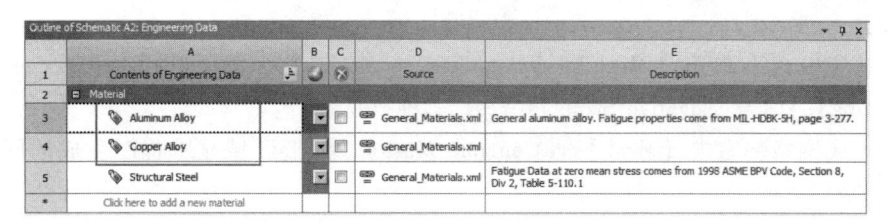

图 12-2 添加材料

4. 导入几何模型

在耦合场静态分析项目上右击【Geometry】→【Import Geometry】,【Browse】→找到模型文件 Cable.scdoc,打开导入几何模型。如模型文件在 D:\AWB\Chapter12 文件夹中。

5. 进入 Mechanical 分析环境

（1）在耦合场静态分析项目上右击【Model】→【Edit...】进入 Coupled Field Static-Mechanical 分析环境。

（2）在 Mechanical 的主菜单【Units】中设置单位为 Metric（mm, kg, N, s, mV, mA）。

6. 为几何模型分配材料属性

（1）在导航树上单击【Geometry】展开，选择【Copper.1 至 Copper.7】→【Details of "Multiple Selection"】→【Material】→【Assignment】= Copper Alloy,如图 12-3 所示。

（2）选择【ACSR.1 至 ACSR.10】→【Details of "Multiple Selection"】→【Material】→【Assignment】= Aluminum Alloy,如图 12-4 所示。

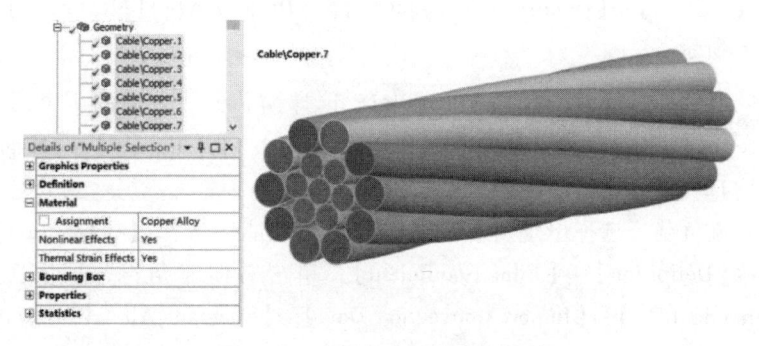

图 12-3 为铜芯分配铜合金材料

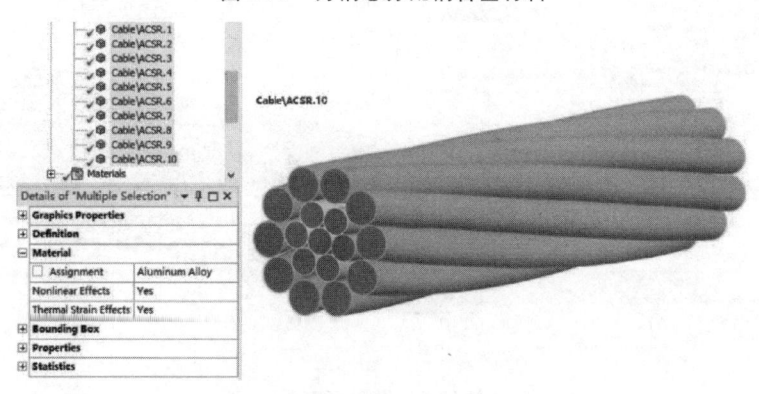

图 12-4 为铝绞分配铝合金材料

7. 划分网格

（1）在导航树上单击【Mesh】→【Details of "Mesh"】→【Defaults】→【Element Size】= 1mm；【Sizing】→【Use Adaptive Sizing】= Yes，其他默认。

（2）生成网格。右击【Mesh】→【Generate Mesh】，图形区域显示程序生成的网格模型，如图 12-5 所示。

（3）网格质量检查。在导航树上单击【Mesh】→【Details of "Mesh"】→【Quality】→【Mesh Metric】= Skewness，显示 Skewness 规则下网格质量详细信息，平均值处在良好的水平范围内，展开【Statistics】显示网格和节点数量。

8. 施加边界条件

（1）设置时间步。单击【Coupled Field Transient（A5）】→【Analysis Settings】→【Details of "Analysis Settings"】→【Step Controls】→【Step End Time】= 10s，其他默认。

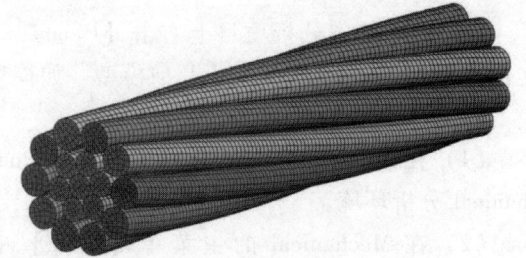

图 12-5 网格模型

（2）定义物理区域。单击【Physics Region】→【Details of "Physics Region"】→【Definition】→【Structural】= No，【Thermal】= Yes，【Electric】= Conduction，同时选择所有几何体。

（3）设置高电压。在标准工具栏上单击 图标，选择铜芯端面的 7 个面，在环境功能区单击【Voltage】，【Voltage】→【Details of "Voltage"】→【Definition】→【Magnitude】= 50mv，其他默认，如图 12-6 所示。

（4）设置低电压。在标准工具栏上单击 图标，选择铜芯另一端面的 7 个面，在环境功能区单击【Voltage】，【Voltage2】→【Details of "Voltage2"】→【Definition】→【Magnitude】= 0mv，其他默认，如图 12-7 所示。

（5）施加对流负载。选择电缆所有模型，在环境功能区选择【Convection】→【Details of "Convection"】→【Definition】→【Film Coefficient】，单击右向三角符号，依次选择【Import Temperature Dependent...】→【Import Convection Data】→【Stagnant Air - Horizontal Cyl】，最后单击【OK】。

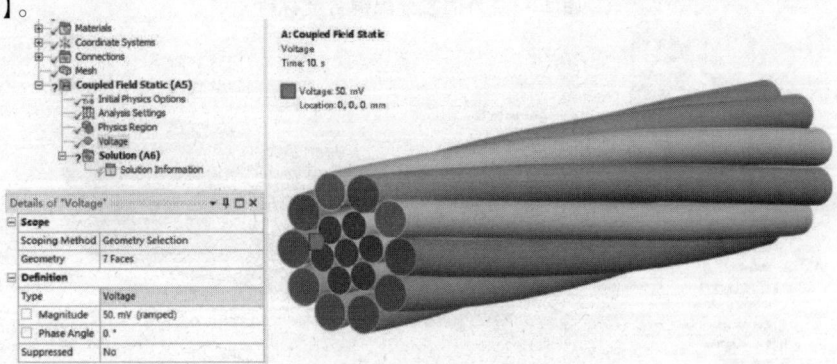

图 12-6 设置高电压

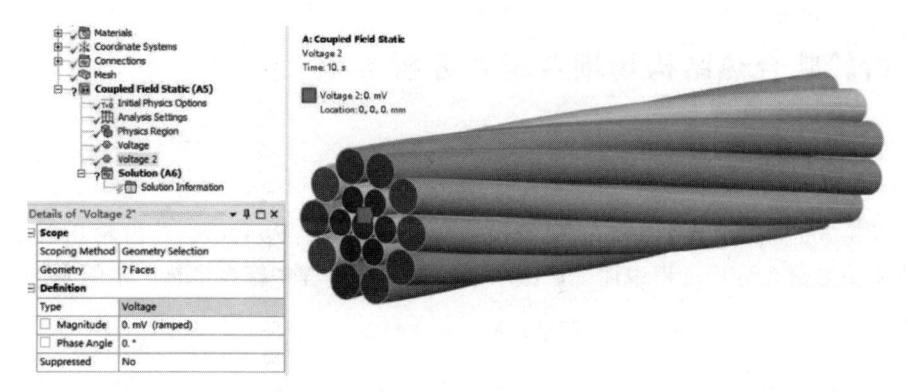

图 12-7 设置低电压

9. 设置需要结果

（1）选择【Solution（A6）】

（2）在 Mechanical 环境求解功能区单击【Thermal】→【Temperature】。

（3）在 Mechanical 环境求解功能区单击【Electric】→【Electric Voltage】。

10. 求解与结果显示

（1）在 Mechanical 环境求解功能区单击 ⚡ 进行求解运算。

（2）运算结束后，单击【Solution（A6）】→【Temperature】、【Electric Voltage】，图形区域显示电缆导电所产生的温度和电压云图，如图 12-8 和图 12-9 所示。

图 12-8 温度云图　　　　图 12-9 电压云图

11. 保存与退出

（1）退出 Mechanical 分析环境。单击 Mechanical 主界面的菜单【File】→【Close Mechanical】退出分析环境，返回到 Workbench 主界面，此时主界面的项目管理区中显示的分析项目均已完成。

（2）单击 Workbench 主界面上的【Save】按钮，保存所有分析结果文件。

（3）退出 Workbench 环境。单击 Workbench 主界面的菜单【File】→【Exit】退出主界面，完成项目分析。

12.1.3 分析点评

本例是铜芯铝绞导线热电场耦合分析案例，在分析时应注意材料的定义，需要同时含有热导率和电阻率参数。本例采用的耦合场静态分析系统，能方便地处理各场耦合问题，在各场转换，此外，本例也可采用稳态热电传导分析系统来完成分析。

12.2 齿轮啮合热结构场耦合瞬态分析

12.2.1 问题描述

某型齿轮式的往复运动机构中的两齿轮啮合运动，材料为40Cr，若齿轮0.2s转动了一周，其他相关参数在分析过程中体现。试求齿轮在啮合过程中摩擦生热产生的变形、应力和温度情况。

12.2.2 实例分析过程

1. 启动 Workbench 2024

在"开始"菜单中执行 ANSYS 2024R1/R2→Workbench 2024R1/R2 命令。

2. 创建耦合场瞬态分析

（1）在工具箱【Toolbox】的【Analysis Systems】中双击或拖动耦合场瞬态分析【Coupled Field Transient】到项目分析流程图，如图12-10所示。

（2）在 Workbench 的工具栏中单击【Save】，保存项目实例名称为 Gear.wbpj。如工程实例文件保存在 D:\AWB\Chapter12 文件夹中。

图 12-10 创建耦合场瞬态分析

3. 确定材料参数

（1）编辑工程数据单元，右击【Engineering Data】→【Edit...】。

（2）在工程数据属性中创建新材料：【Outline of Schematic A2：Engineering Data】→【Click here to add a new material】，输入新材料名称 40Cr。

（3）在左侧单击【Physical Properties】展开，双击【Density】，设置【Properties of Outline Row 3：40Cr】→【Table of Properties Row 3：Density】→【Density】= 7820kg m^-3。

（4）双击【Isotropic Secant Coefficient of Thermal Expansion】→【Properties of Outline Row 3：40Cr】→【Table of Properties Row 3：Coefficient of Thermal Expansion】→【Coefficient of Thermal Expansion】= 1.15E-07/℃。

（5）在左侧单击【Linear Elastic】展开，双击【Isotropic Elasticity】，设置【Properties of Outline Row 3：40Cr】→【Young's Modulus】= 2.06E+11Pa。

（6）设置【Properties of Outline Row 3：40Cr】→【Poisson's Ratio】= 0.27。

（7）在左侧的工具箱【Toolbox】中选择【Thermal】→【Isotropic Thermal Conductivity】→【Properties of Outline Row 5：40Cr】→【Isotropic Thermal Conductivity】= 32.6W/m·K，如图12-11所示。

（8）单击工具栏中的【A2：Engineering Data】关闭按钮，返回到Workbench主界面，新材料创建完毕。

4. 导入几何模型

在耦合场瞬态分析项目上右击【Geometry】→【Import Geometry】→【Browse】，找到模型文件 Gear.scdoc，打开导入几何模型。如模型文件在 D:\AWB\Chapter12 文件夹中。

图 12-11　创建新材料

5. 进入 Mechanical 分析环境

（1）在耦合场瞬态分析项目上右击【Model】→【Edit...】进入 Coupled Field Transient-Mechanical 分析环境。

（2）在 Mechanical 的主菜单【Units】中设置单位为 Metric（mm，kg，N，s，mV，mA）。

6. 为几何模型分配材料属性

大小齿轮的材料都为 40Cr。

7. 创建边界区域

（1）小齿轮啮合面命名选择。在标准工具栏单击，然后选择小齿轮啮合面，右击【Create Named Selection】，从弹出对话框中命名 small，选择【Size】，然后单击【OK】确定，齿条所有啮合面被选中，在导航树中出现了一组【Named Selections】项，如图 12-12 所示。

（2）大齿轮啮合面命名选择。在标准工具栏单击，然后选择大齿轮啮合面，右击【Create Named Selection】，从弹出对话框中命名 big，选择【Size】，然后单击【OK】确定，齿轮所有啮合面被选中，在导航树中出现了一组【Named Selections】项，如图 12-13 所示。

图 12-12　小齿轮啮合面命名选择 　　　　图 12-13　大齿轮啮合面命名选择

8. 创建连接副连接

（1）在导航树上单击【Connections】并展开，打开【Body Views】。

（2）创建 gear small 与地连接。在标准工具栏上单击 图标，单击【Connections】，在 Mechanical 的连接功能区单击【Body-Ground】→【Revolute】，运动体选择 gear small 轴孔内表面，如图 12-14 所示，其他默认。

（3）创建 gear big 与地连接。在标准工具栏上单击 图标，单击【Connections】→【Joints】，在 Mechanical 的连接功能区单击【Body-Ground】→【Revolute】，运动体选择 gear big 轴孔内表面，如图 12-15 所示，其他默认。

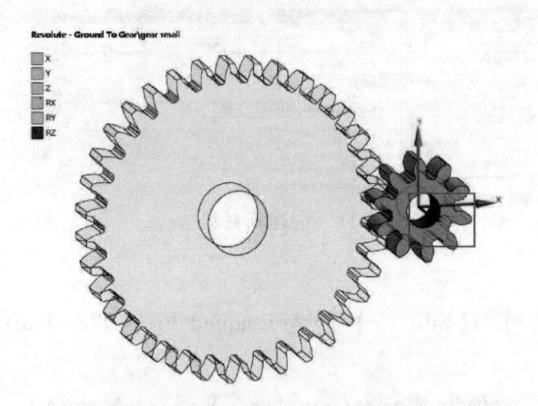

图 12-14 创建 gear small 与地连接 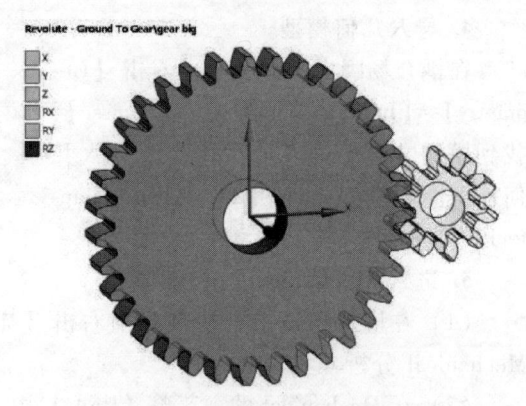　　图 12-15 创建 gear big 与地连接

（4）在导航树上右击【Contacts】→【Rename Based On Definition】，重新命名目标面与接触面。

（5）设置齿轮与齿条的接触对。单击【Bonded - Gear\gear small To Gear\gear big】→【Details of "Bonded - Gear\gear small To Gear\gear big"】→【Scope】→【Scoping Method】= Named Selection，【Contact】= small；【Target】= big；然后继续设置【Definition】→【Type】= Frictional，【Frictional Coefficient】= 0.2，【Behavior】= Symmetric；【Advanced】→【Formulation】= Augmented Lagrange，【Small Sliding】= Off，【Normal Stiffness】= Factor，【Update Stiffness】= Each Iteration，【Time Step Controls】= Automatic Bisection，【Geometric Modification】→【Interface Treatment】= Add Offset, No Ramping，【Offset】= 0.1，其他默认，如图 12-16 所示。

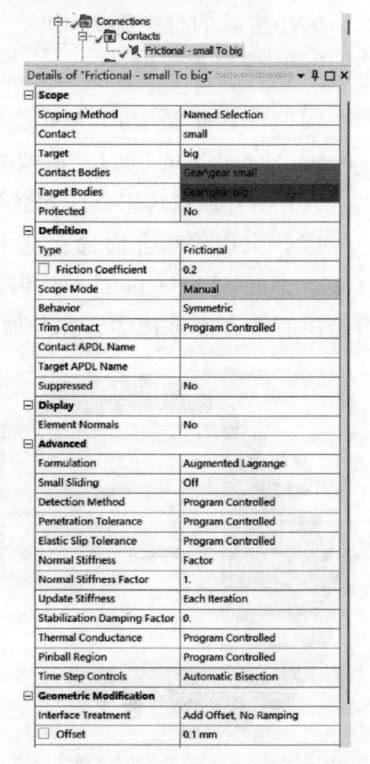

9. 划分网格

（1）在导航树上单击【Mesh】→【Details of "Mesh"】→【Defaults】→【Physics Preference】= Mechanical；【Sizing】→【Use Adaptive Sizing】= Yes，其他默认。

（2）在标准工具栏上单击 图标，选择两齿轮，然后在导航树上右击【Mesh】，从弹出的快捷菜单中选择【Insert】→

图 12-16 设置齿轮与齿条的接触对

【Method】→【Details of "Automatic Mesh"】→【Definition】→【Method】→【MultiZone】。

（3）选择齿轮和齿条，然后在导航树上右击【Mesh】，从弹出的快捷菜单中选择【Insert】→【Sizing】；【Sizing】→【Details of "Body Sizing" -Sizing】→【Definition】→【Element Sizing】=1mm。

（4）生成网格。右击【Mesh】→【Generate Mesh】，图形区域显示程序生成的网格模型，如图12-17所示。

（5）网格质量检查。在导航树上单击【Mesh】→【Details of "Mesh"】→【Quality】→【Mesh Metric】=Skewness，显示Skewness规则下网格质量详细信息，平均值处在良好的水平范围内，展开【Statistics】显示网格和节点数量。

10. 施加边界条件

（1）设置时间步。单击【Coupled Field Transient (A5)】→【Analysis Settings】→【Details of "Analysis Settings"】→【Step Controls】→【Step End Time】=0.2s，【Auto Time Stepping】=On，【Define By】=Substeps，【Initial Step】=250，【Minimum Step】=200，【Maximum Step】=500，【Time Integration】=On，【Structural Only】=On，【Thermal Only】=On；【Large Deflection】=On，其他默认。

图 12-17　网格模型

（2）定义物理区域。单击【Physics Region】→【Details of "Physics Region"】→【Definition】→【Structural】=Yes，【Thermal】=Yes，同时选择所有几何体。

（3）施加对流负载。选择两齿轮，在Mechanical的环境功能区选择【Convection】→【Details of "Convection"】→【Definition】→【Film Coefficient】=100W/mm^2℃。

（4）设置旋转角度。单击【Connections】→【Joints】→【Revolute - Ground To Gear\gear small】，按住不放直接拖动到【Coupled Field Transient (A5)】下，【Joints】→【Details of "Joint Load"】→【Definition】→【Type】=Rotation，【Magnitude】→【Tabular Data】→【Rotation】，依次设置：0s，0°；0.2s，-360°，其他默认。

（5）设置力矩。单击【Connections】→【Joints】→【Revolute - Ground To Gear\gear big】，按住不放直接拖动到【Coupled Field Transient (A5)】下，【Joints】→【Details of "Joint Load"】→【Definition】→【Type】=Moment，【Magnitude】=1000N·mm，其他默认，如图12-18所示。

11. 设置需要结果

（1）选择【Solution (A6)】。

（2）在Mechanical环境的求解功能区单击【Deformation】→【Total】。

（3）在Mechanical环境的求解功能区单击【Stress】→【Equivalent (von-Mises)】。

（4）在Mechanical环境的求解功能区单击【Thermal】→【Temperature】。

12. 求解与结果显示

（1）在Mechanical环境求解功能区单击⚡进行求解运算。

（2）运算结束后，单击【Solution (A6)】→【Total Deformation】、【Equivalent Stress】、

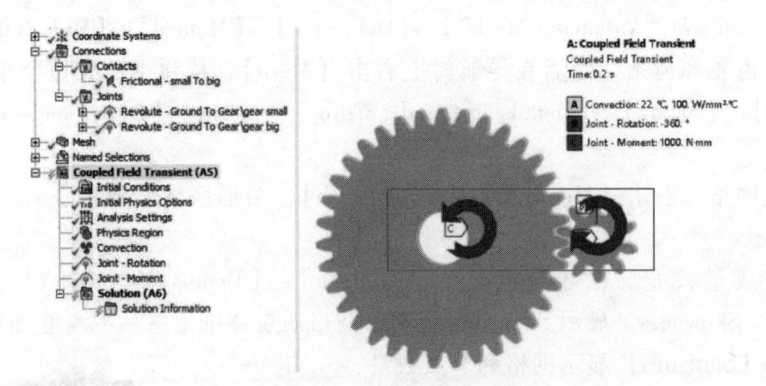

图 12-18 施加边界条件

【Temperature】，图形区域显示齿轮齿条啮合摩擦生热产生的位移、应力和温度云图，如图 12-19~图 12-24 所示。

图 12-19 位移云图

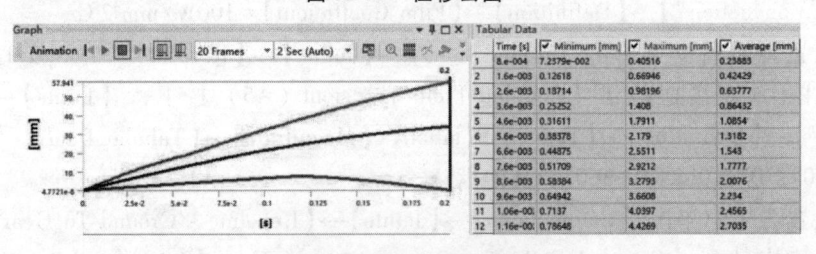

图 12-20 位移轨迹及数据

图 12-21 应力云图

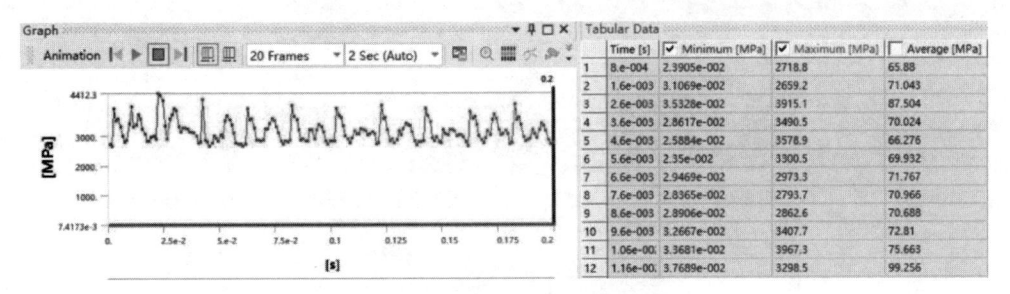

图 12-22　应力变化规律及数据

图 12-23　温度云图

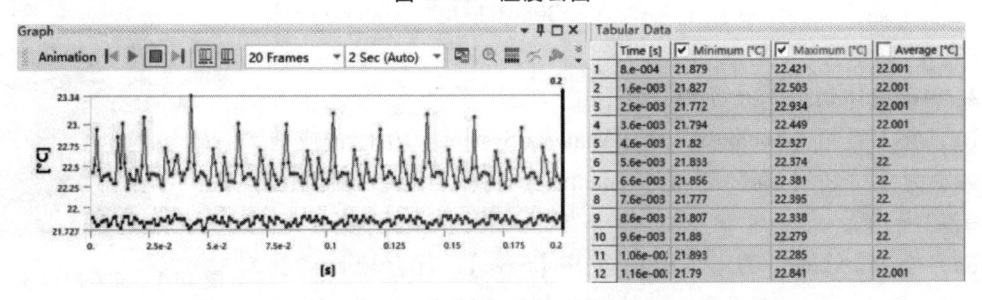

图 12-24　温度变化规律及数据

13. 保存与退出

（1）退出 Mechanical 分析环境。单击 Mechanical 主界面的菜单【File】→【Close Mechanical】退出分析环境，返回到 Workbench 主界面，此时主界面的项目管理区中显示的分析项目均已完成。

（2）单击 Workbench 主界面上的【Save】按钮，保存所有分析结果文件。

（3）退出 Workbench 环境。单击 Workbench 主界面的菜单【File】→【Exit】退出主界面，完成项目分析。

12.2.3　分析点评

本例是齿轮齿条热结构场耦合瞬态分析案例，采用热结构瞬态场耦合方法分析。热结构场耦合分析在一个分析系统即可完成，中间不需要添加辅助命令流即可完成。摩擦生热是一个动态过程，求解分析需要注意分析步的设置。

第13章　流体动力学分析

13.1　罐体充水过程分析

13.1.1　问题描述

已知充水罐体直径 3m，高 5.3m，径口直径 0.6m，径高 0.3m，其模型如图 13-1 所示。如果流速为 0.5m/s 的水充入罐体，水参数采用软件自带的 water-liquid（h2o<1>）数据，试模拟罐体充水过程中流体的状态。

13.1.2　实例分析过程

1. 启动 Workbench 2024

在"开始"菜单中执行 ANSYS 2024R1/R2 → Workbench 2024R1/R2 命令。

2. 创建流体动力学分析 Fluent

（1）在工具箱【Toolbox】的【Analysis Systems】中双击或拖动流体动力学分析【Fluid Flow（Fluent）】到项目分析流程图，如图 13-2 所示。

（2）在 Workbench 的工具栏中单击【Save】，保存项目实例名称为 Tank.wbpj。如工程实例文件保存在 D:\AWB\Chapter13 文件夹中。

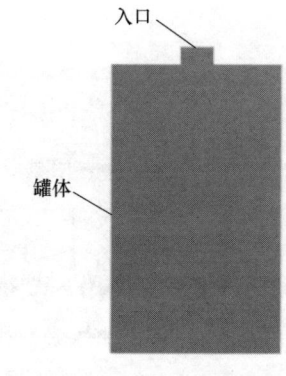

图 13-1　充水罐体模型

3. 导入几何模型

在流体动力学分析上右击【Geometry】→【Import Geometry】→【Browse】，找到模型文件 Tank.agdb，打开导入几何模型。如模型文件在 D:\AWB\ Chapter13 文件夹中。

4. 进入 Meshing 网格划分环境

（1）在流体动力学分析上右击【Mesh】→【Edit...】进入 Meshing 网格划分环境。

（2）在 Meshing 的环境主页【Home】功能区单位【Units】中选择单位为 Metric（mm，kg，N，s，mV，mA）。

5. 划分网格

（1）在导航树上单击【Mesh】→【Details of "Mesh"】→【Defaults】→【Physics Preference】=CFD，【Solver Preference】=Fluent；【Element Size】=40mm；【Sizing】→【Use Adaptive Sizing】=No，【Capture Curvature】=Yes，Curvature Min Size=2mm，Defeature Size=1mm，其他默认。

（2）生成网格。在导航树上右击【Mesh】→【Generate Mesh】，图形区域显示程序生成的网格模型，如图 13-3 所示。

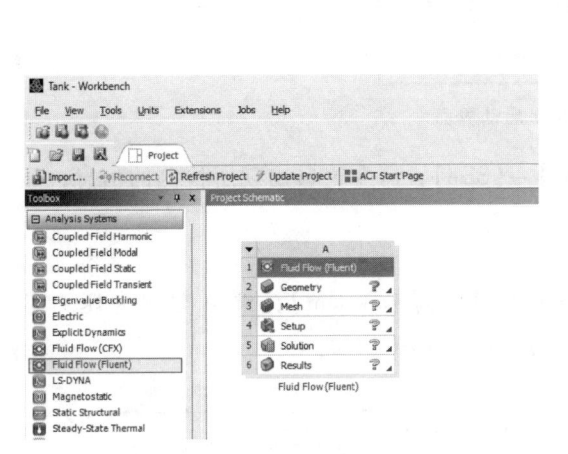

图 13-2　创建流体动力学分析 Fluent

图 13-3　网格模型

（3）网格质量检查。在导航树上单击【Mesh】→【Details of "Mesh"】→【Quality】→【Mesh Metric】= Skewness，显示 Skewness 规则下网格详细信息，平均值处在良好的水平范围内，展开【Statistics】显示网格和节点数量。

6. 创建边界区域

（1）设置入口边界。在标准工具栏单击 ，然后选择长方形左端短边，右击【Create Named Selection】，从弹出对话框中命名，如设为入口"inlet"，然后单击【OK】确定，一个边界区域被创造，在导航树中出现了一组【Named selections】项，如图 13-4 所示。

（2）单击主菜单【File】→【Close Meshing】。

（3）返回 Workbench 主界面，右击流体动力学分析【Mesh】，从弹出的快捷菜单中选择【Update】升级，把数据传递到下一单元中。

7. 进入 Fluent 环境

右击流体动力学分析【Setup】，从弹出的快捷菜单中选择【Edit】，启动 Fluent 界面，设置双精度【Double Precision】，本地并行计算【Parallel（Local Machine）】→【Solver Processes】= 4（根据用户计算机计算能力设置），如图 13-5 所示，然后单击【OK】进入 Fluent 环境。

8. 网格检查

（1）在控制面板中单击【General】→【Mesh】→【Check】，命令窗口出现所检测的信息。

（2）在控制面板中单击【General】→【Mesh】→【Report Quality】，命令窗口出现所检测的信息，显示网格质量处于较好的水平。

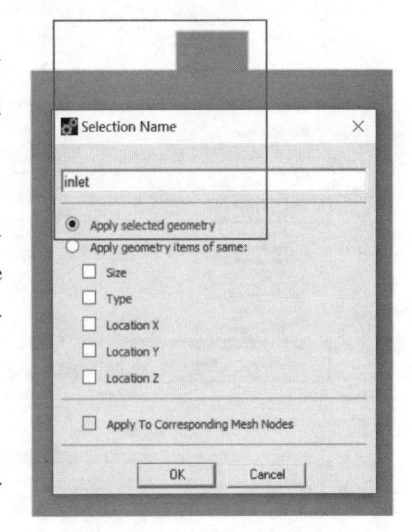

图 13-4　设置入口边界

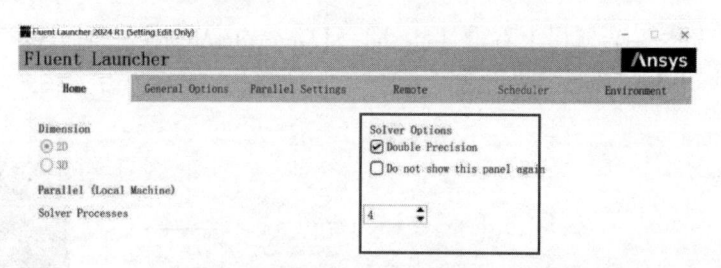

图 13-5　Fluent 启动界面

（3）单击 Ribbon 功能区【Domain】→【Info】→【Size】，命令窗口出现所检测的信息，显示网格节点数量为 9704 个。

9. 指定求解类型

单击【General】→【Task Page】，选择时间为瞬态【Transient】，求解类型为压力基【Pressure-Based】，速度方程为绝对值【Absolute】，如图 13-6 所示。

10. 湍流模型

（1）设置多相流模型。单击 Ribbon 功能区【Physics】→【Multiphase...】→【Multiphase Model】→【Volume of Fluid】→【Body Force Formulation】=Implicit Body Force，参数默认，单击【Apply】→【Close】退出窗口，如图 13-7 所示。

（2）设置湍流模型。单击 Ribbon 功能区【Physics】→【Viscous...】→【Viscous Model】→【k-epsilon（2 eqn）】，参数默认，单击【OK】退出窗口，如图 13-8 所示。

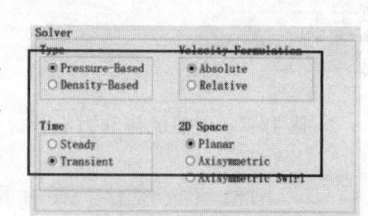

图 13-6　指定求解类型

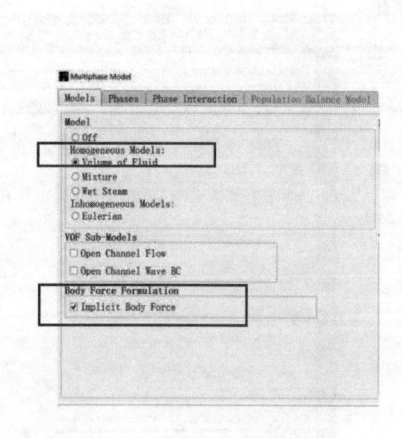

图 13-7　设置多相流模型

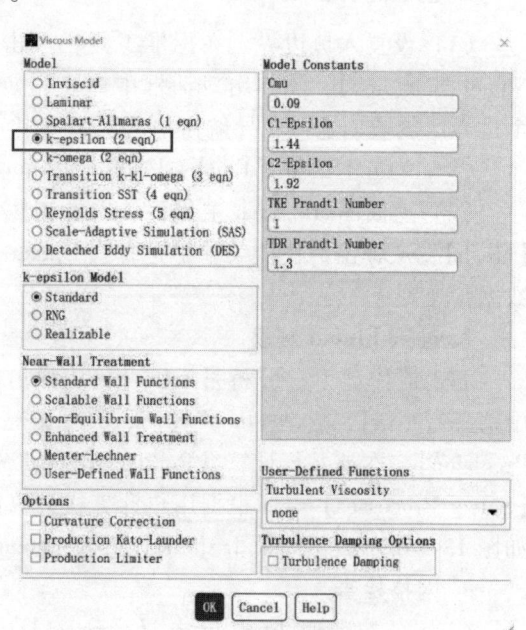

图 13-8　设置湍流模型

（3）设置重力加速度。单击 Ribbon 功能区【Physics】→【Operating Conditions...】→【Gravity】→【Y（m/s²）】=-9.81，单击【OK】关闭窗口，如图 13-9 所示。

11. 设置材料属性

单击 Ribbon 功能区【Physics】→【Materials】→【Create/Edit...】，在弹出的对话框中单击【Fluent Database...】，从弹出的对话框中选择【water-liquid（h2o＜1＞）】，之后单击【Copy】→【Close】关闭窗口，如图 13-10 所示。返回【Create/Edit Materials】对话框，设置【Fluent Fluid Materials】=water-liquid（h2o＜1＞），然后单击【Close】关闭【Create/Edit Materials】对话框，如图 13-11 所示。

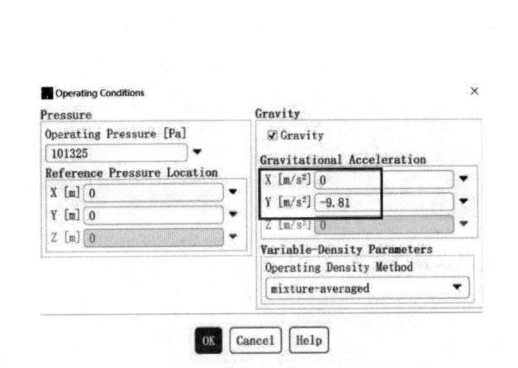

图 13-9　设置重力加速度

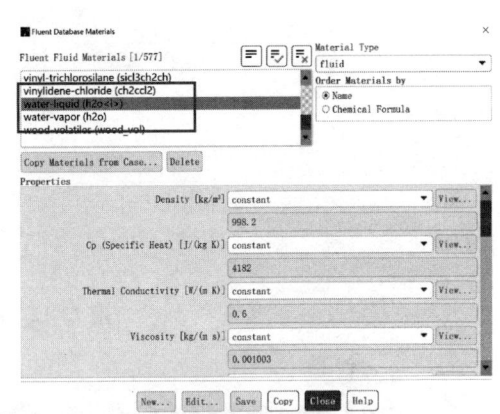

图 13-10　选择材料

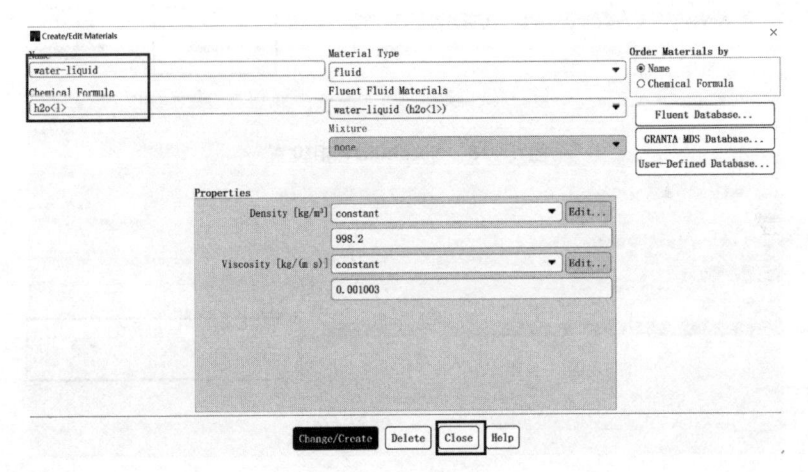

图 13-11　设置材料属性

12. 设置相

（1）单击 Ribbon 功能区【Physics】→【Multiphase...】→【Multiphase Model】→【Phase】→【Phase-1-Primary Phase】→【Phase Material】=air，如图 13-12 所示；双击【Phase-2-Secondary Phase】→【Phase Material】=water-liquid，单击【Apply】，如图 13-13 所示。

（2）单击【Phase Interaction】→【Global Options】→【Surface Tension Force Modeling】→【Surface Tension Coefficient（N/m）】→【Constant】=0，单击【Apply】→【Close】关闭对话框，如图 13-14 所示。

13. 边界条件

（1）单击 Ribbon 功能区【Physics】→【Zones】→【Boundaries...】→【inlet】→【Phase】=

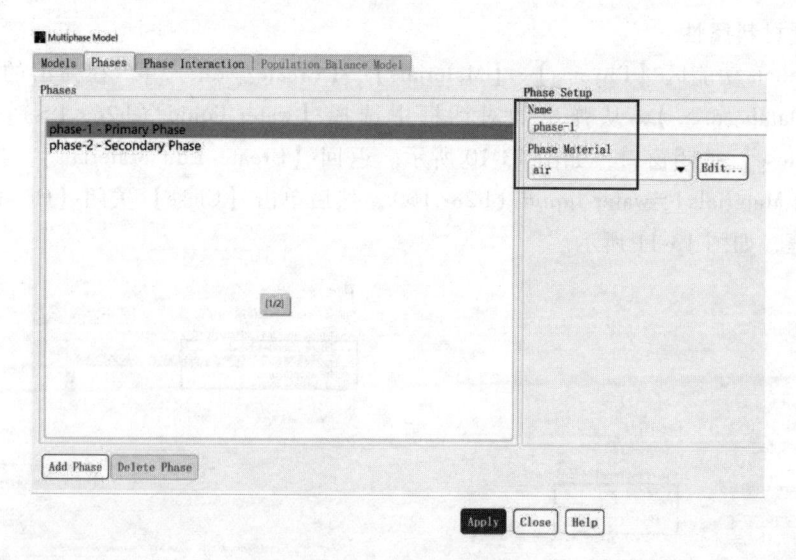

图 13-12 Primary 相设置

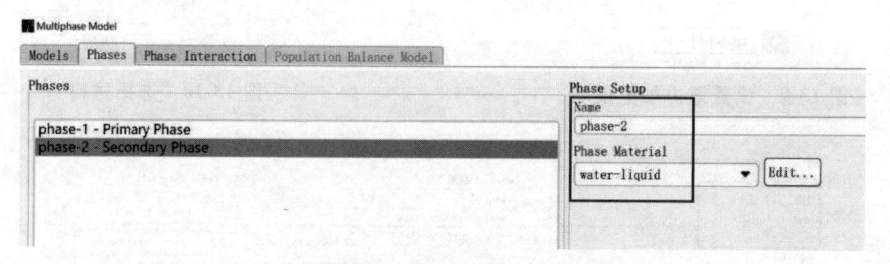

图 13-13 Secondary 相设置

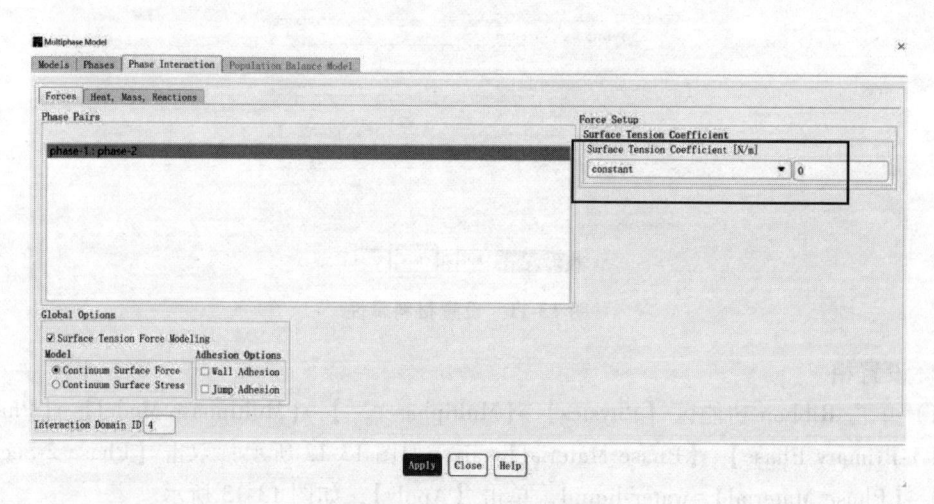

图 13-14 交接相面设置

Mixture,【Type】→【velocity-inlet】→【Edit...】,在弹出的对话框中【Velocity Magnitude（m/s）】= 0.5,其他默认,单击【Apply】→【Close】关闭窗口,如图 13-15 所示。

（2）单击 Ribbon 功能区【Physics】→【Zones】→【Boundaries...】→【inlet】→【Phase】= Phase-2,【Type】→【velocity-inlet】→【Edit...】,在弹出的对话框中【Multiphase】→【Volume

Fraction】=1，其他默认，单击【Apply】→【Close】关闭窗口，如图13-16所示。

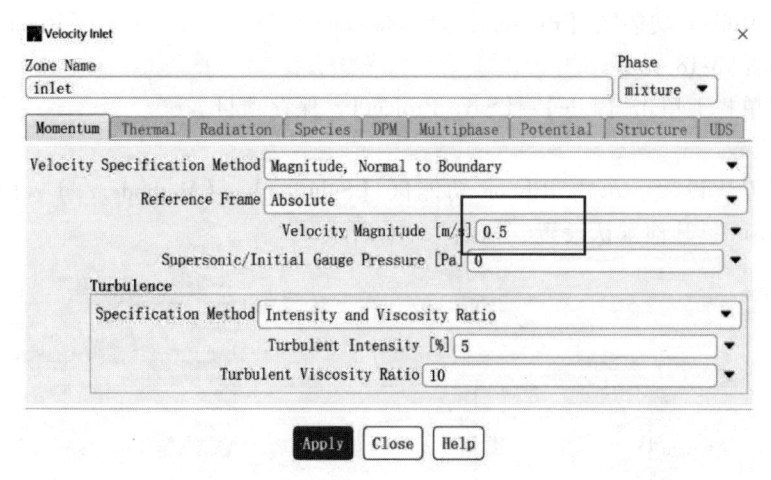

图 13-15　设置入口边界速度

图 13-16　入口边界体积分数

（3）单击 Ribbon 功能区【Setting Up Physics】→【Zones】→【Boundaries...】→【wall-tank】→【Phase】= Mixture，【Type】→【wall】→【Edit...】，在弹出的对话框中【Wall Motion】= Stationary Wall，其他默认，单击【Apply】→【Close】关闭窗口，如图13-17所示。

图 13-17　墙壁面边界

14. 参考值设置

（1）单击 Ribbon 功能区【Physics】→【Reference Values...】，单击【Reference Values】，参数默认，如图 13-18 所示。

（2）在菜单栏上单击【File】→【Save Project】，保存项目。

15. 求解设置

（1）求解方法设置。单击 Ribbon 功能区【Solution】→【Methods...】→【Momentum】= First Order Upwind，其他默认设置，如图 13-19 所示。

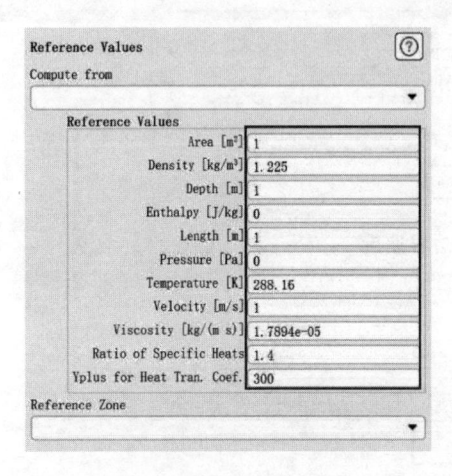

图 13-18　参考值设置

图 13-19　求解方法设置

（2）求解控制参数设置。单击 Ribbon 功能区【Solution】→【Controls...】→【Pressure】= 0.2，【Momentum】= 0.3，【Turbulent Kinetic Energy】= 0.5，其他默认，如图 13-20 所示。

16. 初始化设置

（1）单击 Ribbon 功能区【Solution】→【Initialization】→【Standard】→【Options...】→【Compute from】= inlet，其他默认，单击【Initialize】初始化，如图 13-21 所示。

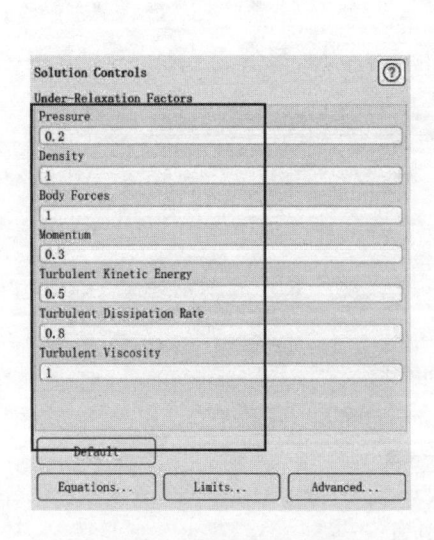

图 13-20　求解控制参数设置

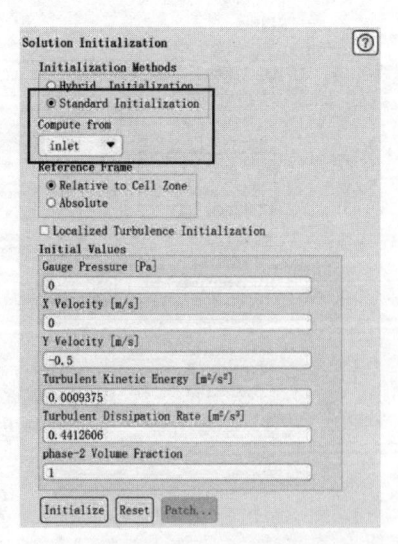

图 13-21　初始化设置

（2）单击 Ribbon 功能区【Domain】→【Adapt】→【Automatic...】→【Automatic Mesh Adaption】→【Ceu Registers】→【New】→【Regions...】→【Region Register】→【Input Coordinates】→【X Max (m)】=3,【Y Max (m)】=5；单击【Save】，然后依次单击【Close】→【Cancel】，关闭所有对话框，如图 13-22 所示。

（3）单击 Ribbon 功能区【Solution】→【Initialization】→【Patch...】，从弹出的对话框中选择【Phase】=Phase-2，【Variable】=Volume Fraction，【Value】=0，【Registers to Patch】=region_0，单击【Patch】→【Close】关闭对话框，如图 13-23 所示。

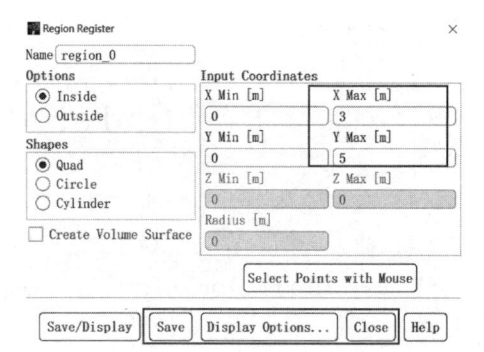

图 13-22　设置流体区域

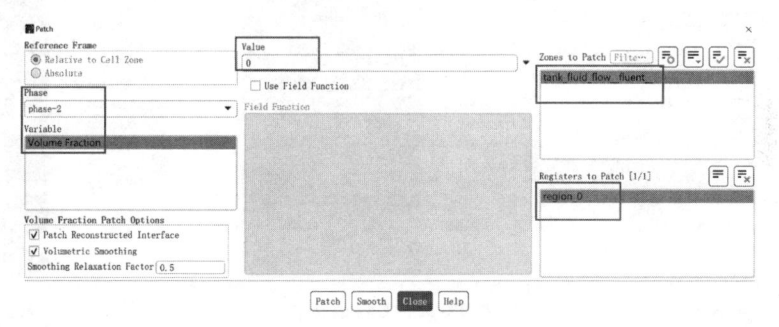

图 13-23　Patch

（4）单击 Ribbon 功能区【Solution】→【Autosave...】→【Save Data File Every（Time Steps）】=5，其他默认，单击【OK】关闭对话框，如图 13-24 所示。

17. 运行求解

单击 Ribbon 功能区【Solution】→【Run Calculation】→【Time Advancement】→【Time Step Size】=0.01,【Number of Time Steps】=5000,【Max Iterations/Time Step】=200，其他默认。设置完毕以后，单击【Calculate】进行求解，这需要一段时间，请耐心等待，如图 13-25 所示。

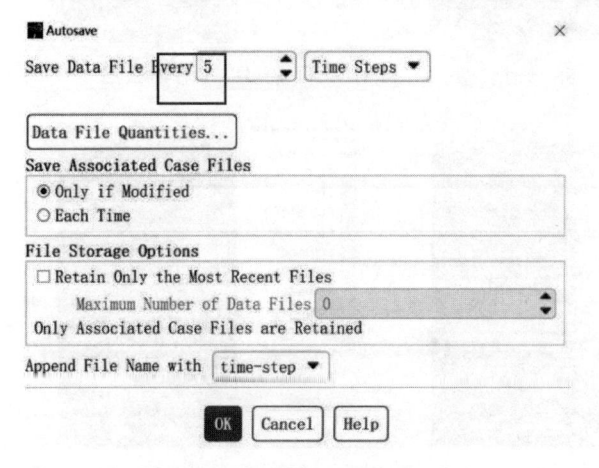

图 13-24　设置自动保存时间步

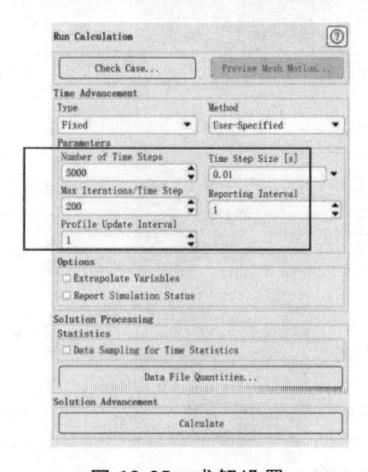

图 13-25　求解设置

18. 创建后处理

（1）在菜单栏上单击【File】→【Save Project】，保存项目。

（2）在菜单栏上单击【File】→【Close Fluent】，退出 Fluent 环境，然后回到 Workbench 主界面。

（3）右击流体动力学分析【Results】→【Edit…】，进入后处理系统。

（4）插入云图。在工具栏上单击【Contour】并确定默认名，在几何选项中的域【Domains】选择 All FFF Domains，位置【Locations】栏后单击【…】选项，在弹出的位置选择器里选择 Symmetry1。在变量【Variable】栏后单击【…】选项，在弹出的变量选择器选择 Phase2.Volume Fraction，其他默认，单击【Apply】，如图 13-26 所示；结果云图如图 13-27~图 13-34 所示。

图 13-26　云图显示设置

图 13-27　1 秒时云图

图 13-28　1.15 秒时云图

图 13-29　1.5 秒时云图

图 13-30　2.85 秒时云图

图 13-31　6 秒时云图

图 13-32　15 秒时云图

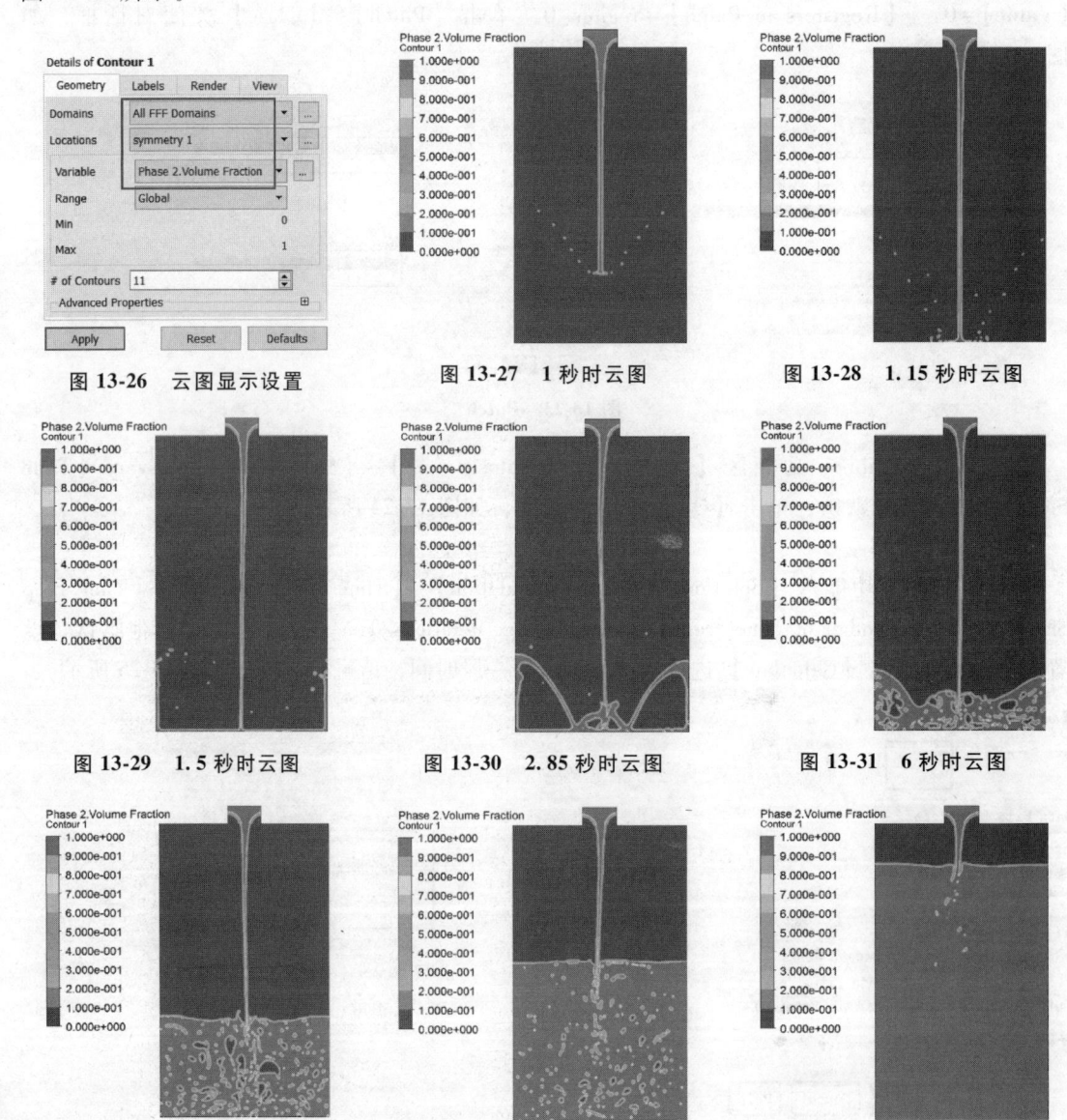

图 13-33　26 秒时云图

图 13-34　50 秒时云图

19. 创建动画

（1）选择时间步。在工具栏上单击【Tools】→【Timestep Selector】，在弹出的对话框中选择第一个时间步，然后单击【Apply】，如图13-35所示。

（2）单击【Animate Timesteps】图标，选择【Timestep Animation】，选择【Save Movie】，再选择合适文件夹，如文件放在 D:\AWB\Chapter13 中，然后选择文件格式为 .AVI。单击 Repeat 选项，设置重复1次，如图13-36所示。

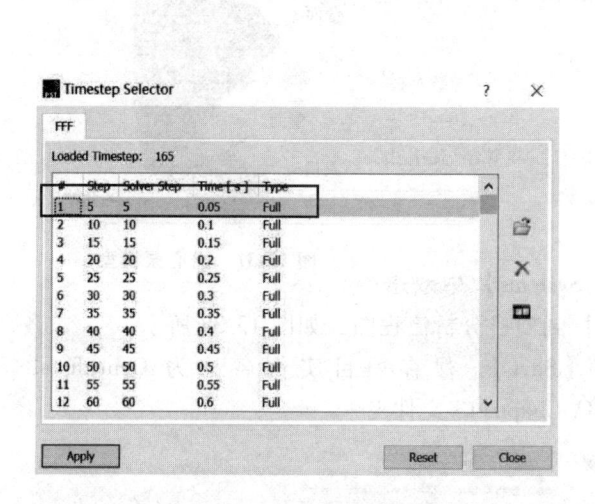

图13-35　选择时间步 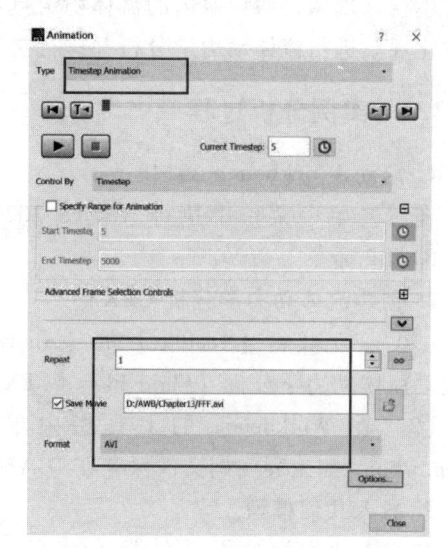　　　　　　　　图13-36　动画设置

（3）单击播放按钮，运行完成后，动画会保存在指定的目录。

（4）依次单击【Close】→【Close】，关闭【Timestep Selector】。

20. 保存与退出

（1）退出流体动力学分析后处理环境。单击 CFD-Post 主界面的菜单【File】→【Close CFD-Post】退出后处理环境返回到 Workbench 主界面，此时主界面的项目分析流程图中显示的分析已完成。

（2）单击 Workbench 主界面上的【Save】按钮，保存所有分析结果文件。

（3）退出 Workbench 环境。单击 Workbench 主界面的菜单【File】→【Exit】退出主界面，完成分析。

13.1.3　分析点评

本实例是罐体充水过程分析，为方便运用二维模型替代三维模型，该分析涉及了多相流的气液两相流问题，运用了 VOF 方法。现实中多相流存在广泛、现象复杂，如涉及多相交融作用、自由液面捕捉等问题。实际上，本实例稍作修改就是另一个晃动问题，如工程中的晃动问题包括油罐车、飞机油箱等。本实例模拟充水过程中，初期水流遇到罐底障碍物溅起水花、流态紊乱、湍流能量较强，随着充入量不断增加，流态紊乱现象逐渐减弱，这一现象符合实际过程。

13.2 某型离心泵空化现象分析

13.2.1 问题描述

某5叶片离心泵模型如图13-37所示。泵内叶轮以2160r/min转动，叶片在旋转过程中会产生空化现象，假设泵内的流体稳定且不可压缩，试对离心泵空化现象进行流体动力学分析并进行扩展性分析。

13.2.2 实例分析过程

1. 启动 Workbench 2024

在"开始"菜单中执行 ANSYS 2024R1/R2 → Workbench 2024R1/R2 命令。

2. 创建流体动力学分析 CFX

（1）在工具箱【Toolbox】的【Analysis Systems】中双击或拖动流体动力学分析【Fluid Flow（CFX）】到项目分析流程图，如图13-38所示。

图13-37 离心泵模型

（2）在 Workbench 的工具栏中单击【Save】，保存项目实例名称为 Centrifugal pump.wbpj。如工程实例文件保存在 D:\AWB\ Chapter13 文件夹中。

3. 导入几何模型

在流体动力学分析上右击【Geometry】→【Import Geometry】→【Browse】，找到模型文件 Centrifugal pump.agdb，打开导入几何模型。如模型文件在 D:\AWB\ Chapter13 文件夹中。

4. 进入 Meshing 网格划分环境

（1）在流体动力学分析上右击【Mesh】→【Edit…】进入 Meshing 网格划分环境。

图13-38 创建流体动力学分析 CFX

（2）在 Meshing 的环境主页【Home】功能区单位【Units】中选择单位为 Metric（mm, kg, N, s, mV, mA）。

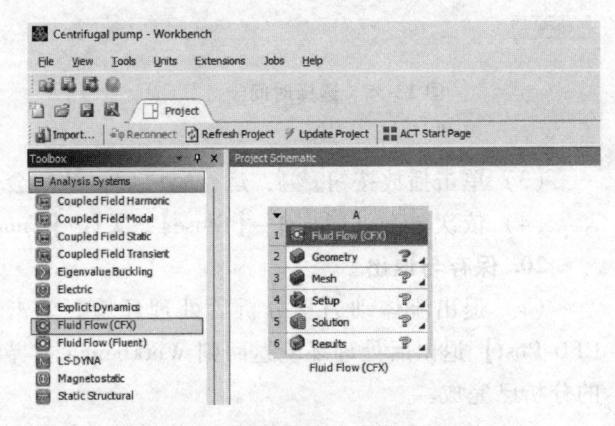

5. 划分网格

（1）在导航树上单击【Mesh】→【Details of "Mesh"】→【Defaults】→【Physics Preference】=CFD,【Solver Preference】=CFX;【Sizing】→【Size Function】=Adaptive,【Relevance Center】=Fine，其他默认。

（2）在标准工具栏上单击 ，选择几何模型，然后在导航树上右击【Mesh】，从弹出的快捷菜单中选择【Insert】→【Sizing】→【Details of "Body Sizing" - Sizing】→【Definition】→【Element Size】=3mm，其他默认。

（3）在标准工具栏上单击 ，选择几何模型，然后在导航树上右击【Mesh】，从弹出的快捷菜单中选择【Insert】→【Inflation】→【Details of "Inflation" - Inflation】→【Definition】→【Boundary】，选择几何模型的 HUB、BLADE、SHROUD 和 STATIONARY 边界层表面（参考 Named Selections），共 11 个面；设置【Inflation Option】= Total Thickness，【Number of Layers】= 6，【Growth Rate】= 1.2，【Maximum Thickness】= 3.0mm，其他默认，如图 13-39 所示。

（4）生成网格。在导航树上右击【Mesh】→【Generate Mesh】，图形区域显示程序生成的网格模型，如图 13-40 所示。

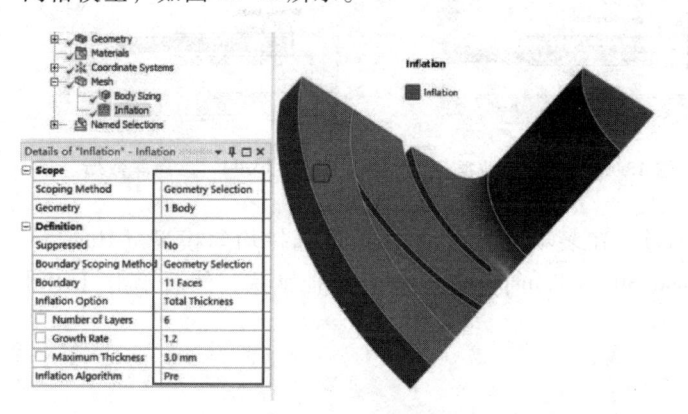

图 13-39　边界层表面选择与设置　　　　　图 13-40　网格模型

（5）网格质量检查。在导航树上单击【Mesh】→【Details of "Mesh"】→【Quality】→【Mesh Metric】= Aspect Ratio，显示 Aspect Ratio 规则下网格质量详细信息，平均值处在良好的水平范围内，展开【Statistics】显示网格和节点数量。

（6）单击主菜单【File】→【Close Meshing】。

6. 进入 CFX 环境

（1）返回 Workbench 主界面，右击流体动力学分析【Mesh】，从弹出的快捷菜单中选择【Update】升级，把数据传递到下一单元中。

（2）在流体动力学分析上右击流体【Setup】，从弹出的快捷菜单中单击【Edit...】，进入 CFX 工作环境。

7. 设置流体域

（1）在导航树上双击默认域【Default Domain】，进入域详细设置窗口，在基本设置选项单击【Fluid and Particle Definitions】栏的【Fluid1】将其删除，然后创建一个新流体，并把名字命名为 "Liquid"。在 Liquid 栏里，单击 Materials 后面【...】选项，弹出物质面板，在 Water Data 里选【Water】，单击【OK】确定，如图 13-41 所示。

（2）创建另一个新的流体名称为 "Vapour"，在【Materials】后面单击【...】选项，然后单击打开库数据（在 Material 面板右上方），如图 13-42 所示，弹出【Select Library Data to Import】对话框，在【Water Data】里选择【Water Vapour at 25 C】，单击【OK】确定，如图 13-43 所示；回到 Material 面

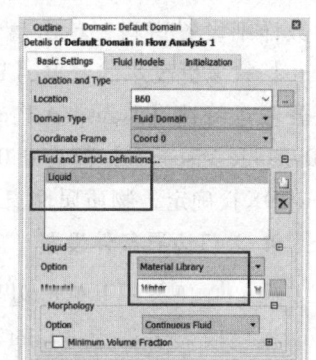

图 13-41　Material 面板

板在【Water Data】中选择【Water Vapour at 25 C】，单击【OK】确定，如图 13-44 所示；在域模型框里定义参考压力为 0 [Pa]，运动域【Domain Motion】为 Rotating，角速度【Angular Velocity】为 2160 [rev min^-1]，其他默认，域物质基本窗口如图 13-45 所示。

图 13-42　库数据面板

图 13-43　导入库数据

图 13-44　选择库数据

（3）选择流体模型【Fluid Models】，在多项【Multiphase】里选择均匀模型【Homogeneous Model】，在湍流栏里选择【Shear Stress Transport】模型，其他默认，然后单击【OK】确定，域物质窗口如图 13-46 所示。

图 13-45　域物质基本窗口

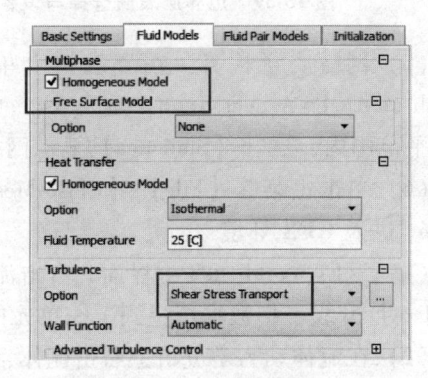

图 13-46　域物质窗口

8. 添加物质属性

在导航树上单击展开【Materials】，双击【Water】进入水参数详细设置窗口，单击属性选项，在状态方程【Equation of State】栏里更改水的密度【Density】为 1000 [kg/m^-3]，单击展开输运特性【Transport Properties】栏，并改变水的动力黏度【Dynamic Viscosity】值为 0.001 [kg m^-1 s^-1]，其他默认，单击【OK】确定，物质属性窗口如图 13-47 所示。

9. 入口边界条件设置

（1）在任务栏上单击边界条件按钮，在弹出的插入边界面板里输入名称为"Inlet"，在基本设置中选择边界类型为 Inlet，位置选择 INLET，然后指定【Frame Type】为 Stationary，

图 13-47　物质属性窗口

如图 13-48 所示。

（2）在边界详细信息【Boundary Details】中的质量与动量【Mass and Momentum】栏里选择正常速度为 7.0455［ms^-1］，如图 13-49 所示。

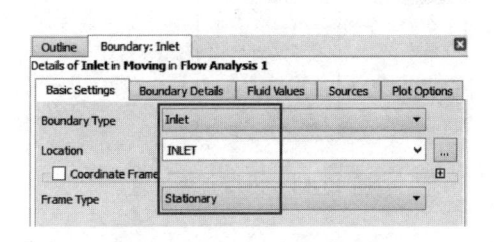

图 13-48　入口边界基本设置　　　　图 13-49　入口边界设置

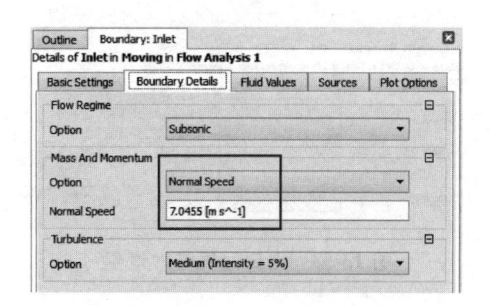

（3）在流体值【Fluid Values】中的边界条件【Boundary Conditions】为水流体，【Liquid】的体积分数【Volume Fraction】为 1，水流体【Vapour】的体积分数【Volume Fraction】为 0，其他默认，单击【OK】确定，如图 13-50 和图 13-51 所示，入口边界位置如图 13-52 所示。

图 13-50　入口边界 Liquid　　　图 13-51　入口边界 Vapour　　　图 13-52　入口边界位置

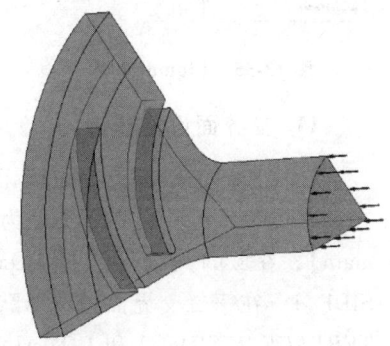

10. 出口边界设置

（1）在任务栏上单击边界条件按钮，在弹出的插入边界面板里输入名称为"Outlet"，在基本设置中选择边界类型为 Opening，位置选择 OUT，然后指定【Frame Type】为 Stationary，如图 13-53 所示。

（2）在边界详细信息选项中的质量与动量【Mass and Momentum】栏里选择 Entrainment，相对压强【Relative Pressure】为 600000［Pa］；勾选 Pressure Option，【Option】选择 Opening Pressure；【Turbulence】项中的【Option】选择 Zero Gradient，如图 13-54 所示。

（3）在流体值【Fluid Values】选项中，设置水流体【Liquid】的体积分数【Volume Fraction】为 1，水流体【Vapour】的体积分数【Volume Fraction】为 0，其他默认，单击【OK】确定，如图 13-55 和图 13-56 所示，出口位置如图 13-57 所示。

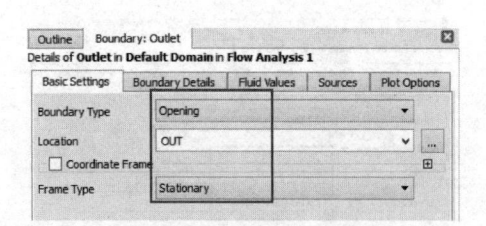

图 13-53　出口边界基本设置

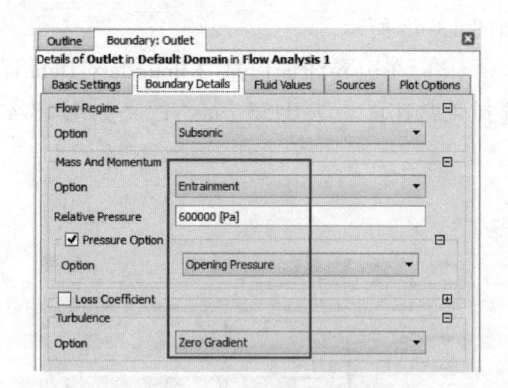

图 13-54　出口边界设置

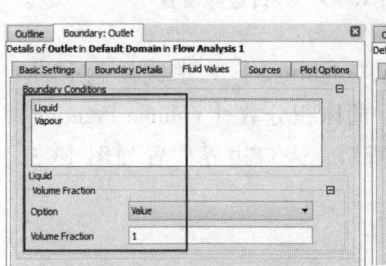

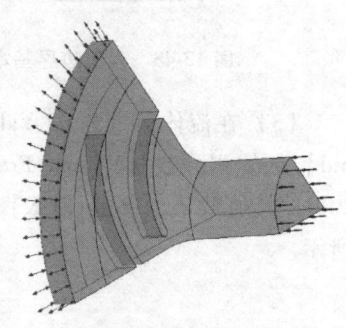

图 13-55　Liquid 设置

图 13-56　Vapour 设置

图 13-57　出口位置

11. 交界面设置

在任务栏上单击交界面按钮，在弹出的插入交界面面板里输入名称为"Periodic"，在基本设置中设置交界面类型为 Fluid Fluid，在第一交界面处选择默认交界域【Default Domain】，在域的列表里选择 DOMAIN_INTERFACE_1_SIDE_1 和 DOMAIN_INTERFACE_2_SIDE_1，在第二交界面处选择默认交界域【Default Domain】，在域的列表选择 DOMAIN_INTERFACE_1_SIDE_2 和 DOMAIN_INTERFACE_2_SIDE_2，在交界面模型【Interface Models】栏里选择 Rotational Periodicity，如图 13-58 所示。交界面位置如图 13-59 所示。

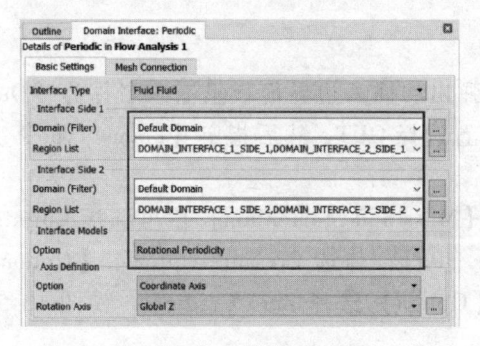

图 13-58　交界面设置

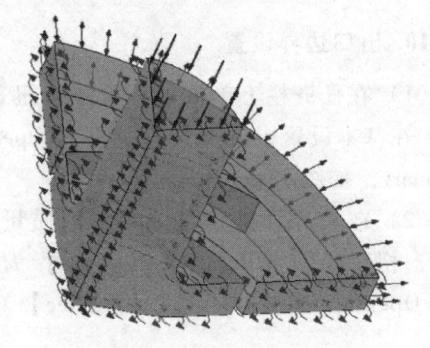

图 13-59　交界面位置

12. 墙边界设置

(1) 在任务栏上单击边界条件按钮，在弹出的插入边界条件面板里输入名称为

"Stationary"，在基本设置中设置边界条件类型为 Wall，位置选择 STATIONARY，然后指定【Frame Type】为 Rotating，如图 13-60 所示。

（2）在边界详细信息中的质量与动量【Mass and Momentum】栏里选择墙的速度【Wall Velocity】为"Counter Rotating Wall"，其他默认，单击【OK】确定，如图 13-61 所示；墙边界所在位置如图 13-62 所示。

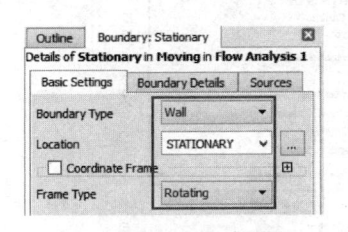

图 13-60　墙基本设置 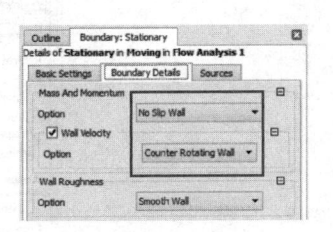　　　图 13-61　墙边界设置 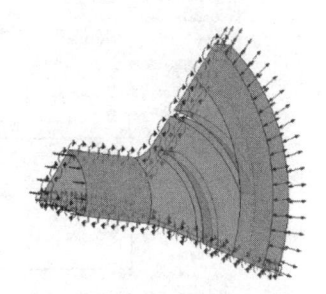　　　图 13-62　墙边界所在位置

13. 设置初始时间

在任务栏上单击初始时间按钮，在流体设置【Fluid Settings】选项选择特定流体初始化【Fluid Specific Initialization】表格中的水流体【Liquid】，在初始化条件【Initial Condition】选项中选择【Automatic with Value】，设置体积分数【Volume Fraction】为 1，水流体【Vapour】的体积分数【Volume Fraction】为 0，其他默认，单击【OK】确定，如图 13-63 和图 13-64 所示。

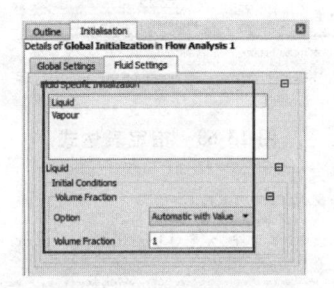

图 13-63　Liquid 设置 　　　图 13-64　Vapour 设置

14. 求解控制

（1）在导航树上双击【Solver Control】，时间比例控制【Timescale Control】选项设为 Physical Timescale，输入 Physical Timescale 表达式为：1/(pi * 2160 [min^-1])；在求解控制基本设置中选择收敛标准【Convergence Criteria】栏，选择残余类型为 RMS，残余值为 1e-05，其他默认，如图 13-65 所示。

（2）在高级设置选项里，选择控制【Multiphase Control】栏中的【Volume Fraction Coupling】为 Coupled，其他默认，单击【OK】确定，如图 13-66 所示。

15. 输出控制

在导航树上双击【Output Control】，在监控【Monitor】选项里选择监控目标【Monitor Objects】并展开，在【Monitor Points and Expressions】栏里创建一个新目标 InletPTotalAbs，在 InletPTotalAbs 栏选项里选择 Expression，并指定表达式为：massFlowAve（Total Pressure in

Stn Frame）@Inlet；创建另一个新目标 InletPStatic，并指定表达式为：areaAve（Pressure）@Inlet；其他默认，单击【OK】确定，如图 13-67 和图 13-68 所示。

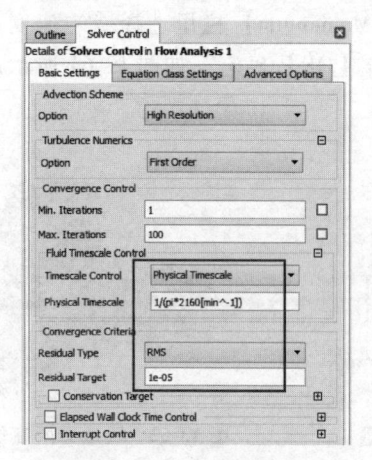

图 13-65　求解控制窗口

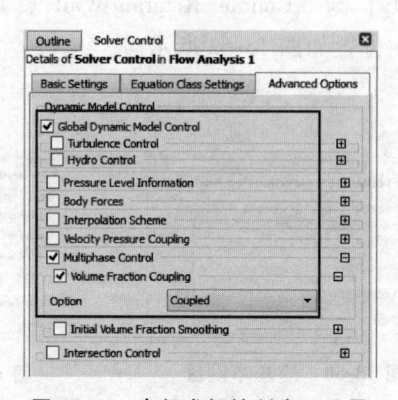

图 13-66　高级求解控制窗口设置

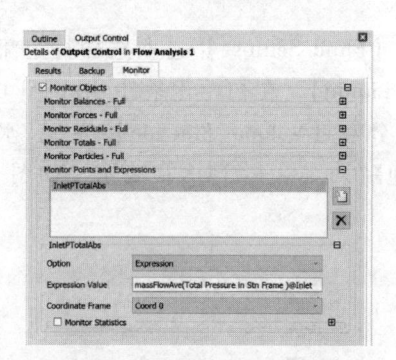

图 13-67　输出控制窗口

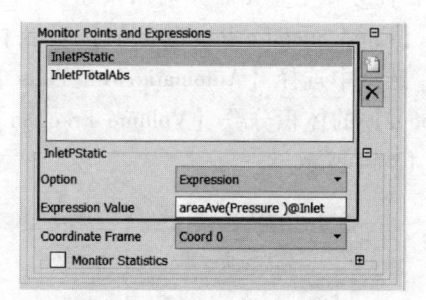

图 13-68　指定表达式

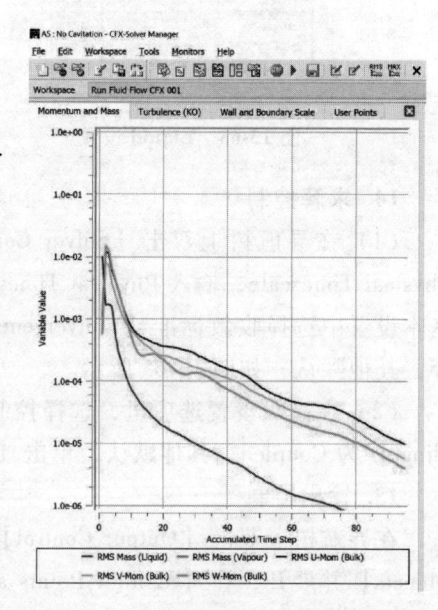

16. 运行求解

（1）单击【File】→【Close CFX-Pre】退出环境，然后回到 Workbench 主界面。

（2）右击【Solution】→【Edit...】，当【Solver Manager】弹出时，选择【Double Precision】，【Parallel Environment】→【Run Mode】= Intel MPI Local Parallel，Partitions 为 8（根据计算机 CPU 核数定），其他默认，在【Define Run】面板上单击【Start Run】运行求解。

（3）当求解结束后，系统会自动弹出提示窗，单击【OK】。

（4）查看收敛曲线。在 CFX-Solver Manager 环境界面中查看残差收敛曲线和求解运行信息，如图 13-69 所示。

（5）单击【File】→【Close CFX-Solver Manager】

图 13-69　残差收敛曲线和求解运行信息

退出环境，然后回到 Workbench 主界面，单击保存图标保存。

17. 后处理

（1）在流体动力学分析上右击【Results】→【Edit...】，进入【CFX-CFD-Post】环境。

（2）查看云图。在工具栏上单击【Contour】并确定默认名，在几何选项中的域【Domains】选择 All Domains，在位置【Locations】栏后单击【...】选项，在弹出的位置选择器里选择 Default Domain Default、Inlet、Outlet、Periodic Side1、Periodic Side2、Stationary。在变量【Variable】栏后单击【...】选项，在弹出的变量选择器选择 Absolute Pressure，其他默认，单击【Apply】，如图 13-70 所示；可以看到整体结果云图，如图 13-71 所示。

（3）查看云图。在工具栏上单击【Contour】并确定默认名，在几何选项中的位置【Locations】栏后单击【...】选项，在弹出的位置选择器里单击展开【Mesh Regions】，并选择 BLADE 确定。在变量【Variable】栏后单击【...】选项，在弹出的变量选择器选择 Absolute Pressure，其他默认，单击【Apply】，如图 13-72 所示；可以看到叶片云图，如图 13-73 所示。注意取消选择导航树中的 Coutour1。

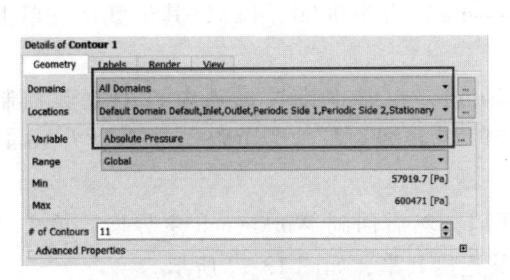

图 13-70　后处理位置设置 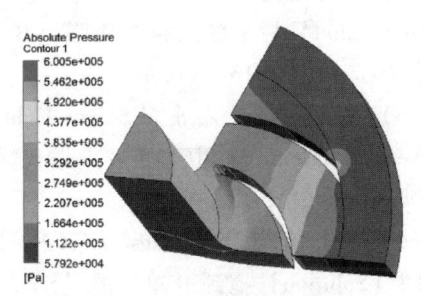　　　　　　图 13-71　整体结果云图

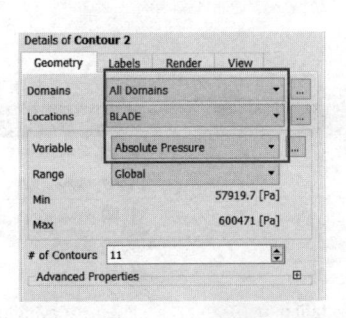

图 13-72　显示叶片设置 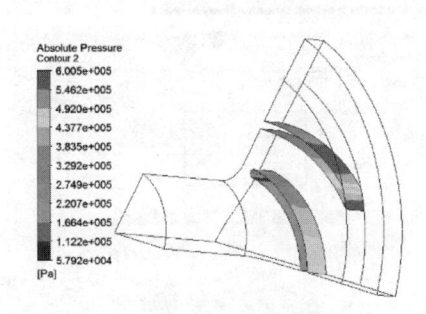　　　　　　图 13-73　叶片云图

18. 扩展分析

（1）单击【File】→【Close CFD-Post】退出环境，然后回到 Workbench 主界面，单击保存图标保存。

（2）在流体动力学分析 A 单元上右击【Fluid Flow（CFX）】标签，在弹出的菜单中选择【Duplicate】，即一个新的 CFX 分析被创建，同时把流体动力学分析 B 单元命名为"Cavitation"，原来流体动力学分析 A 单元命名为"No Cavitation"，如图 13-74 所示。

（3）在流体动力学分析 B 上右击【Setup】→【Edit...】，进入 Cavitation 的前处理环境。在导航树上右击【Default Domain】→【Edit】，在【Fluid Pair Models】选项中的传质【Mass Transfer】栏的选项里选择 Cavitation，在 Cavitation 栏里选择 Rayleigh Plesset；选择饱和压力

【Saturation Pressure】栏，输入饱和压力为 2650［Pa］，其他默认，单击【OK】确定，如图 13-75 所示。

图 13-74　创建扩展分析

图 13-75　Cavitation 选项设置

（4）在导航树上右击【Outlet】→【Edit】，在边界详细信息选项中的质量与动量【Mass and Momentum】栏里输入相对压强【Relative Pressure】为 300000［Pa］，其他默认，单击【OK】确定，如图 13-76 所示。

（5）在导航树上右击【Solver Control】→【Edit】，在基本设置选项窗口的收敛控制【Convergence Control】中选择最大迭代次数为 150，选择残余类型为 RMS，残余值为 1e-4，其他默认，单击【OK】确定。

（6）单击【File】→【Close CFX-Pre】退出环境，然后回到 Workbench 主界面。单击 A 单元的【Solution】拖到 B 单元的【Solution】使其连接共享，如图 13-77 所示。

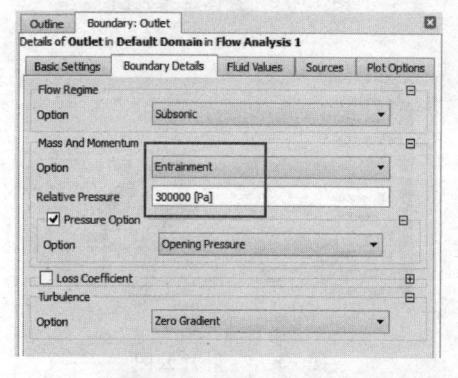

图 13-76　编辑出口设置

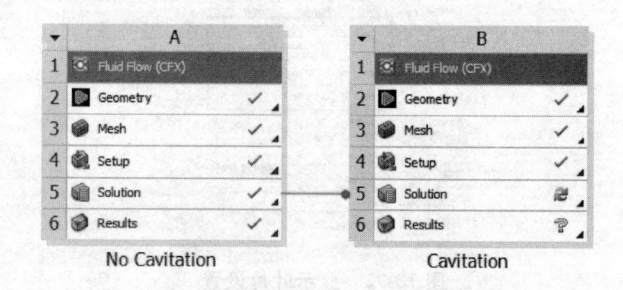

图 13-77　分析系统连接共享

（7）在流体动力学分析 B 上右击【Solution】→【Edit】，当【Solver Manager】弹出时，保持默认设置，在【Define Run】面板上单击【Start Run】运行求解。当求解结束后，系统会自动弹出提示窗。

（8）查看收敛曲线。在 CFX-Solver Manager 窗口中可以看到收敛曲线和求解运行信息。

（9）单击【File】→【Close CFX-Solver Manager】退出环境，然后回到 Workbench 主界面。

19. 后处理

（1）在流体动力学分析 B 上右击【Results】→【Edit】，进入【CFX-CFD-Post】环境。

（2）查看云图。在导航树上单击【Contour1】，查看整体结果云图，如图 13-78 所示；

单击【Contour2】，查看叶片云图，如图 13-79 所示。注意取消选择导航树中的 Coutour1。

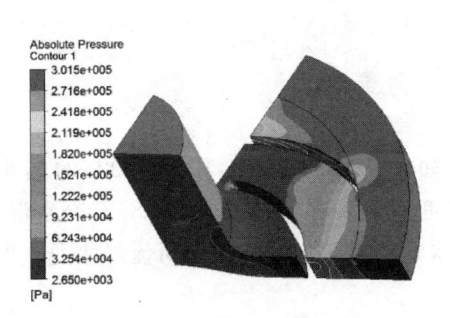

图 13-78　整体结果云图 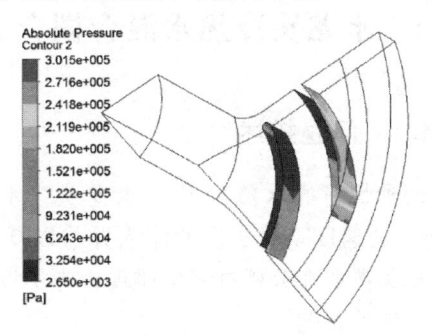　　　　　图 13-79　叶片云图

（3）查看三维迹线云图。在工具栏上单击【Streamline】并确定默认名，设置【Domains】= All Domains，【Start From】= Inlet，【Sampling】= Vertex，【Max Points】= 200，【Variable】= Liquid.Velocity，其他默认，单击【Apply】，如图 13-80 所示。速度三维迹线分布云图如图 13-81 所示。

图 13-80　三维迹线设置 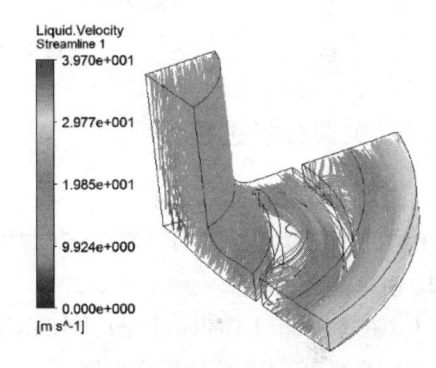　　　　　图 13-81　速度三维迹线分布云图

20. 退出与保存

（1）退出流体动力学分析后处理环境。单击菜单【File】→【Close CFD-Post】退出后处理环境，返回到 Workbench 主界面，此时主界面的项目分析流程图中显示的分析均已完成。

（2）单击 Workbench 主界面上的【Save】按钮，保存所有分析结果文件。

（3）退出 Workbench 环境。单击 Workbench 主界面的菜单【File】→【Exit】退出主界面，完成分析。

13.2.3　分析点评

本实例是离心泵空化现象流体动力学分析，涉及了旋转机械旋转流域和空化现象的流体动力学分析问题。离心泵叶轮模型为 5 叶片模型，为方便，采用了单叶片通道模型，应用 Cavitation 模型分为两步进行分析。在本例中，第二个残差收敛窗口残差曲线出现了突变，一方面是由于出口压力不同，另一方面是由于引起空化现象的足够低的绝对压力。空化现象主要出现在叶片的吸力面和罩之间，其次仅出现在叶片压力面的前缘后面。本例中输出控制采用表达式语句，也值得借鉴。

13.3 水龙头冷热水混合耦合分析

13.3.1 问题描述

两种状态的水流经某一水龙头，水龙头模型如图 13-82 所示。其中 100℃的热水以 0.5m/s 的速度从管头左侧流入并与以 0.4m/s 的速度从管头右侧流入的 26.85℃冷水混合，其他相关参数在分析过程中体现。为了设计合理的水龙头过渡连接，试分析流经水龙头的流体对管壁的影响。

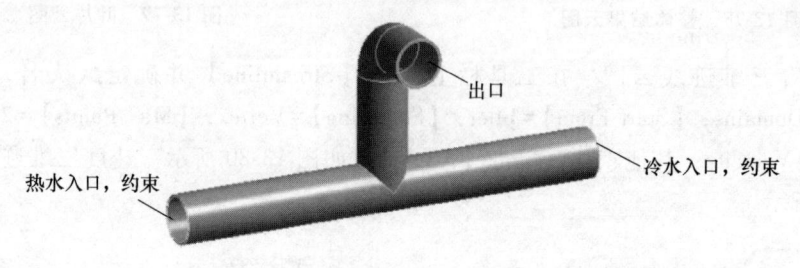

图 13-82 水龙头模型

13.3.2 实例分析过程

1. 启动 Workbench 2024

在"开始"菜单中执行 ANSYS 2024R1/R2→Workbench 2024R1/R2 命令。

2. 创建耦合分析

（1）在工具箱【Toolbox】的【Analysis Systems】中双击或拖动流体动力学分析【Fluid Flow（Fluent）】到项目分析流程图。

（2）在工具箱【Toolbox】的【Analysis Systems】中双击或拖动静态结构分析【Static Structural】到项目分析流程图。

（3）创建关联。按住流体动力学分析 Geometry 与静态结构分析 Geometry 关联，然后将流体动力学分析 Solution 与静态结构分析 Setup 关联，如图 13-83 所示。

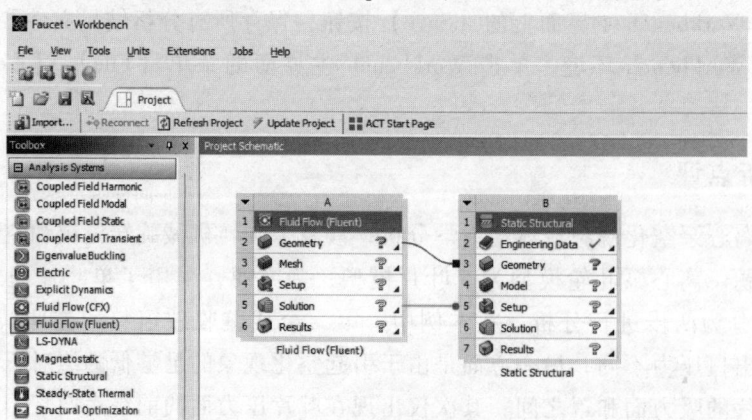

图 13-83 创建耦合分析

（4）在 Workbench 的工具栏中单击【Save】，保存项目实例名称为 Faucet.wbpj。如工程实例文件保存在 D:\AWB\ Chapter13 文件夹中。

3. 导入几何模型

在流体动力学分析上右击【Geometry】→【Import Geometry】→【Browse】，找到模型文件 Faucet.agdb，打开导入几何模型。如模型文件在 D:\AWB\ Chapter13 文件夹中。

4. 创建材料参数

（1）编辑工程数据单元，右击静态结构分析【Engineering Data】→【Edit...】。

（2）在工程数据属性中添加材料。在 Workbench 的工具栏上单击 进入工程材料库，此时的界面显示【Engineering Data Sources】和【Outline of Favorites】。选择 A3 栏【General Materials】，从【Outline of General Materials】里查找铝合金【Aluminum Alloy】材料，然后单击【Outline of General Materials】表中的添加按钮 ，此时在 C4 栏中显示标示 ，表明材料添加成功，如图 13-84 所示。

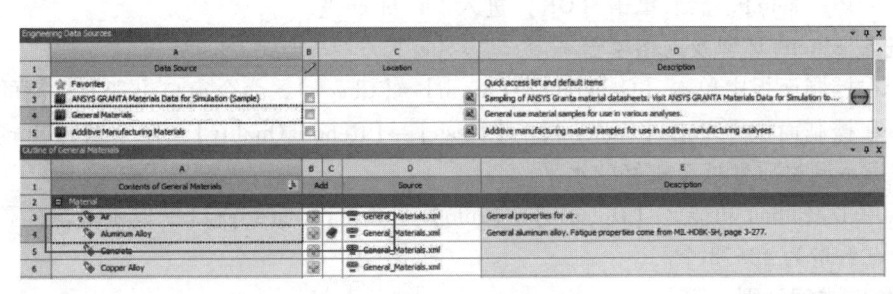

图 13-84 添加材料

（3）单击工具栏中的【B2：Engineering Data】关闭按钮，返回到 Workbench 主界面，新材料添加完毕。

5. 进入 Meshing 网格划分环境

（1）在流体动力学分析上右击【Mesh】→【Edit...】进入 Meshing 网格划分环境。

（2）在 Meshing 的环境主页【Home】功能区单位【Units】中选择单位为 Metric（mm，kg，N，s，mV，mA）。

6. 抑制水龙头模型

在导航树上单击【Geometry】展开，右击【Faucet】→【Suppress Body】。

7. 划分网格

（1）在导航树上单击【Mesh】→【Details of "Mesh"】→【Sizing】→【Use Adaptive Sizing】= No，【Capture Curvature】= Yes，其他默认。

（2）在标准工具栏上单击 ，选择流体模型，然后在导航树上右击【Mesh】，从弹出的快捷菜单中选择【Insert】→【Sizing】→【Details of "Body Sizing" - Sizing】→【Definition】→【Element Size】= 2mm，【Advanced】→【Size Function】= Curvature，其他默认。

（3）在标准工具栏上单击 ，选择流体模型，然后在导航树上右击【Mesh】，从弹出的快捷菜单中选择【Insert】→【Inflation】→【Details of "Inflation" - Inflation】→【Definition】→【Boundary】，选择流体模型外表面，进出口端面不选，共 4 个面。

（4）生成网格。右击【Mesh】→【Generate Mesh】，图形区域显示程序生成的四面体网格模型，如图 13-85 所示。

（5）网格质量检查。在导航树上单击【Mesh】→【Details of "Mesh"】→【Quality】→【Mesh Metric】= Aspect Ratio，显示 Aspect Ratio 规则下网格质量详细信息，平均值处在良好的水平范围内，展开【Statistics】显示网格和节点数量。

（6）单击主菜单【File】→【Close Meshing】。

（7）返回 Workbench 主界面，右击流体系统【Mesh】，从弹出的快捷菜单中选择【Update】升级，把数据传递到下一单元中。

8. 进入 Fluent 环境

右击流体动力学分析【Setup】，从弹出的快捷菜单中选择【Edit】，启动 Fluent 界面，设置双精度【Double Precision】，然后单击【OK】进入 Fluent 环境。

图 13-85　四面体网格模型

9. 进入 Fluent 环境及网格检查

（1）在控制面板中单击【General】→【Mesh】→【Check】，命令窗口出现所检测的信息。

（2）在控制面板中单击【General】→【Mesh】→【Report Quality】，命令窗口出现所检测的信息，显示网格质量处于较好的水平。

（3）单击 Ribbon 功能区【Domain】→【Info】→【Size】，命令窗口出现所检测的信息，显示网格节点数量为 40578 个。

10. 指定求解类型

（1）单击 Ribbon 功能区【Physics】，选择时间为稳态【Steady】，求解类型为压力基【Pressure-Based】，速度方程为绝对值【Absolute】，如图 13-86 所示。

（2）单击 Ribbon 功能区【Domain】→【Units...】→【Set Units】→【Quantities】→【Length】= mm，【temperature】= C，单击【Close】退出窗口，如图 13-87 所示。

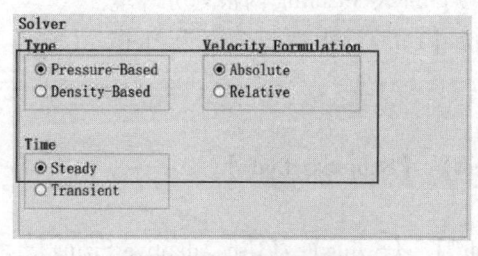

图 13-86　指定求解类型 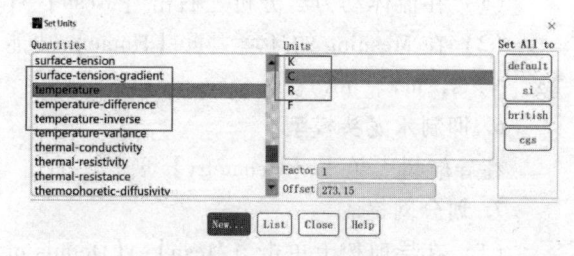　　　　图 13-87　单位设置

11. 设置能量方程及湍流模型

（1）单击 Ribbon 功能区【Setting Up Physics】→选择【Energy】。

（2）单击 Ribbon 功能区【Setting Up Physics】→【Viscous...】→【Viscous Model】→【k-epsilon（2 eqn）】→【Near-Wall Treatment】→选择【Enhanced Wall Treatment】，参数默认，单击【OK】退出窗口，如图 13-88 所示。

12. 设置材料属性

单击 Ribbon 功能区【Physics】→【Materials】→【Create/Edit...】，在弹出的对话框中单

击【Fluent Database...】，从弹出的对话框中选择【water-liquid（h2o<1>）】，之后单击【Copy】→【Close】关闭窗口，如图 13-89 所示。返回【Create/Edit Materials】对话框，【Fluent Fluid Materials】=water-liquid（h2o<1>），然后单击【Close】关闭【Create/Edit Materials】对话框，如图 13-90 所示。

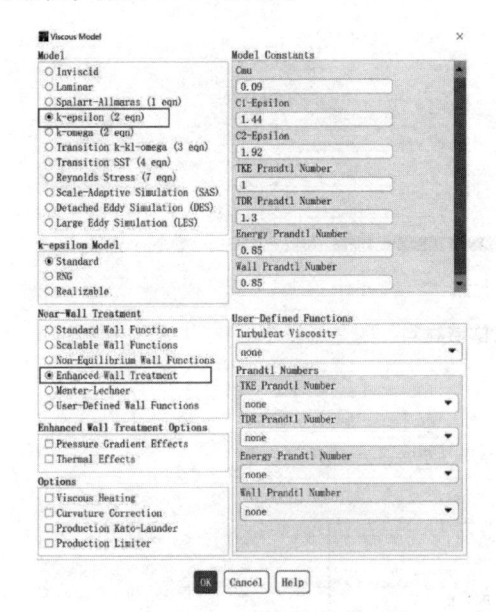

图 13-88　湍流模型设置 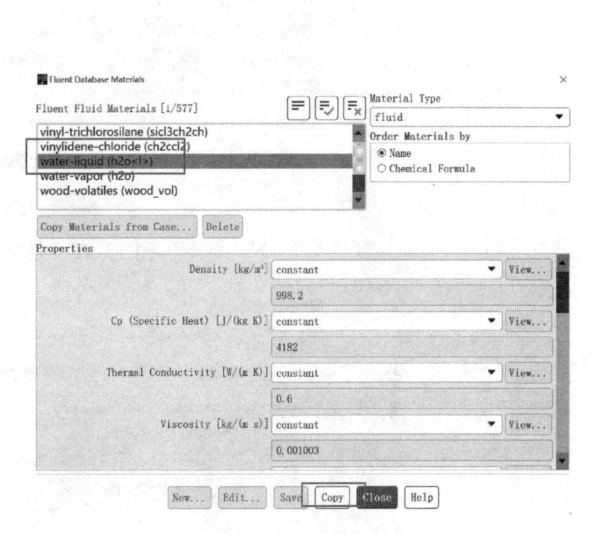　　　　　　　　　图 13-89　选择材料

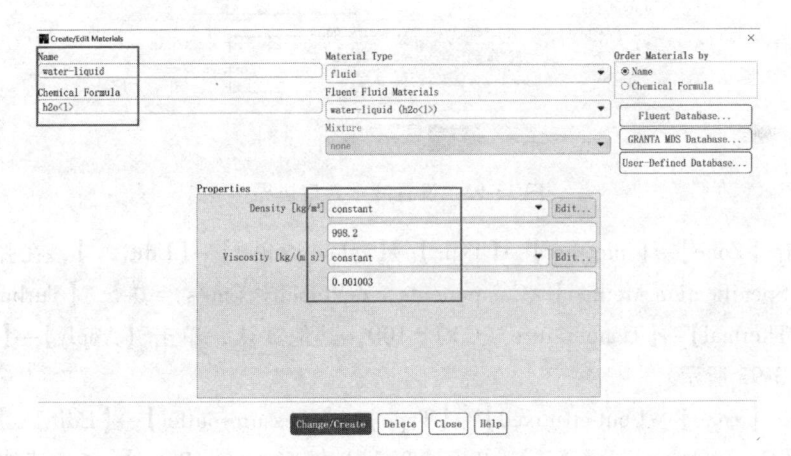

图 13-90　设置材料属性

13. 分配流体域材料

单击 Ribbon 功能区【Physics】→【Cell Zones】，任务面板选择【Zone】→【fluid】→【Type】=fluid，单击【Edit...】→【Fluid】→【Material Name】=water-liquid，其他默认，单击【Apple】→【Close】关闭窗口，如图 13-91 所示。

14. 边界条件设置

（1）单击 Ribbon 功能区【Physics】→【Boundaries...】→【Zone】→【inlet-cold】→【Type】→【velocity-inlet】→【Edit...】，在弹出的对话框中【Velocity Specification Method】=Components, Z-Velocity (m/s) = -0.4,【Turbulent Viscosity Ratio】= 4,【Thermal】→【Temperature (C)】= 26.85,其他默认,单击【Apply】→【Close】关闭窗口,如图 13-92 所示。

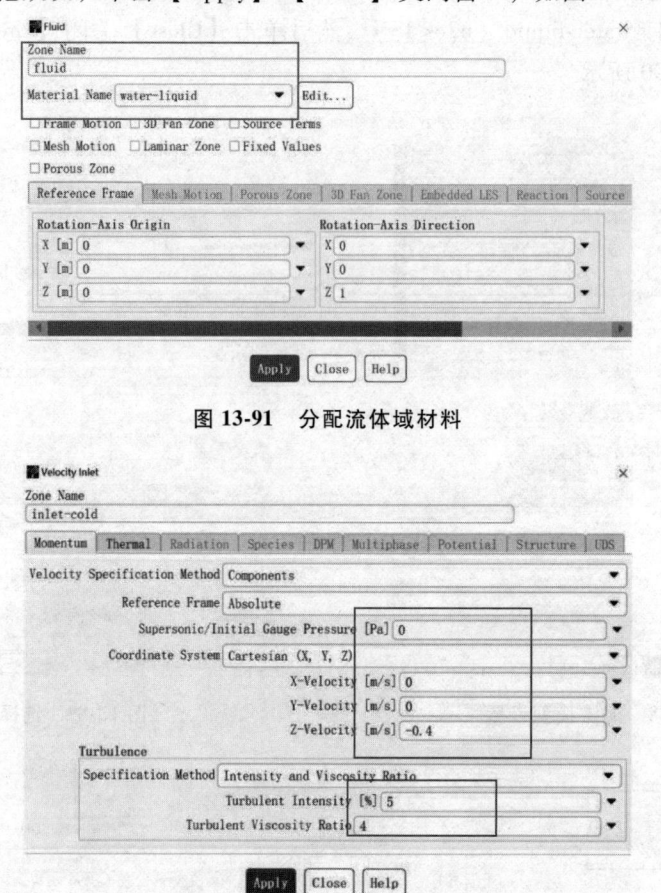

图 13-91 分配流体域材料

图 13-92 设置冷水入口边界

(2) 单击【Zone】→【inlet-hot】→【Type】→【velocity-inlet】→【Edit...】,在弹出的对话框中【Velocity Specification Method】= Components,Z-Velocity (m/s) = 0.5,【Turbulent Viscosity Ratio】= 4,【Thermal】→【Temperature (C)】= 100,其他默认,单击【Apply】→【Close】关闭窗口,如图 13-93 所示。

(3) 单击【Zone】→【outlet-mixed】→【Type】→【pressure-outlet】→【Edit...】,在弹出的对话框中,【Gauge Pressure (Pa)】= 0,【Turbulent Viscosity Ratio】= 4,其他默认,单击【Apply】→【Close】关闭窗口,如图 13-94 所示。

15. 参考值设置

(1) 单击 Ribbon 功能区【Physics】→【Reference Values...】,单击【Reference Values】,参数默认,如图 13-95 所示。

(2) 在菜单栏上单击【File】→【Save Project】,保存项目。

16. 求解方法设置

单击 Ribbon 功能区【Solution】→【Methods...】→【Scheme】= Coupled,【Gradient】= Green-Gauss Node Based,其他默认设置,如图 13-96 所示。

第13章 流体动力学分析

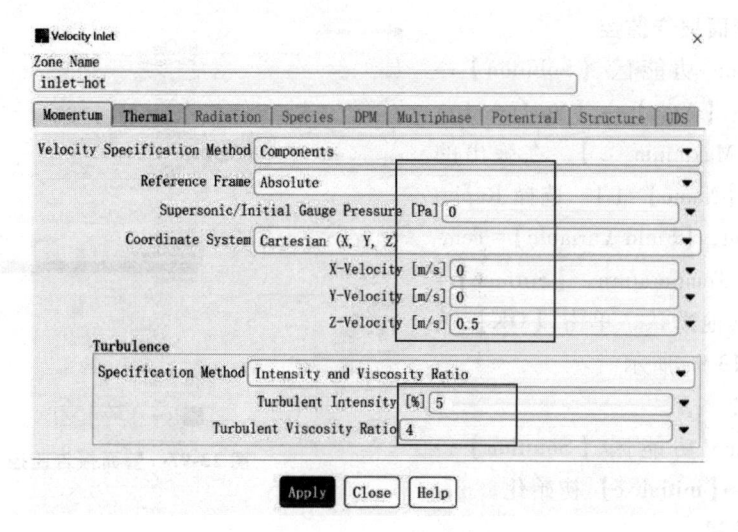

图 13-93 设置热水入口边界

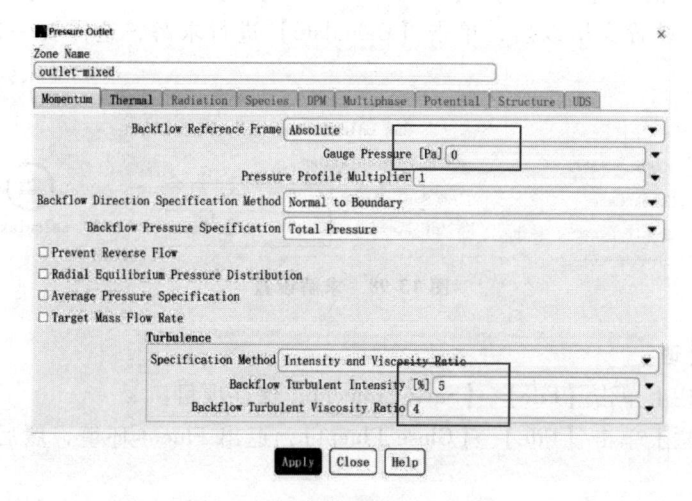

图 13-94 设置混合出口边界

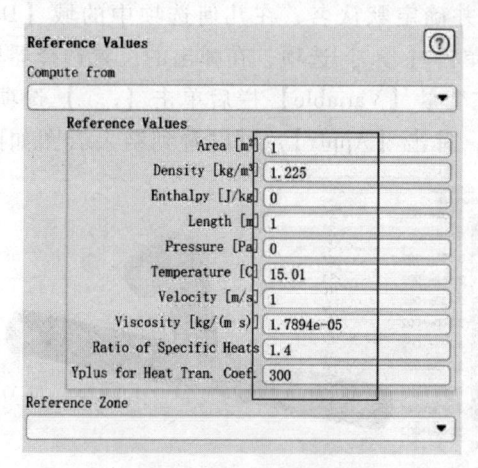

图 13-95 参考值设置

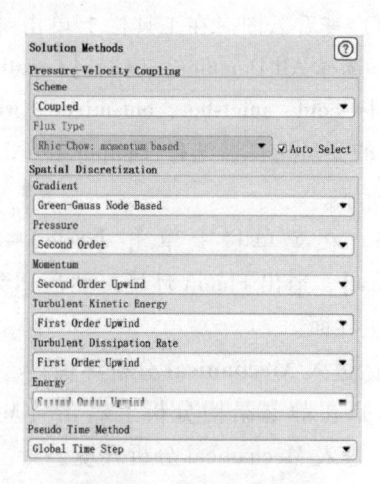

图 13-96 求解方法设置

233

17. 求解壁面报告监控

单击 Ribbon 功能区【Solution】→【Definitions】→【New】→【Surface Report】→【Facet Maximum...】，在弹出的对话框中设置【Name】= f-1，选择 Report File、Report Plot，【Field Variable】= Temperature，Static Temperature，【Surface】= outlet-mixed，其他默认，单击【OK】关闭窗口，如图 13-97 所示。

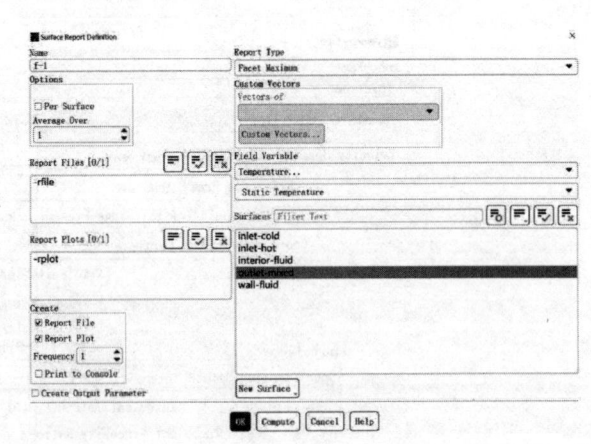

图 13-97 壁面报告监控

18. 初始化

单击 Ribbon 功能区【Solution】→【Initialization】→【Initialize】初始化。

19. 运行求解

单击 Ribbon 功能区【Solving】→【Run Calculation】→【No. of Iterations】= 100，其他默认，如图 13-98 所示。设置完毕以后，单击【Calculate】进行求解，这需要一段时间，请耐心等待。

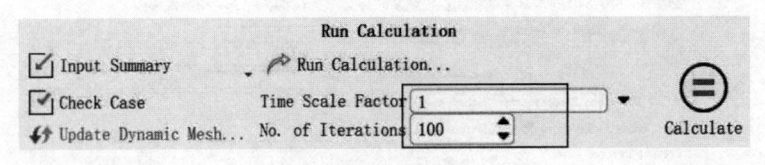

图 13-98 求解设置

20. 创建后处理

（1）在菜单栏上单击【File】→【Save Project】，保存项目。

（2）在菜单栏上单击【File】→【Close Fluent】，退出 Fluent 环境，然后回到 Workbench 主界面。

（3）右击流体动力学分析【Results】→【Edit...】进入后处理系统。

（4）查看云图。在工具栏上单击【Contour】并确定默认名，在几何选项中的域【Domains】选择 All Domains，位置【Locations】栏后单击【...】选项，在弹出的位置选择器里选择 inlet-cold、inlet-hot、out-mixed、wall fluid。在变量【Variable】栏后单击【...】选项，在弹出的变量选择器选择 Temperature，其他默认，单击【Apply】，可以看到结果云图如图 13-99 所示。

（5）在菜单栏上单击【File】→【Close CFD-Post】，退出 Fluent 环境，然后回到 Workbench 主界面。

21. 进入 Mechanical 分析环境

（1）在静态结构分析上右击【Model】→【Edit】进入 Mechanical 分析环境。

（2）在 Mechanical 的环境主页【Home】

图 13-99 结果云图

功能区单位【Units】中选择单位为 Metric（mm, kg, N, s, mV, mA）。

22. 为几何模型分配材料

（1）为水龙头分配材料。在导航树上单击【Geometry】展开，设置【Faucet】→【Details of "Faucet"】→【Material】→【Assignment】= Aluminum Alloy，其他默认。

（2）右击【Fluid】→【Suppress Body】。

23. 划分网格

（1）在导航树上单击【Mesh】→【Details of "Mesh"】→【Sizing】→【Use Adaptive Sizing】= No，【Capture Curvature】= Yes，其他默认。

（2）在标准工具栏上单击 ，选择水龙头模型，然后在导航树上右击【Mesh】，从弹出的快捷菜单中选择【Insert】→【Sizing】→【Details of "Body Sizing" - Sizing】→【Definition】→【Element Size】= 2mm，【Advanced】→【Capture Curvature】= Yes，其他默认。

（3）生成网格。右击【Mesh】→【Generate Mesh】，图形区域显示程序生成的四面体网格模型，如图 13-100 所示。

（4）网格质量检查。在导航树上单击【Mesh】→【Details of "Mesh"】→【Quality】→【Mesh Metric】= Skewness，显示 Skewness 规则下网格质量详细信息，平均值处在良好的水平范围内，展开【Statistics】显示网格和节点数量。

24. 施加边界条件

（1）在导航树上单击【Static Structural (B5)】。

（2）设置流体载荷。右击【Imported Load (A5)】→【Body Temperature】，【Imported Body Temperature】→【Details of "Imported Body Temperature"】→【Geometry】，选择水龙头模型，然后单击【Apply】确定。设置【Transfer Definition】→【CFD Domain】= fluid。

（3）右击【Imported Body Temperature】→【Import Load】。

（4）施加约束。在标准工具栏上单击 ，分别选择冷水进口端面和热水进口端面，然后在环境功能区上单击【Supports】→【Fixed Support】，如图 13-101 所示。

图 13-100　四面体网格模型　　　　　图 13-101　施加约束

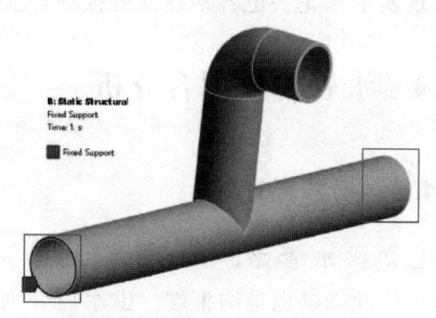

25. 设置需要的结果

（1）在导航树上单击【Solution (B6)】。

（2）在 Mechanical 环境求解功能区单击【Deformation】→【Total】。

（3）在 Mechanical 环境求解功能区单击【Stress】→【Equivalent (von-Mises)】。

26. 求解与结果显示

（1）在 Mechanical 环境求解功能区单击 进行求解运算。

(2) 运算结束后，单击【Solution（B6）】→【Total Deformation】，图形区域显示得到的水龙头总变形分布云图，如图13-102所示；单击【Solution（B6）】→【Equivalent Stress】，显示水龙头等效应力分布云图，如图13-103所示。

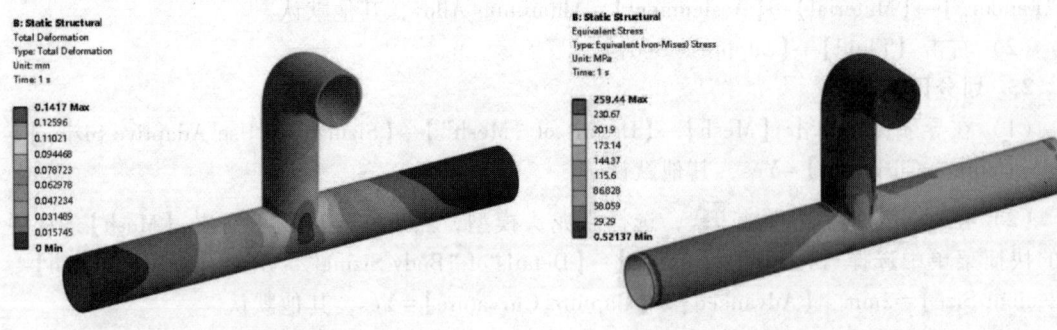

图13-102　水龙头总变形分布云图　　　　图13-103　水龙头等效应力分布云图

27. 保存与退出

（1）退出Mechanical分析环境。单击Mechanical主界面的菜单【File】→【Close Mechanical】退出分析环境，返回到Workbench主界面，此时主界面的项目分析流程图中显示的分析均已完成。

（2）单击Workbench主界面上的【Save】按钮，保存所有分析结果文件。

（3）退出Workbench环境。单击Workbench主界面的菜单【File】→【Exit】退出主界面，完成分析。

13.3.3　分析点评

本实例是水龙头冷热水混合耦合分析，属于内部流动的单向顺序流固耦合问题，旨在模拟冷热水混合流流动对管壁的影响。从结果上看，冷热水交汇处温度变化大，对管壁影响较大，现实中水龙头也容易在此处损坏。实际上，本实例还是一个三维三通管应用实例。

13.4　水管管壁耦合分析

13.4.1　问题描述

已知供水管路，水平粗管端口为入水口，水速0.4m/s，此端口也是约束端，出水口分别为水平细管和竖直管，出口压力为0Pa，其中水平细管端口为约束端，水管模型如图13-104所示。水管材料为铝合金，其他相关参数在分析过程中体现，试求流经管路的流体对管壁的影响。

13.4.2　实例分析过程

1. 启动Workbench 2024

在"开始"菜单中执行ANSYS 2024R1/R2→Work-

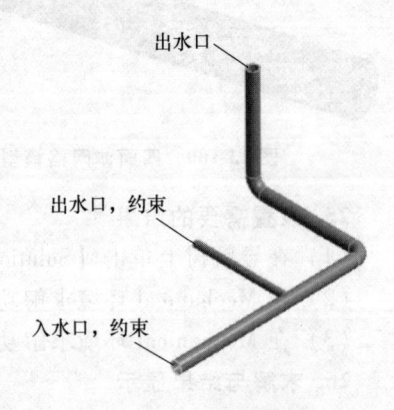

图13-104　水管模型

bench 2024R1/R2 命令。

2. 创建耦合分析

（1）在工具箱【Toolbox】的【Analysis Systems】中双击或拖动流体动力学分析【Fluid Flow（Fluent）】到项目分析流程图。

（2）在工具箱【Toolbox】的【Analysis Systems】中双击或拖动静态结构分析【Static Structural】到项目分析流程图。

（3）创建关联。按住流体动力学分析 Geometry 与静态结构分析 Geometry 关联，然后将流体动力学分析 Solution 与静态结构分析 Setup 关联，如图 13-105 所示。

（4）在 Workbench 的工具栏中单击【Save】，保存项目实例名称为 Pipe pressure.wbpj。如工程实例文件保存在 D:\AWB\Chapter13 文件夹中。

3. 导入几何模型

在流体动力学分析上右击【Geometry】→【Import Geometry】→【Browse】，找到模型文件 Pipe pressure.agdb，打开导入几何模型。如模型文件在 D:\AWB\Chapter13 文件夹中。

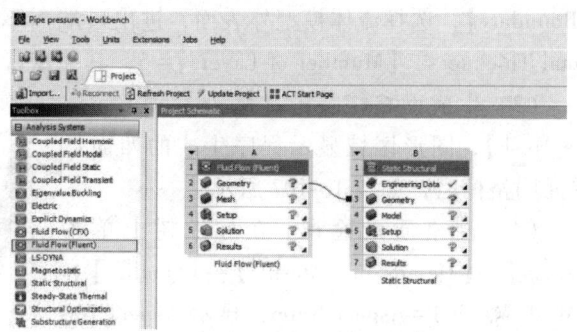

图 13-105　创建耦合分析

4. 创建材料参数

（1）编辑工程数据单元，右击静态结构分析【Engineering Data】→【Edit...】。

（2）在工程数据属性中添加材料。在 Workbench 的工具栏上单击 进入工程材料库，此时的界面显示【Engineering Data Sources】和【Outline of Favorites】。选择 A4 栏【General Materials】，从【Outline of General Materials】里查找铝合金【Aluminum Alloy】材料，然后单击【Outline of General Materials】表中的添加按钮 ，此时在 C4 栏中显示标示 ，表明材料添加成功，如图 13-106 所示。

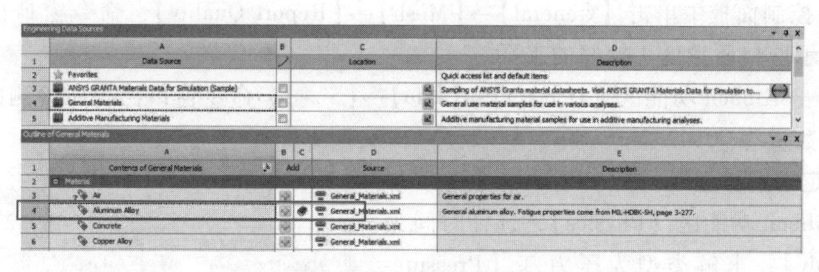

图 13-106　添加材料

（3）单击工具栏中的【B2：Engineering Data】关闭按钮，返回到 Workbench 主界面，新材料添加完毕。

5. 进入 Meshing 网格划分环境

（1）在流体动力学分析上右击【Mesh】→【Edit...】进入 Meshing 网格划分环境。

（2）在 Meshing 的环境主页【Home】功能区单位【Units】中选择单位为 Metric（mm，kg，N，s，mV，mA）。

6. 抑制管模型

在导航树上单击【Geometry】展开，右击【Pipe】→【Suppress Body】。

7. 划分网格

（1）在导航树上单击【Mesh】→【Details of "Mesh"】→【Sizing】→【Use Adaptive Sizing】= No，【Capture Curvature】= Yes，【Capture Proximity】= Yes，其他默认。

（2）在标准工具栏上单击图标，选择流体模型，然后在导航树上右击【Mesh】，从弹出的快捷菜单中选择【Insert】→【Inflation】→【Details of "Inflation"-Inflation】→【Definition】→【Boundary】，选择流体模型外表面，进出口端面不选，共 6 个面。设置【Inflation Option】= Total Thickness，【Mumber of Layers】= 5，其他默认。

（3）生成网格。右击【Mesh】→【Generate Mesh】，图形区域显示程序生成的四面体单元网格模型，如图 13-107 所示。

（4）网格质量检查。在导航树上单击【Mesh】→【Details of "Mesh"】→【Quality】→【Mesh Metric】= Aspect Ratio，显示 Aspect Ratio 规则下网格质量详细信息，平均值处在良好的水平范围内，展开【Statistics】显示网格和节点数量。

图 13-107 四面体单元网格模型

（5）单击主菜单【File】→【Close Meshing】。

（6）返回 Workbench 主界面，右击流体系统【Mesh】，从弹出的快捷菜单中选择【Update】升级，把数据传递到下一单元中。

8. 进入 Fluent 环境

右击流体动力学分析【Setup】，从弹出的快捷菜单中选择【Edit】，启动 Fluent 界面，设置双精度【Double Precision】，然后单击【OK】进入 Fluent 环境。

9. 进入 Fluent 环境及网格检查

（1）在控制面板中单击【General】→【Mesh】→【Check】，命令窗口出现所检测的信息。

（2）在控制面板中单击【General】→【Mesh】→【Report Quality】，命令窗口出现所检测的信息，显示网格质量处于较好的水平。

（3）单击 Ribbon 功能区【Domain】→【Info】→【Size】，命令窗口出现所检测的信息，显示网格节点数量为 70147 个。

10. 指定求解类型

单击 Ribbon 功能区【Physics】，选择时间为稳态【Steady】，求解类型为压力基【Pressure-Based】，速度方程为绝对值【Absolute】，如图 13-108 所示。

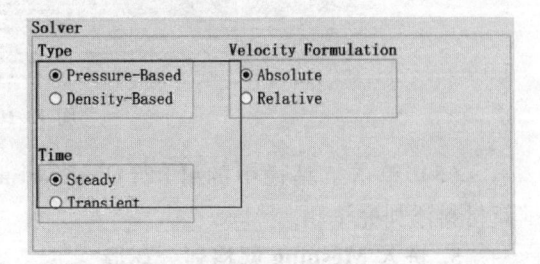

图 13-108 指定求解类型

11. 设置能量方程及湍流模型

单击 Ribbon 功能区【Physics】→【Viscous...】→【Viscous Model】→【k-epsilon（2 eqn）】，参数默认，单击【OK】退出窗口，如图 13-109 所示。

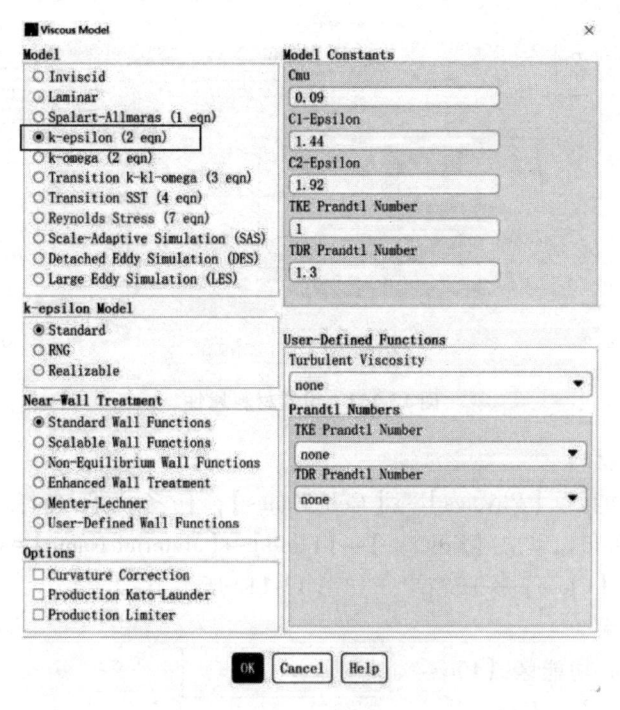

图 13-109 湍流模型设置

12. 设置材料属性

单击 Ribbon 功能区【Physics】→【Materials】→【Create/Edit...】，在弹出的对话框中单击【Fluent Database...】，从弹出的对话框中选择【water-liquid（h2o<1>）】，之后单击【Copy】→【Close】关闭窗口，如图 13-110 所示。返回［Create/Edit Materials］对话框，【Fluent Fluid Materials】=water-liquid(h2o<1>)，然后单击【Close】关闭【Create/Edit Materials】对话框，如图 13-111 所示。

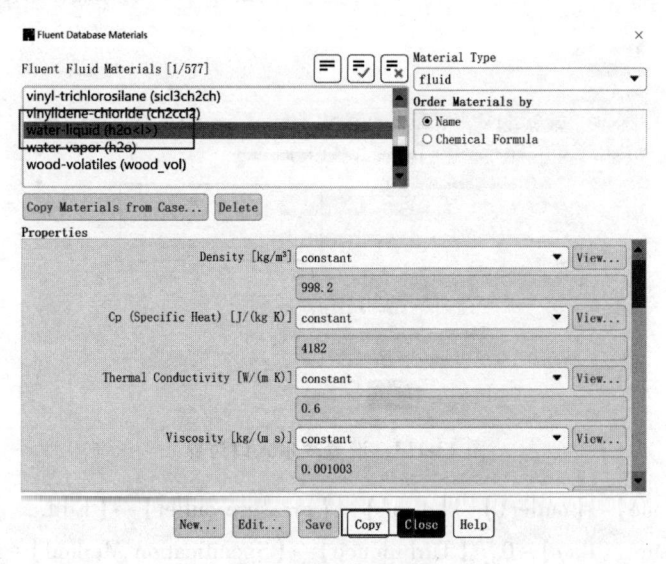

图 13-110 选择材料

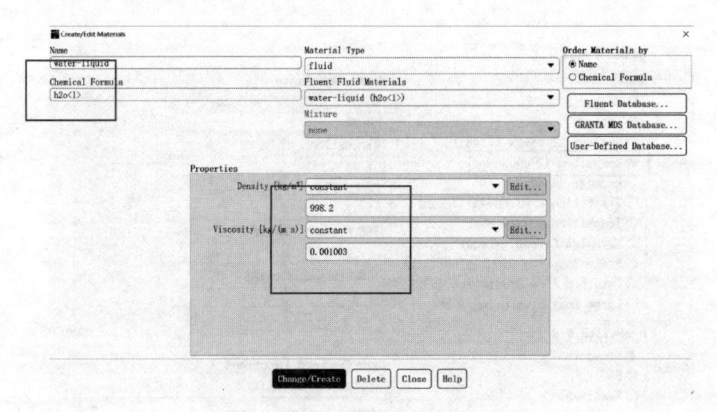

图 13-111 设置材料属性

13. 分配流体域材料

单击 Ribbon 功能区【Physics】→【Cell Zones】,任务面板选择【Zone】→【fluid_domain】→【Type】= fluid,单击【Edit...】→【Fluid】→【Material Name】= water-liquid,其他默认,单击【Apply】→【Close】关闭窗口,如图 13-112 所示。

14. 边界条件设置

(1) 单击 Ribbon 功能区【Physics】→【Boundaries...】→【Zone】→【inlet】→【Type】→【velocity-inlet】→【Edit...】,在弹出的对话框中【Velocity Magnitude(m/s)】= 0.4,【Turbulence】→【Specification Method】= K and Epsilon,其他默认,单击【Apply】→【Close】关闭窗口,如图 13-113 所示。

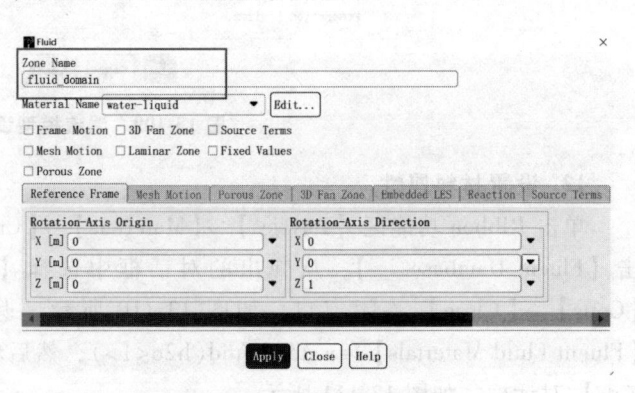

图 13-112 分配流体域材料

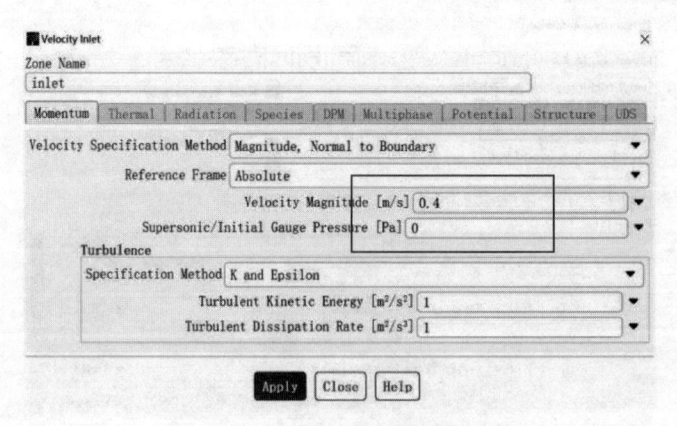

图 13-113 设置冷水入口边界

(2) 单击【Zone】→【outlet1】→【Type】→【pressure-outlet】→【Edit...】,在弹出的对话框中【Gauge Pressure(Pa)】= 0,【Turbulence】→【Specification Method】= K and Epsilon,其他默认,单击【Apply】→【Close】关闭窗口,如图 13-114 所示。

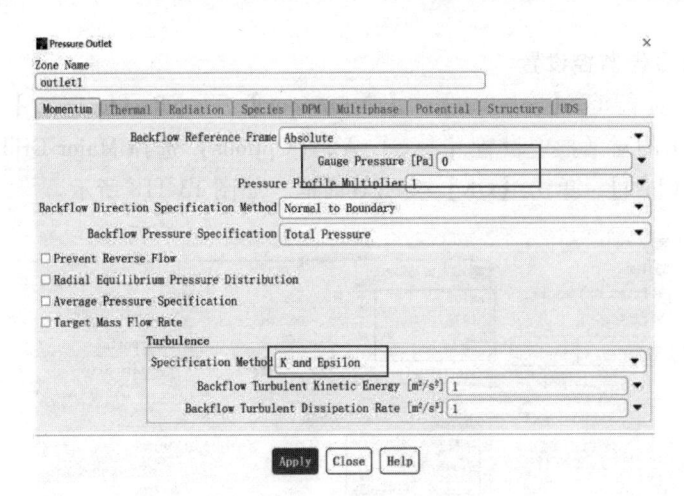

图 13-114　设置出口 1 边界

(3) 单击【Zone】→【outlet2】→【Type】→【pressure-outlet】→【Edit...】，在弹出的对话框中设置【Gauge Pressure（Pa）】= 0，【Turbulence】→【Specification Method】= K and Epsilon，其他默认，单击【Apply】→【Close】关闭窗口，如图 13-115 所示。

15. 参考值设置

(1) 单击 Ribbon 功能区【Physics】→【Reference Values...】，单击【Reference Values】→【Compute from】= inlet，参数默认，如图 13-116 所示。

(2) 在菜单栏上单击【File】→【Save Project】，保存项目。

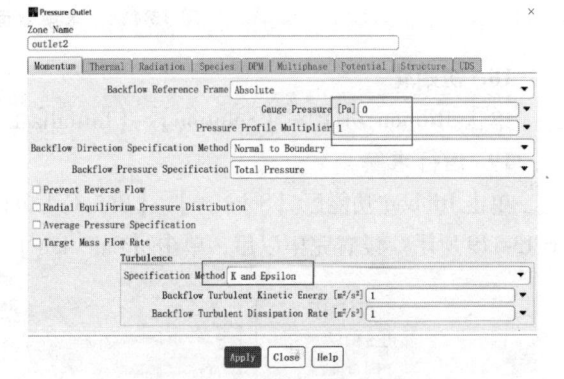

图 13-115　设置出口 2 边界

16. 求解方法设置

单击 Ribbon 功能区【Solution】→【Methods...】→【Turbulent Dissipation Rate】= Second Order Upwind，其他默认设置，如图 13-117 所示。

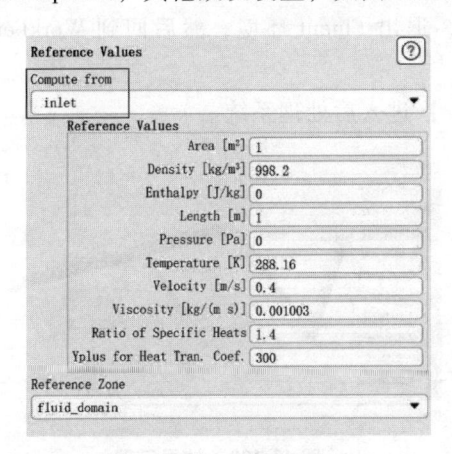

图 13-116　参考值设置

图 13-117　求解方法设置

17. 求解壁面报告监控设置

单击 Ribbon 功能区【Solution】→【Definitions】→【Residuals...】→【Options】→【Axes...】，在弹出的对话框中设置【Axis】= Y，【Options】选择 Major Gridlines，其他默认，单击【Apply】→【Close】，单击【OK】关闭对话框，如图 13-118 所示。

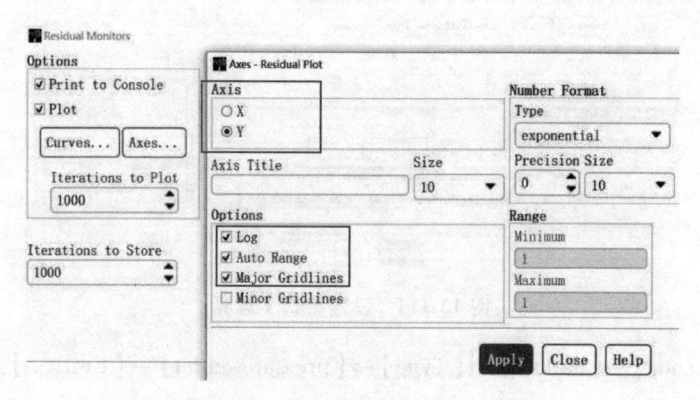

图 13-118　求解壁面报告监控设置

18. 初始化

单击 Ribbon 功能区【Solution】→【Initialization】→【Initialize】初始化。

19. 运行求解

单击 Ribbon 功能区【Solution】→【Run Calculation】→【No. of Iterations】= 500，其他默认，如图 13-119 所示。设置完毕以后，单击【Calculate】进行求解，这需要一段时间，请耐心等待。

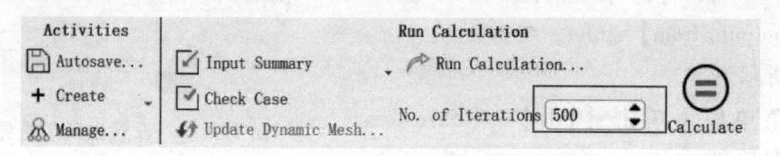

图 13-119　求解设置

20. 创建后处理

（1）在菜单栏上单击【File】→【Save Project】，保存项目。

（2）在菜单栏上单击【File】→【Close Fluent】，退出 Fluent 环境，然后回到 Workbench 主界面。

（3）右击流体动力学分析【Results】→【Edit...】进入后处理系统。

（4）查看云图。在工具栏上单击【Contour】并确定默认名，在几何选项中的域【Domains】选择 All Domains，位置【Locations】栏后单击【...】选项，在弹出的位置选择器里选择 inlet、out1、out2、wall fluid_domain。在变量【Variable】栏后单击【...】选项，在弹出的变量选择器选择 Pressure，其他默认，单击【Apply】，可以看到结果云图，如图 13-120 所示。

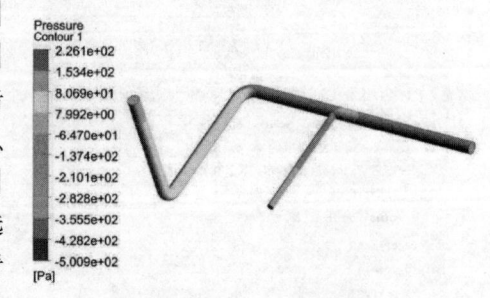

图 13-120　结果云图

（5）在菜单栏上单击【File】→【Close CFD-Post】，退出 Fluent 环境，然后回到 Workbench 主界面。

21. 进入 Mechanical 分析环境

（1）在静态结构分析上右击【Model】→【Edit...】进入 Mechanical 分析环境。

（2）在 Mechanical 的环境主页【Home】功能区单位【Units】中选择单位为 Metric（mm，kg，N，s，mV，mA）。

22. 为几何模型分配材料

（1）为管分配材料。在导航树上单击【Geometry】展开，设置【Pipe】→【Details of "Pipe"】→【Material】→【Assignment】=Aluminum Alloy，其他默认。

（2）右击【Fluid domain】→【Suppress Body】。

23. 划分网格

（1）在导航树上单击【Mesh】→【Details of "Mesh"】→【Defaults】→【Element Size】=80mm，【Sizing】→【Use Adaptive Sizing】=No，【Capture Curvature】=Yes，其他默认。

（2）生成网格。右击【Mesh】→【Generate Mesh】，图形区域显示程序生成的四面体网格模型，如图 13-121 所示。

（3）网格质量检查。在导航树上单击【Mesh】→【Details of "Mesh"】→【Quality】→【Mesh Metric】=Skewness，显示 Skewness 规则下网格质量详细信息，平均值处在良好的水平范围内，展开【Statistics】显示网格和节点数量。

图 13-121 四面体网格模型

24. 施加边界条件

（1）在导航树上单击【Static Structural（B5）】。

（2）设置流体载荷。右击【Imported Load（A5）】→【Insert】→【Pressure】，【Imported Pressure】→【Details of "Imported Pressure"】→【Scope】→【Scoping Method】=Named Selection，【Named Selection】=Pipe inner；【Transfer Definition】→【CFD Domain】=wall fluid_ domain，其他默认。

（3）右击【Imported Pressure】→【Import Load】。

（4）施加约束。在标准工具栏上单击 ，再分别选择进口端面和细管出口端面，然后分别在环境功能区上单击【Supports】→【Fixed Support】，如图 13-122 所示。

25. 设置需要的结果

（1）在导航树上单击【Solution（B6）】。

（2）在 Mechanical 环境求解功能区单击【Deformation】→【Total】。

（3）在 Mechanical 环境求解功能区单击【Stress】→【Equivalent（von-Mises）】。

26. 求解与结果显示

（1）在 Mechanical 环境求解功能区单击 进行求解运算。

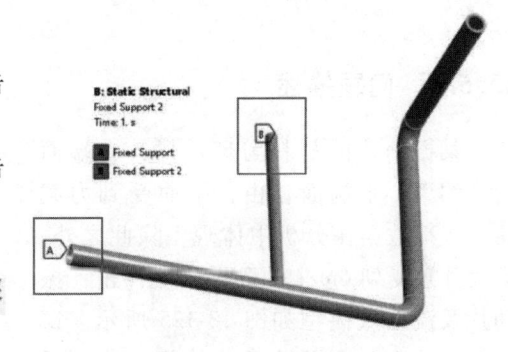

图 13-122 施加约束

（2）运算结束后，单击【Solution（B6）】→【Total Deformation】，图形区域显示得到的水管总变形分布云图，如图 13-123 所示；单击【Solution（B6）】→【Equivalent Stress】，显示水管等效应力分布云图，如图 13-124 所示。

图 13-123　水管总变形分布云图 　　　　图 13-124　水管等效应力分布云图

27. 保存与退出

（1）退出 Mechanical 分析环境。单击 Mechanical 主界面的菜单【File】→【Close Mechanical】退出分析环境，返回到 Workbench 主界面，此时主界面的项目分析流程图中显示的分析均已完成。

（2）单击 Workbench 主界面上的【Save】按钮，保存所有分析结果文件。

（3）退出 Workbench 环境。单击 Workbench 主界面的菜单【File】→【Exit】退出主界面，完成分析。

13.4.3　分析点评

本实例是水管管壁耦合分析，属于内部流动的单向顺序流固耦合问题，模拟流体流动对管壁的影响。与前一实例不同的是，本实例考虑水压对管壁的影响。从结果上看，与约束端近的水管弯头处应力较大，对管使用寿命影响大，现实中水管也容易在此处损坏。而无约束的出口处水流畅通、变形大，实现了充分变形而应力较小，不易破坏。

13.5　振动片双向流固耦合分析

13.5.1　问题描述

某振动片的材料为聚乙烯，大端面受到约束，小端面自由，平面受到力载荷，载荷数据在分析中体现，除此之外，振动片还受到 6m/s 的黏性水流冲击，振动片及流体域模型如图 13-125 所示。试求振动片在外力载荷及流体作用下所受

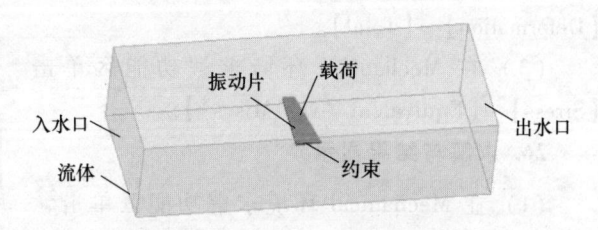

图 13-125　振动片及流体域模型

到的应力。

13.5.2 实例分析过程

1. 启动 Workbench 2024

在"开始"菜单中执行 ANSYS 2024R1/R2→Workbench 2024R1/R2 命令。

2. 创建耦合分析

（1）在工具箱【Toolbox】的【Analysis Systems】中双击或拖动结构瞬态分析【Transient Structural】到项目分析流程图。

（2）在工具箱【Toolbox】的【Analysis Systems】中双击或拖动流体动力学分析【Fluid Flow（Fluent）】到项目分析流程图。

（3）在工具箱【Toolbox】的【Component Systems】中双击或拖动耦合分析【System Coupling】到项目分析流程图。

（4）创建关联。按住结构瞬态分析 Geometry 与流体动力学分析 Geometry 关联，然后将结构瞬态分析 Setup 和流体动力学分析 Setup 都与耦合分析 Setup 关联，如图 13-126 所示。

（5）在 Workbench 的工具栏中单击【Save】，保存项目实例名称为 Vibrating plate.wbpj。如工程实例文件保存在 D:\AWB\Chapter13 文件夹中。

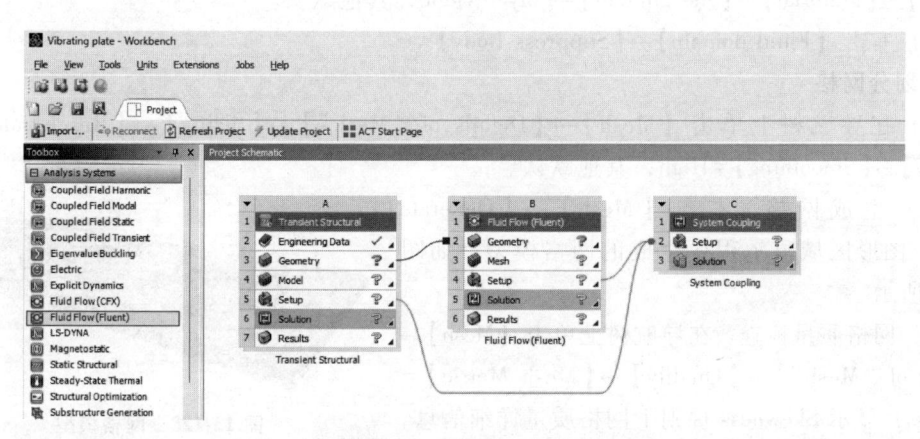

图 13-126　创建耦合分析

3. 创建材料参数

（1）编辑工程数据单元，右击结构瞬态分析【Engineering Data】→【Edit...】。

（2）在工程数据属性中添加材料。在 Workbench 的工具栏上单击 进入工程材料库，此时的界面显示【Engineering Data Sources】和【Outline of Favorites】。选择 A4 栏【General Materials】，从【Outline of General Materials】里查找聚乙烯【Polyethylene】材料，然后单击【Outline of General Materials】表中的添加按钮 ，此时在 C10 栏中显示标示 ，表明材料添加成功，如图 13-127 所示。

（3）单击工具栏中的【A2：Engineering Data】关闭按钮，返回到 Workbench 主界面，新材料添加完毕。

4. 导入几何模型

在结构瞬态分析上右击【Geometry】→【Import Geometry】→【Browse】，找到模型文件 Vi-

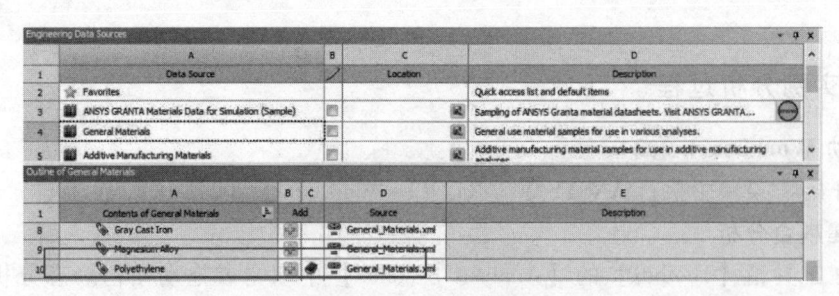

图 13-127 添加材料

brating plate.agdb，打开导入几何模型。如模型文件在 D:\AWB\Chapter13 文件夹中。

5. 进入 Mechanical 分析环境

（1）在结构瞬态分析上右击【Model】→【Edit...】进入 Mechanical 分析环境。

（2）在 Mechanical 的环境主页【Home】功能区单位【Units】中选择单位为 Metric （mm，kg，N，s，mV，mA）。

6. 为几何模型分配材料

（1）为平板分配材料。在导航树上单击【Geometry】展开，设置【Plate】→【Details of "Plate"】→【Material】→【Assignment】=Polyethylene，其他默认。

（2）右击【Fluid domain】→【Suppress Body】。

7. 划分网格

（1）在导航树上单击【Mesh】→【Details of "Mesh"】→【Sizing】→【Resolution】=6；【Quality】→【Smoothing】=High，其他默认。

（2）生成网格。右击【Mesh】→【Generate Mesh】，图形区域显示程序生成的网格模型，如图 13-128 所示。

（3）网格质量检查。在导航树上单击【Mesh】→【Details of "Mesh"】→【Quality】→【Mesh Metric】= Skewness，显示 Skewness 规则下网格质量详细信息，平均值处在良好的水平范围内，展开【Statistics】显示网格和节点数量。

图 13-128 网格模型

8. 施加边界条件

（1）在导航树上单击【Transient（A5）】。

（2）单击【Analysis Settings】→【Details of "Analysis Settings"】→【Step Controls】→【Step End Time】=10，【Auto Time Stepping】=Off，【Define By】=Substeps，【Number Substeps】=10，其他默认。

（3）施加约束。在标准工具栏上单击 ，再分别选择平板侧边大端面，然后在环境功能区上单击【Supports】→【Fixed Support】，如图 13-129 所示。

（4）施加面力。在标准工具栏上单击

图 13-129 施加约束

246

, 然后选择平板表面, 接着在环境功能区上单击【Loads】→【Force】→【Details of "Force"】→【Definition】→【Define By】= Vector, 设置【Direction】方向为箭头指向表面沿 Y 轴方向(参考视图坐标系), 如图 13-130 所示; 设置【Magnitude】= Tabular, 然后在表格中输入如图 13-131 所示的数据。

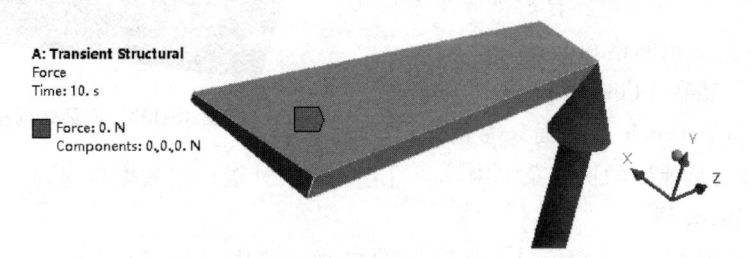

图 13-130　施加力载荷参考方向

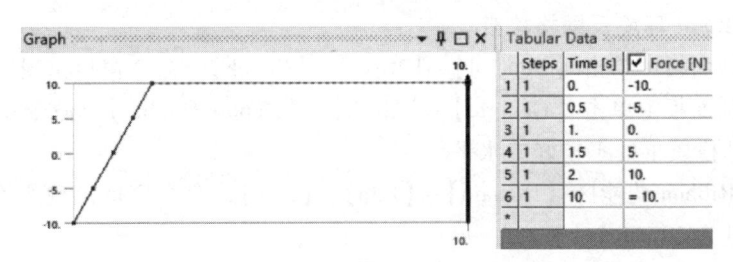

图 13-131　施加力载荷数据

(5) 设置流固耦合结合面。在环境功能区上单击【Loads】→【Fluid Solid Interface】→【Details of "Fluid Solid Interface"】→【Scope】→【Scoping Method】= Named Selection, 【Named Selection】= Solid Fluid Interface。

9. 设置需要的结果及退出 Mechanical

(1) 在导航树上单击【Solution (A6)】。

(2) 在 Mechanical 环境求解功能区单击【Stress】→【Equivalent Stress】。

(3) 退出 Mechanical 分析环境。单击 Mechanical 主界面的菜单【File】→【Close Mechanical】退出分析环境。

(4) 单击 Workbench 主界面上的【Save】按钮, 保存设置文件。

10. 进入 Meshing 网格划分环境

(1) 在流体动力学分析上右击【Mesh】→【Edit】进入 Meshing 网格划分环境。

(2) 在 Meshing 的环境主页【Home】功能区单位【Units】中选择单位为 Metric(mm, kg, N, s, mV, mA)。

11. 抑制平板模型

在导航树上单击【Geometry】展开, 右击【Plate】→【Suppress Body】。

12. 划分网格

(1) 在导航树上单击【Mesh】→【Details of "Mesh"】→【Sizing】→【Use Adaptive Sizing】= No, 【Capture Curvature】= Yes, 【Quality】→【Smoothing】= High, 其他默认。

(2) 生成网格。右击【Mesh】→【Generate Mesh】, 图形区域显示程序生成的四面体网格模型，如图13-132所示。

（3）网格质量检查。在导航树上单击【Mesh】→【Details of "Mesh"】→【Quality】→【Mesh Metric】=Aspect Ratio，显示Aspect Ratio规则下网格质量详细信息，平均值处在良好的水平范围内，展开【Statistics】显示网格和节点数量。

（4）单击主菜单【File】→【Close Meshing】。

（5）返回Workbench主界面，右击流体动力学分析【Mesh】，从弹出的快捷菜单中选择【Update】升级，把数据传递到下一单元中。

图13-132 四面体网格模型

13. 进入Fluent环境

右击流体动力学分析【Setup】，从弹出的快捷菜单中选择【Edit】，启动Fluent界面，设置双精度【Double Precision】，然后单击【OK】进入Fluent环境。

14. 进入Fluent环境及网格检查

（1）在控制面板中单击【General】→【Mesh】→【Check】，命令窗口出现所检测的信息。

（2）在控制面板中单击【General】→【Mesh】→【Report Quality】，命令窗口出现所检测的信息，显示网格质量处于较好的水平。

（3）单击Ribbon功能区【Domain】→【Info】→【Size】，命令窗口出现所检测的信息，显示网格节点数量为20738个。

15. 指定求解类型

单击Ribbon功能区【Physics】，选择时间为瞬态【Transient】，求解类型为压力基【Pressure-Based】，速度方程为绝对值【Absolute】，如图13-133所示。

16. 湍流模型

单击Ribbon功能区【Physics】→【Viscous...】→【Viscous Model】→【k-epsilon（2 eqn）】，【k-epsilon Model】=Realizable，【Near-Wall Treatment】=Scalable Wall Functions，其他默认，单击【OK】退出对话框，如图13-134所示。

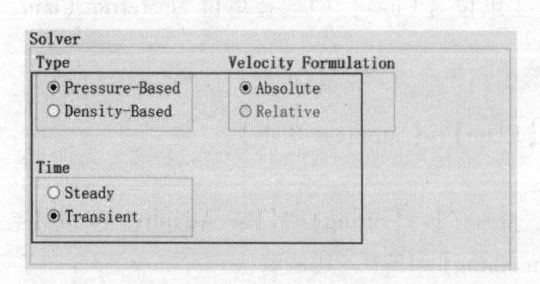

图13-133 指定求解类型

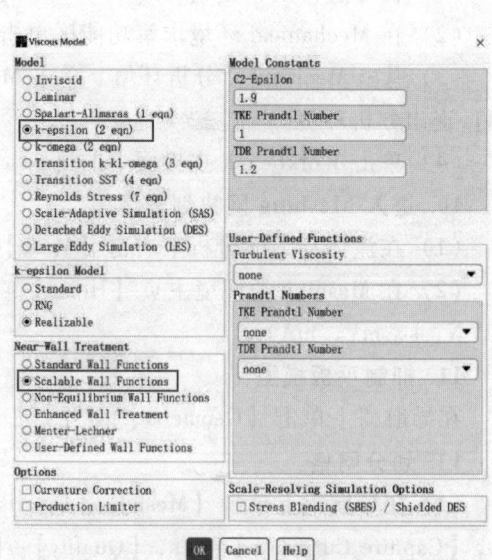

图13-134 湍流模型

17. 设置材料属性

单击 Ribbon 功能区【Setting Up Physics】→【Materials】→【Create/Edit...】，在弹出的对话框中单击【Fluent Database...】，从弹出的对话框中选择【water-liquid（h2o<1>）】，之后单击【Copy】→【Close】关闭窗口，如图 13-135 所示。返回【Create/Edit Materials】对话框，【Fluent Fluid Materials】= water-liquid（h2o<1>），然后单击【Close】关闭【Create/Edit Materials】对话框，如图 13-136 所示。

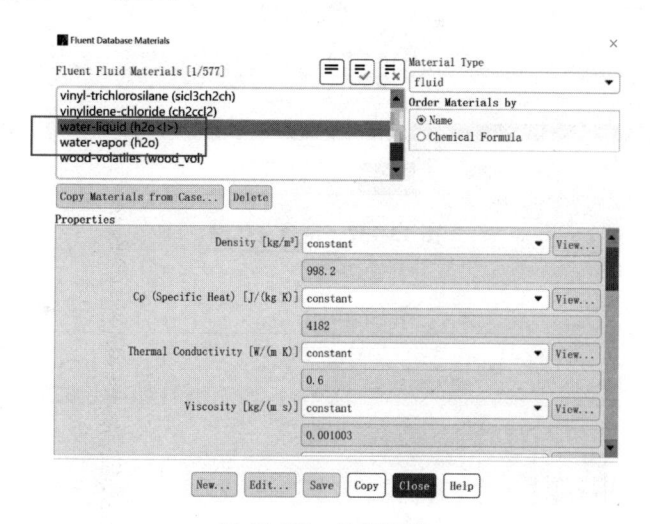

图 13-135　选择材料

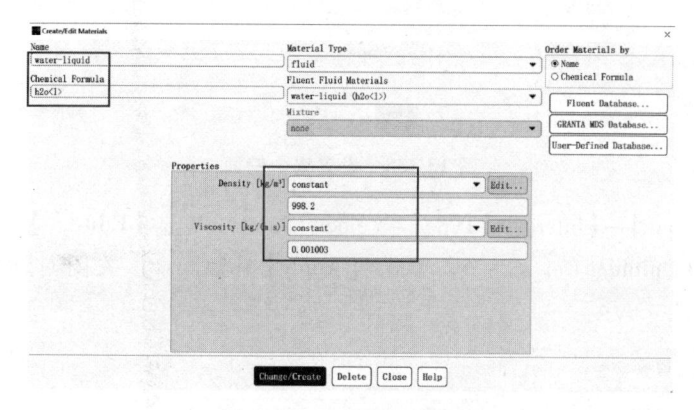

图 13-136　设置材料属性

18. 设置流体域

单击 Ribbon 功能区【Physics】→【Zones】→【Cell Zones】→【Task Page】→【Zone】→【fluid_domain】→【Type】= fluid，单击【Edit...】，在弹出的对话框中设置【Material Name】= water-liquid，单击【Apply】→【Close】关闭对话框，如图 13-137 所示。

19. 设置边界条件

（1）单击 Ribbon 功能区【Physics】→【Boundaries】→【Zone】→【fluid solid interface】→【Type】= wall，单击【Edit...】，保持弹出的对话框中的设置，单击【Apply】→【Close】关闭对话框，如图 13-138 所示。

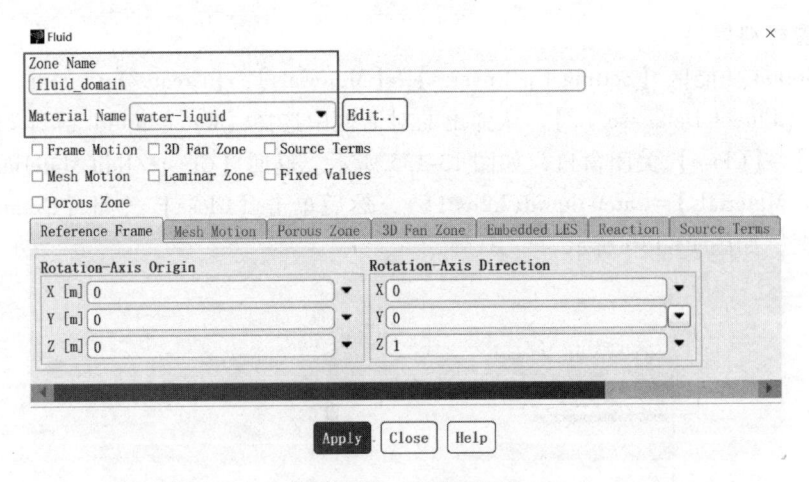

图 13-137　设置流体域

图 13-138　设置耦合壁面

（2）单击【Zone】→【inlet】→【Type】= Velocity Inlet，单击【Edit...】，在弹出的对话框中设置 Velocity Magnitude（m/s）= 6，单击【Apply】→【Close】关闭对话框，如图 13-139 所示。

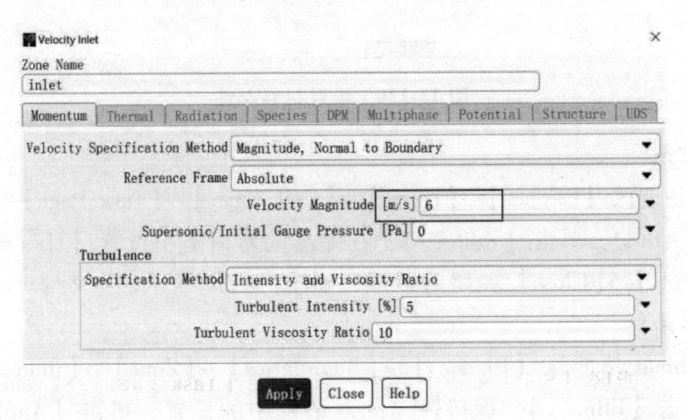

图 13-139　设置入口边界

（3）单击【Zone】→【outlet】→【Type】= pressure-outlet，单击【Edit...】，保持弹出的对话框中的设置，单击【Apply】→【Close】关闭对话框，如图 13-140 所示。

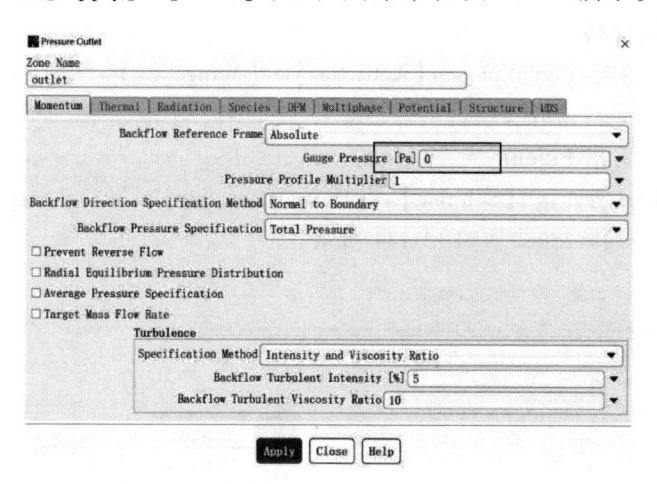

图 13-140　设置出口边界

20. 设置动网格

单击 Ribbon 功能区【Domain】→【Mesh Models】→【Dynamic Mesh】→【Task Page】→选择【Dynamic Mesh】；【Mesh Methods】→【Smoothing】→【Create/Edit...】→【Dynamic Mesh Zones】→【Zone Name】= fluid solid interface，【Type】= System Coupling，单击【Create】→【Close】关闭对话框，如图 13-141 所示。

21. 设置参考值

（1）单击 Ribbon 功能区【Physics】→【Reference Values...】，单击【Reference Values】，参数默认，如图 13-142 所示。

（2）在菜单栏上单击【File】→【Save Project】，保存项目。

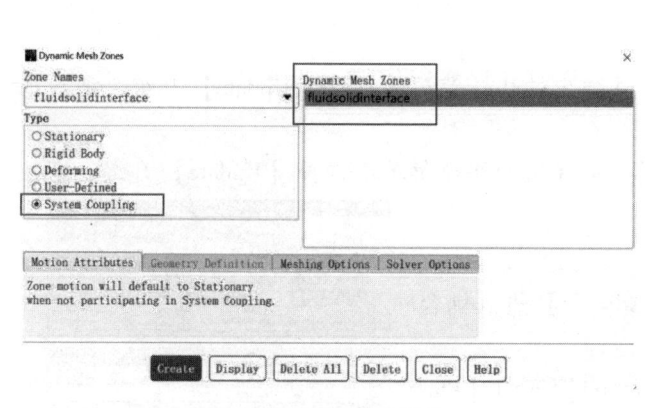

图 13-141　设置动网格

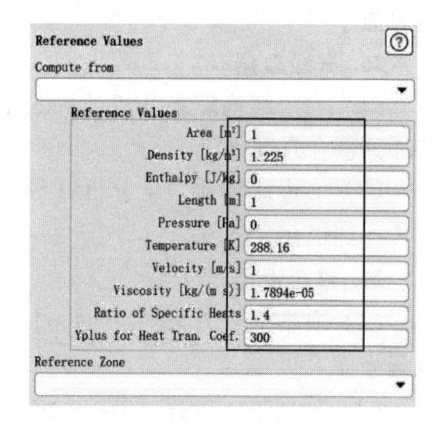

图 13-142　设置参考值

22. 求解方法设置

单击 Ribbon 功能区【Solution】→【Methods...】，【Task Page】→【Scheme】= Coupled，其他默认，如图 13-143 所示。

23. 初始化

单击 Ribbon 功能区【Solution】→【Initialization】→【Initialize】初始化。

24. 设置自动保存频率

单击 Ribbon 功能区【Solution】→【Activities】→【Mange...】,【Task Page】→【Autosave Every（Time Steps）】=1，其他默认。

25. 求解时间及退出 Fluent

（1）单击 Ribbon 功能区【Solution】→【Run Calculation】→【Time Step Size（s）】= 0.01,【Number of Time Steps】= 250，如图 13-144 所示。

图 13-143　求解方法设置　　　　图 13-144　求解设置

（2）在菜单栏上单击【File】→【Save Project】，保存项目。

（3）在菜单栏上单击【File】→【Close Fluent】，退出 Fluent 环境，然后回到 Workbench 主界面。

26. 升级数据

（1）右击结构瞬态分析【Setup】，从弹出的快捷菜单中选择【Update】升级，把数据传递到耦合分析中。

（2）右击流体动力学分析【Setup】，从弹出的快捷菜单中选择【Update】升级，把数据传递到耦合分析中。

27. 耦合设置

（1）右击耦合分析的【Setup】→【Edit...】进入耦合设置界面。

（2）分别单击选择【Transient Structural】下的【Fluid Solid Interface】与【Fluid Flow（Fluent）】下的【fluid solid interface】，然后右击【Create Data Transfer】创建耦合数据传递，如图 13-145 所示。

（3）单击【Analysis Settings】→【Properties of Analysis Settings】→【End Time［s］】= 2.5,【Step Size［s］】= 0.1,

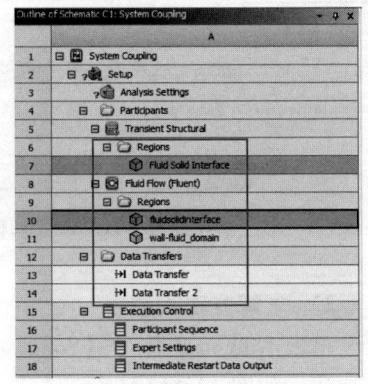

图 13-145　耦合设置界面

如图 13-146 所示，其他默认。

（4）单击【Execute Control】→【Intermediate Restart Data Output】→【Properties of Intermediate Restart Data Output】→【Output Frequency】= At Step Interval，【Step Interval】= 5，如图 13-147 所示。

图 13-146　设置耦合持续时间与时步控制

图 13-147　设置耦合输出频率

（5）右击【Solution】，从弹出的快捷菜单中选择【Update】升级计算。

（6）单击工具栏中的【C：System Coupling】关闭按钮，返回到 Workbench 主界面，耦合求解完毕。

28. 创建后处理

（1）在菜单栏上单击【File】→【Save】，保存项目。

（2）拖动静态结构分析【Solution】到流体动力学分析【Results】使其连接。

（3）右击流体动力学分析【Results】→【Edit...】进入后处理系统。

（4）插入平面。在工具栏上单击【Location】→【Plane】并确定默认名，在几何选项中的域【Domains】选择 All Domains，方法【Method】栏后选 ZX Plane，【Y】为 3.5mm，单击【Apply】确定。

（5）查看振动片的速度云图。在工具栏上单击【Contour】并确定默认名，在几何选项中的域【Domains】选择 All Domains，位置【Locations】栏后单击【...】选项，在弹出的位置选择器里选择 Plane1。在变量【Variable】栏后单击【...】选项，在弹出的变量选择器选择 Velocity，【#of Contours】为 110，其他默认，单击【Apply】，可以看到振动片的速度云图，如图 13-148 所示。

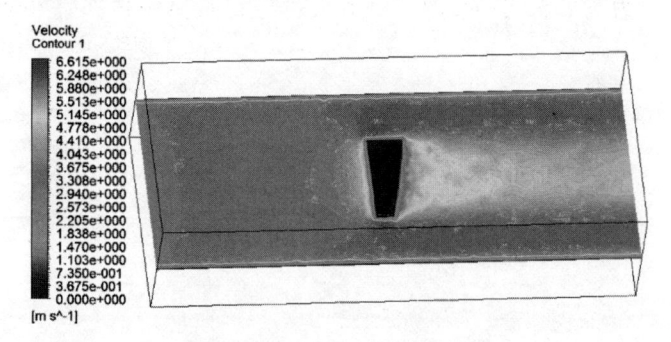

图 13-148　振动片的速度云图

（6）查看振动片等效应力云图。在工具栏上单击【Contour】并确定默认名，在几何选项中的域【Domains】选择 All Domains，位置【Locations】栏后单击【...】选项，在弹出的位置选择器里选择 Plane1。在变量【Variable】栏后单击【...】选项，在弹出的变量选择器选择 Von Mises Stress，【#of Contours】为 110，其他默认，单击【Apply】，可以看到振动片等效应力云图，如图 13-149 所示。

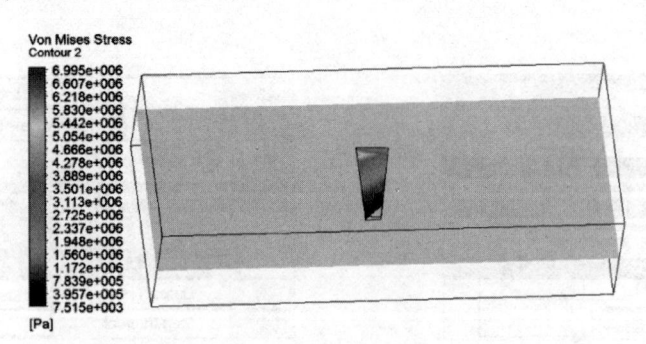

图 13-149 振动片等效应力云图

（7）在菜单栏上单击【File】→【Close CFD-Post】，退出 Fluent 环境，然后回到 Workbench 主界面。

29. 保存与退出

（1）退出 Mechanical 分析环境。单击 Mechanical 主界面的菜单【File】→【Close Mechanical】退出分析环境，返回到 Workbench 主界面，此时主界面的项目分析流程图中显示的分析均已完成。

（2）单击 Workbench 主界面上的【Save】按钮，保存所有分析结果文件。

（3）退出 Workbench 环境。单击 Workbench 主界面的菜单【File】→【Exit】退出主界面，完成分析。

13.5.3 分析点评

本实例是振动片双向流固耦合分析，属于外部流动的双向流固耦合问题，模拟流体流动对振动片的影响。与前两实例不同的是，本实例考虑了耦合的双向性，即流体与固体的相互作用，更接近真实情况。一般情况下，双向耦合为动态耦合，所以本例利用了 Transient Structural 模块和瞬态模式。在本例中，重点是耦合界面设置、动网格设置及耦合求解设置。

第14章 优化设计

14.1 某桁架支座的多目标优化

14.1.1 问题描述

某桁架支座材料为结构钢,承受1500N作用力,其肋板模型如图14-1所示。支座的肋板可以改善构件整体受力状况,肋板的尺寸也会影响桁架支座的整体重量。若在可承受的范围内,通过对支座及肋板尺寸优化,使其在承受更大作用力的同时,支座应力在屈服范围内变形尽可能小。试对该桁架支座进行优化分析。

14.1.2 实例分析过程

1. 启动 Workbench 2024

在"开始"菜单中执行 ANSYS 2024R1/R2→Workbench 2024R1/R2 命令。

2. 创建静态结构分析

(1) 在工具箱【Toolbox】的【Analysis Systems】中双击或拖动静态结构分析【Static Structural】到项目分析流程图,如图14-2所示。

图14-1 桁架支座肋板模型　　图14-2 创建静态结构分析

(2) 在 Workbench 的工具栏中单击【Save】,保存项目实例名称为 Truss bearing.wbpj。如工程实例文件保存在 D:\AWB\Chapter14 文件夹中。

3. 导入几何模型

在静态结构分析项目上右击【Geometry】→【Import Geometry】→【Browse】,找到模型文件 Truss bearing.agdb,打开导入几何模型,如模型文件在 D:\AWB\Chapter14 文件夹中。

4. 进入 Mechanical 分析环境

(1) 在静态结构分析项目上右击【Model】→【Edit...】进入 Mechanical 分析环境。

(2) 在 Mechanical 的环境主页【Home】功能区单位【Units】中选择单位为 Metric（mm，kg，N，s，mV，mA）。

5. 为几何模型分配材料属性

桁架支座材料为结构钢，自动分配。

6. 划分网格

(1) 在导航树上单击【Mesh】→【Details of "Mesh"】→【Element Size】= 2.5mm；【Sizing】→【Use Adaptive Sizing】= No，【Capture Curvature】= Yes，其他默认。

(2) 生成网格。右击【Mesh】→【Generate Mesh】，图形区域显示程序生成的四面体单元网格模型，如图 14-3 所示。

(3) 网格质量检查。在导航树上单击【Mesh】→【Details of "Mesh"】→【Quality】→【Mesh Metric】= Skewness，显示 Skewness 规则下网格质量详细信息，平均值处在良好的水平范围内，展开【Statistics】显示网格和节点数量。

图 14-3 四面体单元网格模型

7. 施加边界条件

(1) 单击【Static Structural（A5）】。

(2) 施加固定约束。在标准工具栏上单击，选择支撑通孔内表面，然后在环境功能区单击【Supports】→【Fix Support】，如图 14-4 所示。

(3) 施加力载荷。在标准工具栏上单击，选择孔内表面，在环境功能区单击【Force】→【Details of "Force"】→【Definition】→【Define By】= Components，【Y Component】= -1500N，如图 14-5 所示。

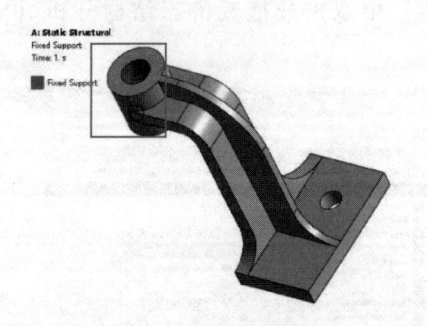

图 14-4 施加固定约束 　　图 14-5 施加力载荷

8. 设置需要的结果

(1) 在导航树上单击【Solution（A6）】。

(2) 在 Mechanical 环境求解功能区单击【Deformation】→【Total】。

(3) 在 Mechanical 环境求解功能区单击【Stress】→【Equivalent（von-Mises）】。

9. 求解与结果显示

(1) 在 Mechanical 环境求解功能区单击进行求解运算。

(2) 运算结束后，单击【Solution（A6）】→【Total Deformation】，图形区域显示静态结构分析得到的支撑变形分布云图，如图 14-6 所示；单击【Solution（A6）】→【Equivalent Stress】，显示支撑应力分布云图，如图 14-7 所示。

图 14-6　支撑变形分布云图 　　　　　　图 14-7　支撑应力分布云图

10. 提取参数

（1）提取载荷参数。在导航树上单击【Force】→【Details of "Force"】→【Definition】→【Y Component】=-1500N，选择力参数框，出现"P"字母，如图 14-8 所示。

（2）提取结果变形参数。在导航树上单击【Solution（A6）】→【Total Deformation】→【Details of "Total Deformation"】→【Results】→【Maximum】，选择结果变形参数框，出现"P"字母，如图 14-9 所示。

（3）提取结果应力参数。在导航树上单击【Solution（A6）】→【Equivalent Stress】→【Details of "Equivalent Stress"】→【Results】→【Maximum】，选择结果变形参数框，出现"P"字母，如图 14-10 所示。

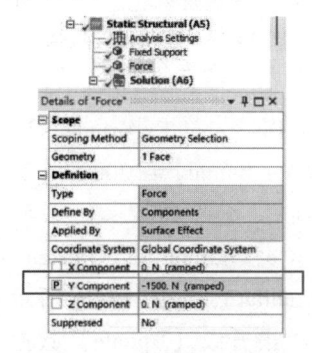

图 14-8　提取载荷参数 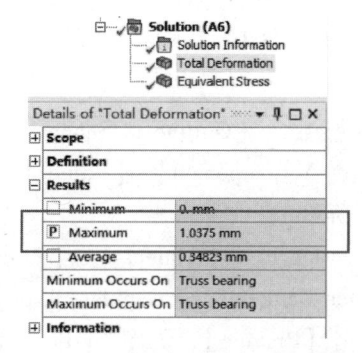　　图 14-9　提取结果变形参数 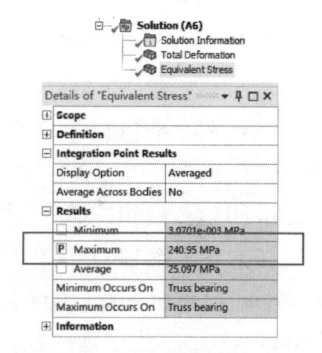　　图 14-10　提取结果应力参数

（4）退出 Mechanical 分析环境。单击 Mechanical 主界面的菜单【File】→【Close Mechanical】退出分析环境，返回到 Workbench 主界面。单击 Workbench 主界面上的【Save】按钮，保存所有分析结果文件。

（5）双击参数设置【Parameter Set】，进入参数工作空间，显示所创建的输入与输出参数，如图 14-11 所示。

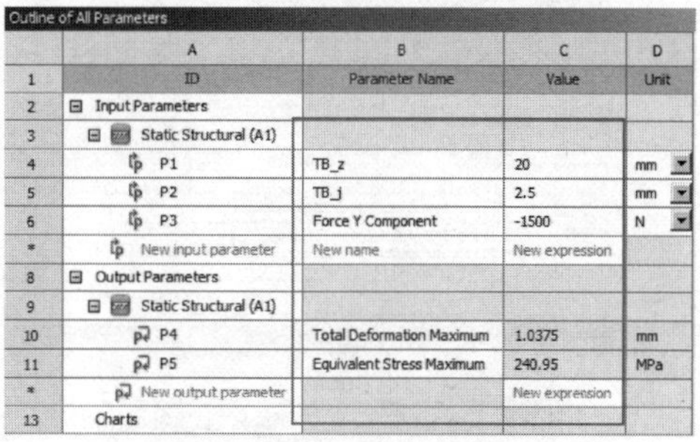

（6）单击工具栏中的【Parameter Set】关闭按钮，返回到 Workbench 主界面。

图 14-11　输入与输出参数

11. 响应面驱动优化参数设置

（1）将响应面驱动优化模块【Response Surface Optimization】拖入项目分析流程图，该模块与参数空间自动连接，如图 14-12 所示。

（2）在响应面驱动优化中，双击试验设计【Design of Experiments】单元格。

（3）在大纲窗口中单击 P1 参数，【Outline of Schematic B2：Design of Experiments】→【Properties of Outline A5：P1-TB_z】→【Values】→【Lower Bound】= 15，【Upper Bound】= 25，如图 14-13 所示。

（4）在大纲窗口中单击 P2 参数，【Outline of Schematic B2：Design of Experiments】→【Properties of Outline A6：P2-TB_j】→【Values】→【Lower Bound】= 2，【Upper Bound】= 5，如图 14-14 所示。

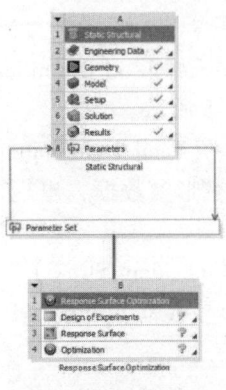

图 14-12　创建响应面驱动参数优化

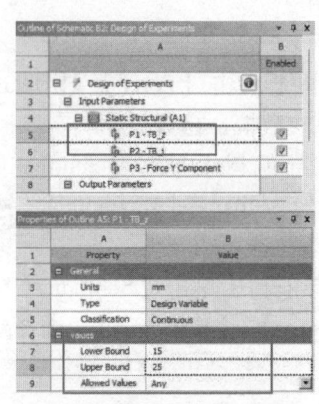

图 14-13　实验设计模型 P1 参数设置

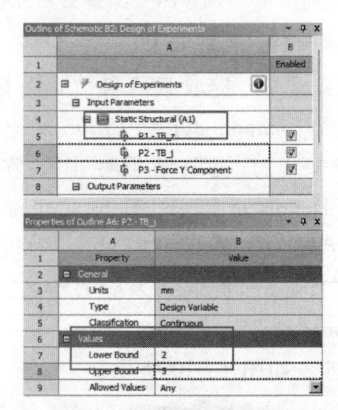

图 14-14　实验设计模型 P2 参数设置

（5）在大纲窗口中单击 P3 参数，【Outline of Schematic B2：Design of Experiments】→【Properties of Outline A7：P3-Force Y Component】→【Values】→【Lower Bound】= −2000，【Upper Bound】= −1350，如图 14-15 所示。

（6）在大纲窗口中单击【Design of Experiments】→【Properties of Outline A2：Design of Experiment】→【Design Type】= Face-Centered，【Template Type】= Standard，如图 14-16 所示；Workbench 工具栏中选择预览数据【Preview】，如图 14-17 所示；单击升级【Update】数据，程序运行得到样本设计点的计算结果，如图 14-18 所示。

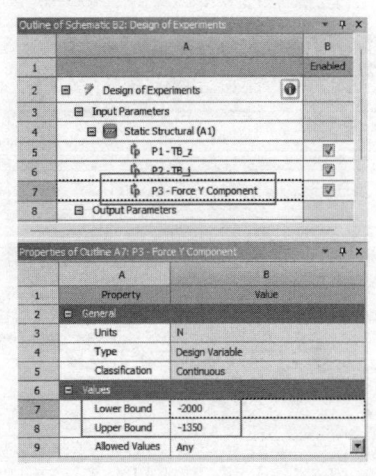

图 14-15　实验设计模型 P3 参数设置

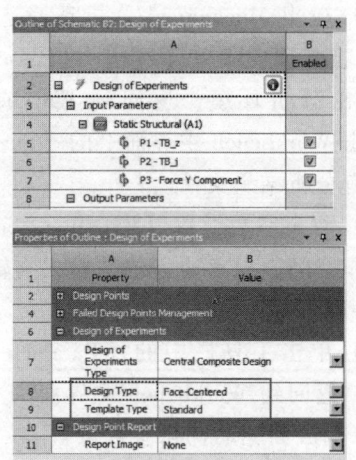

图 14-16　设置设计类型

图 14-17 预览设计点

图 14-18 设计点参数计算

（7）计算完后，单击工具栏中的【B2：Design of Experiments】关闭按钮，返回到 Workbench 主界面。

12. 响应面设置

（1）在目标驱动优化中，右击响应面【Response Surface】，在弹出的快捷菜单中选择【Refresh】。

（2）双击【Response Surface】，进入响应面环境，在大纲窗口中单击响应面【Response Surface】→【Properties of Schematic A2：Response Surface】→【Response Surface Type】= Kriging，【Kernel Variation Type】= Variable，Workbench 工具栏中选择升级数据【Update】，程序进行升级计算设计点，如图 14-19 所示。

（3）在大纲窗口中单击【Response】→【Properties of Outline A20：Response Surface】→【Chart】→【Mode】= 2D，【Axes】→【X Axis】= P1-TB_z，【Y Axis】= P4-Total Deformation Maximum，可以查看输入几何参数与结果变形参数的响应曲线，如图 14-20 所示。同理，设置【Mode】= 2D Slices，【Slices Axis】= P3-Force Y Compo-

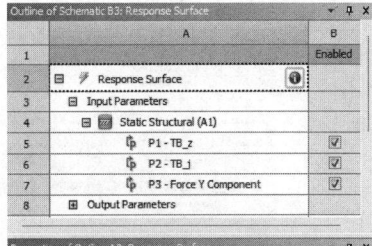

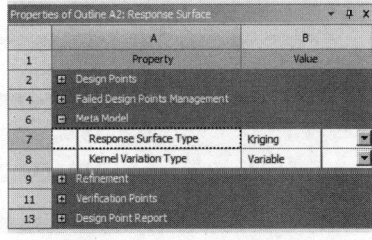

图 14-19 设置响应面类型

nent，可以查看输入几何参数与结果变形参数的切片响应曲线，如图 14-21 所示。同理，设置【Mode】=3D，可以查看输入几何参数与结果变形参数的 3D 响应面，如图 14-22 所示。当然，也可任意更换 X 与 Y 轴的参数来对比显示。

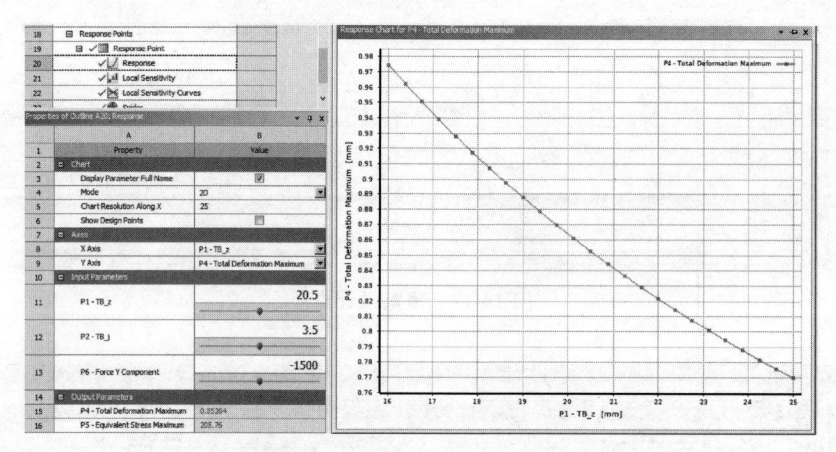

图 14-20　查看输入几何参数与结果变形参数的响应曲线

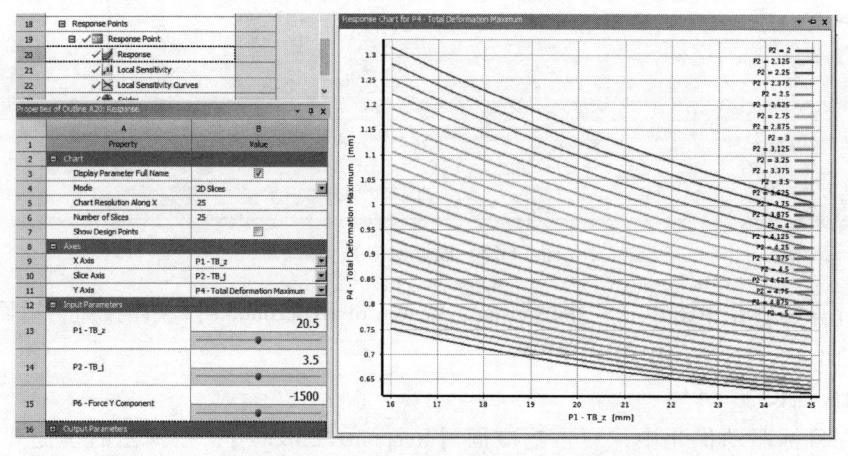

图 14-21　查看输入几何参数与结果变形参数的切片响应曲线

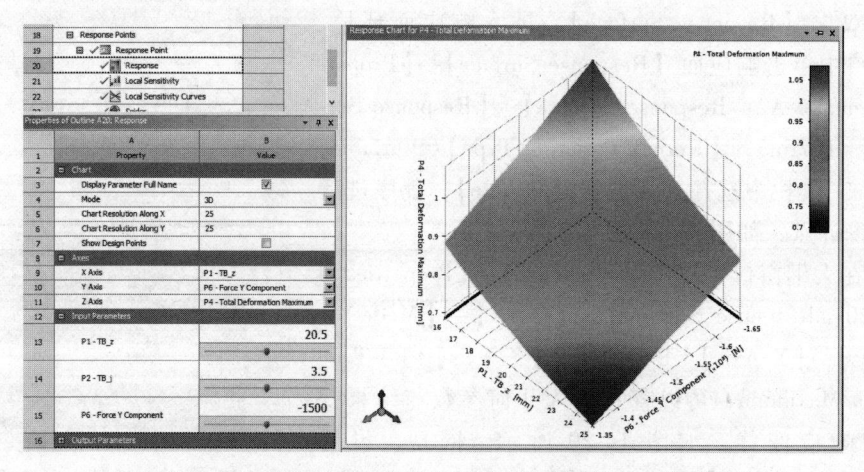

图 14-22　查看输入几何参数与结果变形参数的 3D 响应面

（4）在大纲窗口中单击【Local Sensitivity Curves】→【Properties of Outline A22：Local Sensitivity Curves】→【Axes】→【X Axis】= Input Parameters，【Y Axis】= P4-Total Deformation Maximum，可以查看输入参数与结果变形参数之间的局部灵敏度曲线，如图 14-23 所示。

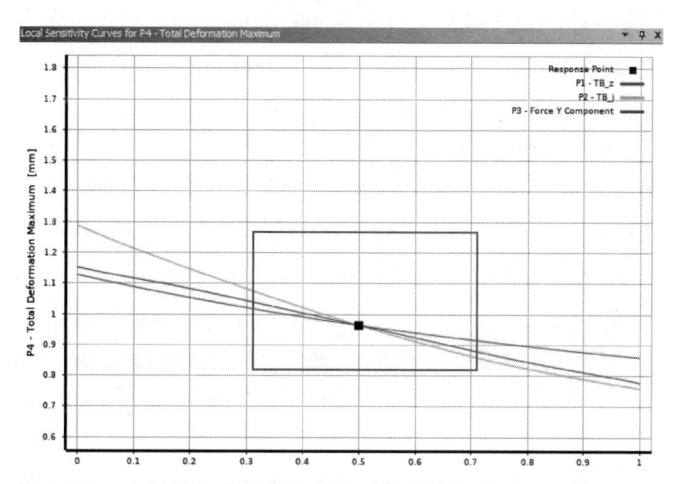

图 14-23　查看输入参数与结果变形参数之间的局部灵敏度曲线

（5）在大纲窗口中单击【Spider】，可以查看输出参数蛛状图，如图 14-24 所示。

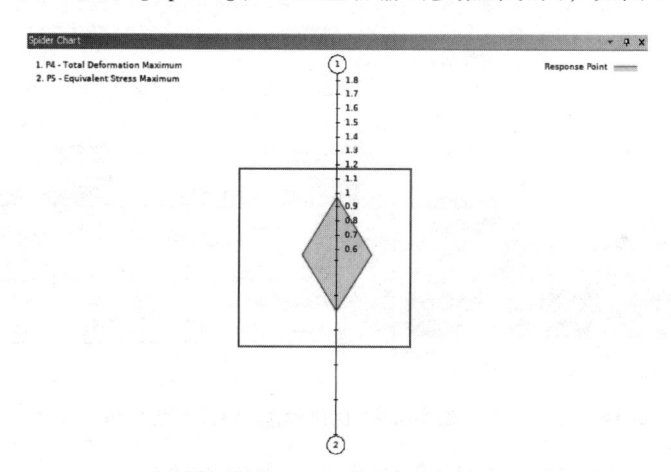

图 14-24　查看输出参数蛛状图

（6）查看完后，单击工具栏中的【B3：Response Surface】关闭按钮，返回到 Workbench 主界面。

13. 目标驱动优化

（1）在目标驱动优化中，右击响应面【Optimization】，在弹出的快捷菜单中选择【Refresh】。

（2）在目标驱动优化中，双击优化设计【Optimization】，进入优化工作空间。

（3）在【Table of Schematic D4：Optimization】里，【Optimization】→【Properties of Outline A2：Optimization】→【Optimization】→【Method Selection】= Manual，【Method Name】= Screening。

（4）在【Outline of Schematic B4：Optimization】里，单击【Objectives and Constraints】→

【Table of Schematic B4：Optimization】优化列表窗口中设置优化目标，分别在参数【Parameter】选择优化目标名称：【P1-TB_z】目标类型为 Minimize，目标值【Target】为 15；【P2-TB_j】目标类型为 Maximize，目标值【Target】为 3；【P3-Force Y Component】目标类型为 Minimize；目标值【Target】为 -1400，【P4- Total Deformation Maximum】目标类型为 Minimize，目标值【Target】为 0.9，不作约束；【P5-Equivalent Stress Maximum】目标类型为 Seek Target，目标值【Target】为 210，约束类型为 Low Bound < = Values < = Upper Bound，Lower Bound = 150，Upper Bound = 230，如图 14-25 所示。

（5）在 Workbench 工具栏中，单击【Update】升级优化，使用响应面生成 1000 个样本点，最后程序给出最好的 3 个候选结果，单击【Table of Schematic D4：Optimization】→【Optimization】，列表显示在优化表中，如图 14-26 所示。

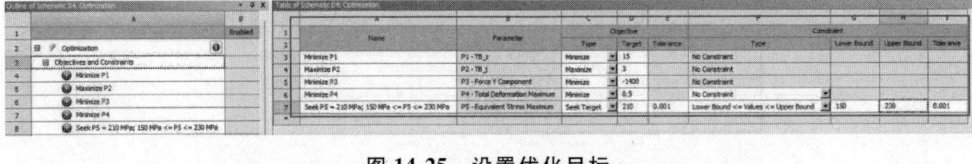

图 14-25 设置优化目标

图 14-26 优化候选列表

（6）查看样本点的权衡结果图表。在优化大纲图中，单击【Outline of Schematic B4：Optimization】→【Results】→【Tradeoff】→【Properties of Outline A19：Tradeoff】→【Axes】→【X Axis】= P4-Total Deformation Maximum，【Y Axis】= P5-Equivalent Stress Maximum，如图 14-27

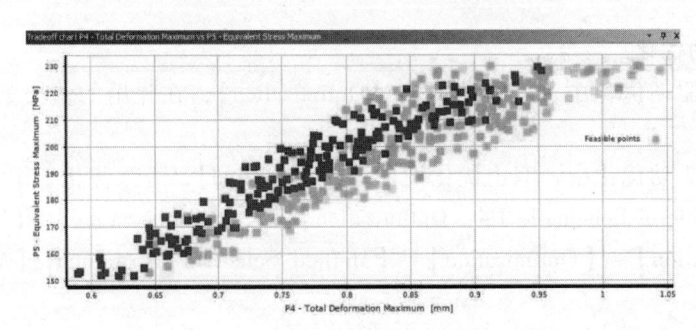

图 14-27 权衡结果图

所示。同理，单击【Samples】，也可查看样本图，如图14-28所示；单击【Sensitivities】，查看灵敏度图，如图14-29所示。

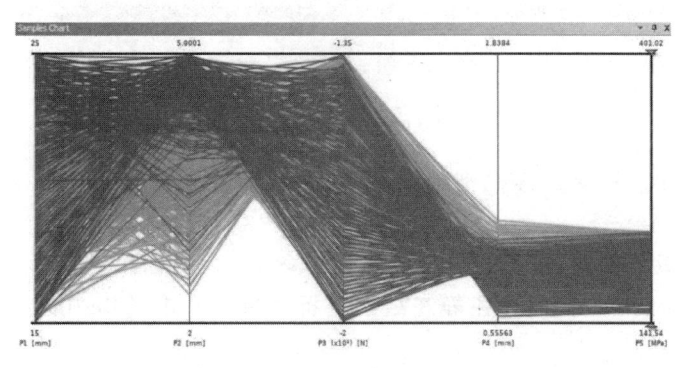

图 14-28　样本图

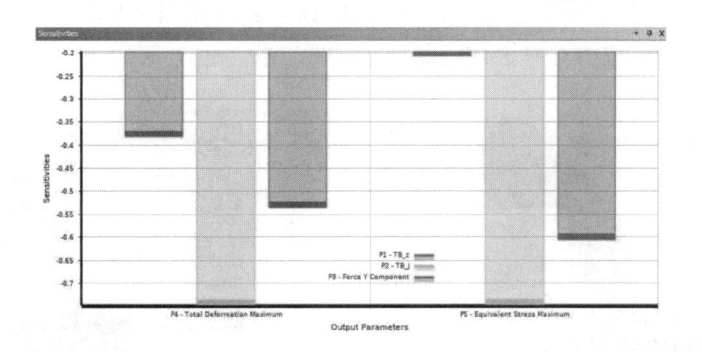

图 14-29　灵敏度图

（7）在候选点的第一组后右击，从弹出的快捷菜单中选择【Insert as Design Point】，如图 14-30 所示。

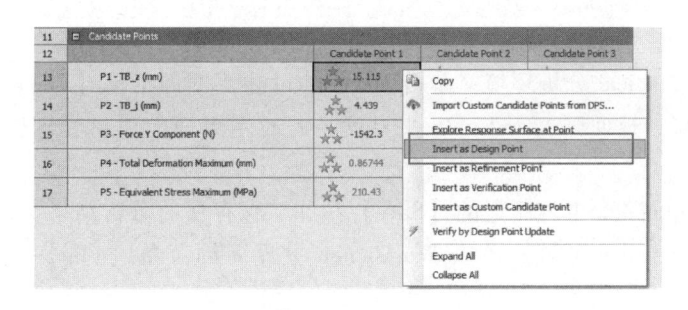

图 14-30　插入设计点

（8）把更新后的设计点应用到具体的模型中。单击【B4：Optimization】关闭按钮，返回到 Workbench 主界面，双击参数设置【Parameter Set】进入参数工作空间，在更新后的点即 DP1 组后右击，从弹出的快捷菜单中选择【Copy inputs to Current】；然后右击【DP0（Current）】，从弹出的快捷菜单中选择【Update Selected Design Points】 Update Selected Design Points 进行计算，如图 14-31 所示。

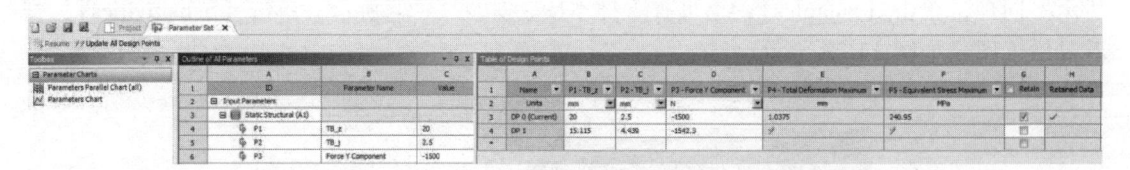

图 14-31　应用设计点

（9）计算完后，单击工具栏中的【Parameter Set】关闭按钮，返回到 Workbench 主界面。

14. 观察新设计点的结果

（1）在 Workbench 主界面，在静态结构分析项目上右击【Result】→【Edit...】，进入 Mechanical 分析环境。

（2）查看优化结果。单击【Solution（A6）】→【Total Deformation】，图形区域显示优化分析得到的桁架支座变形分布云图，如图 14-32 所示；单击【Solution（A6）】→【Equivalent Stress】，显示桁架支座应力分布云图，如图 14-33 所示。

图 14-32　桁架支座变形分布云图 　　　图 14-33　桁架支座应力分布云图

15. 保存与退出

（1）退出 Mechanical 分析环境。单击 Mechanical 主界面的菜单【File】→【Close Mechanical】退出分析环境，返回到 Workbench 主界面，此时主界面的项目管理区中显示的分析项目均已完成。

（2）单击 Workbench 主界面上的【Save】按钮，保存所有分析结果文件。

（3）退出 Workbench 环境。单击 Workbench 主界面的菜单【File】→【Exit】退出主界面，完成项目分析。

14.1.3　分析点评

本实例是某桁架支座的多目标优化，优化对象是桁架支座肋板的尺寸。在承载作用力变大情况下，应力值和变形量进一步减小，优化了桁架支座设计。本例是一个完整的多目标尺寸参数优化实例，优化选项大部分进行了展示，包括优化前分析、参数提取、响应面驱动优化参数设置、优化方法选择、优化求解、优化验证等内容。实际上，本实例是静态结构下的尺寸参数优化，如果需要还可在其他力学分析环境下进行分析优化。

14.2 某中央铁块的流固耦合及多目标驱动优化

14.2.1 问题描述

某箱体中央内有一铁块，通过弧形进口对中央铁块喷射一股热流和冷流，为了使中央铁块的温度耗散最小，可以通过优化气流的进口尺寸半径、流速和温度的方法达到目的，其中进口热流半径为 0.5m、进口冷流半径为 0.5m、出口半径为 0.5m，整体模型如图 14-34 所示。试对参数进行多目标优化。

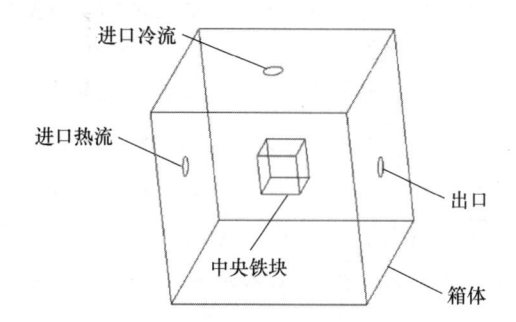

图 14-34 整体模型

14.2.2 实例分析过程

1. 启动 Workbench 2024

在"开始"菜单中执行 ANSYS 2024R1/R2→Workbench 2024R1/R2 命令。

2. 创建流体动力学分析 CFX

（1）在工具箱【Toolbox】的【Analysis Systems】中双击或拖动流体动力学分析【Fluid Flow（CFX）】到项目分析流程图，如图 14-35 所示。

（2）在 Workbench 的工具栏中单击【Save】，保存项目实例名称为 CentralIron.wbpj。如工程实例文件保存在 D:\AWB\Chapter14 文件夹中。

3. 导入几何模型

在流体分析上右击【Geometry】→【Import Geometry】→【Browse】，找到模型文件 CentralIron.agdb，打开导入几何模型。如模型文件在 D:\AWB\Chapter14 文件夹中。

图 14-35 创建流体动力学分析 CFX

4. 进入 Meshing 网格划分环境

（1）在流体分析上右击【Model】→【Edit...】进入 Meshing 网格划分环境。

（2）在 Meshing 的环境主页【Home】功能区单位【Units】中选择单位为 Metric（mm，kg，N，s，mV，mA）。

5. 划分网格

（1）在导航树上单击【Mesh】→【Details of "Mesh"】→【Defaults】→【Physics Preference】= CFD，【Solver Preference】= CFX；【Sizing】→【Use Adaptive Sizing】= No，【Capture Curvature】= Yes，其他默认。

（2）在标准工具栏单击 ，然后选择模型，接着在环境功能区上单击【Control】→【Sizing】→【Body Sizing】→【Details of " Body Sizing"-Sizing】→【Definition】→【Type】→【Ele-

265

ment Size】= 250mm。

(3) 生成网格。右击【Mesh】→【Generate Mesh】，图形区域显示程序生成的网格模型，如图 14-36 所示。

(4) 网格质量检查。在导航树上单击【Mesh】→【Details of "Mesh"】→【Quality】→【Mesh Metric】= Aspect Ratio，显示 Aspect Ratio 规则下网格质量详细信息，平均值处在良好的水平范围内，展开【Statistics】显示网格和节点数量。

6. 创建区域

(1) 创建中央立方块区域。在工具栏中单击【New Section Plane】图标切分立方体（注意切分时，应能观察到中央立方块的 6 个面，不选择 Show Capping Faces 选项），单击，选择内部中央立方块 6 个面区域，右击选择【Create Named Selection】，从弹出对话框中命名，如设为入口"Centralblock"，然后单击【OK】确定，一个边界区域添加成功，在大纲树中出现了一组【Named Selections】项，如图 14-37 所示。在导航树上取消选择【Section Plane1】，单击【Section Plane】关闭按钮，几何体恢复原来形状，如图 14-38 所示。

图 14-36　网格模型

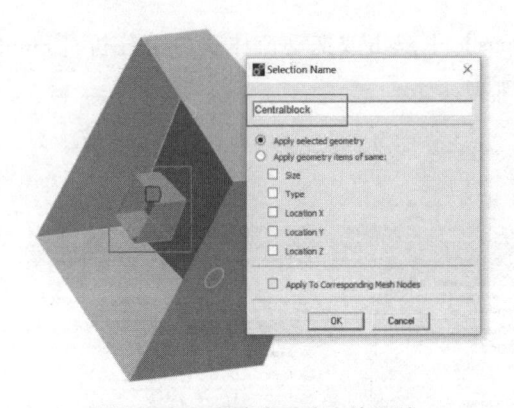

图 14-37　创建中央立方块区域

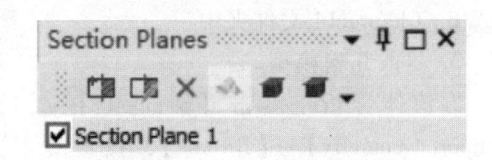

图 14-38　取消切平面显示

(2) 创建 Hotinlet 入口边界区域。单击，选择入口区域，右击选择【Create Named Selection】，从弹出的对话框中命名，如设为入口"Hotinlet"，然后单击【OK】确定，一个边界区域被添加成功，在大纲树中出现了一组【Named Selections】项，如图 14-39 所示。

(3) 创建 Coldinlet 入口边界区域。单击，选择入口区域，右击选择【Create Named Selection】，从弹出的对话框中命名，如设为入口"Coldinlet"，然后单击【OK】确定，一个边界区域被添加成功，在大纲树中出现了一组【Named Selections】项，如图 14-40 所示。

(4) 设置出口边界。单击，然后选择流体出口区域，右击选择【Create Named Selection】，从弹出的对话框中命名，如设为出口"Outlet"，然后单击【OK】确定，一个边界区域被添加成功，在大纲树中出现了一组【Named Selections】项，如图 14-41 所示。

图 14-39　创建 Hotinlet 入口边界区域 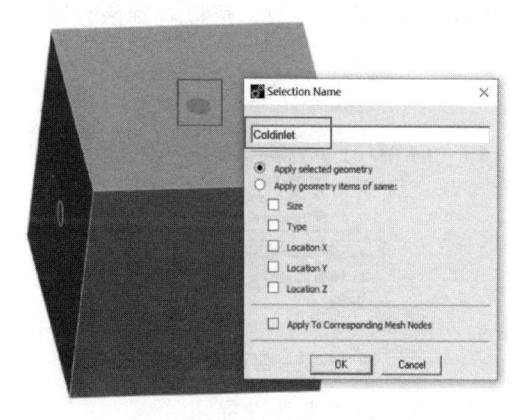　　　图 14-40　创建 Coldinlet 入口边界区域

7. 进入 CFX 环境

（1）在流体分析上右击【Mesh】，从弹出的快捷菜单中单击【Update】升级，把网格数据传递到 CFX 环境。

（2）在流体分析上右击流体【Setup】，从弹出的快捷菜单中单击【Edit...】，进入 CFX 工作环境。

8. 设置流体域

在导航树上双击默认域【Default Domain】，进入域详细设置窗口，选择流体模型【Fluid Models】，在热传导【Heat Transfer】里选择热能模型【Thermal Energy】，在湍流栏里选择【k-Epsilon】模型，其他默认，然后单击【OK】确定，如图 14-42 所示。

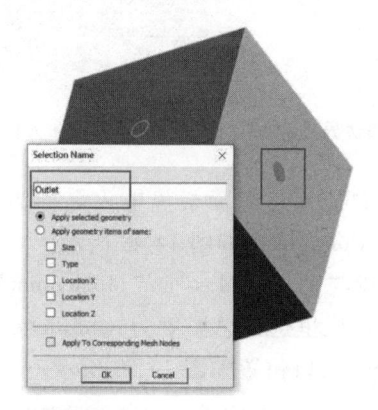

图 14-41　设置出口边界 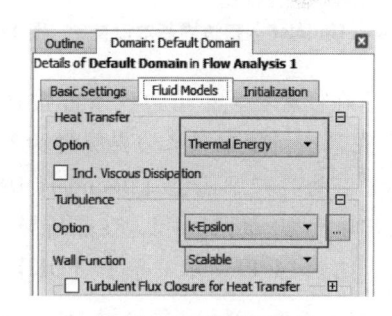　　　图 14-42　设置流体域

9. 定义表达式

（1）在工具栏上单击表达图标，从弹出的插入表达式对话框中输入：coldinlettemp，单击【OK】确定，在窗口左侧表达定义窗口中输入：325［K］，然后单击【Apply】，第一个表达创建完成。同理创建第二、第三、第四个表达式，依次输入 coldinletvel = 1.75［m/s］，hotinlettemp = 500［K］，hotinletvel = 1.0［m/s］，创建完毕后，如图 14-43 所示。

（2）在导航树上展开【Expressions】→右击【coldinlettemp】，从弹出的快捷菜单中单击【Use as Workbench Input Parameter】。同样的方法，把【coldinletvel】、【hotinlettemp】、【hotinletvel】作为输入参数，可以看到函数图标多了个"P"字母，如图14-44所示。

图14-43　创建表达式 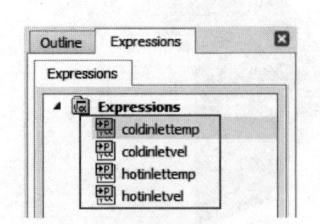　　　　　　　图14-44　表达式参数化

10. 入口边界条件设置

（1）在任务栏上单击边界条件按钮，在弹出的插入边界面板里输入名称为"Inlet Hot"，在基本设置中选择边界类型为Inlet，位置选择Hotinlet，如图14-45所示。

（2）在边界详细信息【Boundary Details】中的质量与动量【Mass and Momentum】栏里选择正常速度为hotinletvel，在热传导【Heat Transfer】栏里选择总温度为hotinlettemp，其他默认，如图14-46所示，单击【OK】确定。Hotinlet入口位置如图14-47所示。

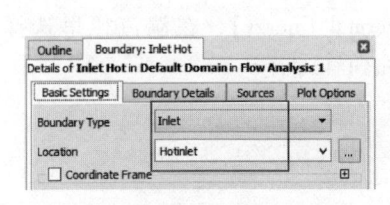

图14-45　Hotinlet入口边界基本设置 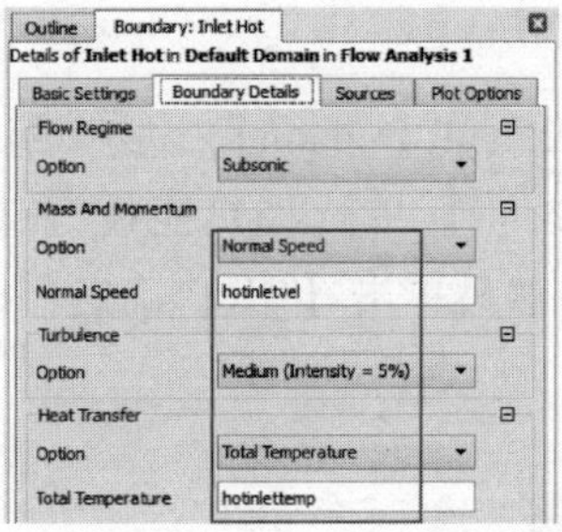　　图14-46　Hotinlet入口边界设置 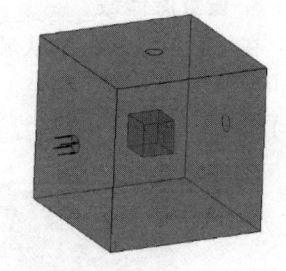　　图14-47　Hotinlet入口位置

（3）在任务栏上单击边界条件按钮，在弹出的插入边界面板里输入名称为"Inlet Cold"，在基本设置中选择边界类型为Inlet，位置选择Coldinlet，如图14-48所示。

（4）在边界详细信息【Boundary Details】中的质量与动量【Mass and Momentum】栏里选择正常速度为coldinletvel，在热传导【Heat Transfer】栏里选择总温度为coldinlettemp，其他默认，如图14-49所示，单击【OK】确定。Inlet Cold入口位置如图14-50所示。

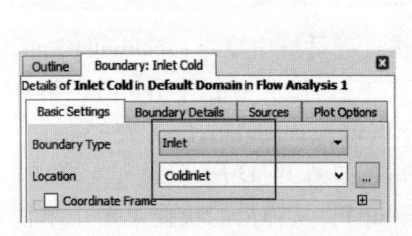

图14-48　Inlet Cold入口边界基本设置 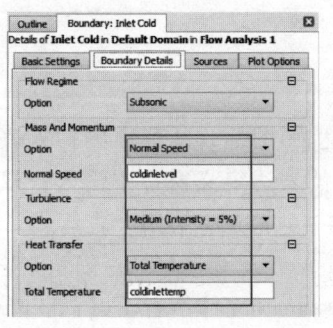　　图14-49　Inlet Cold入口边界设置 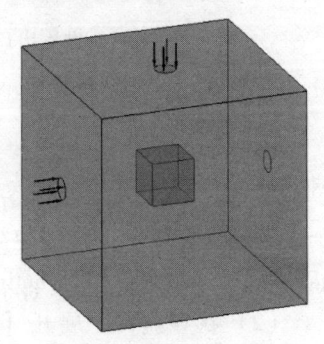　　图14-50　Inlet Cold入口位置

11. 出口边界设置

（1）在任务栏上单击边界条件按钮，在弹出的插入边界面板里输入名称为"Outlet"，在基本设置中选择边界类型为 Outlet，位置选择 Outlet，如图 14-51 所示。

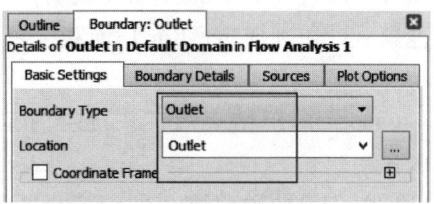

（2）在边界详细信息选项中的质量与动量【Mass and Momentum】栏里选项为 Static Pressure，相对压强【Relative Pressure】为 0 [Pa]，如图 14-52 所示。出口位置如图 14-53 所示。

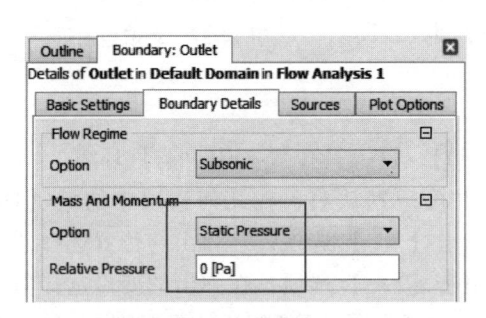

图 14-51　出口基本设置选项

图 14-52　出口边界选项 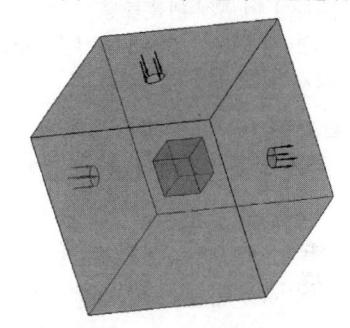　　　　图 14-53　出口位置

12. 墙壁面设置

（1）在任务栏上单击边界条件按钮，在弹出的插入边界条件面板里输入名称为"Central Block"，在基本设置中设置边界条件类型为 Wall，位置选择 Centralblock，如图 14-54 所示。

（2）在边界详细信息中的质量与动量【Mass and Momentum】栏里选项为 Free Slip Wall，热传导【Heat Transfer】栏里选择绝热 Adiabatic，其他默认，单击【OK】确定，如图 14-55 所示；墙边界位置如图 14-56 所示。

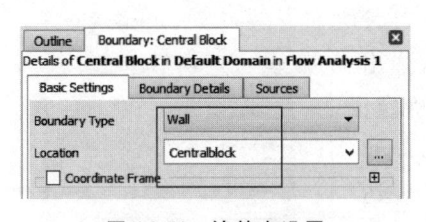

图 14-54　墙基本设置 　　　　图 14-55　墙边界设置 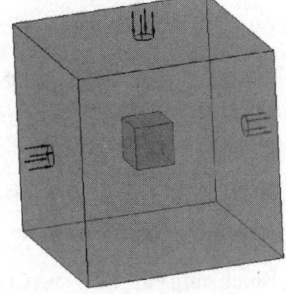　　　　图 14-56　墙边界位置

13. 求解控制

在导航树上双击【Solver Control】，在【Advanced Scheme】下选择 Upwind，最大迭代次数为 300，【Length Scale Options】为 Aggressive，其他默认，如图 14-57 所示。

14. 运行求解

（1）单击【File】→【Close CFX-Pre】退出环境，然后回到 Workbench 主界面。

（2）右击【Solution】→【Edit】，当【Solver Manager】弹出时，【Parallel Environment】→【Run Mode】=Platform MPI Local Parallel，Partitions 为 8（根据计算机 CPU 核数确定），其他默认，在【Define Run】面板上单击【Start Run】运行求解。

（3）当求解结束后，系统会自动弹出提示窗，单击【OK】。

（4）查看收敛曲线。在 CFX-Solver Manager 环境界面中看到收敛曲线和求解运行信息。

（5）单击【File】→【Close CFX-Solver Manager】退出环境，然后回到 Workbench 主界面。

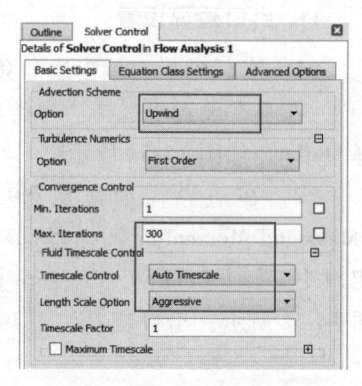

图 14-57 求解控制

15. 后处理

（1）在流体动力学分析上右击【Results】→【Edit】，进入【CFX-CFD-Post】环境。

（2）插入云图。在工具栏上单击【Contour】并确定默认名，在几何选项中的域【Domains】选择 All Domains，位置【Locations】栏后单击【...】选项，在弹出的位置选择器里选择 Central Block 确定。在变量【Variable】栏后单击【...】选项，在弹出的变量选择器选择 Temperature，其他默认，单击【Apply】，如图 14-58 所示，可以看到结果云图如图 14-59 所示。

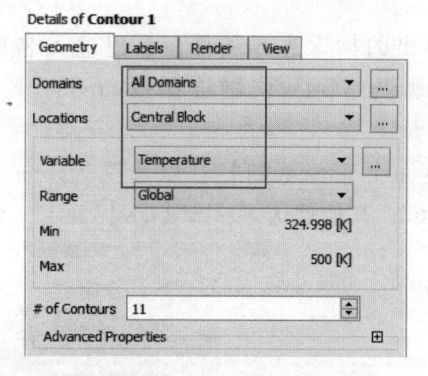

图 14-58 后处理位置设置

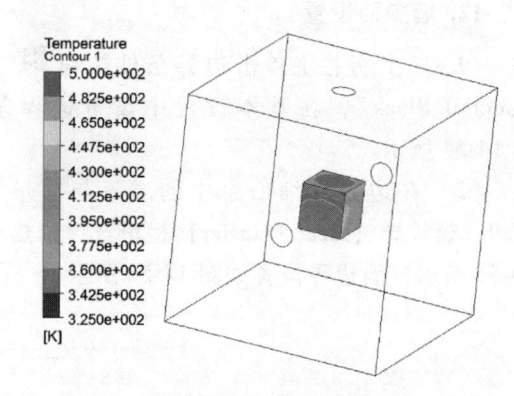

图 14-59 结果云图

（3）创建表达式。在工具栏上单击表达式图标，从弹出的插入表达式对话框中输入：tempspread，单击【OK】确定，在窗口左侧表达定义窗口中输入：maxVal（T）@ Central Block-minVal（T）@ Central Block，然后单击【Apply】，表达创建完成。

（4）在导航树上展开【Expressions】→右击【tempspread】，从弹出的快捷菜单中单击【Use as Workbench Output Parameter】。可以看到函数图标多了个"P"字母，如图 14-60 所示。

（5）单击【File】→【Close CFD-Post】退出环境，然后回到 Workbench 主界面。

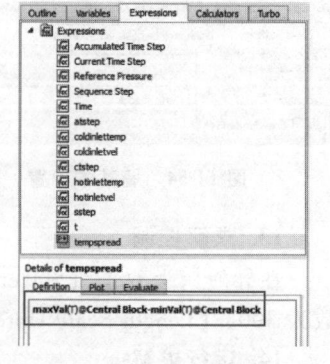

图 14-60 表达式参数化

16. 创建耦合分析

(1) 在 CFX 上右击【Solution】单元，从弹出的快捷菜单中选择【Transfer Data To New】→【Steady-State Thermal】，即创建稳态热分析；接着，右击稳态热分析的【Solution】单元，从弹出的快捷菜单中选择【Transfer Data To New】→【Static Structural】，即创建静力分析，删除分析流体动力学分析几何单元与稳态热分析几何单元的连线，如图 14-61 所示。

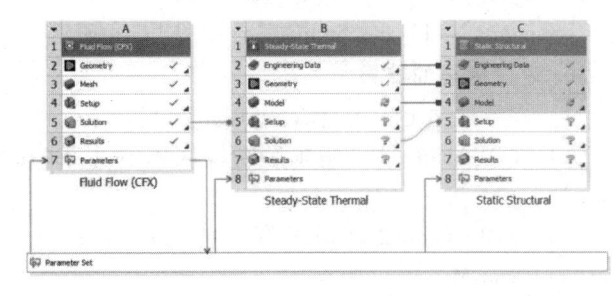

图 14-61 创建耦合分析

(2) 在稳态热分析上右击【Model】→【Edit】进入 Mechanical 分析环境。

17. 为几何模型分配材料

自动分配中心块材料为结构钢。

18. 划分网格

(1) 在导航树上单击【Mesh】→【Details of "Mesh"】→【Defaults】→【Physics Preference】=Mechanical，【Sizing】→【Resolution】=6，其他默认。

(2) 在标准工具栏单击 ，然后选择模型，接着在环境功能区上单击【Mesh】→【Sizing】→【Body Sizing】→【Details of "Body Sizing"-Sizing】→【Definition】→【Type】→【Element Size】=250mm。

(3) 生成网格。右击【Mesh】→【Generate Mesh】，图形区域显示程序生成的网格模型，如图 14-62 所示。

19. 边界设置

(1) 在导航树上单击【Steady-State Thermal（B5）】→右击【Imported Load（Solution）】→【Insert】→【Temperature】。设置【Details of "Imported Temperature"】→【Scope】→【Geometry】，然后在工具栏上单击 ，接着在图形区域选择中心铁块的 6 个表面，然后单击【Apply】选中中心块表面。

(2) 设置【Details of "Imported Temperature"】→【Transfer Definition】→【CFD Surface】= Central Block，如图 14-63 所示。

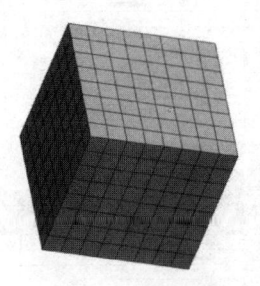

图 14-62 网格模型

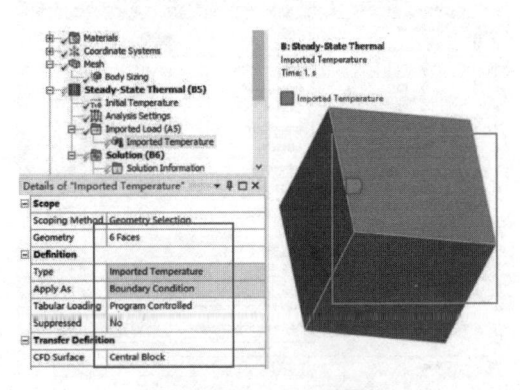

图 14-63 施加温度载荷

（3）在标准工具栏单击显示坐标按钮，单击【Static Structural（C5）】，选择中心块 Z 负向底面，然后在环境功能区单击【Supports】→【Fixed Support】，如图 14-64 所示。

20. 设置需要的结果

（1）在导航树上单击【Solution（C6）】。

（2）在 Mechanical 环境求解功能区单击【Deformation】→【Total】。

（3）在 Mechanical 环境求解功能区单击【Stress】→【Equivalent（von-Mises）】。

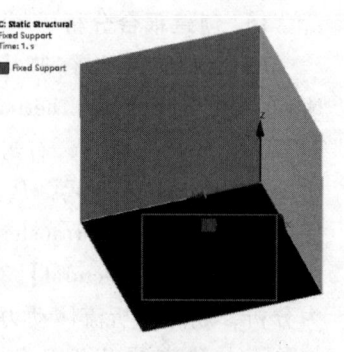

图 14-64　设置约束

（4）在导航树上单击【Solution（C6）】→【Deformation】→【Details of "Deformation"】→【Results】→【Maximum】，在此前单击，使之参数化，出现"P"字母。

（5）在导航树上单击【Solution（C6）】→【Equivalent Stress】→【Details of "Equivalent Stress"】→【Results】→【Maximum】，在此前单击，使之参数化，出现"P"字母。

（6）退出 Mechanical 分析环境。单击 Mechanical 主界面的菜单【File】→【Close Mechanical】退出分析环境，返回到 Workbench 主界面。

21. 查看参数化参数

（1）双击参数设置【Parameter Set】，进入参数工作空间，显示所创建的输入与输出参数，如图 14-65 所示。

（2）单击工具栏中的【Parameter Set】关闭按钮，返回到 Workbench 主界面。

22. 目标驱动优化参数设置

（1）将目标驱动优化模块【Response Surface Optimization】拖入项目流程图，该模块与参数空间自动连接。

（2）目标驱动优化中，双击试验设计【Design of Experiments】单元格进入大纲窗口。单击【Design of Experiments】→【Properties of Outline A2：Design of Experiment】→【Design Type】= Auto Defined。

（3）在输入参数下，单击【P1-Hotinlet_Radius】→【Properties of Outline A7：P1-Hotinlet_Radius】→【Value】→【Lower Bound】= 0.45，【Upper Bound】= 0.55，如图 14-66 所示。

图 14-65　输入与输出参数　　　　　图 14-66　优化参数设置

（4）同样的方法，在输入参数下，对其他 6 个参数进行限定，分别为：

Coldinlet_ Radius = 0. 45m to 0. 55m；

Outlet_ Radius = 0. 45m to 0. 55m；

Hotinletvel = 0. 5m/s to 1. 5m/s；

hotinlettemp = 400K to 600K；

coldinletvel = 1. 0m/s to 2. 5m/s；

coldinlettemp = 300K to 350K。

（5）在 Workbench 工具栏中选择预览数据【Preview】得到 79 组数据，如图 14-67 所示，单击升级【Update】数据，程序开始运行，可以得到样本设计点的计算结果，如图 14-68 所示。

Table of Schematic D2: Design of Experiments (Central Composite Design : Auto Defined)

	A	B	C	D	E	F	G	H	I	J	K
1	Name	P3 - ColdInlet_Radius (m)	P2 - Outlet_Radius (m)	P1 - HotInlet_Radius (m)	P7 - hotinletvel (m s^-1)	P6 - hotinlettemp (K)	P5 - coldinletvel (m s^-1)	P4 - coldinlettemp (K)	P8 - tempspread (K)	P9 - Total Deformation Maximum (m)	P10 - Equivalent Stress Maximum (Pa)
2	1 DP 0	0.5	0.5	0.5	1	500	1.75	325			
3	2	0.45	0.5	0.5	1	500	1.75	325			
4	3	0.55	0.5	0.5	1	500	1.75	325			
5	4	0.5	0.45	0.5	1	500	1.75	325			
6	5	0.5	0.55	0.5	1	500	1.75	325			
7	6	0.5	0.5	0.45	1	500	1.75	325			
8	7	0.5	0.5	0.55	1	500	1.75	325			
9	8	0.5	0.5	0.5	0.5	500	1.75	325			
10	9	0.5	0.5	0.5	1.5	500	1.75	325			
11	10	0.5	0.5	0.5	1	400	1.75	325			
12	11	0.5	0.5	0.5	1	600	1.75	325			
13	12	0.5	0.5	0.5	1	500	1	325			

图 14-67 预览设计点

Table of Schematic D2: Design of Experiments (Central Composite Design : Auto Defined)

	A	B	C	D	E	F	G	H	I	J	K
1	Name	P3 - ColdInlet_Radius (m)	P2 - Outlet_Radius (m)	P1 - HotInlet_Radius (m)	P7 - hotinletvel (m s^-1)	P6 - hotinlettemp (K)	P5 - coldinletvel (m s^-1)	P4 - coldinlettemp (K)	P8 - tempspread (K)	P9 - Total Deformation Maximum (m)	P10 - Equivalent Stress Maximum (Pa)
2	1 DP 0	0.5	0.5	0.5	1	500	1.75	325	104.38	0.0031956	1.3826E+09
3	2	0.45	0.5	0.5	1	500	1.75	325	104.93	0.0036219	1.5056E+09
4	3	0.55	0.5	0.5	1	500	1.75	325	107.04	0.0029249	1.3073E+09
5	4	0.5	0.45	0.5	1	500	1.75	325	102.15	0.0029434	1.3046E+09
6	5	0.5	0.55	0.5	1	500	1.75	325	113.66	0.0037231	1.531E+09
7	6	0.5	0.5	0.45	1	500	1.75	325	109.11	0.0035166	1.4829E+09
8	7	0.5	0.5	0.55	1	500	1.75	325	109.98	0.0035577	1.4843E+09
9	8	0.5	0.5	0.5	0.5	500	1.75	325	33.354	0.0023117	7.9032E+08
10	9	0.5	0.5	0.5	1.5	500	1.75	325	109.26	0.0039576	1.5156E+09
11	10	0.5	0.5	0.5	1	400	1.75	325	46.363	0.002262	8.6539E+08
12	11	0.5	0.5	0.5	1	600	1.75	325	173.35	0.0048032	2.1037E+09

图 14-68 设计点参数计算

（6）计算完后，单击工具栏中的【B2：Design of Experiments】关闭按钮，返回到 Workbench 主界面。

23. 响应面设置

（1）在目标驱动优化中，右键响应面【Response Surface】，在弹出的快捷菜单中选择【Refresh】。

（2）双击【Response Surface】，进入响应面环境，在大纲窗口中单击响应面【Response Surface】→【Properties of Schematic D3：Response Surface】→【Meta Model】→【Response Surface Type】= Standard Response Surface-Full 2nd Order Polynomials，Workbench 工具栏中选择升级数据【Update】程序进行升级计算设计点，如图 14-69 所示。

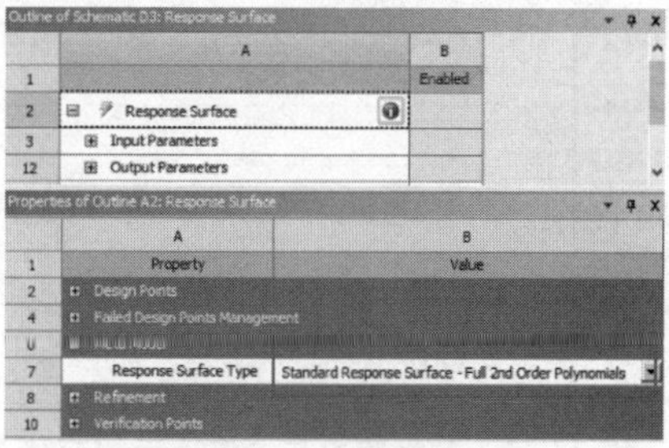

图 14-69 响应面类型设置

（3）双击【Response Surface】，进入响应面环境，在大纲窗口中单击响应面，【Response Surface】→【Properties of Outline D3：Response Surface】→【Metrics】→【Goodness of Fit】，可以查看设计点图，如图14-70所示。

（4）单击【Response Point】→【Properties of Outline A22：Response Point】→【Output Parameters】，显示响应面预测的数值，如图14-71所示。

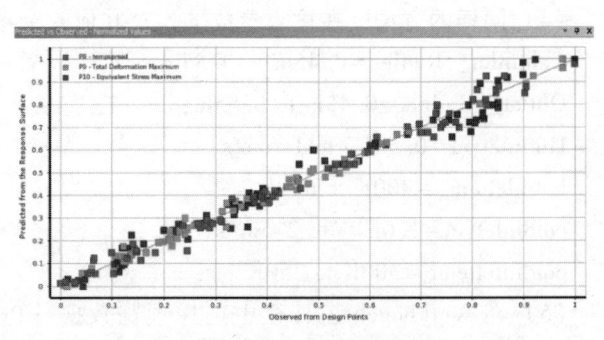

图 14-70　设计点图

（5）查看二维响应曲线。在大纲窗口中单击【Response】→【Properties of Outline A17：Response Surface】→【Response】→【Mode】= 2D，【Axes】→【X Axis】= P3-hotinlettemp，【Y Axis】= P10-Total Deformation Maximum，可以查看最大热变形与热流温度的变化关系，如图14-72所示。同理，设置【Axes】→【X Axis】= P2-coldinletvel，【Y Axis】= P9-Equivalent Stress Maximum，可以查看最大应力与冷流速度的变化关系，如图14-73所示。同理，设置【Axes】→【X Axis】= P7-Outlet_ Radius，【Y Axis】= P9-Equivalent Stress Maximum，可以查看最大应力与出口半径的变化关系，如图14-74所示。同理，设置【Axes】→【X Axis】= P7-Outlet_ Radius，【Y Axis】= P8-tempspread，可以查看耗散与出口半径的变化关系，如图14-75所示。

图 14-71　响应面预测的数值

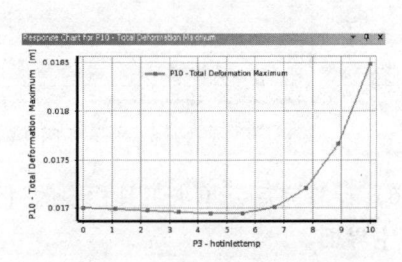

图 14-72　最大热变形与热流温度的变化关系

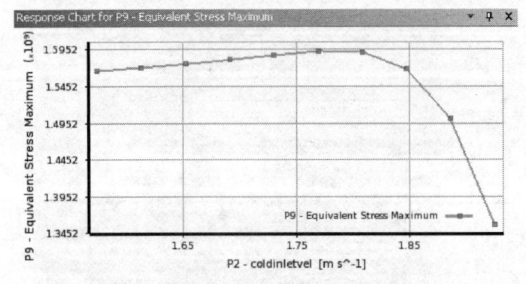

图 14-73　最大应力与冷流速度的变化关系

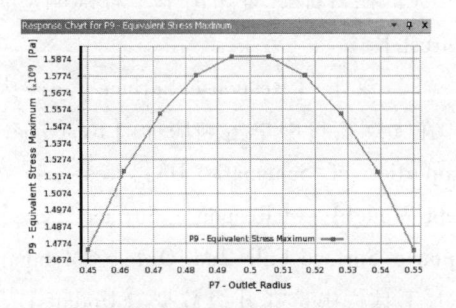

图 14-74　最大应力与出口半径的变化关系

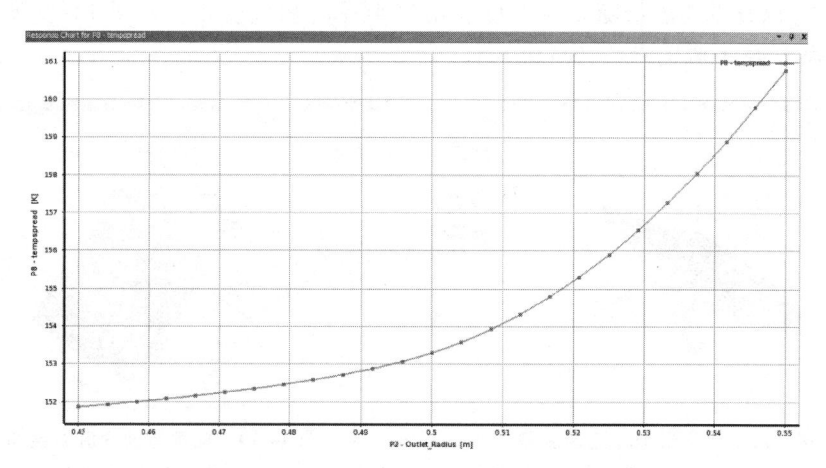

图 14-75　耗散与出口半径的变化关系

（6）查看二维切片。设置【Mode】= 2D Slices，【X Axis】= P6-hotinlettemp，【Slices Axis】= P5-coldinletvel，【Y Axis】= P9-Total Deformation Maximum 可以查看最大热变形与热流温度的二维切片响应曲线，如图 14-76 所示。

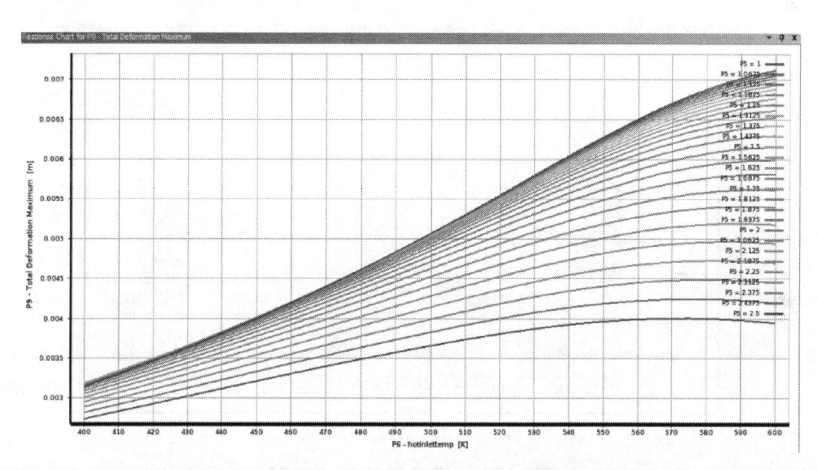

图 14-76　最大热变形与热流温度的二维切片响应曲线

（7）查看三维响应曲面。设置【Mode】= 3D，【Axes】→【X Axis】= P2-Outlet_Radius，【Y Axis】= P5-coldinletvel，【Z Axis】= P10-Equivalent Stress Maximum，可以查看最大热应力随冷流速度和输出半径的响应变化，如图 14-77 所示。同理，【Axes】→【X Axis】= P6-hotinlettemp，【Y Axis】= P5-coldinletvel，【Z Axis】= P9-Total Deformation Maximum，可以查看最大热变形随冷流速度和热流温度的响应变化，如图 14-78 所示。同理，【Axes】→【X Axis】= P1-coldinlettemp，【Y Axis】= P2-Outlet_Radius，【Z Axis】= P8-

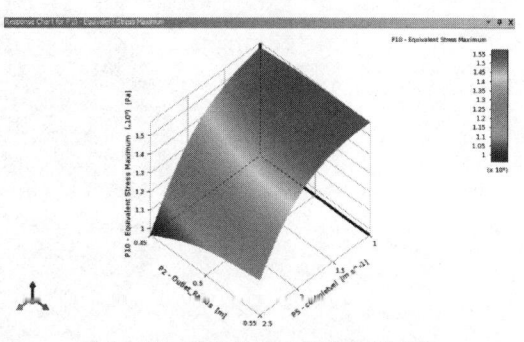

图 14-77　最大热应力随冷流速度和输出半径的响应变化

tempspread，可以查看耗散量随冷流温度和出口半径的响应变化，如图 14-79 所示。当然，也可任意更换 X 与 Y 轴的参数来对比显示。

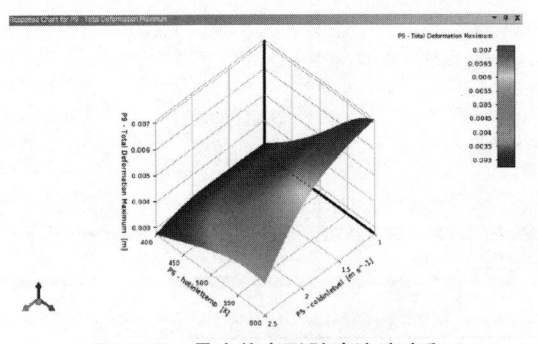

图 14-78　最大热变形随冷流速度和热流温度的响应变化

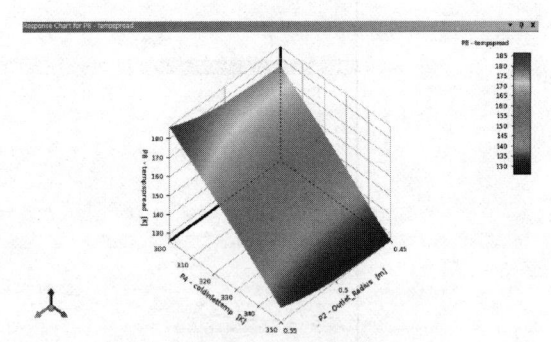

图 14-79　耗散量随冷流温度和出口半径的响应变化

（8）在大纲窗口中单击【Local Sensitivity】→【Properties of Outline A24：Local Sensitivity】→【Chart】→【Mode】＝Bar，Pipe，可以查看输入参数与结果输出参数之间的局部敏感情况，局部灵敏度直方图与饼状图如图 14-80 和图 14-81 所示。

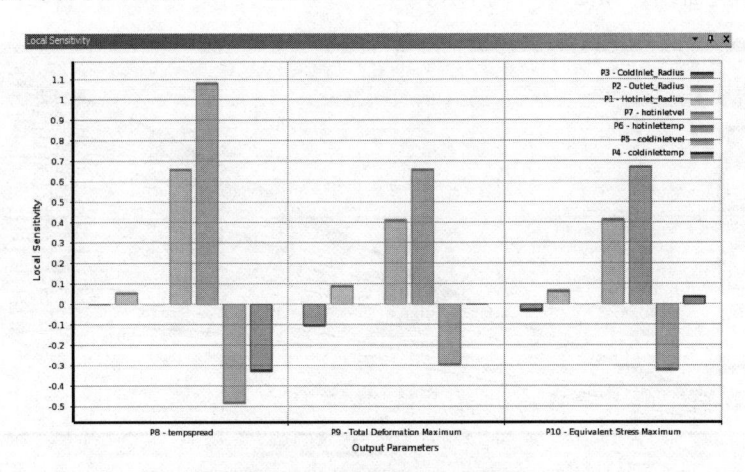

图 14-80　局部灵敏度直方图

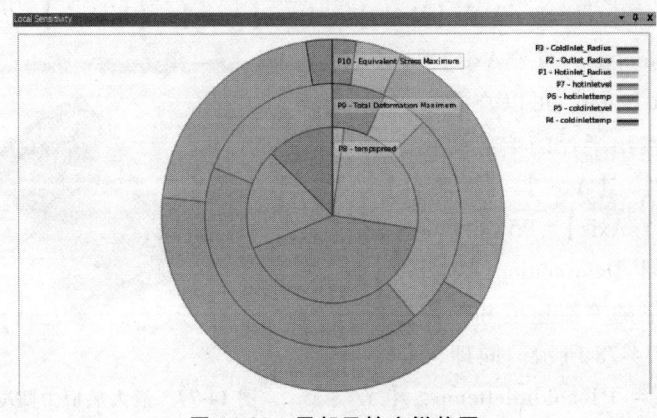

图 14-81　局部灵敏度饼状图

（9）在大纲窗口中单击【Local Sensitivity Curves】→【Properties of Outline A25：Local Sensitivity Curves】→【Axes】→【X Axis】=Input Parameters，【Y Axis】=P8-tempspread，可以查看输入参数与结果耗散之间的局部灵敏度曲线，如图 14-82 所示。

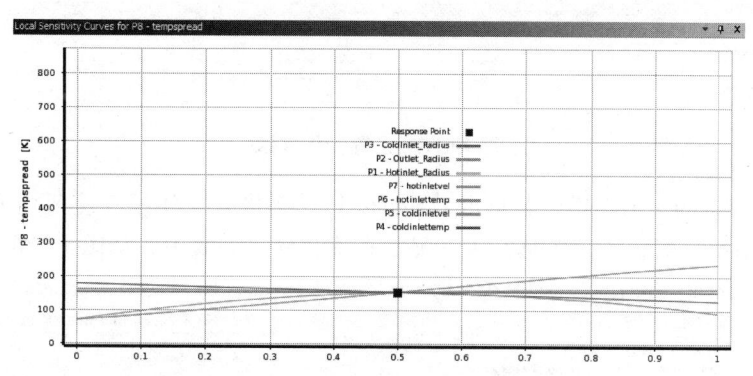

图 14-82　输入参数与结果耗散之间的局部灵敏度曲线

（10）在大纲窗口中单击【Spider】，可以查看输出参数之间的关系情况，蛛状图如图 14-83 所示。

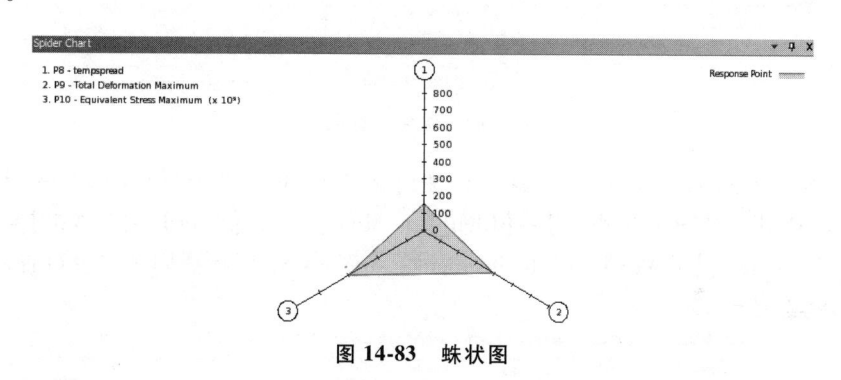

图 14-83　蛛状图

（11）查看完后，单击工具栏中的【B3：Response Surface】关闭按钮，返回到 Workbench 主界面。

24. 目标驱动优化

（1）在目标驱动优化中，右击响应面【Optimization】，在弹出的快捷菜单中选择【Refresh】。

（2）在目标驱动优化中，双击优化设计【Optimization】，进入优化工作空间。

（3）在【Table of Schematic D4：Optimization】里，【Properties of Outline A2：Optimization】→【Optimization】→【Optimization Method】=Screening，如图 14-84 所示。

（4）单击【Objectives and Constraints】→【Table of Schematic D4：Optimization】优化列表窗口中设置优化目标为耗散【P8-tempspread】=Minimize，Values>=

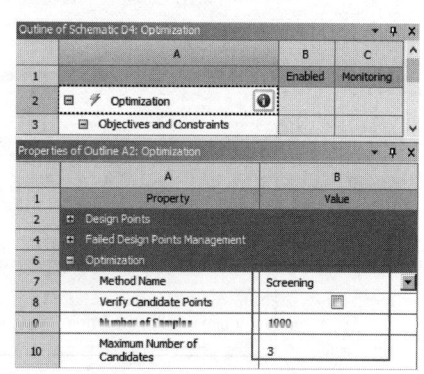

图 14-84　选择优化方法

Lower Bound，Lower Bound = 90，变形【P9-Total Deformation Maximum】= Minimize，等效应力【P10-Equivalent Stress Maximum】= Minimize，如图 14-85 所示。

图 14-85 设置优化目标

（5）在 Workbench 工具栏中，单击【Update】升级优化，使用响应面生成 1000 个样本点，最后程序给出最好的 3 个候选结果，显示在优化候选列表中，如图 14-86 所示。

图 14-86 优化候选列表

（6）查看样本点的权衡结果图表。在优化大纲图中，单击【Charts】→【Tradeoff】→【Properties of Outline A19：Tradeoff】→【Chart】→Mode = 2D，【Axes】→【X Axis】= P10-Equivalent Stress Maximum，【Y Axis】= P8-tempspread，如图 14-87 所示。同理，也可查看灵敏度直方图等，如图 14-88 所示。

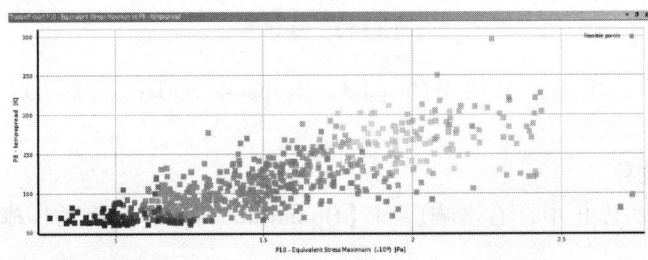

图 14-87 权衡图

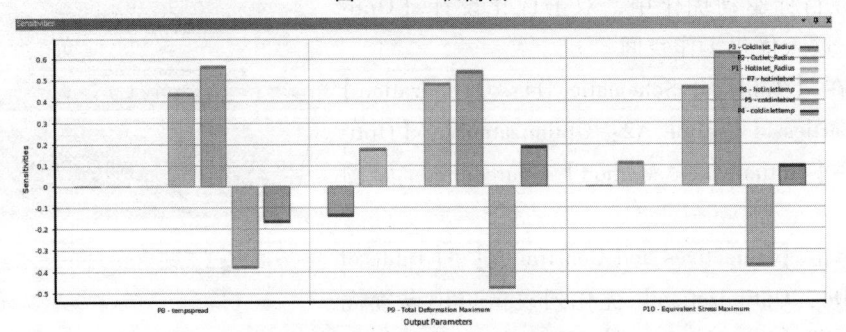

图 14-88 灵敏度直方图

（7）在候选点的第一组后右击，从弹出的快捷菜单中选择【Insert as Design Point】，如图 14-89 所示。

图 14-89　插入设计点

（8）把更新后的设计点应用到具体的模型中，单击【B4：Optimization】关闭按钮，返回到 Workbench 主界面，双击参数设置【Parameter Set】，进入参数工作空间，在更新后的点即 DP1 组后右击，从弹出的快捷菜单中选择【Copy inputs to Current】；然后右击【DP0（Current)】，从弹出的快捷菜单中选择【Update Selected Design Points】进行计算。

（9）计算完后，单击工具栏中的【Parameter Set】关闭按钮，返回到 Workbench 主界面。

25. 观察新设计点的结果

（1）在 Workbench 主界面，在静态结构分析上右击【Result】→【Edit】，进入 Mechanical 分析环境。

（2）查看优化结果。单击【Solution（C6）】→【Total Deformation】，图形区域显示静态结构分析得到的优化结果变形分布云图，如图 14-90 所示；单击【Solution（C6）】→【Equivalent Stress】，显示优化结果等效应力分布云图，如图 14-91 所示。

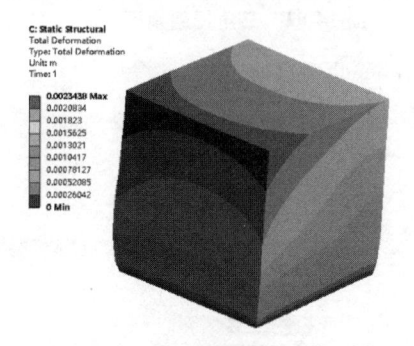

图 14-90　优化结果变形分布云图　　　　图 14-91　优化结果等效应力分布云图

26. 保存与退出

（1）退出 Mechanical 分析环境。单击 Mechanical 主界面的菜单【File】→【Close Mechanical】退出分析环境，返回到 Workbench 主界面，此时主界面的项目分析流程图中显示的分析均已完成。

（2）单击 Workbench 主界面上的【Save】按钮，保存所有分析结果文件。

（3）退出 Workbench 环境。单击 Workbench 主界面的菜单【File】→【Exit】退出主界面，完成分析。

14.2.3 分析点评

本实例是中央铁块的流固耦合及多目标驱动优化，优化的是箱体气流的进口尺寸半径、流速和温度参数。通过参数优化，可以保证中央铁块的所消耗的温度耗散最小，从而降低能源耗散、节省成本。本例也是一个完整的多目标尺寸参数优化实例，与上实例不同处在于本实例是多物理场耦合分析，由流体传热分析到静态结构分析。当然，本例也进行了优化前分析、参数提取、响应面驱动优化参数设置、优化方法选择、优化求解、优化验证等内容。本例中的一些方法也值得借鉴，如流体分析中采用表达式语句、参数提取方法等。

14.3 某三角托架拓扑优化

14.3.1 问题描述

某三角托架侧表面面积为 278.44mm²，两侧面间距为 2mm，托架直角与对应长边角处孔内圆面受约束，另一内圆面受 180.28N 轴承力，方向及模型如图 14-92 所示。假设托架材料为结构钢，试求在满足使用条件下的最佳优化模型，并进行验证分析。

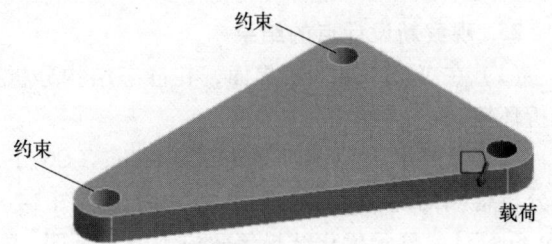

图 14-92 三角托架模型

14.3.2 实例分析过程

1. 启动 Workbench 2024

在"开始"菜单中执行 ANSYS 2024R1/R2→Workbench 2024R1/R2 命令。

2. 创建静态结构分析

（1）在工具箱【Toolbox】的【Analysis Systems】中双击或拖动静态结构分析【Static Structural】到项目分析流程图，如图 14-93 所示。

（2）在 Workbench 的工具栏中单击【Save】，保存项目实例名称为 Bracket.wbpj。如工程实例文件保存在 D:\AWB\Chapter14 文件夹中。

3. 导入几何模型

在静态结构分析上右击【Geometry】→【Import Geometry】→【Browse】，

图 14-93 创建静态结构分析

找到模型文件 Bracket.scdoc，打开导入几何模型。如模型文件在 D：\AWB\ Chapter14 文件夹中。

4. 进入 Mechanical 分析环境

（1）在静态结构分析上右击【Model】→【Edit…】进入 Mechanical 分析环境。

（2）在 Mechanical 的环境主页【Home】功能区单位【Units】中选择单位为 Metric（mm，kg，N，s，mV，mA）。

5. 为模型分配材料

模型材料为默认的结构钢。

6. 划分网格

（1）在导航树上单击【Mesh】→【Details of "Mesh"】→【Defaults】→【Element Size】= 0.6mm；【Sizing】→【Use Adaptive Sizing】= No，【Capture Curvature】= Yes，【Capture Proximity】= Yes，其他默认。

（2）生成网格。右击【Mesh】→【Generate Mesh】，图形区域显示程序生成的网格模型，如图 14-94 所示。

（3）网格质量检查。在导航树上单击【Mesh】→【Details of "Mesh"】→【Quality】→【Mesh Metric】= Element Quality，显示 Element Quality 规则下网格质量详细信息，平均值处在良好的水平范围内，展开【Statistics】显示网格和节点数量。

图 14-94　网格模型

7. 施加边界条件

（1）单击【Static Structural（A5）】。

（2）施加固定约束。首先在标准工具栏上单击 ，选择托架直角与对应长边角处孔内圆面，然后在环境功能区单击【Supports】→【Cylindrical Support】→【Details of "Cylindrical Support"】→【Definition】→【Tangential】= Free，其他默认，如图 14-95 所示。

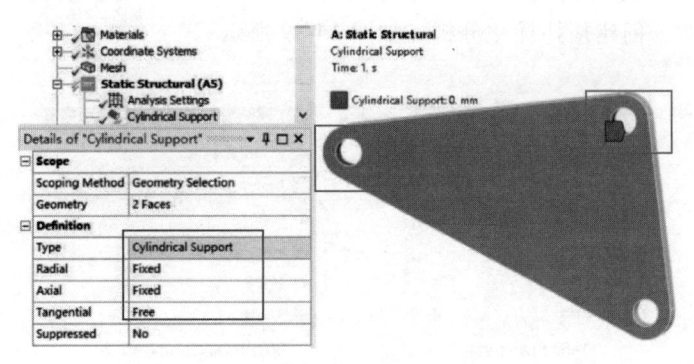

图 14-95　施加固定约束

（3）施加轴承载荷。在标准工具栏上单击 ，选择托架结构余下孔内圆面，在环境功能区单击【Loads】→【Bearing Load】→【Details of "Bearing Load"】→【Definition】→【Define By】= Components，【X Component】= 100N，【Y Component】= 0N，【Z Component】= 150N，如

281

图 14-96 所示。

8. 设置需要的结果

（1）在导航树上单击【Solution（A6）】。

（2）在 Mechanical 环境求解功能区单击【Deformation】→【Total】。

（3）在 Mechanical 环境求解功能区单击【Stress】→【Equivalent（von-Mises）】。

9. 求解与结果显示

（1）在 Mechanical 环境求解功能区单击 ⚡ 进行求解运算。

图 14-96 施加轴承载荷

（2）运算结束后，单击【Solution（A6）】→【Total Deformation】，图形区域显示结构分析得到的托架结构变形分布云图，如图 14-97 所示；单击【Solution（A6）】→【Equivalent Stress】，显示托架结构应力分布云图，如图 14-98 所示。

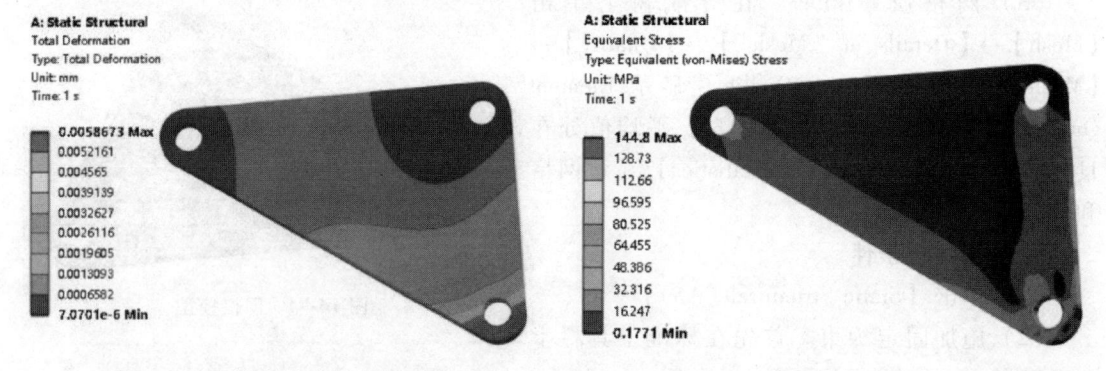

图 14-97 托架结构变形分布云图

图 14-98 托架结构应力分布云图

10. 创建拓扑优化分析

（1）右击静态结构分析【Solution】→【Transfer Data To New】→【Topology Optimization】到项目分析流程图，创建拓扑优化分析，如图 14-99 所示。

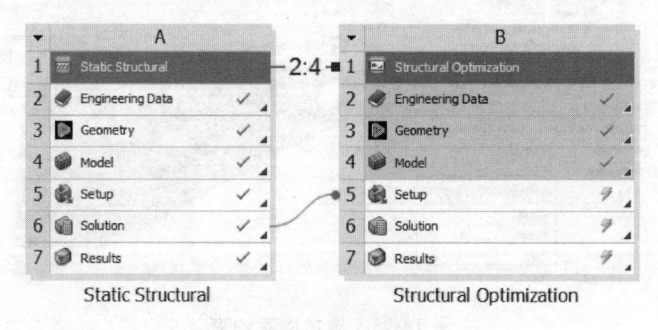

图 14-99 创建拓扑优化分析

（2）返回 Multiple System-Mechanical 分析环境。

11. 拓扑优化设置

（1）在导航树上单击【Topology Optimization（B5）】→【Analysis Settings】→【Details of "Analy-

282

sis Settings】→【Definition】→【Solver Controls】→【Solver Type】=Optimality Criteria，其他默认。

（2）施加设计优化区域。单击【Optimization Region】→【Details of "Optimization Region"】→【Design Region】→【Geometry】= All Bodies；【Exclusion Region】→【Define By】= Boundary Condition；【Named Selection】= All Boundary Conditions，【Optimization Option】→【Optimization Type】= Topology Optimization-Density Based，如图 14-100 所示。

（3）施加优化约束。单击【Response Constraint】→【Details of "Response Constraint"】→【Definition】→【Response】= Mass，【Percent to Retain】=60%。

（4）施加优化目标。单击【Objective】→【Details of "Objective"】→【Definition】→【Response Type】=Compliance，【Goal】=Minimize。

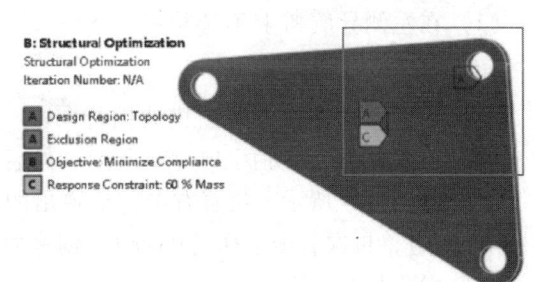

图 14-100　拓扑优化边界设置

12. 求解与结果显示

（1）在 Multiple System-Mechanical 标准工具栏上单击 ⚡ 进行求解运算。

（2）运算结束后，单击【Solution（B6）】→【Topology Density】，图形区域显示拓扑优化得到的托架结构拓扑密度分布云图，如图 14-101 所示。也可通过设置【Details of "Topology Density"】→【Visibility】→【Show Optimized Region】= All Regions，显示整个区域。

13. 保存与退出

（1）退出 Multiple System-Mechanical 分析环境。单击 Mechanical 主界面的菜单【File】→【Close Mechanical】退出分析环境，返回到 Workbench 主界面。

（2）单击 Workbench 主界面上的【Save】按钮，保存所有分析结果文件。

14. 转入优化验证系统

（1）右击 B 分析项目【Results】→【Transfer to Design Validation System（Geometry）】转移验证分析系统进行设计验证，如图 14-102 所示。

图 14-101　托架结构拓扑密度分布云图

图 14-102　创建设计验证分析系统

（2）右击 B 分析项目【Results】→【Update】，数据传递到 C 分析项目。

（3）右击 C 分析项目【Geometry】→【Update】，接收 B 分析项目数据。

（4）在 C 分析项目上右击【Geometry】→【Edit Geometry in SpaceClaim...】，进入 SpaceClaim 几何工作环境。

15. 优化模型处理

（1）在左侧导航树上不选第一个 SYS-1，展开第二个 SYS-1。

（2）在工具栏上单击草图模式图标 ，在模型上选定一点进入草图模式，如图 14-103 所示。然后框选模型轮廓线，如图 14-104 所示。接着右击，从弹出的快捷菜单中单击【Copy】，再次右击选择【Paste】，创建曲线。最后不选第二个 SYS-1。

（3）在工具栏上单击【Repair】→【Fit Curves】→【Fit Options】→【Correct tangency】，框选模型曲线轮廓，如图 14-105 所示；然后选择 ✓ 确定。

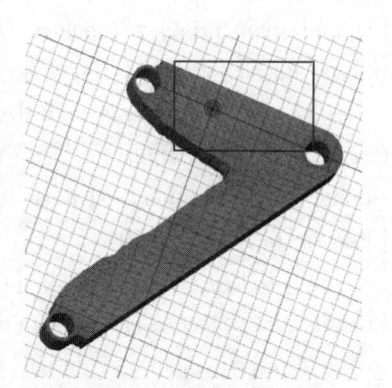

图 14-103 进入草图模式

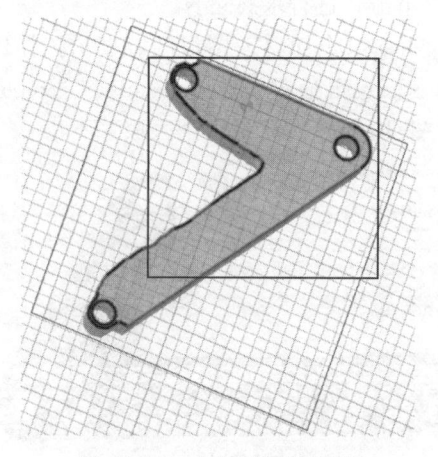

图 14-104 框选模型轮廓线

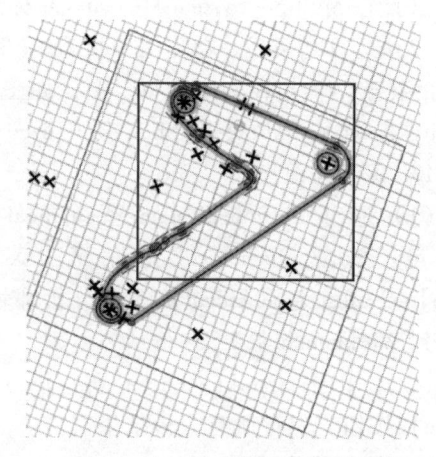

图 14-105 框选模型曲线轮廓

（4）在工具栏上单击【Design】→【Circle】，在短边处画圆，如图 14-106 所示。然后单击【Trim Away】剪切多余边线，如图 14-107 所示。接着修剪搭建外侧边曲线，并用长度为 2mm 的【Tangent Line】连接，如图 14-108 所示。继续修剪搭建内侧边曲线，并用长度为 8.24mm 的【Tangent Line】连接，如图 14-109 所示。约定直角边为外侧边，优化边为内侧边。

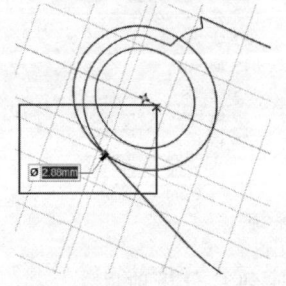

图 14-106 在短边处画圆

图 14-107 剪切多余边线（短边）

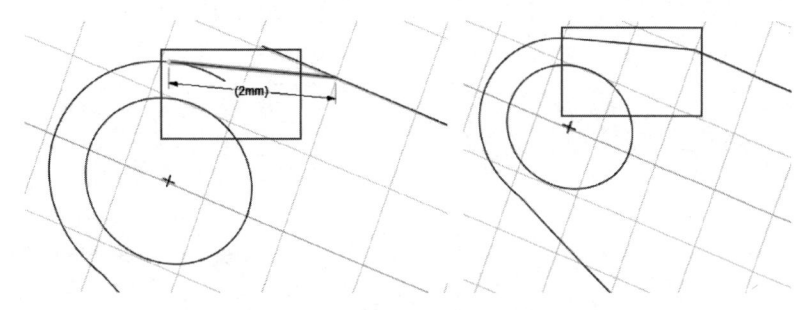

图 14-108 修剪搭建外侧边曲线（短边）

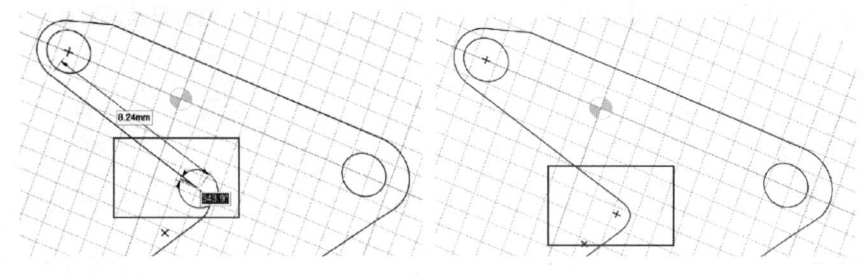

图 14-109 修剪搭建内侧边曲线（短边）

（5）在工具栏上单击【Design】→【Circle】，在长边处画圆，如图 14-110 所示。然后单击【Trim Away】剪切多余边线，如图 14-111 所示。接着修剪搭建外侧边曲线，并用长度为 2mm 的【Tangent Line】连接，如图 14-112 所示。继续修剪搭建内侧边曲线，并用长度为 18.13mm 的【Tangent Line】连接，如图 14-113 所示。修剪搭建后的模型草图如图 14-114 所示。

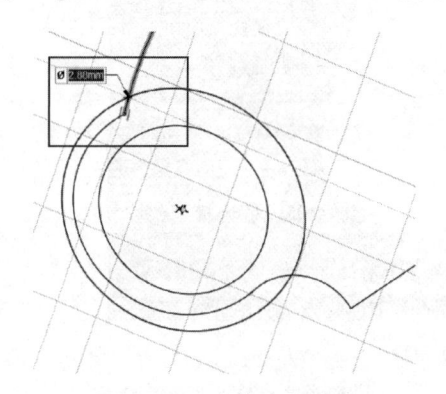

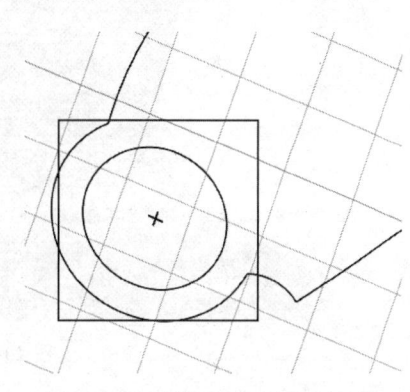

图 14-110 在长边处画圆　　　　　图 14-111 剪切多余边线（长边）

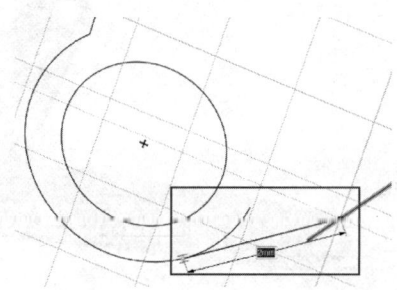

图 14-112 修剪搭建外侧边曲线（长边）

285

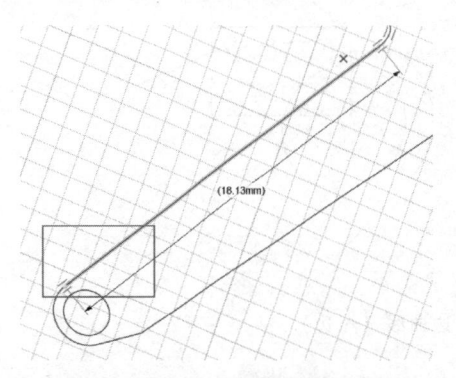

图 14-113　修剪搭建内侧边曲线（长边）　　图 14-114　修剪搭建后的模型草图

（6）在工具栏上单击【Pull】，然后拉平面增加厚度 2mm，如图 14-115 所示。

（7）在工具栏上单击【Repair】→【Merge Faces】，在拐角处选择如图 14-116 所示的面。然后选择✓确定。

（8）在左侧导航树上右击【Surface、SYS-1】→【Suppress for Physics】。

（9）单击【File】→【Exit SpaceClaim】关闭 SpaceClaim，返回到 Workbench 主界面。

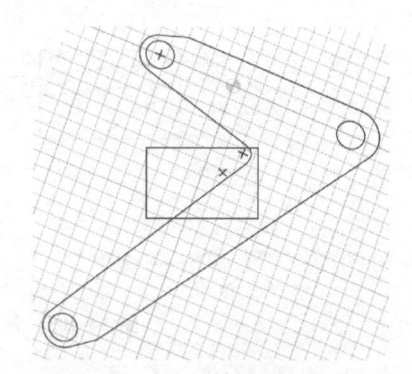

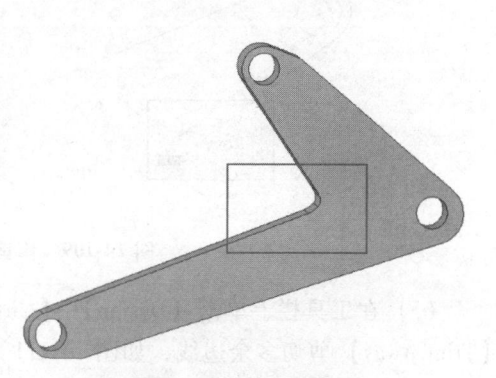

图 14-115　拉伸模型

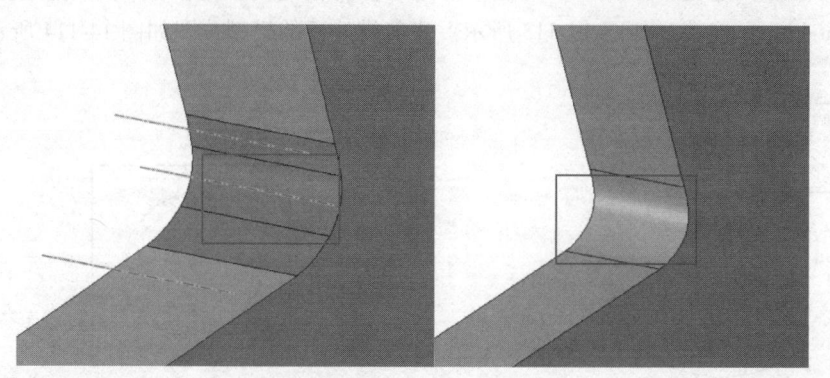

图 14-116　合并拐角面

16. 验证分析

（1）右击验证分析【Model】→【Refresh】，接收几何数据。

（2）在静态结构分析上右击【Model】→【Edit】进入 Mechanical 分析环境。

（3）生成网格。右击【Mesh】→【Generate Mesh】，图形区域显示程序生成的网格模型，如图 14-117 所示。

（4）网格质量检查。在导航树上单击

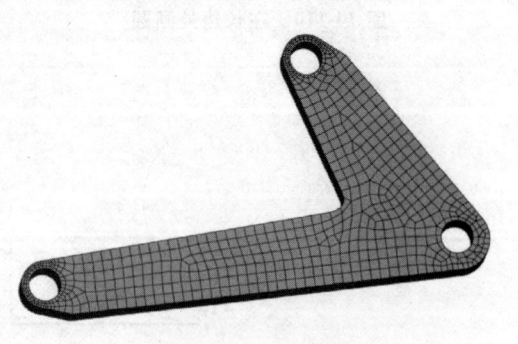

图 14-117　网格模型

【Mesh】→【Details of "Mesh"】→【Quality】→【Mesh Metric】= Element Quality，显示 Element Quality 规则下网格质量详细信息，平均值处在良好的水平范围内，展开【Statistics】显示网格和节点数量。

（5）施加固定约束与载荷。约束与载荷与静态结构分析相同，施加位置重新选择即可。

（6）在 Mechanical 环境求解功能区单击【Deformation】→【Total】。

（7）在 Mechanical 环境求解功能区单击【Stress】→【Equivalent（von-Mises）】。

（8）在 Mechanical 环境求解功能区单击 ⚡ 进行求解运算。

（9）运算结束后，单击【Solution（C6）】→【Total Deformation】，图形区域显示静态结构分析得到的托架结构优化模型变形分布云图，如图 14-118 所示；单击【Solution（C6）】→【Equivalent Stress】，显示托架结构优化模型应力分布云图，如图 14-119 所示。

图 14-118 托架结构优化模型变形分布云图　　图 14-119 托架结构优化模型应力分布云图

17. 保存与退出

（1）退出 Mechanical 分析环境。单击 Mechanical 主界面的菜单【File】→【Close Mechanical】退出分析环境，返回到 Workbench 主界面，此时主界面的项目分析流程图中显示的分析均已完成。

（2）单击 Workbench 主界面上的【Save】按钮，保存所有分析结果文件。

（3）退出 Workbench 环境。单击 Workbench 主界面的菜单【File】→【Exit】退出主界面，完成分析。

14.3.3 分析点评

本实例是某三角托架拓扑优化，为连续体拓扑优化。本实例通过对优化实体设置设计优化区域、不优化区域、优化目标、优化约束和制造约束等条件方法实现了新型结构构型设计，虽然还有待实际应用检验，但拓扑优化给我们带来了开辟结构设计的新思路，可以与增材制造很好结合。随着 ANSYS 模型处理不断强大带来的便捷，使得优化模型可以直接导入 SpaceClaim 进行处理，方便验证分析。本实例优化过程完整，不但给出了三角托架结构拓扑优化的全过程，还给出了由拓扑优化结果网格模型到实体模型处理的全过程及优化结构结果验证分析过程。本实例优化结构相对简单，但其中的各种方法值得借鉴。

14.4 收获机器人机械臂连杆结构优化设计

14.4.1 问题描述

某收获机器人机械臂连杆结构图如图 14-120 所示，其材料为铝合金，连杆左端施加固定支撑，右端受到一个 20N 重力和 50N·m 力矩，其他相关参数在分析过程中体现。试求收获机器人机械臂连杆的轻量化结构，并在连杆左端最大工况下（水平时）的总变形、等效弹性应变与等效应力。

图 14-120 某收获机器人机械臂连杆结构图

14.4.2 实例分析过程

1. 启动 Workbench 2024

在"开始"菜单中执行 ANSYS 2024R1/R2→Workbench 2024R1/R2 命令。

2. 创建静态结构分析

（1）在工具箱【Toolbox】的【Analysis Systems】中双击或拖动静态结构分析【Static Structural】到项目分析流程图，如图 14-121 所示。

（2）在 Workbench 的工具栏中单击【Save】，保存项目实例名称为 Robot.wbpj。如工程实例文件保存在 D:\AWB\Chapter14 文件夹中。

3. 创建材料参数

（1）编辑工程数据单元，右击静态结构分析【Engineering Data】→【Edit...】。

（2）在工程数据属性中添加材料。

图 14-121 创建静态结构分析

在 Workbench 的工具栏上单击 ![icon] 进入工程材料库，此时的界面显示【Engineering Data Sources】和【Outline of Favorites】。选择 A3 栏【General Materials】，从【Outline of General Materials】里查找铝合金【Aluminum Alloy】材料，然后单击【Outline of General Materials】表中的添加按钮 ![icon]，此时在 C4 栏中显示标示 ![icon]，表明材料添加成功。

（3）单击工具栏中的【A2：Engineering Data】关闭按钮，返回到 Workbench 主界面，新材料添加完毕。

4. 导入几何模型

在静态结构分析项目上右击【Geometry】→【Import Geometry】→【Browse】，找到模型文件 Robot.scdoc，打开导入几何模型。如模型文件在 D:\AWB\Chapter14 文件夹中。

5. 进入 Mechanical 分析环境

（1）在静态结构分析项目上右击【Model】→【Edit...】进入 Mechanical 分析环境。

（2）在 Mechanical 的环境主页【Home】功能区单位【Units】中选择单位为 Metric（m，kg，N，s，V，A）。

6. 为几何模型分配材料

在导航树上单击【Geometry】展开，然后选择【A ban、B ban、C ban、guan】→【Details of "Multiple Selection"】→【Material】→【Assignment】= Aluminum Alloy。

7. 接触设置

（1）在导航树上右击【Connections】→【Rename Based On Definition】，重新命名目标面与接触面。

（2）设置 A ban 与 guan 表面的接触。右击【Contacts】→【Insert】→【Manual Contact Region】，创建接触对【Bonded-A ban To guan】，如图 14-122 所示。

（3）设置 A ban 与 B ban 表面的接触。右击【Contacts】→【Insert】→【Manual Contact Region】，创建接触对【Bonded-A ban To B ban】，如图 14-123 所示。

（4）设置 A ban 与 C ban 表面的接触。右击【Contacts】→【Insert】→【Manual Contact Region】，创建接触对【Bonded-A ban To C ban】，如图 14-124 所示。

图 14-122　设置 A ban 与 guan 表面的接触

图 14-123　设置 A ban 与 B ban 表面的接触

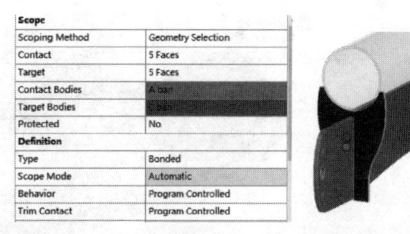

图 14-124　设置 A ban 与 C ban 表面的接触

（5）设置 guan 与 B ban 表面的接触。右击【Contacts】→【Insert】→【Manual Contact Region】，创建接触对【Bonded-guan To B ban】，如图 14-125 所示。

（6）设置 guan 与 C ban 表面的接触。右击【Contacts】→【Insert】→【Manual Contact Region】，创建接触对【Bonded-guan To C ban】，如图 14-126 所示。

图 14-125　设置 guan 与 B ban 表面的接触

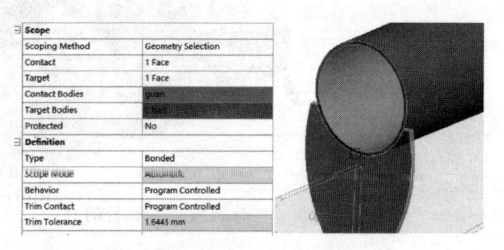

图 14-126　设置 guan 与 C ban 表面的接触

8. 划分网格

(1) 在导航树上单击【Mesh】→【Details of "Mesh"】→【Defaults】→【Physics Preference】= Nonlinear Mechanical；【Sizing】→【Capture Curvature】= Yes，其他默认。

(2) 在标准工具栏上单击 ，选择 A ban、B ban、C ban 和 guan，然后在导航树上右击【Mesh】，从弹出的快捷菜单中选择【Insert】→【Method】→【Details of "MultiZone" -Method】→【Definition】→【Method】= MultiZone→【Mapped Mesh Type】= Hexa/Prism，其他默认。

(3) 在标准工具栏上单击 ，选择 A ban、B ban、C ban 和 guan，然后在导航树上右击【Mesh】，从弹出的快捷菜单中选择【Insert】→【Sizing】→【Details of "Sizing"-Sizing】→【Geometry】= Apply→【Element】= 1mm，其他默认。

(4) 网格质量检查。在导航树上单击【Mesh】→【Details of "Mesh"】→【Display】→【Display】，显示 Element Quality 规则下网格质量详细信息，平均值处在良好的水平范围内，展开【Statistics】显示网格和节点数量。

9. 施加边界条件

(1) 单击【Static Structural（A5）】。

(2) 施加标准地球重力。单击【Standard Earth Gravity】→【Details of "Standard Earth Gravity"】→【Direction】= +Y Direction，其他默认。

(3) 在右端 4 个孔面上施加 20N 的合力。在标准工具栏上单击 ，然后依次选择右端 4 个孔面。单击【Force】→【Details of "Force"】→【Geometry】= Apply→【Define By】= Components→【Y Component】= 5N，如图 14-127 所示。

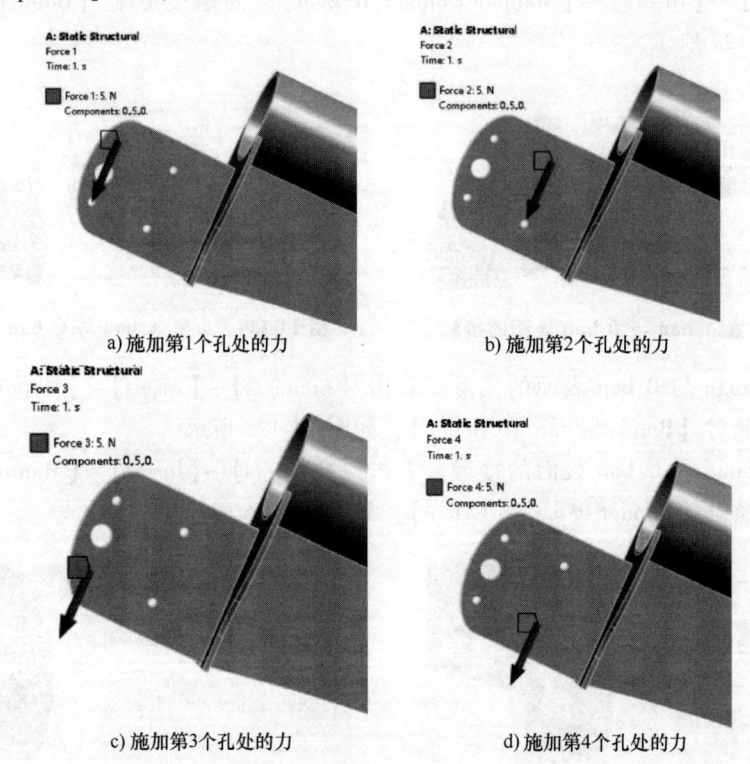

a) 施加第1个孔处的力　　　　b) 施加第2个孔处的力

c) 施加第3个孔处的力　　　　d) 施加第4个孔处的力

图 14-127　施加 4 个孔处的力载荷

（4）在右端 4 个孔面上施加 50N·m 的合力矩。在标准工具栏上单击，然后依次选择右端 4 个孔面。单击【Moment】→【Details of "Moment"】→【Geometry】= Apply→【Define By】= Components→【Z Component】= -12.5N·m，如图 14-128 所示。

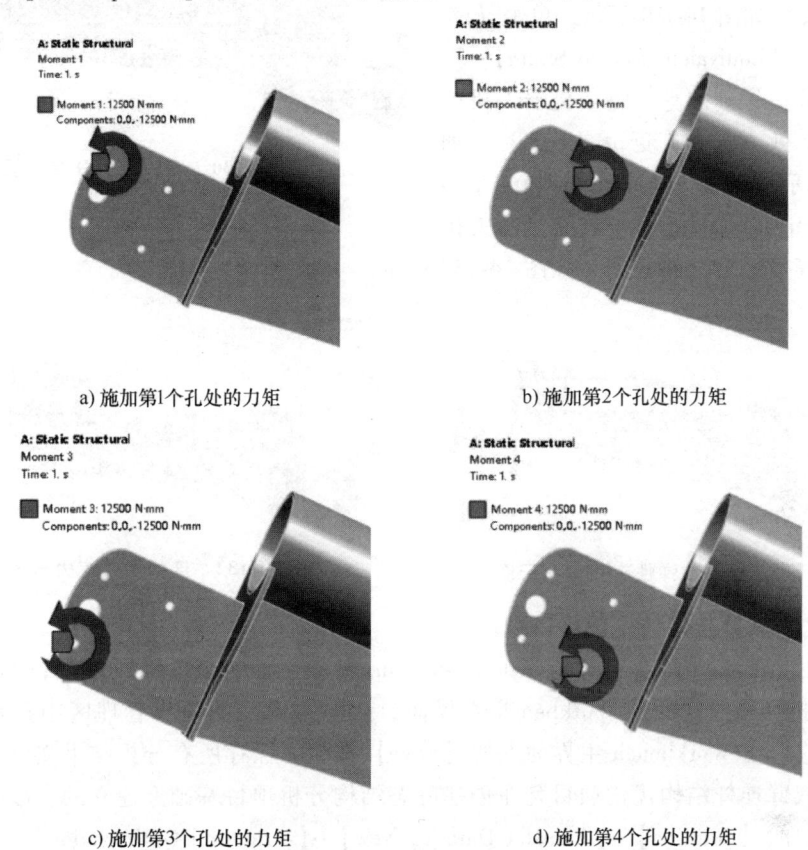

a) 施加第1个孔处的力矩　　　b) 施加第2个孔处的力矩

c) 施加第3个孔处的力矩　　　d) 施加第4个孔处的力矩

图 14-128　施加 4 个孔处的力矩载荷

（5）在左端 8 个孔面施加固定支撑。在标准工具栏上单击选择左端 8 个孔面，单击【Fixed Support】→【Details of "Fixed Support"】→【Geometry】= Apply，如图 14-129 所示。

10. 设置需要的结果

（1）在导航树上单击【Solution（A6）】。

（2）在 Mechanical 环境求解功能区单击【Deformation】→【Total】。

（3）在 Mechanical 环境求解功能区单击【Strain】→【Equivalent（von-Mises）】。

（4）在 Mechanical 环境求解功能区单击【Stress】→【Equivalent（von-Mises）】。

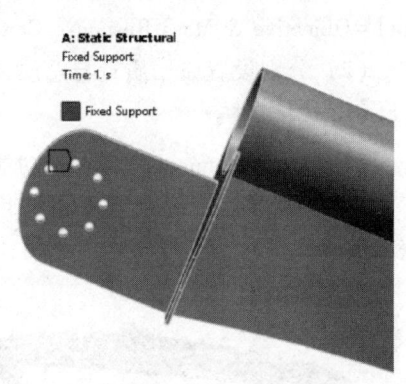

图 14-129　施加固定支撑

11. 求解与结果显示

（1）在 Mechanical 环境求解功能区单击进行求解运算。

（2）运算结束后，单击【Solution（A6）】→【Total Deformation】，图形区域显示分析得到的整个收获机器人机械臂的连杆变形分布云图，如图14-130所示；单击【Solution（A6）】→【Equivalent Elastic Strain】，图形区域显示分析得到的整个收获机器人机械臂的连杆等效弹性应变分布云图，如图14-131所示；单击【Solution（A6）】→【Equivalent Stress】，显示整个收获机器人机械臂的连杆等效应力分布云图，如图14-132所示。

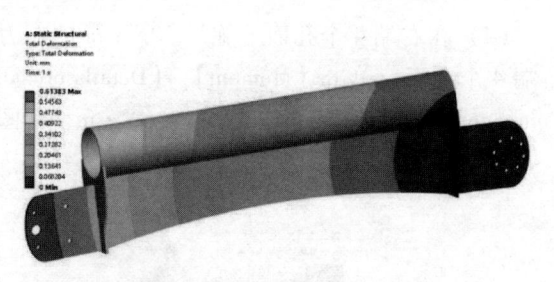

图14-130 连杆变形分布云图

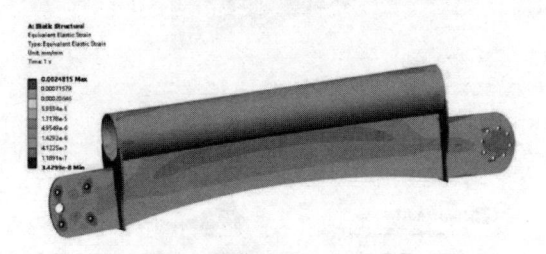

图14-131 连杆等效弹性应变分布云图

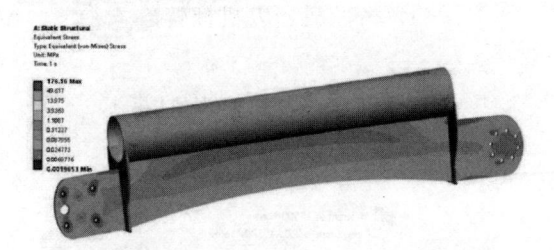

图14-132 连杆等效应力分布云图

12. 创建机械臂连杆结构优化项目

（1）退出Mechanical分析环境。单击Mechanical主界面的菜单【File】→【Close Mechanical】退出分析环境，返回到Workbench主界面，此时主界面的项目管理区中显示的分析项目均已完成，单击Workbench主界面上的【Save】按钮，保存所有分析结果文件。

（2）机械臂连杆结构优化项目是在创建静态结构分析项目基础上建立的，故右击静态结构分析项目中的【Solution】→【Transfer Data To New】→【Structural Optimization】。

13. 施加边界条件

（1）单击【Structural Optimization】→【Response Constraint】→【Response】= Mass，【Define By】= Constant，【Percent to Retain】= 40%；【Solution】→【Solution Information】→【Solution Output】= Objective & Mass Response Convergence，其他默认。

（2）分别设置原始质量与总质量保留率为50%、60%与70%的结构优化求解。

14. 优化求解

（1）在Mechanical环境求解功能区单击⚡进行求解运算。

（2）运算结束后，单击拓扑密度【Topology Density】，图形区域显示分析得到的整个收获机器人机械臂的连杆结构优化图，如图14-133~图14-136所示。

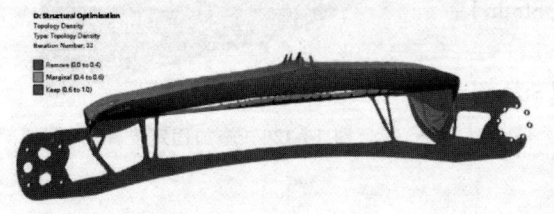

图14-133 保留40%连杆结构优化图

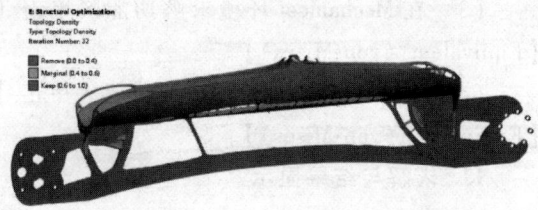

图14-134 保留50%连杆结构优化图

第14章 优化设计

图 14-135 保留60%连杆结构优化图 　　　图 14-136 保留70%连杆结构优化图

（3）将计算好的模型文件放到 D:\AWB\Chapter14 文件夹中，右击【Topology Density】→【Export】→【Stl File】。

（4）对照收获机器人机械臂连杆结构优化结果，兼顾刚性和美观度，对原模型进行减重，对优化后的原始质量与总质量保留率为48%的模型，如图 14-137 所示。按照静态结构分析项目中的步骤再次求解机械臂连杆等效弹性应变、等效应力和总变形，结果如图 14-138～图 14-140 所示。

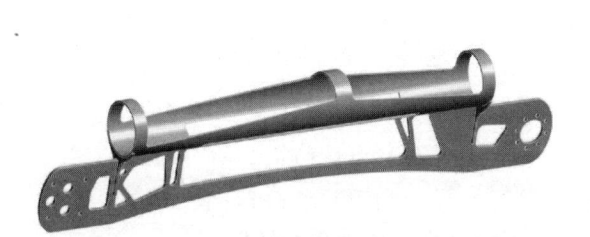

图 14-137 保留48%的连杆结构优化模型 　　　图 14-138 连杆结构优化结果变形云图

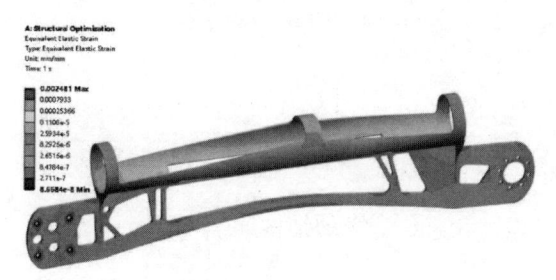

图 14-139 连杆结构优化结果应变云图 　　　图 14-140 连杆结构优化结果应力云图

15. 保存与退出

（1）退出 Mechanical 分析环境。单击 Mechanical 主界面的菜单【File】→【Close Mechanical】退出分析环境，返回到 Workbench 主界面，此时主界面的项目管理区中显示的分析项目均已完成。

（2）单击 Workbench 主界面上的【Save】按钮，保存所有分析结果文件。

（3）退出 Workbench 环境。单击 Workbench 主界面的菜单【File】→【Exit】退出主界面，完成项目分析。

293

14.4.3 分析点评

本实例针对收获机器人机械臂连杆进行了轻量化结构设计，考虑了铝合金材料的特性，旨在优化其承重与抗变形能力。通过综合应用力学分析与材料科学，实现了结构的有效减重同时保证性能。在本例中，连杆的轻量化设计是关键，虽然最大总变形稍微上升，但是质量由原本的 1kg 减重至 0.52kg，共减重 0.48kg，占原本质量的 48%，且等效弹性应变与应力保持稳定。

参 考 文 献

买买提明·艾尼，陈华磊. ANSYS Workbench 18.0 工程应用与实例解析 [M]. 北京：机械工业出版社，2018.